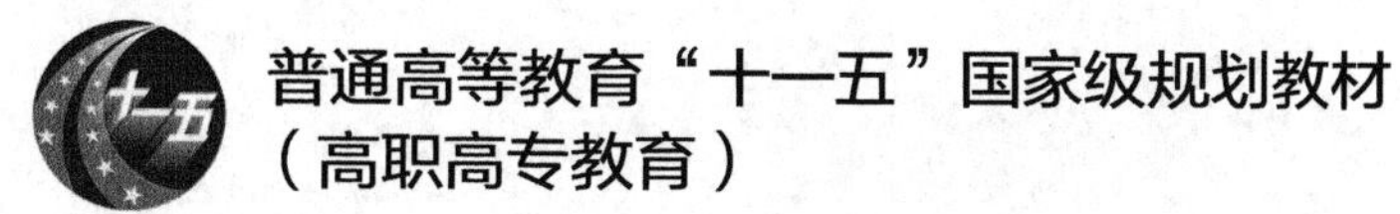

电工学

（第二版）

DIAN GONG XUE

主　编　王　浩
副主编　姚　伟　刘跃群
编　写　朱继明　朱　琼
主　审　程隆贵　丁巧林

中国电力出版社
CHINA ELECTRIC POWER PRESS

内 容 提 要

本书为普通高等教育“十一五”国家级规划教材（高职高专教育）。

全书共十四章，主要内容包括电工基础、变压器、电机（含感应电动机、直流电动机、同步发电机等）、低压电动机的控制、安全用电、常用电工仪表、二极管及整流电路、三极管及放大电路、数字电路基础及不同类型的数字电路等。

本书可作为高职高专（含初中起点的五年制大专）院校非电类专业或相关专业的教材，亦可作为成人教育教材和相关工程技术人员的参考书。

图书在版编目（CIP）数据

电工学/王浩主编．—2版．—北京：中国电力出版社，2009.1（2024.10重印）

普通高等教育“十一五”国家级规划教材．高职高专教育

ISBN 978-7-5083-8210-4

Ⅰ．电…　Ⅱ．王…　Ⅲ．电工学－高等学校：技术学校－教材　Ⅳ．TM1

中国版本图书馆CIP数据核字（2008）第203462号

中国电力出版社出版、发行

（北京市东城区北京站西街19号　100005　http://www.cepp.sgcc.com.cn）

北京九州迅驰传媒文化有限公司印刷

各地新华书店经售

*

2006年1月第一版

2009年1月第二版　　2024年10月北京第十八次印刷

787毫米×1092毫米　16开本　17.5印张　422千字

定价 **42.00** 元

前　言

本书为普通高等教育“十一五”国家级规划教材（高职高专教育）。

本书的内容包括电工基础、强电应用和电子技术的基本知识和实践应用知识。第一版分上、下册，为了方便使用和保管，第二版合为一册。

在广泛征求意见的基础上，编者对第一版主要作了如下修改：

（1）调整了原有章节的框架结构。将附录中的复数知识融入正文中；将“磁路与变压器”一章分写成两章；将属于模拟电子技术的四章，合并、化简成两章；将数字电路基础一章变成四章。调整后的章节框架更加清晰，有利于灵活选用。

（2）微调了教材内容。为满足少数专业（如发电厂集控专业）的需要，少量增补了电工基础方面的内容；删去了偏杂、偏多、偏难的内容；新增了实验内容。

（3）简化了文字论述。对第一版保留的各节，大部分进行了重新编写，论述更加简明，文字更加简炼，更加适合高职高专学生的阅读水平。

《电工学》（第二版）的主要特点：

（1）注意与高中《物理》中的电磁基本知识的衔接，不脱节，不重复。

（2）体现了高职高专教育的特点，突出实用性和实践性。

（3）选材的广度以必须、够用为度，以多数非电类专业的需要为主，兼顾发电厂非电类专业的需要；编写的深度以适应高职高专的层次和非电专业的需要为准。

（4）把教材内容区分为基本内容和机动内容，以适应总学时数少，不同专业学时数相差又较大的实际情况。（这种区分是相对的，不同专业应结合实际需要进行调整）

目录中打 * 号的为机动的教学内容，打△号的为发电厂非电类专业应讲授的内容。

完成本书全部教学内容约需 90～100 学时，完成基本教学内容约需 65～75 学时。在教学过程中，应尽量安排一些实验、实训环节，以加强学生的实践技能。书后的实验供选用。

本书电子技术部分的章节框架初稿，是山西电力职业技术学院副教授王和平老师提供的，保定电力职业技术学院电子教研室对初稿进行了专题研讨。在此，表示衷心的感谢。

本书的编写分工是：山西电力职业技术学院副教授姚伟编写第一、八章；长沙电力职业技术学院副教授刘跃群编写第十章；保定电力职业技术学院副教授朱继明编写第三章；保定电力职业技术学院副教授朱琼编写第十一、十二、十三、十四章；其余各章、实验指导书、附录、部分习题参考答案由保定电力职业技术学院高级讲师王浩完成。全书由武汉电力职业技术学院副教授程隆贵、华北电力大学副教授丁巧林主审。

限于编者水平，书中难免有不妥和错误之处，恳请使用本书的老师和读者予以指正。

编　者

2008 年 12 月

目 录

第一章　直　流　电　路

第一节　电路及电路模型

一、电路

电流流经的路径称为电路。电路是由电源、负载、中间环节组成的。在电力电路中，电源是产生电能的设备，其作用是将其他形式的能量转变为电能，如发电机、蓄电池、干电池等。负载是各种用电设备的总称，其作用是将电能转变为其他形式的能量，如电动机将电能转变成机械能，日光灯将电能转变成光能。中间环节是电路中除电源和负载之外其他部分的总称，其作用是在电路中传输、分配、控制电能，如连接导线、开关、控制电器等。

二、电路模型

为了对电路进行分析和计算，通常将实际电路器件近似化和理想化，把在一定条件下，忽略其次要电磁因素，仅考虑其主要电磁特性的理想电路元件称为电路元件。例如电阻器主要是消耗电能的，故可以用一个代表消耗电能的理想电阻元件来代替。

用国家标准规定的电路元件和器件的图形符号代替实际电路器件所绘制的电路称为电路模型，又叫原理电路图，简称电路图。图 1 - 1（a）所示为手电筒的实物电路图，图 1 - 1（b）所示为手电筒原理电路图。

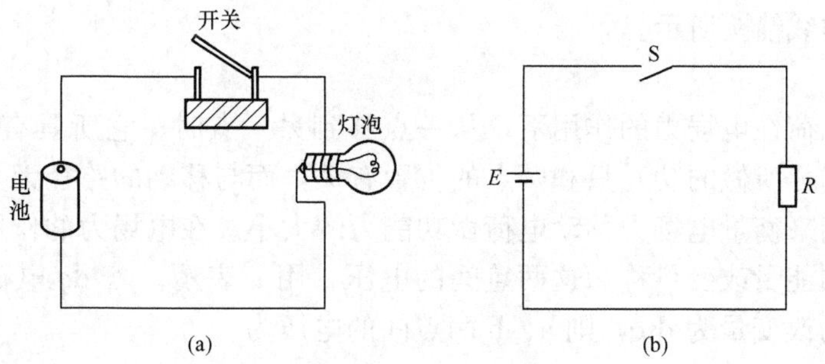

图 1 - 1　手电筒原理电路图

（a）实物电路图；（b）原理电路图

图 1 - 1（b）中，E 表示电池，S 表示开关，R 是代表灯泡的电阻元件。各元件之间用导线连接。本书如无特殊说明，电路均指电路模型，电路元件均指理想电路元件。

第二节　电流、电压及电动势

电流和电压是电路的基本物理量。

一、电流

电荷的定向运动称为电流。衡量电流大小的物理量是电流强度，单位时间内通过导体横截面的电荷量称为电流强度，简称电流，用 i 表示。若在 $\mathrm{d}t$ 时间内通过导体横截面的电荷

量为 dq，则

$$i=\frac{\mathrm{d}q}{\mathrm{d}t} \quad (1-1)$$

规定：正电荷运动的方向为电流的方向，习惯称为电流的实际方向。

大小和方向不随时间变化的电流称为稳恒电流或直流电流，用 I 表示。

$$I=\frac{q}{t} \quad (1-2)$$

式中：q 为时间 t 内通过导体横截面的电荷量。

在国际单位制（简称 SI）中，电荷量的单位为库仑，符号为 C；时间的单位为秒，符号为 s；电流的单位为安培（简称安），符号为 A，常用单位还有 kA（千安）、mA（毫安）、μA（微安）等，换算关系为

$$1\mathrm{kA}=10^{3}\mathrm{A}$$
$$1\mathrm{mA}=10^{-3}\mathrm{A}$$
$$1\mu\mathrm{A}=10^{-3}\mathrm{mA}$$

【例 1 - 1】 如图 1 - 2 所示，在 0.002s 内，有负电荷 0.005C 从 a 向 b 通过截面 S，同时有正电荷 0.005C 从 b 向 a 通过 S。确定通过截面 S 的电流的大小和方向。

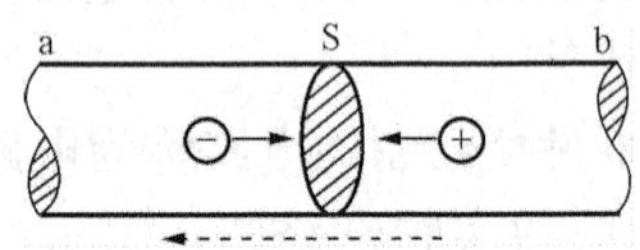

图 1 - 2 ［例 1 - 1］图

解 向相反方向运动的正、负电荷的效应相同，这里相当于有 0.005＋0.005＝0.01C 的正电荷由 b 向 a 通过 S，所以通过截面 S 的电流大小为

$$\frac{0.01}{0.002}=5\ (\mathrm{A})$$

电流方向如图中虚线箭头所示。

二、电压

在电场中，电荷在电场力的作用下，从一点移到另一点时，它所具有的能量（电势能）的改变量（即电场力所做的功）只和两点的位置有关，而与移动的路径无关。由此而引出电压这个物理量，用来衡量电场力移动电荷做功能力的大小。在电场力的作用下，单位电荷从一点移到另一点的能量改变量称为这两点间的电压，用 u 表示。若 dq 电荷量从电场的 a 点移到 b 点时能量的改变量为 dw，则 a、b 两点间的电压为

$$u=\frac{\mathrm{d}w}{\mathrm{d}q} \quad (1-3)$$

规定：电压的方向为正电荷运动其电势能减少的方向，习惯称为电压的实际方向。

大小和方向都不随时间变化的电压叫恒定电压，又叫直流电压，用 U 表示。

SI 中，能量的单位为焦耳（简称焦），符号为 J；电荷量的单位为库仑（简称库），符号为 C；电压的单位为伏特（简称伏），符号为 V，常用单位还有 kV（千伏）、mV（毫伏）、μV（微伏）等，换算关系为

$$1\mathrm{kV}=10^{3}\mathrm{V}$$
$$1\mathrm{mV}=10^{-3}\mathrm{V}$$
$$1\mu\mathrm{V}=10^{-3}\mathrm{mV}$$

【例 1 - 2】 0.5C 的正电荷在电场中从 a 点移到 b 点，能量增加 10J，试确定 a、b 两点间的电压的大小和方向。

解 a、b 间电压的大小为

$$\frac{10}{0.5}=20(\text{V})$$

正电荷沿电压方向移动时其能量减少，显然，电压方向由 b 指向 a。

三、电流、电压的参考方向

电流、电压这两个物理量都有大小和方向。电路中具有两个端钮的器件，其电流（或电压）只可能有两个方向。为了便于分析计算，人们引入了参考方向，即对于一个元件，在电压（或电流）可能的两个方向中任选的一个方向称为参考方向。若电压（或电流）的方向与参考方向一致，就在它的大小前面加正号；若电压（或电流）的方向与参考方向相反，就在它的大小前面加负号。这样，一个电压（或电流）的大小和方向便由一个有正、负的数值（代数量）同时表达出来了。如图 1 - 3 所示，端钮 a、b 间电压大小为 2V，方向从 a 到 b，如虚线箭头所示。若选择参考方向从 a 到 b，如图 1 - 3（a）中实线箭头所示。这个电压的数值 $U=2\text{V}$，若选择参考方向由 b 到 a 如图 1 - 3（b）所示，则此电压 $U'=-2\text{V}$。

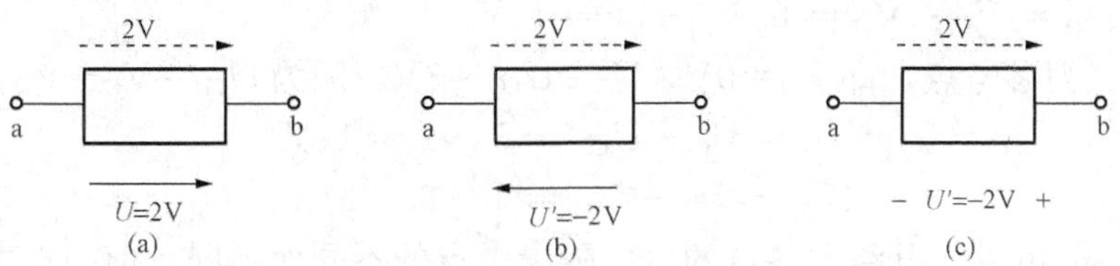

图 1 - 3 讨论参考方向的应用用图

在电路中，电流、电压的参考方向用实线箭头表示，需要时，用虚线箭头表示实际方向。另外，电压的参考方向还可用“+”、“−”参考极性表示，参考方向由“+”到“−”，如图 1 - 3（c）中的 $U'=-2\text{V}$。

电压、电流参考方向也可用电压、电流符号右下角的双字母表示。例如 U_{ab} 表示电压参考方向由 a 到 b，I_{cd} 表示电流参考方向由 c 到 d。

参考方向是电路理论中的一个基本概念，应注意以下几点：

（1）电流、电压的方向是客观存在的，参考方向是人为选择的。

（2）同一电流（或电压），参考方向的选择不同，其结果是：绝对值（即大小）相等而异号，即 $U_{ab}=-U_{ba}$，$I_{cd}=-I_{dc}$。

（3）本书中如无特殊说明，电流、电压都是对应于参考方向而言的有正、负的数值。不指明参考方向，而说某电流、电压的值为正或负，是没有意义的。参考方向一经选定，分析计算过程中不准随意变动。

对于某一段电路或某一元件，若选择电流、电压的参考方向一致，则称关联参考方向；若不一致，则称非关联参考方向。后文如不加说明，都按关联参考方向选择。这样，对于一段电路或一个元件，只需标出电流或电压一个参考方向即可。

四、电位

在电路中，任选一点作为参考点，则某一点对参考点的电压称为该点的电位（此处的电位就是物理学中的电势），常用文字符号 V 表示，其单位与电压的单位相同。如图 1 - 4 所示，若参考点为 O，则 a 点的电位为

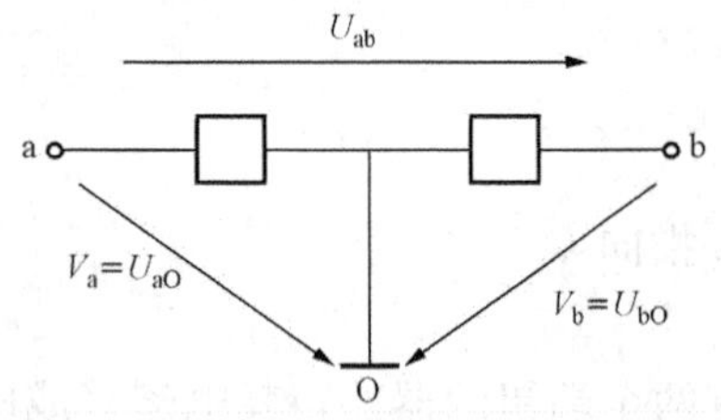

图 1-4 讨论电压与电位的关系用图

$$V_a = U_{aO} \qquad (1-4)$$

显然，$V_O=0$，即参考点本身的电位等于零，所以，参考点又叫零电位点。

图 1-4 电路中，$V_a=U_{aO}$，$V_b=U_{bO}$，根据电场力移动电荷做功与路径无关的性质，有

$$U_{ab} = U_{aO} + U_{Ob} = U_{aO} - U_{bO} = V_a - V_b \qquad (1-5)$$

即两点间的电压等于这两点的电位差，所以，电压又叫电位差。显然，电压的方向是从高电位到低电位的。

【例 1-3】 已知图 1-5 中，$U_{CD}=2\text{V}$，$U_{CO}=3\text{V}$，试分别以 D、O 点为参考点，求各点的电位及电压 U_{DO}。

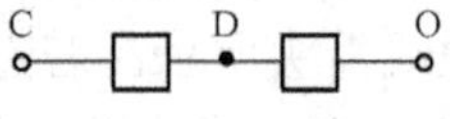

解 （1）以 D 点为参考点，即 $V_D=0$，$V_C=U_{CD}=2\text{V}$，因为 $U_{CO}=V_C-V_O$，所以有

$$V_O = V_C - U_{CO} = 2 - 3 = -1(\text{V})$$
$$U_{DO} = V_D - V_O = 0 - (-1) = 1(\text{V})$$

图 1-5 ［例 1-3］图

（2）以 O 点为参考点，即 $V_O=0\text{V}$，$V_C=U_{CO}=3\text{V}$，因为 $U_{CD}=V_C-V_D$，所以有

$$V_D = V_C - U_{CD} = 3 - 2 = 1(\text{V})$$
$$U_{DO} = V_D - V_O = 1 - 0 = 1(\text{V})$$

由［例 1-3］可见，电路中各点的电位随参考点的不同而不同，但两点之间的电压与参考点的选择无关，是不变的。

在电路中，参考点可以任意选择。在电力系统中，常选大地为参考点，符号为“⏚”，在电子设备中，常选机壳为参考点，符号为“⊥”。

五、电动势

在电源内部，同时存在着两种力，即电源力和电场力。当电源接上负载后，电源力克服电场力的阻力，不断地把正电荷从负极移向正极，在这个过程中，电源把其他形式的能量转换成电能。为了衡量电源力做功的能力，引出电动势这个物理量。电源力将单位正电荷从电源的负极移向正极所做的功称为电动势。并规定其方向由负极指向正极，单位与电压相同。

电动势的大小和方向不随时间变化的电源称为直流电源，其电动势用 E 表示。图 1-6（a）为电源的一般图形符号，图 1-6（b）为电池类直流电源的图形符号。

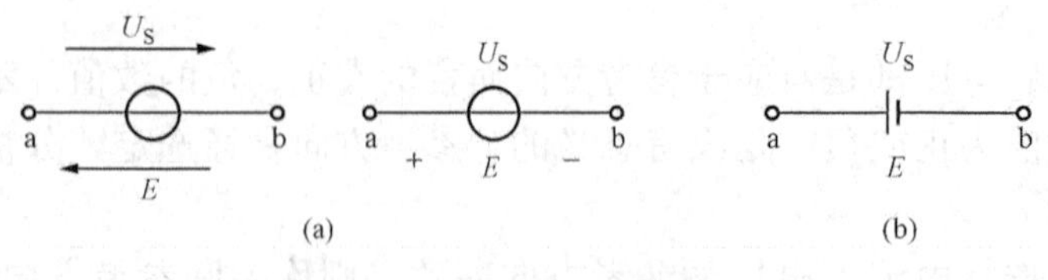

图 1-6 电源符号及参考方向

在电路分析中，也引进电动势的参考方向，如图 1-6 所示。当采用参考极性表示参考方向时，E 的参考方向由“−”指向“+”，电池符号的长线侧代表“+”参考极性。

电源的电动势与端电压的方向总是相反的，当不考虑电源内阻时，任何情况下两者的大小相等。一个直流电源，若按图 1-6 所示，选择电动势与端电压的参考方向相反时，则

$$U_S = E \qquad (1-6)$$

若选择电动势与端电压的参考方向相同时，则

$$U_S = -E \qquad (1-7)$$

第三节 电 功 率 与 电 能

一、电功率

单位时间内电源力或电场力所做的功称为电功率，简称功率，用 p 表示。若在 dt 时间内，电源力或电场力所做的功为 dw，则

$$p = \frac{\mathrm{d}w}{\mathrm{d}t} \tag{1-8}$$

SI 中，w、t 单位分别为 J、s 时，功率的单位为瓦特（简称瓦），符号为 W。常用的单位还有 kW（千瓦）、mW（毫瓦）等。其单位换算关系为

$$1\mathrm{kW} = 10^3\mathrm{W}$$

$$1\mathrm{mW} = 10^{-3}\mathrm{W}$$

式（1 - 8）可写成

$$p = \frac{\mathrm{d}w}{\mathrm{d}q} \times \frac{\mathrm{d}q}{\mathrm{d}t} = ui \tag{1-9}$$

在直流电路中，功率用 P 表示

$$P = UI \tag{1-10}$$

电路中，对外只有两个端钮的一段电路称为二端网络，图形符号如图 1 - 7 所示。一个二端网络，若端口电压、电流方向相同，则该网络接受功率为负载；若端口电压、电流方向相反，则该网络发出功率为电源。

当如图 1 - 7（a）所示，选择二端网络的端口电压、电流为关联参考方向时，按式 $P=UI$ 计算。当如图 1 - 7（b）所示，选择二端网络的端口电压、电流为非关联参考方向时，按式 $P=-UI$ 计算。若 $P>0$，表明网络接受功率；若 $P<0$，表明网络发出功率。

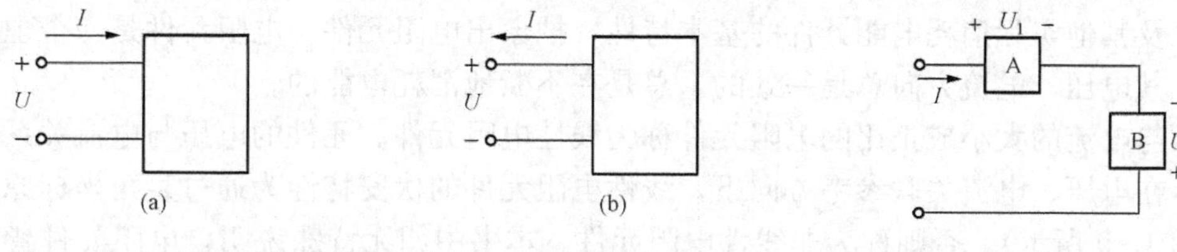

图 1 - 7 二端网络图形符号及电压、电流参考方向

（a）关联参考方向；（b）非关联参考方向

图 1 - 8 ［例 1 - 4］图

在此顺便指出，电路泛指的“负载”有时是指用电设备，有时是指功率。

【例 1 - 4】 图 1 - 8 中，两个二端元件流过相同的电流 $I=1\mathrm{A}$，又已知 $U_1=1\mathrm{V}$，$U_2=2\mathrm{V}$。求各元件的功率，并指出是发出还是接受功率。

解 元件 A 的端口 U_1 与 I 为关联参考方向，则 $P_\mathrm{A}=U_1I=1\times1=1$（W）$>0$，表明元件 A 接受功率；

元件 B 的端口 U_2 与 I 为非关联参考方向，则 $P_\mathrm{B}=-U_2I=-2\times1=-2$（W）$<0$，表明元件 B 发出功率。

二、电能

在一段时间内电源力或电场力所做的功称为电能，用 W 表示（注意电能的文字符号与

功率的单位文字符号相同，但为斜体）。在直流电路中，一个二端网络所接受或发出的功率为 P，则在 t 时间内该二端网络所接受或发出的电能为

$$W = Pt = UIt \tag{1-11}$$

SI 中，当 U、I、t 的单位分别为 V、A、s 时，W 的单位为 J。实用中常用 kW · h（千瓦 · 时）作为电能的单位。1kW · h＝1000W×3600s＝3.6×10^6J。1kW · h 习惯称为 1 度电。

由能量守恒定律可知，一个电路中所有电源发出的功率，必然等于所有负载接受的功率，或者说，整个电路功率的代数和为零（$\sum P=0$），这一结论称为电路的功率平衡。

【例 1-5】 某礼堂有 100W 的灯泡 20 盏，使用 5h，共用多少电能？若电费为 0.5 元/kW · h，应付多少电费？

解 全部电灯的总功率

$$P = 100 \times 20 = 2000\ (\text{W}) = 2\ (\text{kW})$$

使用 5h 共用电能

$$W = Pt = 2 \times 5 = 10\ (\text{kW} \cdot \text{h})$$

应付电费

$$0.5 \times 10 = 5\ (\text{元})$$

第四节 电阻元件及欧姆定律

一、电阻元件

导体或半导体对电流的阻碍作用称为电阻。各种形式的电阻器件，如白炽灯、电阻箱、电炉等，它们的共同特点是流过电流便会发热、消耗电能。

若一个二端器件通过电流总是消耗电能，则其电压、电流的方向总是一致的。为了模拟电阻器件及其他实际消耗电能器件的基本特性，抽象出电阻元件。电阻元件是一个理想的二端元件，其电压、电流方向总是一致的，总是在不断地消耗电能的。

电压与电流的大小成正比的电阻元件称为线性电阻元件。元件的电压与电流关系称为伏安特性。在电压、电流关联参考方向下，线性电阻元件的伏安特性为通过直角坐标原点的直线（如图 1-9 所示），否则称为非线性电阻元件。本书中如无特殊说明，电阻元件皆指线性而言。

线性电阻元件的电压大小与电流大小的比值为

$$R = \frac{U}{I} \tag{1-12}$$

其中，R 为一常数，称为它的电阻。电阻的倒数

$$G = \frac{1}{R} \tag{1-13}$$

G 称为电导。

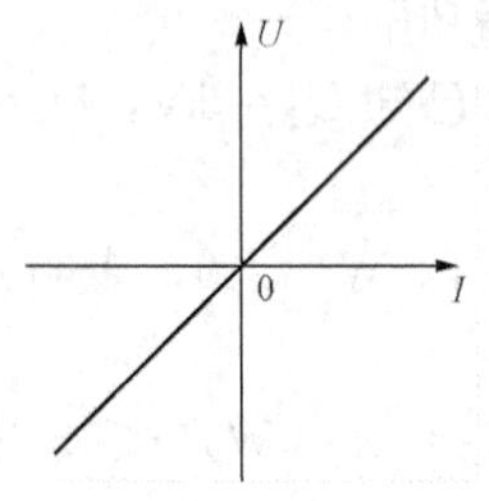

图 1-9 线性电阻元件的伏安特性

SI 中，电阻的单位为欧姆（简称欧），符号为 Ω；电导的单位为西门子（简称西），符号为 S。电阻常用 kΩ（千欧）、MΩ（兆欧）等单位，换算关系为

$$1k\Omega = 10^3\Omega$$
$$1M\Omega = 10^3 k\Omega$$

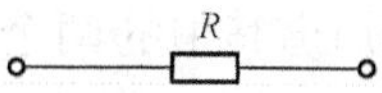

电阻元件简称电阻，其图形符号如图 1 - 10 所示。图中注明的 R 是电阻元件的阻值。

图 1 - 10 电阻元件的图形符号

由线性元件组成的电路称为线性电路。本书中如无特殊说明，皆指线性电路。

二、欧姆定律

任何情况下，电阻元件上的电压、电流方向总是一致的，对于线性电阻元件，若选择电压、电流为关联参考方向，如图 1 - 11（a）所示，则

$$U = RI \tag{1 - 14}$$

若选择电压、电流为非关联参考方向，如图 1 - 11（b）所示，则

$$U = -RI \tag{1 - 15}$$

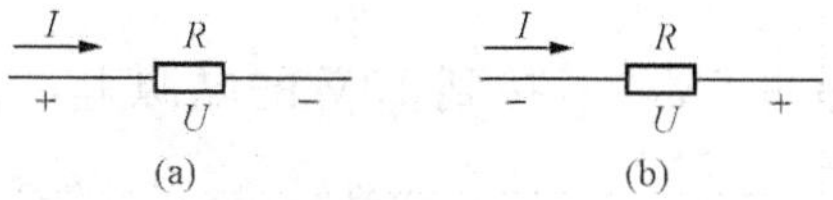

式（1 - 14）、式（1 - 15）皆为欧姆定律式。注意式（1 - 15）中有负号。欧姆定律是分析计算线性电路的基本依据之一。

(a) (b)

图 1 - 11 电阻元件的电压、电流不同参考方向的选择

（a）关联的；（b）非关联的

三、电阻元件的功率

电阻元件总是接受并消耗电能的，所以，称电阻元件是一个耗能元件。按电压、电流关联参考方向计，电阻元件接受的功率

$$P = UI = RI^2 = \frac{U^2}{R} > 0 \tag{1 - 16}$$

由于电阻器件总是把接受的电能转变成热能，利用这一特性可以制成各种电热设备，如电热水器、电烤箱等。电机、变压器等电气设备，由于其导电部分具有电阻，因而当通过电流时也要发热，发热程度与其通过的电流大小和时间长短有关。若长时间通过大电流，会引起设备过热，影响其使用寿命。

第五节 电路的三种状态

一、工作状态

图 1 - 12 所示电路中，R_O、U_O 分别是电源的内阻和端电压，R_L 是负载电阻。当开关 S 合向“1”时电源接上负载，电路中便有了电流，并有能量的转换和传输，电路处于工作状态。电气设备是由导体和绝缘物构成的，若所加电压过高，电流过大，可能引起设备过热，损坏绝缘，影响寿命。为了保证电路的正常工作，厂家对其生产的电气设备的工作电压、电流、功率等都规定了一个正常的使用值，称为电气设备的额定值。电气设备工作在额定值的状态称为额定工作状态，又称满载。此外，还有轻载和过载两种工作状态。

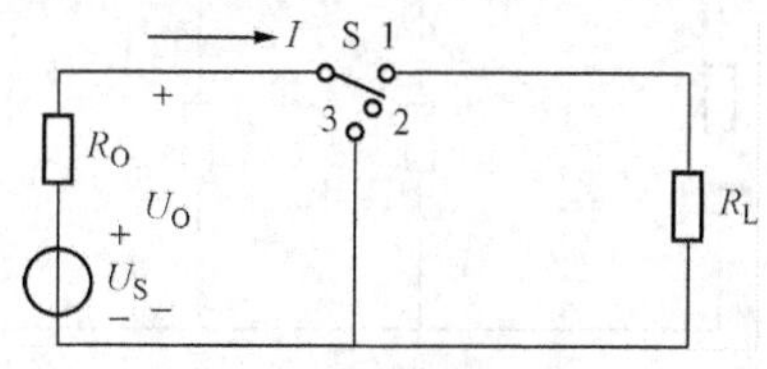

图 1 - 12 表明电路三种状态用图

为了方便用户的使用，将电气设备的额定值标在铭牌上，因此额定值又称铭牌值。额定电压、电流、功率分别用 U_N、I_N、P_N 表示。电阻类器件三个额定值与电阻 R 的关系是：$U_N = RI_N$，$P_N = U_N I_N = RI_N^2 = U_N^2/R$，只

要知道其中的两个量，其他量便可求出。

【例 1-6】 有一“100Ω、$\frac{1}{4}$W”的碳膜电阻，问使用时电流不能超过多大值？此电阻能否接在 10V 的电源上使用？

解 由题意可知，该电阻 $R=100\Omega$，$P_N=\frac{1}{4}$W，所以

$$I_N=\sqrt{\frac{P_N}{R}}=\sqrt{\frac{\frac{1}{4}}{100}}=\frac{1}{20}(\text{A})=50\ (\text{mA})$$

$$U_N=RI_N=100\times\frac{1}{20}=5\ (\text{V})$$

即通过电阻的实际电流不能超过 50mA，外加电压不能超过 5V。若接到 10V 的电源上，将因电流过大而烧坏，故不能接到 10V 电源上。

二、电源开路

如图 1-12 所示电路中，当开关 S 合向“2”时，相当于负载电阻为无限大，$I=0$，$U_O=U_S$，电源输出功率 $P=0$。

三、电源短路

如图 1-12 所示电路中，当开关 S 合向“3”时，相当于负载电阻为零，$I=\frac{U_S}{R_O}$。因 R_O 一般很小，所以，短路电流很大。此时，负载上的功率 $P_L=0$，电源内阻上的功率 $P_S=I^2R_O$ 很大，在内阻上产生大量的热量，极易烧坏电源，应尽量避免短路。在低压供电系统中，广泛应用熔断器（俗称保险丝）作为电路的短路保护。

第六节 基尔霍夫定律

电路是由元件相互连接而成的，基尔霍夫定律从电路连接方面阐明了电路的电流、电压所遵循的约束关系，是分析和计算电路的又一基本依据之一，基尔霍夫定律与元件性质无关，适用于电路的任一瞬时。它包括基尔霍夫电流定律（又称基尔霍夫第一定律）和基尔霍夫电压定律（又称基尔霍夫第二定律）两个内容。

首先，借助于图 1-13 介绍电路结构方面的几个名词。

（1）支路——电路中具有两个端钮且通过同一电流，由一个或几个元件串联而成的分支称为支路。图中有 aegc、ac 等 5 条支路，其中支路 aegc 为含源支路，其他为无源支路。cd 不是支路，因为中间没有元件。

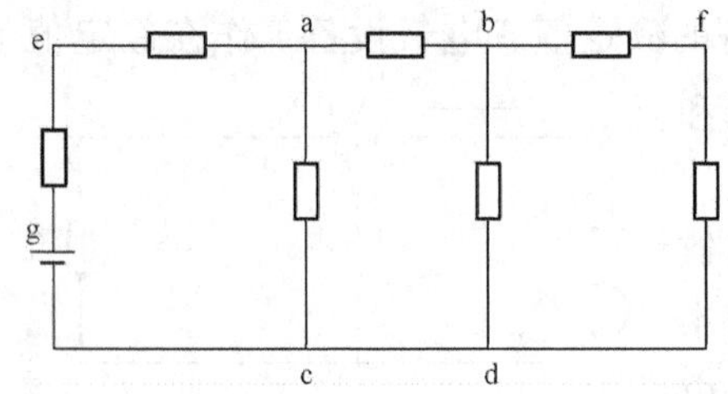

图 1-13 讨论电路结构的有关名词用图

（2）节点——三条及以上支路的连接点称为节点。图中有 a、b、c 三个节点；c、d 两点等电位，应看成一个节点。

（3）回路——电路中任意闭合的路径称为回路。图中 aegca、acdba、aegcdfba 等均是回路。

（4）网孔——内部不含支路的回路称为网孔。图中只有 aegca、acdba、bdfb 三个网孔。

一、基尔霍夫电流定律

基尔霍夫电流定律（Kirchhoff's Current Law），简写为 KCL。它研究的是电路中与节点相连的各支路电流间的约束关系。其表述为：对于电路中的任意一个节点，在任意瞬时，流进的总电流等于流出的总电流。由实例可以验证（略），当各支路电流均采用参考方向时，上述结论仍然成立。对于直流电路中的任意一个节点有

$$\sum I_{\mathrm{i}} = \sum I_{\mathrm{o}} \tag{1-17}$$

或

$$\sum I = 0 \tag{1-18}$$

由式（1-18）可知，KCL 又可表述为：汇集于电路任意节点的各支路电流的代数和等于零。

应用式（1-18）列写 KCL 方程的方法是：若流进电流取"+"（或"−"），则流出电流取"−"（或"+"）。例如，对图 1-14 中的节点 a 有

$$I_1 - I_2 - I_3 + I_4 + I_5 = 0$$

或

$$-I_1 + I_2 + I_3 - I_4 - I_5 = 0$$

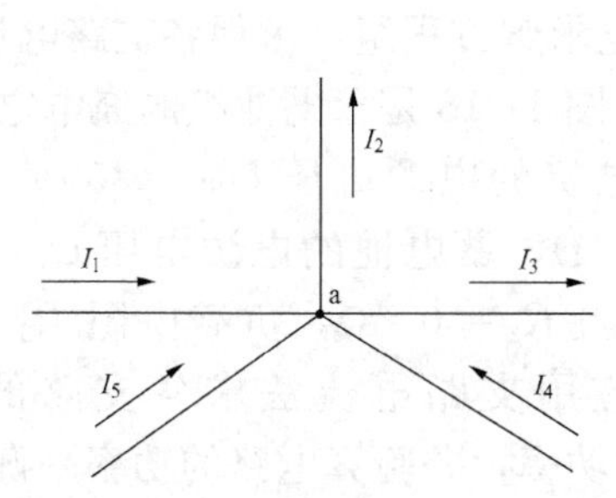

图 1-14 讨论列写 KCL 方程的方法用图

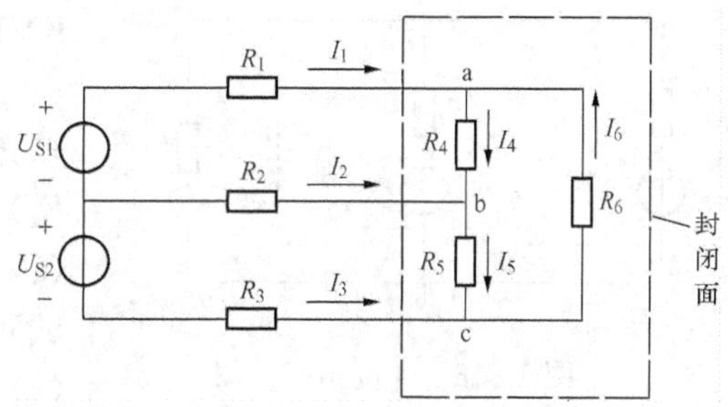

图 1-15 KCL 应用于假想的封闭面

KCL 不仅适用于电路的一个节点，还适用于电路中的假想封闭面，对于图 1-15 所示的电路，可以把封闭面看成一个扩大的节点，对于该"节点"列出的 KCL 方程为

$$I_1 + I_2 + I_3 = 0$$

（读者对上式验证，只需对封闭面内三个节点列出 KCL 方程，之后将它们相加即可。）

二、基尔霍夫电压定律

基尔霍夫电压定律（Kirchhoff's Voltage Law）简写为 KVL。它研究的是电路回路中各元件上电压间的约束关系。其表述为：任一瞬时，电路中任意回路内各元件电压的代数和等于零。对于直流电路，则有

$$\sum U = 0 \tag{1-19}$$

应用式（1-19）时，应首先选择回路的绕行方向，凡回路内元件电压的参考方向与绕行方向一致的取"+"（或"−"）号，反之取"−"（或"+"）号。例如图 1-16 所示的回路中，选择顺时针绕行方向如图示，按上述方法列出的 KVL 方程为

$$U_1 - U_2 - U_3 + U_{S3} + U_4 - U_{S1} = 0$$

对于回路中的电阻元件，当直接给出电阻、电流时，可以利用欧姆定律式，用 $RI=U$ 替代电阻上的电压。但应注意，当电流参考方向与绕行方向一致时 RI 取正，反之取负。

对于图 1-16 所示回路，直接列出包括电阻与电流相乘（RI）的 KVL 方程为

$$R_1I_1 - R_2I_2 + R_3I_3 + U_{S3} - R_4I_4 - U_{S1} = 0$$

KVL 还适用于假想的闭合回路。图 1-17 所示是电路的一部分,a、b 间有电压 U_{ab},可以把 a、b 间想象成有一条支路,用 U_{ab} 替代,按上述方法列出 KVL 方程,即

$$R_3 I_3 + R_1 I_1 + U_{S1} - R_2 I_2 - U_{S2} - U_{ab} = 0$$

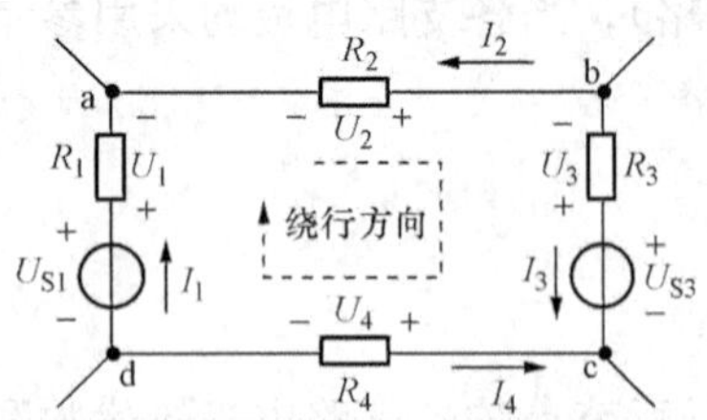

图 1-16 列写 KVL 方程用图

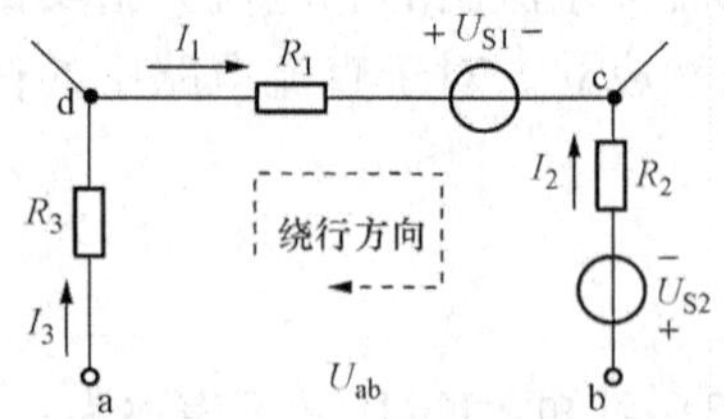

图 1-17 KVL 应用于假想的闭合回路

凡是不能直接判断各支路电流方向的电路称为复杂电路。图 1-18 所示电路就是一个复杂电路。求解复杂电路的基本方法是支路电流法,该方法是当电路的各电源电压、电阻已知时,以支路电流为未知的待求量,列出独立的 KCL、KVL 方程,联立求解方程组,求得各支路电流。

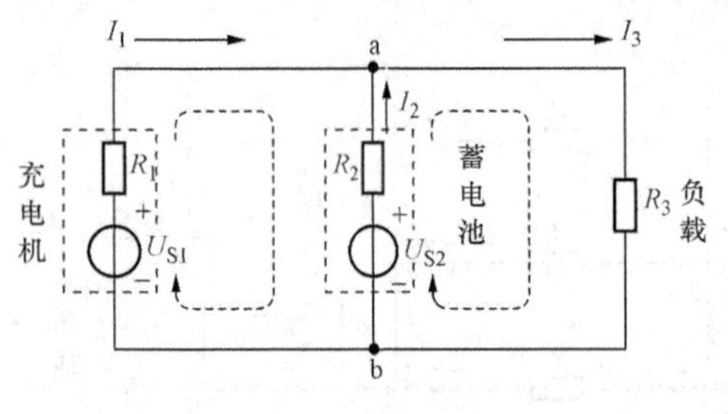

图 1-18 [例 1-7] 图

【例 1-7】 图 1-18 是蓄电池组的充电电路。已知充电用直流电机的电源电压 $U_{S1}=130\text{V}$($U_{S1}=E_1$),内阻 $R_1=1\Omega$,蓄电池的电源电压 $U_{S2}=117\text{V}$($U_{S2}=E_2$),内阻 $R_2=0.6\Omega$,负载电阻 $R_3=24\Omega$。试回答:(1)应用支路电流法求各支路的电流;(2)求各支路的功率,并验算电路的功率平衡。

解 (1)求解步骤如下:

1)以支路电流为待求量,标出各支路电流的参考方向。图 1-18 有 3 个支路电流。

2)列出 $n-1$ 个独立的 KCL 方程(n 为节点数)。

本例只有两个节点,只能列出 $2-1=1$ 个独立的 KCL 方程,对 a 节点,有

$$I_1 + I_2 - I_3 = 0 \tag{1-20}$$

3)以网孔为回路,列出数目等于网孔数的 KVL 方程。

本例只有两个网孔,只能列出两个 KVL 方程,按图 1-18 虚线所示的绕行方向,有

$$R_1 I_1 - R_2 I_2 + U_{S2} - U_{S1} = 0 \tag{1-21}$$

$$R_2 I_2 + R_3 I_3 - U_{S2} = 0 \tag{1-22}$$

按网孔列 KVL 方程,有几个网孔列几个方程,既独立又够用。这样,已列出的 KCL、KVL 方程总数(3)正好等于未知的支路电流数。

4)将已知数代入独立的 KCL、KVL 方程,联立求解方程组,求得各支路电流。

$$\begin{cases} I_1 + I_2 - I_3 = 0 \\ I_1 - 0.6I_2 + 117 - 130 = 0 \\ 0.6I_2 + 24I_3 - 117 = 0 \end{cases}$$

即

$$\begin{cases} I_1 + I_2 - I_3 = 0 \\ I_1 - 0.6I_2 = 13 \\ 0.6I_2 + 24I_3 = 117 \end{cases}$$

解得

$$I_1 = 10\text{A}, \quad I_2 = -5\text{A}, \quad I_3 = 5\text{A}$$

I_1、I_3 为正，表明其方向与参考方向相同；I_2 为负，表明其方向与参考方向相反。

（2）求各支路的功率，验算电路的功率平衡。

a、b 间的电压：$U_{ab}=R_3I_3=24\times5=120$（V）。

充电机的功率：$P_1=-U_{ab}I_1=-120\times10=-1200$（W）。$P_1<0$，充电机发出功率为电源。

蓄电池的功率：$P_2=U_{ab}I_2=120\times5=600$（W）。$P_2>0$，蓄电池接受功率实为负载。

电阻 R_3 接受的功率：$P_3=R_3I_3^2=24\times5^2=600$（W）。

$$\sum P = P_1 + P_2 + P_3 = (-1200) + 600 + 600 = 0 \text{ (W)}$$

第七节 电阻的串联与并联

在实际应用中，为了满足一定的需要，经常把几个电阻串联或并联起来。

一、电阻的串联

几个电阻依次相连，通过同一电流，这种连接方式称为电阻的串联，如图 1-19（a）所示。

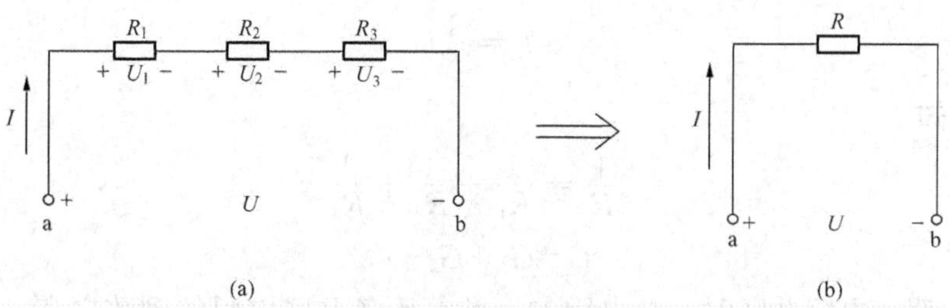

图 1-19 电阻的串联及等效电阻

（a）电阻的串联；（b）等效电阻

1. 等效电阻

几个电阻串联可用一个电阻等效代替，如图 1-19（b）所示。等效条件是在相同的外加电压作用下通过的电流相等，该电阻称为等效电阻，又叫总电阻。

对图 1-19（a）所示电路，由 KVL 可知

$$U = U_1 + U_2 + U_3 = R_1I + R_2I + R_3I = (R_1 + R_2 + R_3)I$$

对图 1-19（b）电路有

$$U = RI$$

由等效条件可知，总电阻

$$R = R_1 + R_2 + R_3 \tag{1-23}$$

式（1-23）表明：串联电阻的总电阻等于各电阻之和。

2. 分压关系

从图 1-19（a）中可以看出

$$\left.\begin{aligned} U_1 &= R_1 I = \frac{R_1}{R}U \\ U_2 &= R_2 I = \frac{R_2}{R}U \\ U_3 &= R_3 I = \frac{R_3}{R}U \end{aligned}\right\} \tag{1-24}$$

式（1-24）表明：在电阻串联电路中，各电阻上的电压与其电阻值成正比。式（1-24）称为串联电阻的分压公式，各电阻与总电阻之比称为分压比。

电阻串联应用很广。当外加电压不变时，经常通过改变与负载电阻相串联的电阻值来调节负载中的电流大小；利用电阻的分压特性做成分压器及扩大电压表的量程。

二、电阻的并联

几个电阻连接在同一对节点上，各电阻承受同一电压，这种连接方式称为电阻的并联，如图 1-20（a）所示。图 1-20（b）所示的电阻 R 为并联电阻的等效电阻。

1. 等效电阻（总电阻）

对图 1-20（a）所示电路，由 KCL 可知

$$I = I_1 + I_2 + I_3 = \frac{U}{R_1} + \frac{U}{R_2} + \frac{U}{R_3} = \left(\frac{1}{R_1} + \frac{1}{R_2} + \frac{1}{R_3}\right)U$$

对图 1-20（b）所示电路，有

$$I = \frac{1}{R}U$$

由等效条件可知

$$\frac{1}{R} = \frac{1}{R_1} + \frac{1}{R_2} + \frac{1}{R_3} \tag{1-25}$$

或

$$G = G_1 + G_2 + G_3$$

式（1-25）表明：电阻并联时，总电阻的倒数等于各并联电阻的倒数之和，即总电导等于各电导之和。

显然，如图 1-21 所示，当只有 R_1、R_2 两个电阻并联时，总电阻

$$R = \frac{R_1 R_2}{R_1 + R_2} \tag{1-26}$$

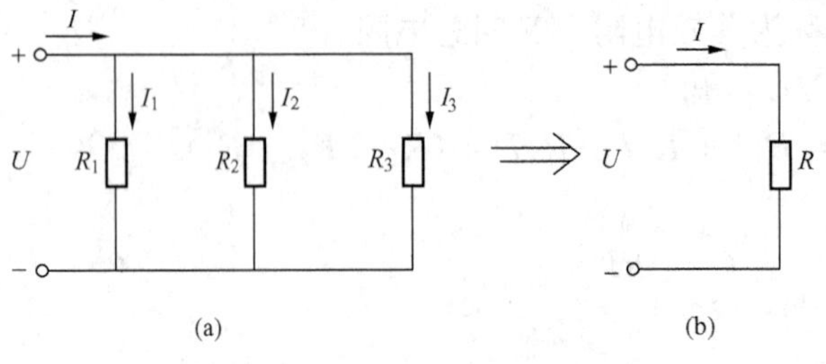

图 1-20 电阻的并联及等效电阻

（a）电阻的并联；（b）等效电阻

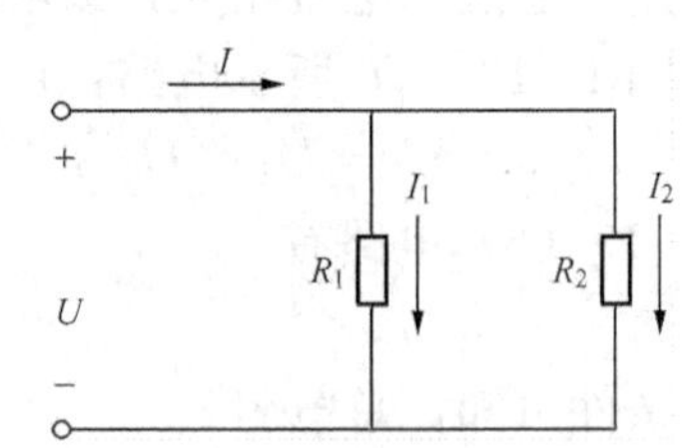

图 1-21 两个电阻并联

2. 分流关系

如图 1-21 所示，当两个电阻并联时

$$I_1=\frac{U}{R_1}=\frac{I\dfrac{R_1R_2}{R_1+R_2}}{R_1}=\frac{R_2}{R_1+R_2}I$$

即

$$\left.\begin{aligned}I_1&=\frac{R_2}{R_1+R_2}I\\I_2&=\frac{R_1}{R_1+R_2}I\end{aligned}\right\}\qquad(1-27)$$

式（1-27）为两个电阻并联时的分流公式。

并联电阻的分流作用，广泛应用于电流表量程的扩大及各种分流电路中。

三、电阻的混联

既有串联又有并联的电阻连接方式称为电阻的混联。计算电阻混联电路的方法步骤如下：

（1）首先搞清各电阻的串、并联关系，按照从后（即负载侧）向前（即电源侧）的顺序求出电路的总电阻；

（2）求出总电流；

（3）利用分流或分压公式求出各电阻的电流或电压。

【例 1-8】 图 1-22 所示电路中，已知 $R_1=2\Omega$，$R_2=4\Omega$，$R_3=4\Omega$，$U=12\text{V}$。求各电阻上的电流。

解 （1）先求总电阻

$$R=R_1+\frac{R_2R_3}{R_2+R_3}=2+\frac{4\times4}{4+4}=4\ (\Omega)$$

（2）求总电流

$$I=\frac{U}{R}=\frac{12}{4}=3\ (\text{A})$$

（3）按分流公式求 I_2、I_3，即

$$I_2=\frac{R_3}{R_2+R_3}I=\frac{4}{4+4}\times3=1.5\ (\text{A})$$

$$I_3=\frac{R_2}{R_2+R_3}I=\frac{4}{4+4}\times3=1.5\ (\text{A})$$

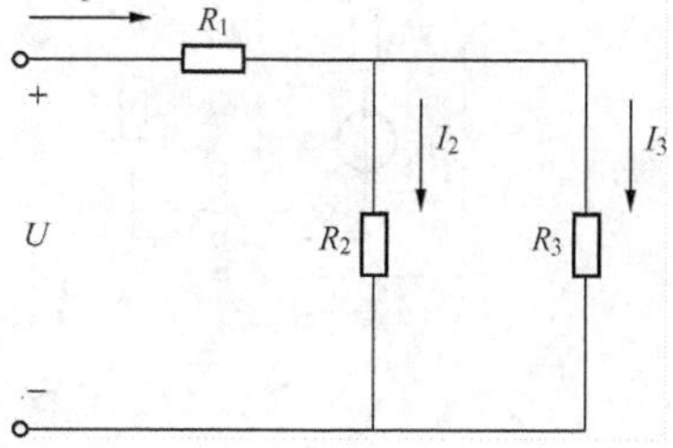

图 1-22 ［例 1-8］图

第八节 两种电源模型及其等效互换

一、理想电源元件

1. 理想电压源

理想电压源的图形符号如图 1-23（a）所示。其特点是输出电压不随输出电流的变化而变化，即输出电压恒定，所以理想电压源又称恒压源。直流理想电压源的伏安特性是一条与 I 轴平行的直线。如图 1-23（b）所示。

平时所用的电池、直流稳压电源，其内阻可以忽略不计，可以认为是直流理想电压源，其端电压 U_S 等于电源电动势 E（在近代电工理论中，电源对外作用常用理想电压源电压取代电动势）。上一节中，电路的外加电压即为理想直流电压源的电压。

2. 理想电流源

理想电流源的图形符号如图 1 - 24（a）所示。其特点是输出电流不随输出电压的变化而变化，即输出电流恒定，所以理想电流源又称恒流源。直流理想电流源的伏安特性是一条与 I 轴垂直的直线，如图 1 - 24（b）所示。

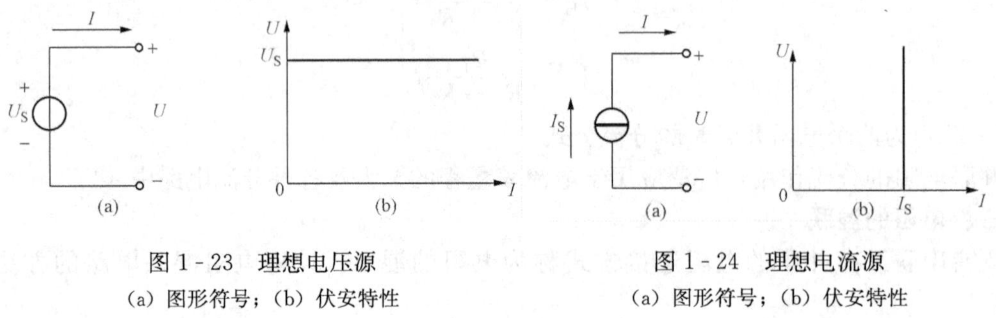

图 1 - 23 理想电压源

（a）图形符号；（b）伏安特性

图 1 - 24 理想电流源

（a）图形符号；（b）伏安特性

有的实际电源，如光电池在一定的光照下，能产生近似恒定的输出电流，可以认为是理想的电流源。

二、电压源与电流源的等效变换

一个实际电源一定存在内阻（R_O），当不能忽略内阻时，便用理想电源元件和电阻的组合来表明其特性。当电源的输出电压随输出电流的变化比较小时，可用 U_S 与 R_O 相串联的电压源模型来表示，如图 1 - 25（a）虚线框内所示；当电源的输出电流随输出电压变化比较小时，可用 I_S 与 R_O 相并联的电流源模型来表示，如图 1 - 25（b）虚线框内所示。

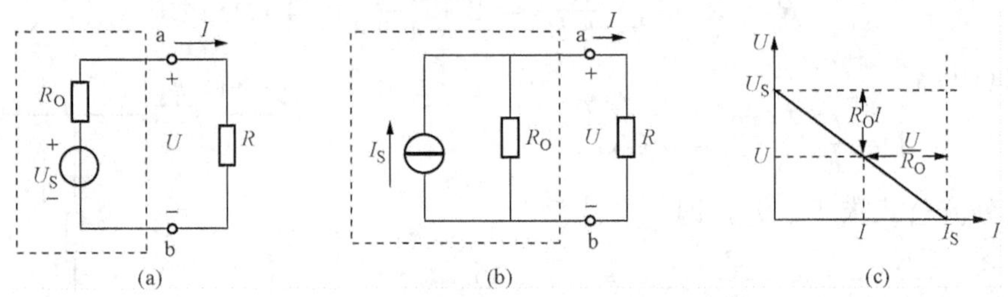

图 1 - 25 实际电源的模型及伏安特性

（a）电压源；（b）电流源；（c）伏安特性（即外特性）

上一节已经讲到等效概念，一般地说，只要两个二端网络的端口电压、电流相同（即在相同的端口电压、电流参考方向下，端口的伏安关系相同），则这两个二端网络对外电路而言，互为等效。两个网络的内部构成可以不同，它们对外的作用完全相同，可以互相替代。

对负载而言，一个电源可以用两种电源模型中的任何一种等效代替，无论选择哪种电源模型，它们的端口电压、电流都应相同。

由电压源模型可得

$$I=\frac{U_S-U}{R_O}=\frac{U_S}{R_O}-\frac{U}{R_O}$$

由电流源模型可得

$$I=I_S-\frac{U}{R_O}$$

比较以上两式，可以得知两种电源模型等效互换条件为

$$\left.\begin{aligned} R_O(\text{电压源}) &= R_O(\text{电流源}) \\ U_S &= I_S R_O \end{aligned}\right\} \tag{1-28}$$

注意：I_S 的流出端与 U_S 的"＋"极性端应为同一侧。

一个实际电源因存在内阻（R_O），所示输出电压随输出电流的增大而下降，如图 1 - 25（c）所示（按 R_O 较大画出）。

显然，理想电压源是电压源模型中 R_O 为零的特例；理想电流源是电流源模型中 R_O 为无限大的特例。因为两种理想电源元件对外的伏安特性不同，所以它们之间不存在等效互换问题。

【例 1 - 9】 电路如图 1 - 18 所示。试用电压源与电流源的等效互换方法求电阻 R_3 上的电流。

解 将图 1 - 18 重新画出，如图 1 - 26（a）所示，并标出 R_3 上的电流 I_3 的参考方向如图示。

（1）先将 U_{S1} 与 R_1 串联、U_{S2} 与 R_2 串联构成的电压源模型分别变成等效电流源模型，如图 1 - 26（b）所示。其中

$$I_{S1} = \frac{U_{S1}}{R_1} = \frac{130}{1} = 130\ (\text{A})$$

$$I_{S2} = \frac{U_{S2}}{R_2} = \frac{117}{0.6} = 195\ (\text{A})$$

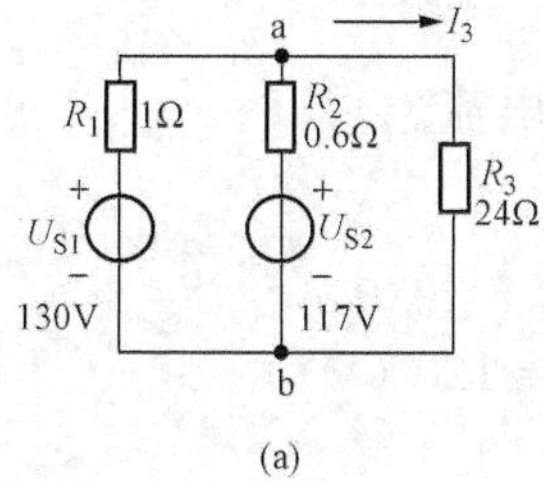

(a)

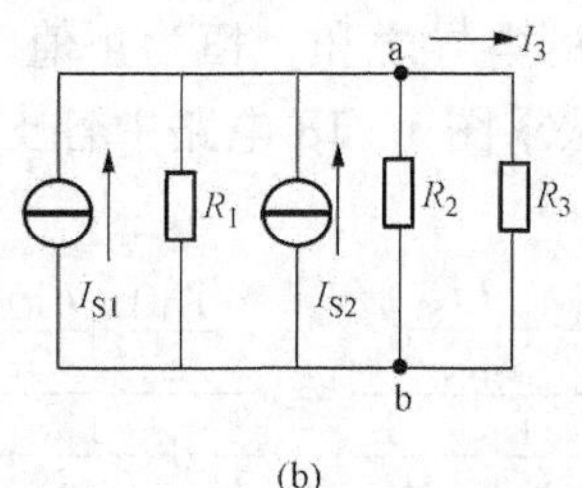

(b)

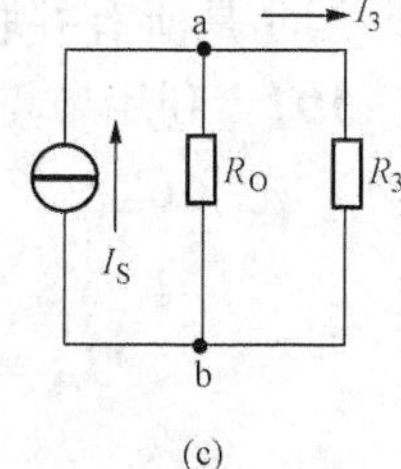

(c)

图 1 - 26 ［例 1 - 9］图

（2）将 I_{S1} 和 I_{S2} 合并成 I_S，将并联的 R_1、R_2 合并成等效电阻 R_O，对外变成一个电流源模型，如图 1 - 26（c）所示。其中

$$I_S = I_{S1} + I_{S2} = 130 + 195 = 325\ (\text{A})$$

$$R_O = \frac{R_1 R_2}{R_1 + R_2} = \frac{1 \times 0.6}{1 + 0.6} = 0.375\ (\Omega)$$

按分流公式，从图 1 - 26（c）中求得

$$I_3 = \frac{R_O}{R_O + R_3} I_S = \frac{0.375}{0.375 + 24} \times 325 = 5\ (\text{A})$$

可见，I_3＝5A 与应用支路电流法求得的结果相同。

*第九节 节 点 电 压 法

对于图 1 - 27 所示的只具有两个节点的复杂电路，当各支路电源、电阻已知时，可先利

用节点电压公式求得两节点间的电压，再应用 KVL 或欧姆定律求得各支路电流。这一方法称为节点电压法。

图 1-27 所示电路中，a、b 两节点间的电压（推导从略）为

$$U_{ab}=\frac{\frac{U_{S1}}{R_1}-\frac{U_{S2}}{R_2}+\frac{U_{S3}}{R_3}}{\frac{1}{R_1}+\frac{1}{R_2}+\frac{1}{R_3}+\frac{1}{R_4}}=\frac{U_{S1}G_1-U_{S2}G_2+U_{S3}G_3}{G_1+G_2+G_3+G_4}$$

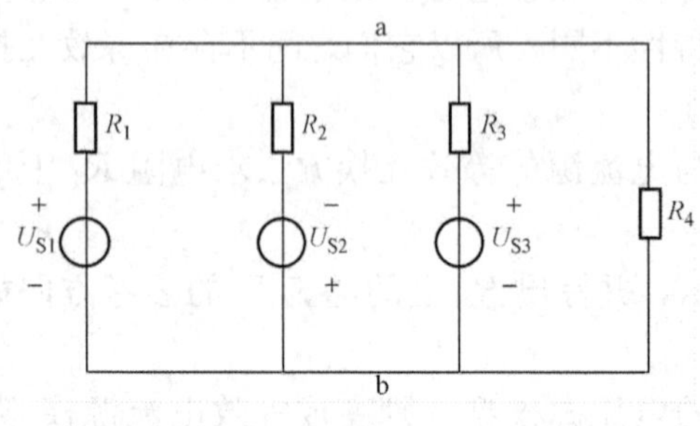

图 1-27 讨论节点电压用图

式中：G 称为支路电导，分别等于各支路电阻的倒数。

a、b 两节点间电压 U_{ab} 公式的一般形式为

$$U_{ab}=\frac{\sum(U_S G)}{\sum G} \tag{1-29}$$

式（1-29）称为弥尔曼定理。

若将图 1-27 中的各电压源变换成等效电流源，则式（1-29）可写成

$$U_{ab}=\frac{\sum I_S}{\sum G} \tag{1-30}$$

式（1-29）中 $\sum(U_S G)$ 是各支路理想电压源的电压与该支路电导乘积的代数和，凡 U_S 的参考方向与 U_{ab} 的参考方向一致取正号，反之（如 U_{S2}）取负号。式（1-30）中 $\sum I_S$ 是各支路理想电流源电流的代数和，凡 I_S 的参考方向与 U_{ab} 的参考方向相反（即指向 a 点）取正，反之取负。$\sum G$ 是所有并联支路的电导之和，恒为正值。

【例 1-10】 利用节点电压法求图 1-18 电路中各支路的电流。

解 （1）先求 U_{ab}

$$U_{ab}=\frac{\frac{U_{S1}}{R_1}+\frac{U_{S2}}{R_2}}{\frac{1}{R_1}+\frac{1}{R_2}+\frac{1}{R_3}}=\frac{\frac{130}{1}+\frac{117}{0.6}}{\frac{1}{1}+\frac{1}{0.6}+\frac{1}{24}}=120\ (\text{V})$$

（2）假设各支路电流参考方向如图 1-18 所示。对 U_{S1} 支路列写含 U_{ab} 的 KVL 方程，即

$$R_1I_1+U_{ab}=U_{S1}$$

$$I_1=\frac{U_{S1}-U_{ab}}{R_1}=\frac{130-120}{1}=10\ (\text{A})$$

用同样的方法列出

$$R_2I_1+U_{ab}=U_{S2}$$

$$I_2=\frac{U_{S2}-U_{ab}}{R_2}=\frac{117-120}{0.6}=-5\ (\text{A})$$

由欧姆定律得

$$I_3=\frac{U_{ab}}{R_3}=\frac{120}{24}=5\ (\text{A})$$

结果与应用支路电法求得结果相同。

第十节 叠 加 定 理

叠加定理是反映线性电路基本性质的一个重要定理。其内容是：在几个电源共同作用的线性电路中，任一支路的电流或电压，等于各个电源单独作用时，在该支路上产生的电流或电压的代数和。

应用叠加定理求各支路电流或电压的步骤如下：

（1）分别作出仅由一个电源单独作用时的分电路图。对于不考虑的电压源（U_S）代之以短路；对于不考虑的电流源的电流（I_S）代之以开路，电路的其他连接方式及各电阻保持不变。

（2）对各分电路计算每一支路的电流或电压。

（3）将各分电路的支路电流或电压叠加起来，即为几个电源共同作用下的原电路中各支路的电流或电压。

应用叠加定理需注意以下两点：

（1）叠加时应注意电流或电压的参考方向。若分电路各支路电流或电压与（几个电源共同作用下的）原电路中各支路电流或电压的参考方向相同时取正号，相反时取负号。

（2）叠加定理只适用于线性电路的电流、电压计算，不适用于功率的计算，因为功率与电流或电压是非线性关系。

【例 1-11】 如图 1-28（a）所示的电路中，$R_1=6\Omega$，$R_3=3\Omega$，$U_{S1}=9V$，$I_{S2}=9A$，应用叠加定理求 I_1、I_2、I_3。

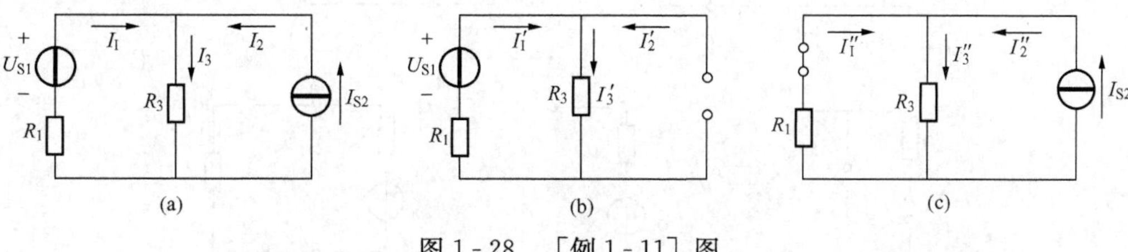

图 1-28 ［例 1-11］图

（a）原电路；（b）电压源单独作用时的分电路；（c）电流源单独作用时的分电路

解 画出图 1-28（a）中各电源单独作用时的分电路图，见图 1-28（b）、（c）。

图 1-28（b）中

$$I'_1=I'_3=\frac{U_{S1}}{R_1+R_3}=\frac{9}{6+3}=1\ (A)$$

$$I'_2=0$$

图 1-28（c）中

$$I''_1=\frac{-R_3}{R_1+R_3}I_{S2}=\frac{-3}{6+3}\times 9=-3\ (A)$$

$$I''_3=\frac{R_1}{R_1+R_3}I_{S2}=\frac{6}{6+3}\times 9=6\ (A)$$

$$I''_2=I_{S2}=9\ (A)$$

将图 1-28（b）、（c）中对应的电流叠加后得

$$I_1=I'_1+I''_1=1-3=-2\ (A)$$

$$I_2 = I'_2 + I''_2 = 0 + 9 = 9\ (\text{A})$$
$$I_3 = I'_3 + I''_3 = 1 + 6 = 7\ (\text{A})$$

第十一节 戴维南定理

在电路分析计算中，当只需求某一支路的电流或电压时，宜采用戴维南定理。

一、戴维南定理

戴维南理的内容是：任何一个线性有源二端网络，对外电路而言，都可以用一个理想电压源和一个电阻相串联的电压源模型等效替代，该理想电压源的电压等于原有源二端网络的开路电压 U_{OC}；电阻等于原有源二端网络内去源变成无源二端网络后的等效电阻 R_O。

对原有源二端网络去源时，将其中的电压源的电压 U_S 代之以短路，电流源的电流 I_S 代之以开路。

戴维南定理应用的方法步骤如［例 1 - 12］所示。

【例 1 - 12】 如图 1 - 29（a）所示，已知 $U_S=16V$，$I_S=4A$，$R_1=4\Omega$，$R_L=4\Omega$，应用戴维南定理求流过 R_L 的电流 I。

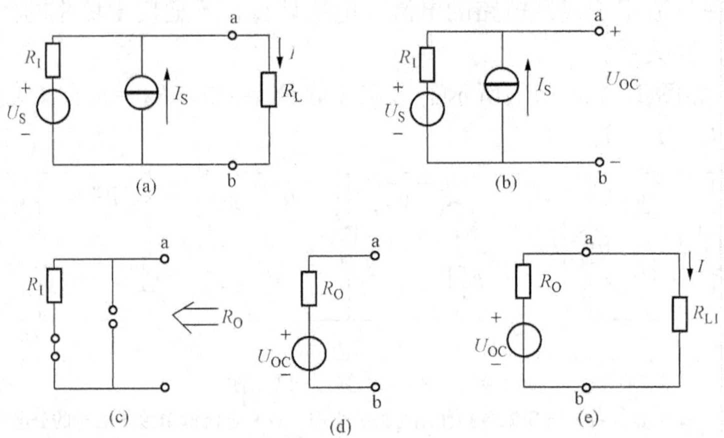

图 1 - 29 ［例 1 - 12］图

（a）原电路；（b）移去待求支路后的有源二端网络；（c）无源二端网络；
（d）有源二端网的戴维南等效电路；（e）戴维南等效电路接上负载

解 （1）首先将图 1 - 29（a）中的待求支路移去，变成图 1 - 29（b）所示的有源二端网络，然后求该有源二端网络的开路电压 U_{OC}，即

$$U_{OC} = R_1 I_S + U_S = 4 \times 4 + 16 = 32\ (\text{V})$$

（2）将图 1 - 29（b）中的电压源 U_S 处短路，电流源 I_S 处开路，变成图 1 - 29（c）所示的无源二端网络，从图 1 - 29（c）中求出（从输出端反看进去的）等效电阻 R_O，即

$$R_O = R_1 = 4\ (\Omega)$$

（3）作出图 1 - 29（b）的戴维南等效电路，如图 1 - 29（d）所示。

（4）接上待支路如图 1 - 29（e）所示，求待求量

$$I = \frac{U_{OC}}{R_O + R_L} = \frac{32}{4+4} = 4(\text{A})$$

二、匹配概念

一个有源二端网络的等效电压源模型，接上负载 R_L 后，电路变成如图 1-29（e）所示的无分支电路。负载 R_L 上的电流

$$I=\frac{U_{OC}}{R_O+R_L}$$

负载 R_L 上的功率

$$P=I^2R_L=\frac{U_{OC}^2R_L}{(R_O+R_L)^2} \tag{1-31}$$

式（1-31）中 U_{OC}、R_O 为定值，P 是 R_L 的连续函数，因为 $R_L=0$ 或 R_L 趋于无限大时，P 都等于零，这表明 P 一定存在最大值。

P 对 R_L 的一阶导数为

$$\frac{dP}{dR_L}=\frac{R_O-R_L}{(R_O+R_L)^3}U_{OC}^2$$

令 $\frac{dP}{dR_L}=0$，可得

$$R_L=R_O \tag{1-32}$$

式（1-32）是负载电阻获得最大功率的条件。该式表明，当负载电阻等于电源内阻时，负载上获得最大功率，此时，称电路达到匹配。电路匹配时，负载上的最大功率为

$$P_{max}=\left(\frac{U_{OC}}{2R_O}\right)^2R_O=\frac{U_{OC}^2}{4R_O} \tag{1-33}$$

通常规定负载功率与电源功率的比值称为电路的效率，用 η 表示。

$$\eta=\frac{P}{U_{OC}I}=\frac{I^2R_L}{(R_O+R_L)I\times I}=\frac{R_L}{R_O+R_L} \tag{1-34}$$

由以上可知，电路匹配时，负载与内阻上消耗的功率相等，即电源提供的功率的一半消耗在内阻上，电路的效率只有50%。

在电力系统中，由于输送的功率很大，从节约能源的角度考虑，必须减少内阻上的功率损耗，以提高线路的功率传输效率，所以，电力电路不希望工作在匹配状态。而电子电路是以传输电信号为己任，信号本身功率很小，而要求负载获得尽可能大的信号功率，所以，电子电路通常工作在匹配状态。

【例 1-13】 图 1-30（a）所示电路中负载 R_L 可调，当 R_L 为何值时，负载 R_L 上获得功率最大？并求最大功率 P_{max}。

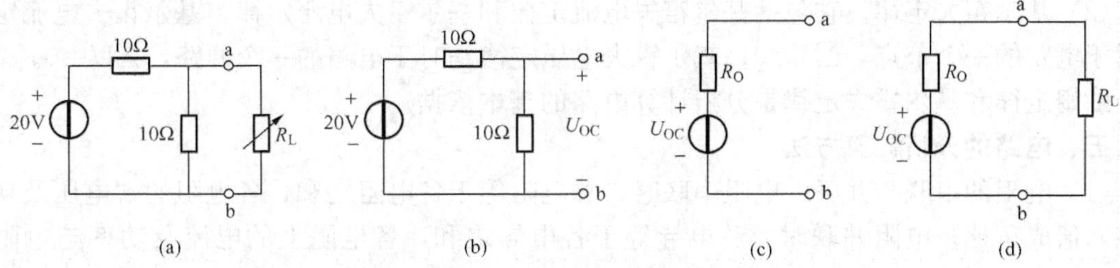

图 1-30 [例 1-13] 图

（a）原电路；（b）有源二端网络；（c）戴维南等效电路；（d）戴维南等效电路接上负载

解 先将图 1-30（a）中的 R_L 移开，变成图 1-30（b）所示的有源二端网络。应用戴维南定理求得等效电压源如图 1-30（c）所示，其中

$$U_{OC}=20\times\frac{10}{10+10}=10\ (\text{V})$$

$$R_O=\frac{10\times 10}{2}=5\ (\Omega)$$

由负载获得最大功率的条件可知，当 $R_L=R_O=5\Omega$ 时，负载上获得功率最大。从图 1-30（d）中可求出最大功率值为

$$P_{max}=\left(\frac{U_{OC}}{R_O+R_L}\right)^2R_L=\frac{U_{OC}^2}{4R_O}=\frac{10^2}{4\times 5}=5\ (\text{W})$$

小 结

一、电路及电路模型

电流流经的路径称为电路。电路理论研究的是电路模型，简称电路图。

二、电路的基本物理量

（1）电流。表示电流大小的量是电流强度，简称电流。规定正电荷的运动方向为电流的方向。

（2）电压。表明电场力做功能力大小的量是电压。

电压、电流的参考方向是为了便于分析计算电路人为假定的，是电路理论的重要概念。

（3）电位。电路中某点对参考点的电压称为该点的电位。电路中两点间的电压等于两点的电位差。电压的方向由高电位指向低电位。

（4）电动势。表明电源力做功能力大小的量，其方向由电源的负极指向正极。

（5）电功率。表明电源力或电场力做功快慢的量。

（6）电能。表明电源力或电场力做功多少的量。

三、电阻元件

电阻元件是一个消耗电能的理想二端元件。电压与电流大小成正比关系的电阻元件称为线性电阻元件，简称电阻。

四、基本定律

（1）欧姆定律。对于线性电阻，两端的电压与通过的电流成正比。当 U、I 为关联参考方时，$U=RI$。

（2）基尔霍夫定律。它包括基尔霍夫电流定律和基尔霍夫电压定律。基尔霍夫电流定律是对于电路的一个节点，$\sum I=0$；基尔霍夫电压定律是对于电路的一个回路，$\sum U=0$。

欧姆定律和基尔霍夫定律是分析计算电路的基本依据。

五、电路的分析计算方法

（1）电阻的串联与并联。电阻串联时，总电阻等于各电阻之和，各电阻的端电压及功率与电阻值成正比；电阻并联时，总电导等于各电导之和，各电阻上的电流及功率与电阻成反比。

（2）支路电流法。支路电流法是求解复杂电路的基本方法。它是以支路电流为未知量，列出独立的 KCL、KVL 方程，方程数等于支路数，解方程组求出各支路电流。

(3) 两种电源模型及其等效变换。实际电压源模型是一个理想电压源与一个内阻相串联的电路形式，实际电压源的内阻越小越接近理想电压源；实际电流源模型是一个理想电流源与一个内阻相并联的电路形式，一个电源的内阻越大越接近理想电流源。两种电源模型可以等效互换。两种理想电源模型不存在等效互换的问题。

(4) 节点电压法。本方法只适用于两个节点的电路的计算。它是首先利用节点电压公式求出两个节点间的电压，之后，再求各支路电流。

(5) 叠加定理。叠加定理是分析线性电路重要方法的理论依据，应正确理解定理的内容。

(6) 戴维南定理。对于一个复杂电路，当只需要计算某一支路的电流或电压时，适宜应用戴维南定理求解。应掌握本定理的内容、应用的方法步骤。

习　题　一

1-1　规定____电荷的运动方向为电流的方向。单位时间内通过导体____的____叫电流强度。

1-2　在电路中，两点间的电压等于两点间的________。电压的方向规定为由____电位指向____电位。

1-3　电源电动势的方向由电源的____极指向电源的____极。

1-4　当电源接上负载后，在电源的外部，电流从电源____极流向____极；在电源的内部，电流从电源____极流向____极。

1-5　电源内部同时存在着两种力，即电源力和电场力。当电源接上负载后，____力克服____力这个阻力，不断把正电荷从负极推向正极，维持电路中的持续电流。

1-6　一个元件上的电流 $I_{ab}=-2A$，指出该元件的电流方向由____端流向____端；I_{ba} =____ A。

1-7　已知电路中 $U_{ab}=-5V$，说明 a、b 两点中哪点电位高。

1-8　图 1-31 所示是某电路的一部分，试分别以 0、b 为参考点，求各点电位和 U_{ac}。

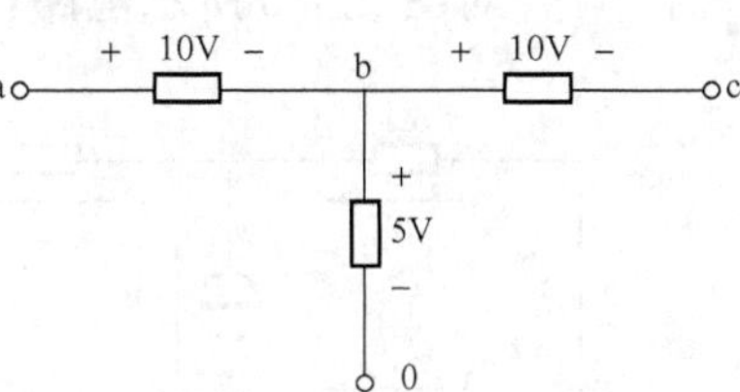

图 1-31　习题 1-8 图

1-9　试求图 1-32 所示各二端网络的功率，并判断是接受功率还是发出功率。

1-10　某一家庭有 25W、40W 灯泡各两盏，每天平均使用 4h，每月（按 30 天计）共用多少电能？电价按 0.6 元/kW·h 计，每月应付多少电费？

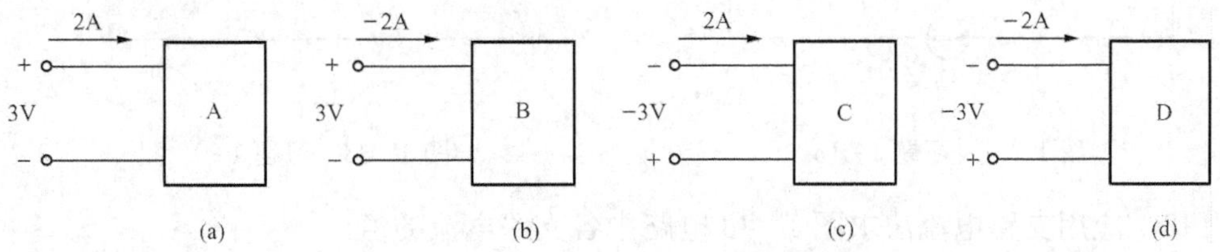

图 1-32　习题 1-9 图

1-11　图 1-33 所示电路中，$R=10\Omega$，试求电流 I 或电压 U 的值。

1-12　试求图 1-34 所示电路中各元件功率，并核算电路功率平衡。

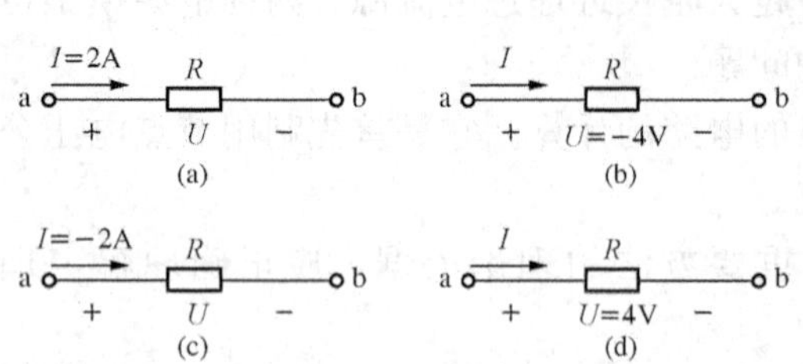

图 1-33　习题 1-11 图

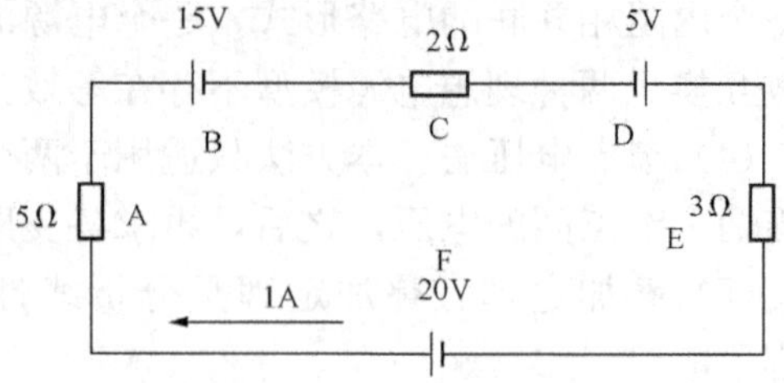

图 1-34　习题 1-12 图

1-13　一电阻上标有“500Ω、0.5W”，求其允许通过的最大电流是多少？一只“220V、100W”的灯泡和另一只“220V、25W”的灯泡在正常使用时，它们的灯丝电阻和电流各是多大？是不是功率大的灯泡其灯丝电阻就大？

1-14　图 1-35 是某电路的一部分，试求 U_{ab} 和 I 的值。

1-15　图 1-36 所示电路中，已知 $I_0=1A$，$I_1=0.6A$，试求电流 I_2、I_3、I_4、I_5 和电压 U_{cd} 的值。

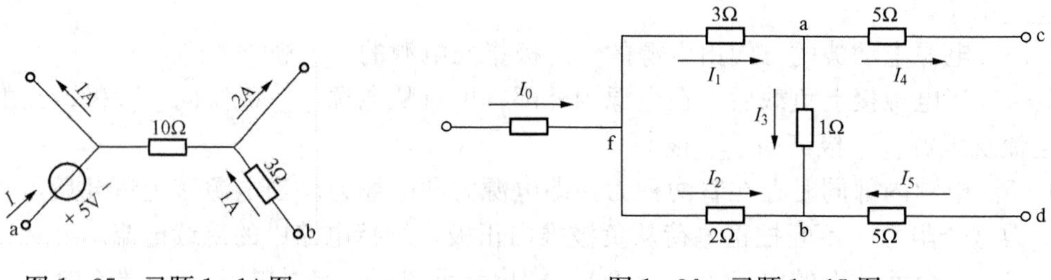

图 1-35　习题 1-14 图　　图 1-36　习题 1-15 图

1-16　图 1-37 所示电路中，已知 $I_3=2A$，试求 U_S、I_1、I_2 的值。

1-17　对图 1-38 所示电路，试求 U_{ab} 的值。

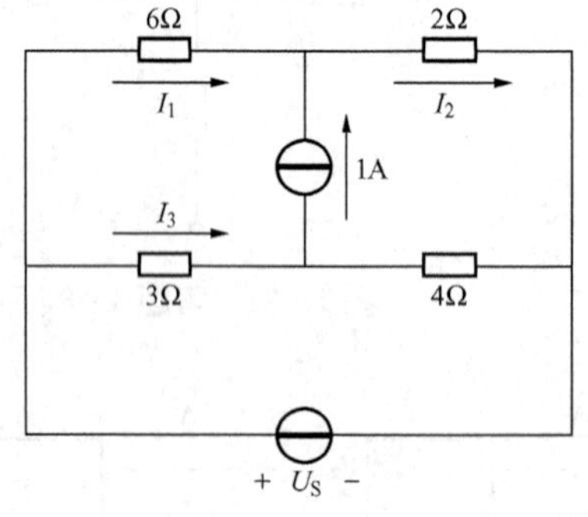

图 1-37　习题 1-16

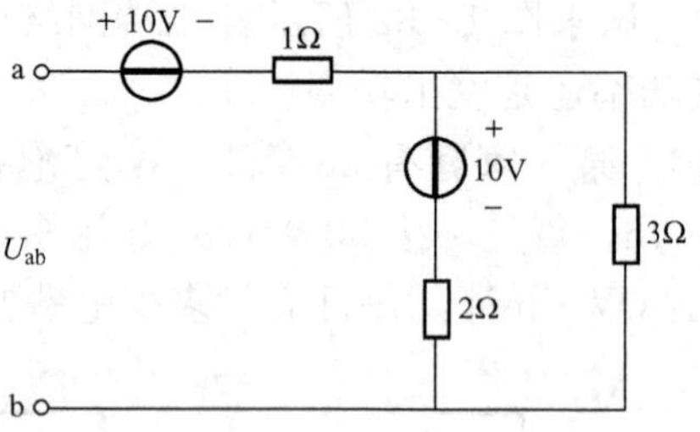

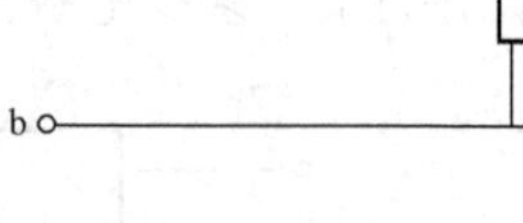

图 1-38　习题 1-17 图

1-18　应用支路电流法求图 1-43 电路中各支路电流的值。

1-19　对图 1-39（a）、（b）所示电路试求：（1）开关 S 打开时的电流 I_1、I_2、I_{ab} 和电压 U_{ab} 的值；（2）开关 S 闭合时的电流 I_1、I_2、I_{ab} 和电压 U_{ab} 的值。

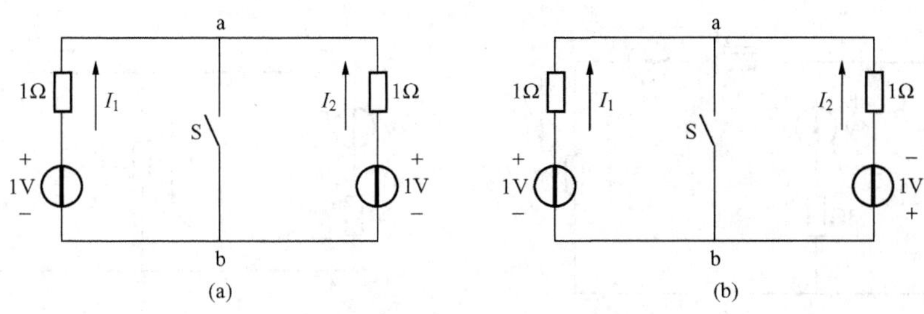

图 1-39 习题 1-19 图

1-20 有人说"电路中任何一条支路，只要支路两端的电压为零，该支路上一定无电流；只要支路上无电流，该支路上一定无电压。"你认为这种说法对吗？怎样回答这个问题才是全面的？（提示：计算 1-18 题后再思考本题）

1-21 求图 1-40（a）、（b）电路的等效电阻 R_{ab}。

1-22 求图 1-41 所示电路中电流 I_1、I_2。已知：$U_S=20V$，$R_1=6\Omega$，$R_2=4\Omega$，$R_3=7.6\Omega$。

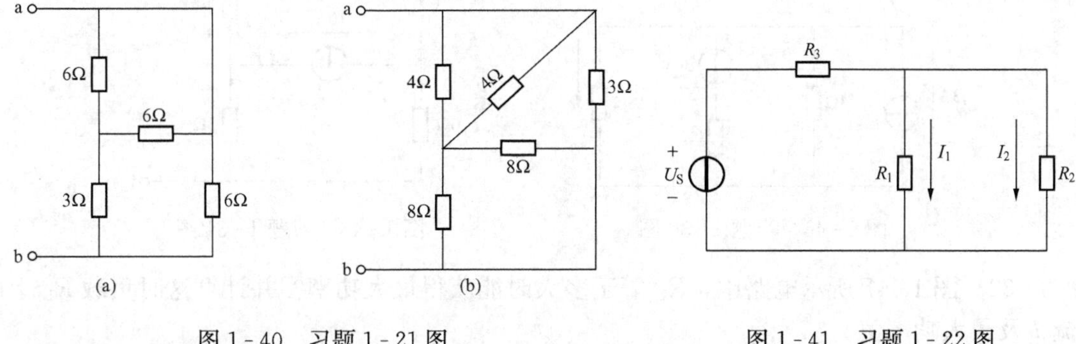

图 1-40 习题 1-21 图　　图 1-41 习题 1-22 图

1-23 额定电压相同、额定功率不同的电阻串联时，哪个电阻接受的功率大？并联时哪个电阻接受的功率大？

1-24 电压源只向负载提供电压，电流源只向负载提供电流，这种说法合适吗？为什么？

1-25 将图 1-42（a）、（b）所示各有源二端网络变换为电流源模型。

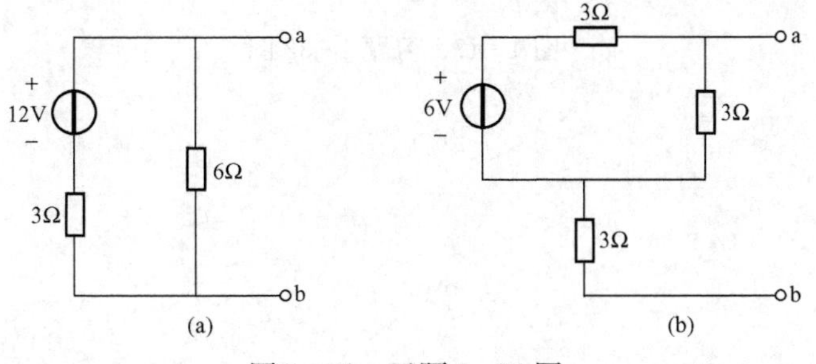

图 1-42 习题 1-25 图

1-26 试用两种电源模型等效互换的方法，求图 1-43 所示电路中 6Ω 电阻上的电流 I。

1-27 利用节点电压法求图 1-44 所示电路中的各支路电流。

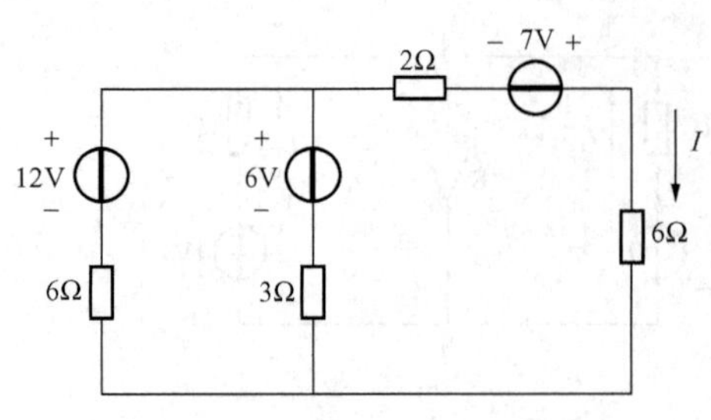

图 1-43 习题 1-26 图

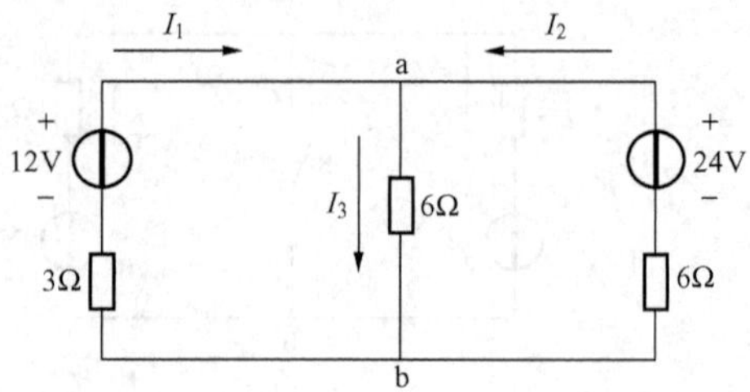

图 1-44 习题 1-27 图

1-28 叠加定理只适用于___电路，用来求各支路的____和____；而不能用来求____。

1-29 应用叠加定理求图 1-44 所示电路中的各支路电流。

1-30 应用戴维南定理求图 1-45 所示电路中 18Ω 电阻上的电流 I。

1-31 求图 1-46 所示有源二端网络的戴维南等效电路。

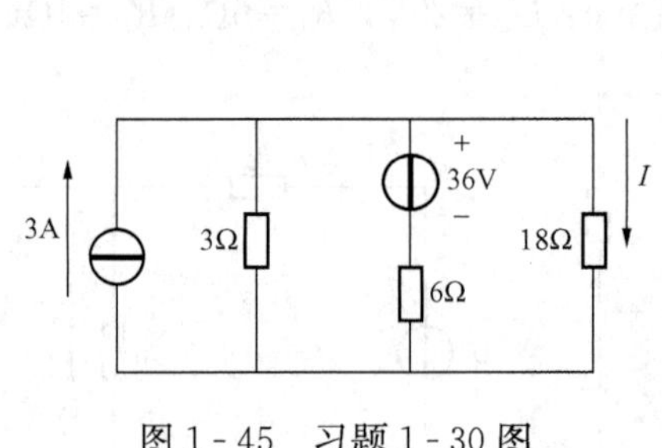

图 1-45 习题 1-30 图

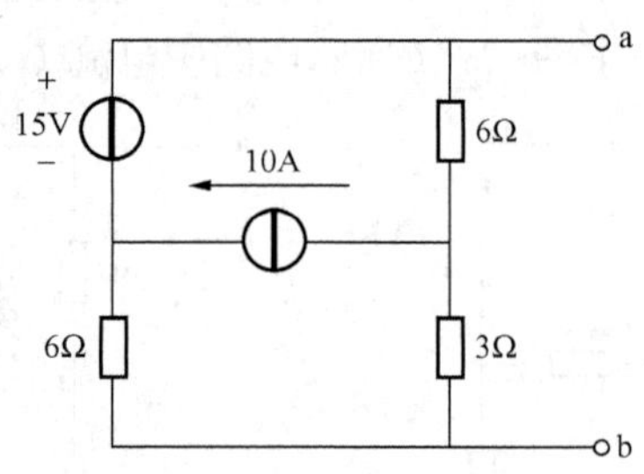

图 1-46 习题 1-31 图

1-32 图 1-47 所示电路中，R_L 等于多大时能获得最大功率？并计算这时负载 R_L 上的电流 I 及最大功率值。

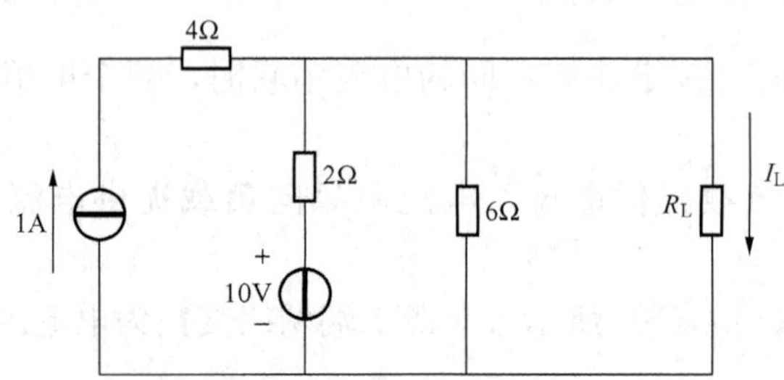

图 1-47 习题 1-32 图

第二章　电容元件与电感元件

电容器和线圈是常用的电路器件。由它们抽象出电容元件和电感元件。

第一节　电　容　元　件

一、电容元件

任何两个互相靠近而又彼此绝缘的导体都可以看成一个电容器，这两个导体称为电容器的电极，它们之间的绝缘物质称为电介质。

电容器的基本性能是，外加电压后在两个电极上能储存等量的异号电荷，两个电极间建立起电场，储存有电场能量。实验证明，一个电容器每个极板所带电荷量 q 与外加电压 u 成正比，即

$$q = Cu \tag{2-1}$$

式中：比例常数 C 称为电容器的电容量，简称电容。

由式（2-1）可知，一个电容器的电容大小等于单位电压作用下，每个极板的电荷量。电容 C 是表明一个电容器储存电荷能力大小的物理量。

SI 中，q、u 的单位分别是 C、V，电容单位是法拉，简称法，符号为 F。F 太大，实用中常用 μF（微法）、pF（皮拉）等单位。

$$1\mu\text{F}=10^{-6}\text{F}$$

$$1\text{pF}=10^{-6}\mu\text{F}$$

在外加电压作用下，电容器的电介质中总是存在漏电和功率损耗，但一般情况下漏电很小，当忽略漏电，仅把电容器看成一个储存电荷和电场能量的理想二端元件，称为电容元件，简称电容，其图形符号如图 2-1 所示。电容值不变的电容称为线性电容。本书中如无特殊说明，皆指线性电容。

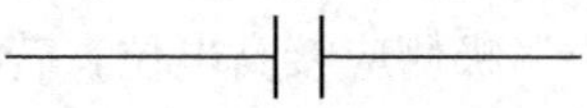

C

图 2-1　电容元件的图形符号

二、电容元件的电压、电流关系

图 2-2 为电容器的充放电实验电路，电容器原先没有电荷。当开关 S 合向端钮 1 后，电源对电容器充电。由检流计 PA 和电压表 PV 的指示可知：充电电流 i 与电容电压 u_C 方向相同［见图 2-2（a）］；充电电流由开始最大逐渐衰减为零，电容电压从零开始由小变大，逐渐趋于电源电压 U_S。

电容器充好电后，将开关 S 由端钮 1 合向 2，电容器经电阻（R）短接放电。由检流计和电压表的指示可知：放电电流 i 与电容电压 u_C 方向相反，［见图 2-2（b）］，放电电流与电容电压均由大变小，逐渐趋于零。

当如图 2-2（c）所示，按 u_C、i 为关联参考方向，电容充电时，$i>0$，电容上的电荷 $dq=Cdu_C>0$，$dq/dt>0$；放电时，$i<0$，电容上的电荷 $dq=Cdu_C<0$，$dq/dt<0$。可见，无论电容充电还是放电，i 与 dq/dt 总是同号。所以

$$i=\frac{\mathrm{d}q}{\mathrm{d}t}=C\frac{\mathrm{d}u_{\mathrm{C}}}{\mathrm{d}t} \tag{2-2}$$

式（2-2）表明：电容元件瞬时电流的大小并不取决于同一瞬时电压的大小，而是决定于同一瞬时电压的变化率。因此说电容是一个动态元件。显然，电容器在直流电路中相当于开路。

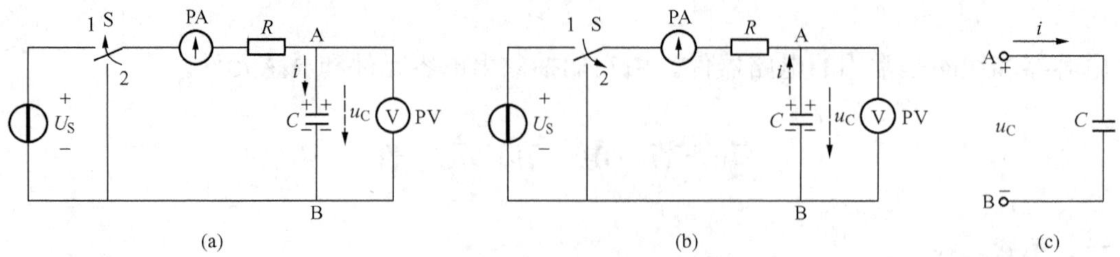

图 2-2　电容器的充放电

（a）充电；（b）放电；（c）电容电压、电流关联参考方向

三、电容元件上的电场能量

电容器充电后便储存有电场能量，其值可用下述方法求得。

电容的瞬时功率为

$$p_{\mathrm{C}}=u_{\mathrm{C}}i=u_{\mathrm{C}}C\frac{\mathrm{d}u_{\mathrm{C}}}{\mathrm{d}t}$$

设 $t=0$ 时，电容电压为 0，经过时间 t，电压升至为 u_{C}，则此时电容储存的电场能量

$$W_{\mathrm{C}}=\int_0^t p_{\mathrm{C}}\mathrm{d}t=\int_0^t u_{\mathrm{C}}C\frac{\mathrm{d}u_{\mathrm{C}}}{\mathrm{d}t}\cdot\mathrm{d}t=\int_0^{u_{\mathrm{C}}}u_{\mathrm{C}}C\mathrm{d}u_{\mathrm{C}}=\frac{1}{2}Cu_{\mathrm{C}}^2 \tag{2-3}$$

式（2-3）中，若 C、u_{C} 的单位分别为 F、V，则 W_{C} 的单位为 J。

电容器的两个主要性能指标是“电容量”和“耐压”，都标在它的外壳上。耐压是指电容器长期工作允许电压的最高值。一般耐压是指直流电压，电容器在使用中，任何瞬时所加的电压值不得超过其耐压，否则，可能导致电容器中电介质的击穿或不允许的发热。有一种电容器是电解电容，它的两个电极有正、负之分，其图形符号为“+||—”表示，使用时“+”极侧应接高电位，若极性接反，容易损坏。

四、电容的串联与并联

实际应用时，经常把几个电容串联或并联，以满足电容器耐压或总电容量的要求。

1. 电容的串联

几个电容首尾相连，中间没有分支的连接方式称为电容的串联。图 2-3（a）是两个电容的串联。

若用一个电容 C 代替原串联（或并联）的几个电容，如图 2-3（b）所示，在相同的外加电压作用下，电源供给的电荷量相等，则该电容 C 称为原几个电容的等效电容，又叫总电容。

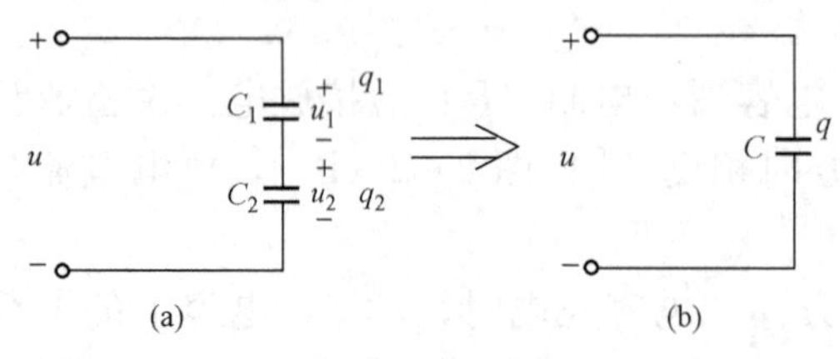

图 2-3　电容串联

（a）串联电路；（b）等效电路

电容串联时，各电容所带电量相等，即 $q_1=q_2=q$。由 $u=u_1+u_2=\frac{q}{C}=\frac{q_1}{C_1}+\frac{q_2}{C_2}$ 和等效概念可知

$$\frac{1}{C}=\frac{1}{C_1}+\frac{1}{C_2} \tag{2-4}$$

即

$$C=\frac{C_1C_2}{C_1+C_2} \tag{2-5}$$

由 $q_1=C_1u_1=q_2=C_2u_2$ 得知

$$\frac{C_1}{C_2}=\frac{u_2}{u_1} \tag{2-6}$$

即电容串联时各电容上的电压与电容成反比。

2. 电容的并联

几个电容接在同一对节点上，各电容承受同一电压的连接方式称为电容的并联。图 2-4 (a) 为两个电容的并联。

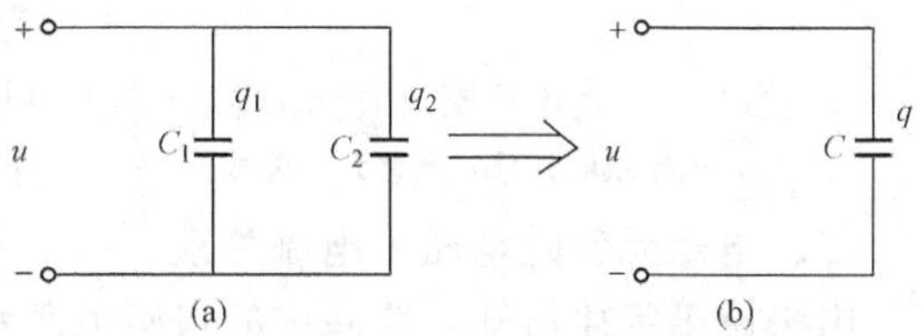

图 2-4　电容的串联
(a) 两个电容并联；(b) 总电容

由等效概念可知，$q=Cu=q_1+q_2=C_1u+C_2u$，显然

$$C=C_1+C_2 \tag{2-7}$$

【例 2-1】 已知 $C_1=3\mu F$，$C_2=6\mu F$，外加电压 $U=120V$。试求：

(1) C_1、C_2 串联时的总电容 C，各电容上的电压 U_1、U_2；

(2) C_1、C_2 并联的总电容 C'。

解 (1) $C=\frac{C_1C_2}{C_1+C_2}=\frac{3\times6}{3+6}=2$ (μF)

设 C_1 的电压为 U_1，则 C_2 上的电压 $U_2=120-U_1$，由 $\frac{C_1}{C_2}=\frac{U_2}{U_1}$ 可知

$$U_1=\frac{C_2}{C_1}U_2=\frac{6}{3}(120-U_1)$$

$$U_1=80V, U_2=120-80=40 \text{ (V)}$$

(2)
$$C'=C_1+C_2=3+6=9 \text{ } (\mu F)$$

第二节　电　感　元　件

一、电感元件

图 2-5 (a) 为一个匝数为 N 通过电流 i 的载流线图，由电流产生的磁通 ϕ_L 称自感磁通，ϕ_L 越大，线圈的磁场越强。

按穿过每匝线圈的 ϕ_L 相同定义自感磁链

$$\Psi_L=N\phi_L \tag{2-8}$$

ϕ_L、Ψ_L 的单位都是韦伯（简称韦），符号为 Wb。

表明一个线圈产生磁场能力大小的物理量是自感系数，简称自感或电感，用 L 表示，其定义式为

$$L=\frac{\Psi_L}{i} \tag{2-9}$$

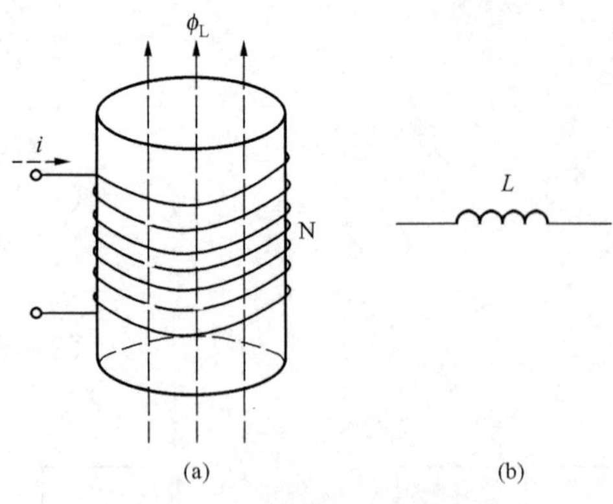

图 2-5　通电线圈及电感元件
(a) 通电线圈；(b) 电感元件符号

当 Ψ_L、i 的单位分别为 Wb、A 时，L 的单位是亨利（简称亨），符号为 H，还常用 mH（毫亨）、μH（微亨）等单位，换算关系为

$$1\text{mH} = 10^{-3}\text{H}$$
$$1\mu\text{H} = 10^{-3}\text{mH}$$

一个线圈同时具有电阻、（匝间、层间）电容和电感的作用，若仅考虑电感作用，即仅把线圈看成一个流过电流建立磁场的理想二端元件，称为电感元件，简称电感，其图形符号如图 2-5（b）所示。电感值不变的电感称为线性电感。本书中如无特殊说明，皆指线性电感。

二、电感元件的电压、电流关系

由法拉第定律可知，线圈中的自感电动势 e_L 的大小为

$$|e_L| = N\left|\frac{\mathrm{d}\phi_L}{\mathrm{d}t}\right| = \left|\frac{\mathrm{d}(N\phi_L)}{\mathrm{d}t}\right| = \left|\frac{\mathrm{d}\Psi_L}{\mathrm{d}t}\right| \tag{2-10}$$

将 $\Psi_L = Li$ 代入式（2-10）得

$$|e_L| = \left|\frac{\mathrm{d}(Li)}{\mathrm{d}t}\right| = L\left|\frac{\mathrm{d}i}{\mathrm{d}t}\right| \tag{2-11}$$

由自感电动势建立的电压称为自感电压，用 u_L 表示，u_L 与 e_L 总是大小相等，方向相反。自感电压的大小为

$$|u_L| = |e_L| = L\left|\frac{\mathrm{d}i}{\mathrm{d}t}\right| \tag{2-12}$$

由物理学中的自感知识可知，电感 L 中当 i 增加时，e_L 与 i 反向，u_L 与 i 同向；当 i 减小时，e_L 与 i 同向，u_L 与 i 反向，如图 2-6（a）、（b）所示。

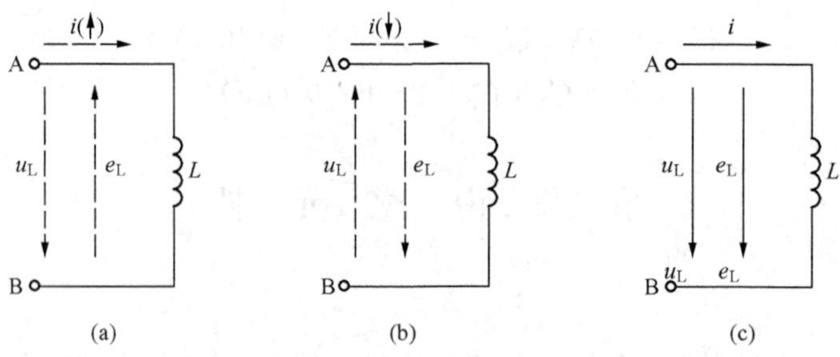

图 2-6　电感中的电流、电压方向分析图
(a) i 增加时；(b) i 减少时；(c) i、u_L 参考方向相同

当如图 2-6（c）所示，选择电感元件的电压、电流为关联参考方向时，若 $i>0$，且增大，则 $\mathrm{d}i/\mathrm{d}t>0$，$u_L>0$［见图 2-6（a）］，若 $i>0$，且减小，则 $\mathrm{d}i/\mathrm{d}t<0$，$u_L<0$［见图 2-6（b）］。显然，无论 $i>0$ 或 $i<0$，i 或增大或减小，$\mathrm{d}i/\mathrm{d}t$ 与 u_L 总是同号，所以有

$$u_L = L\frac{\mathrm{d}i}{\mathrm{d}t} \tag{2-13}$$

式（2-13）表明，电感元件两端瞬时电压的大小并不取决于同一瞬时流过它的电流大小，

而是决定于同一瞬时电流的变化率。因此说电感元件也是一个动态元件。显然，电感在直流电路中相当于短路。

三、电感元件的磁场能量

电感元件流过电流建立磁场，便储存一定的磁场能量。其能量大小可按下述方法求得。

电感元件的瞬时功率

$$p_L = u_L i = Li\frac{di}{dt}$$

设 $t=0$ 时，电感电流为 0，经过时间 t，电流增至为 i。则 t 时刻电感储存的磁场能量

$$W_L = \int_0^t p_L dt = \int_0^t u_L i dt = \int_0^t Li\frac{di}{dt}dt = \int_0^t Li di = \frac{1}{2}Li^2 \qquad (2-14)$$

式（1-14）中，当 L、i 的单位分别为 H、A 时，则 W_L 的单位为 J。

*第三节　RC 电路的过渡过程

本节将用过渡过程的观点，定量地分析电容在充电和放电的过程中，电容电压、电流随时间变化的规律。

一、概述

1. 电路过渡过程的概念

电路的状态有两种，即稳态和暂态。在直流电路中，电流、电压的大小和方向不随时间变化；在交流电路中，电流、电压为一不变的时间函数，这种状态称为电路的稳定状态，简称稳态。电路从原有的稳态进入新的稳态所经历的时间过程，称为电路的过渡过程，简称暂态。本章第一节所讲的电容充电和放电的前后状态属于稳态，充电和放电的过程属于暂态。

2. 电路过渡过程产生的原因

（1）外因——换路。在图 2-2 所示电路中，若开关 S 总是处在某一位置，电路上的电流、电压总是不变的，也就是说电路总是处于某一稳态。显然，开关 S 的闭合或断开是发生充电或放电过渡过程的外因。一般地说，电路的接通、断开，参数（R、L、C）的变化，电源（u_S、i_S）的改变统称换路，换路是电路产生过渡过程的外因。

（2）内因——电路中的储能元件的能量不能突变。电路中的储能元件是电容和电感。电容 C 上的储能 $W_C=\frac{1}{2}Cu_C^2$，电感 L 上的储能 $W_L=\frac{1}{2}Li^2$。显然，任何储能元件上的能量是不能突变的，即完成 dw 能量的变化所对应的时间 $dt\neq0$。这一结论从功率的角度是不难理解的，假如储能元件上的储能 W 可以突变，即完成 dW 的变化所对应时间 $dt=0$，则瞬时功率 $p=dW/dt=\infty$，显然，这是不可能的。

正是因为储能元件上的能量不能突变，所以换路后，储能元件上的能量需要重新再分配，这就必然伴随有电路的过渡过程。

3. 换路定律

由 $W_C\left(=\frac{1}{2}Cu_C^2\right)$、$W_L\left(=\frac{1}{2}Li^2\right)$不能突变的结论不难推知：换路的瞬间，电容上的电压及电感上的电流不能突变，这一结论称为换路定律。

一般都把换路的瞬间作为计时起点，即记为 $t=0$，并把换路前的最后一瞬间记作 $t=$

0_-，换路后的最初一瞬间记作 $t=0_+$（0_- 与 0、0_+ 与 0 间的间隔都趋近于零），则换路定律表达式为

$$\left.\begin{aligned} u_C(0_+) &= u_C(0_-) \\ i_L(0_+) &= i_L(0_-) \end{aligned}\right\} \tag{2-15}$$

式（2-15）中的 u_C（0_+）、i_L（0_+）分别称为电容电压初始值和电感电流初始值。

注意：除电容电压及其电荷量、电感电流及其磁链不能突变外，其余的电容电流、电感电压、电阻的电流和电压都是可能突变的。

研究电路过渡过程具有重要的实际意义。例如在电子技术中，常利用电容的充电和放电获得所需要的电流、电压波形。

二、电容经电阻放电的过渡过程

1. 电容电压及电流的变化规律

图 2-7（a）所示的电路中，开关 S 原合在 1 上，电路已处于稳态，$u_C(0_-)=U_S$。当 $t=0$ 时，将 S 合向 2，电容 C 经电阻 R 放电。

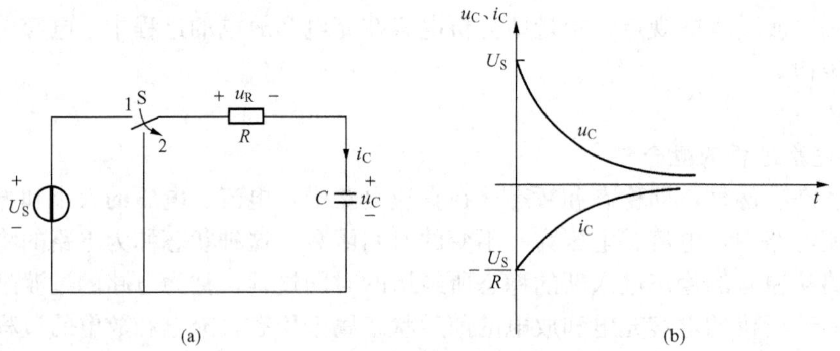

图 2-7 电容经电阻的放电过程

（a）电路；（b）u_C、i_C 的波形

由 KVL 可知，放电过程中

$$u_R + u_C = 0$$

将 $u_R=Ri_C$、$i_C=C\dfrac{du_C}{dt}$ 代入上式，有

$$RC\frac{du_C}{dt} + u_C = 0 \tag{2-16}$$

式（2-16）是一个一阶常系数齐次线性微分方程，解此方程（过程略），其通解为

$$U_C = Ae^{-\frac{t}{RC}}$$

代入 $t=0$，$u_C(0_+)=u_C(0_-)=U_S$ 的初始条件，求得 $A=U_S$，所以

$$u_C = U_S e^{-\frac{t}{RC}}$$

令 $\tau=RC$，则

$$u_C = U_S e^{-\frac{t}{\tau}} \tag{2-17}$$

$$i_C = C\frac{du_C}{dt} = -\frac{U_S}{R}e^{-\frac{t}{\tau}} \tag{2-18}$$

u_C、i 的波形见图 2-7（b）。由波形可见，电容经电阻放电时，电容电压 u_C、放电电流 i_C 都

是随时间按指数规律衰减的，最后趋于零。

2. 时间常数 τ

τ 称为电容放电的时间常数，$\tau=RC$。当 R、C 的单位分别为 Ω、F 时，τ 的单位是 s（秒）。

由式（2-17）可知，$t=\tau$ 时，$U_C(\tau)=e^{-1}U_S=0.368U_S$，可见，在数值上 τ 等于电容电压衰减为初始值（U_S）的 0.368 倍时所经历的时间。理论上，$t\to\infty$ 时，$u_C(\infty)=0$，放电才会结束。然而，当 $t=3\tau$ 时，$u_C(3\tau)=e^{-3}U_S=0.05U_S$；当 $t=5\tau$ 时，$U_C(5\tau)=e^{-5}U_S=0.0067U_S$。因此在实际应用中，一般认为换路后经过 $t=(3\sim5)\tau$ 的时间放电结束。时间常数 τ 是过渡过程中的一个重要物理量，它代表着电路过渡过程时间的长短。

电容器放电的过程是释放能量被电阻消耗的过程。C、R 越大，τ 越大，这是因为 C 越大，原电容储能越多，放电时间越长；R 越大，放电电流越小，原电容储能被电阻全部消耗所需的时间越长。

【例 2-2】 图 2-8（a）所示电路中，已知 $U_S=10V$，$R_1=2k\Omega$，$R_2=3k\Omega$，$C=3\mu F$，开关 S 合在 1 端电路已处于稳态。$t=0$ 时，S 由 1 合向 2，求：（1）换路后的 u_C、i_C 及波形；（2）换路后 15ms 及 75ms 的电容电压值。

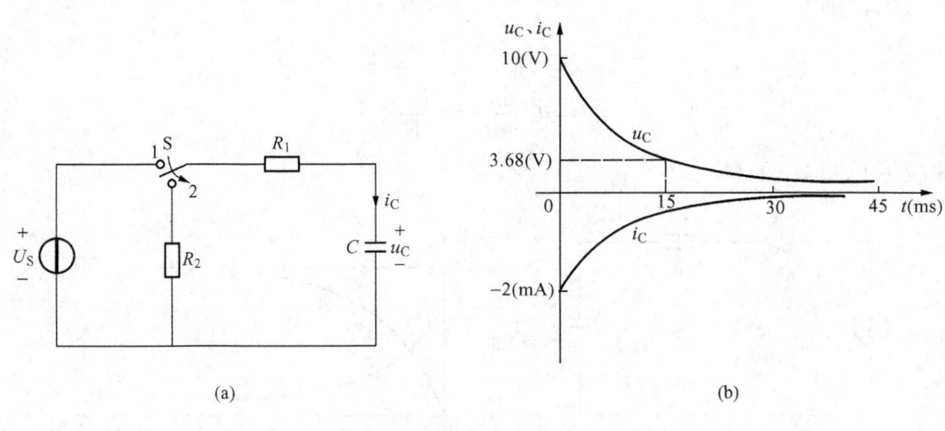

图 2-8 ［例 2-2］图

（a）电路；（b）u_C、i_C 波形

解 （1）已知 $u_C(0_+)=u_C(0_-)=U_S=10V$，计算电容放电时间常数的电阻 R 是对电容而言的等效电阻。本例中 $R=R_1+R_2=2+3=5$（kΩ），则

$$\tau=RC=5\times10^3\times3\times10^{-6}=15\times10^{-3}(s)=15\ (ms)$$

由式（2-17）得

$$u_C=U_Se^{-\frac{t}{\tau}}=10e^{-\frac{t}{15\times10^{-3}}}=10e^{-66.7t}(V)$$

由式（2-18）得

$$i_C=-\frac{U_S}{R}e^{-\frac{t}{\tau}}=-\frac{10}{5\times10^3}e^{-66.7t}$$

$$=-2\times10^{-3}e^{-66.7t}(A)=-2e^{-66.7t}(mA)$$

u_C、i_C 的波形见图 2-8（b）所示。i_C 的波形在横轴的下方，是因放电电流与其参考方向相反的缘故。

（2）当 $t=15\text{ms}$，即 $t=\tau$ 时

$$u_C(\tau)=u_C(15\text{ms})=10e^{-1}=3.68\ (\text{V})$$

当 $t=75\text{ms}$，即 $t=5\tau$ 时

$$u_C(5\tau)=10e^{-5}=0.0674\ (\text{V})$$

三、电容经电阻充电的过渡过程

图 2-9（a）是电容经电阻接到直流电源上的充电电路，$u_C(0_-)=0$，在 $t=0$ 时 S 闭合，电源经电阻给电容充电。由 KVL 可知，充电过程中

$$u_R+u_C=U_S \tag{2-19}$$

将 $u_R=Ri_C$、$i_C=C\dfrac{du_C}{dt}$ 代入式（2-19），有

$$RC\frac{du_C}{dt}+u_C=U_S \tag{2-20}$$

式（2-20）是一个一阶常系数非齐次线性微分方程，解此方程（过程略），利用 $u_C(0_+)=u_C(0_-)=0$ 的初始条件，最后求得

$$u_C=U_S-U_Se^{-\frac{t}{RC}}$$

令 $\tau=RC$，则

$$u_C=U_S-U_Se^{-\frac{t}{\tau}}=U_S(1-e^{-\frac{t}{\tau}}) \tag{2-21}$$

$$i_C=C\frac{du_C}{dt}=\frac{U_S}{R}e^{-\frac{t}{\tau}} \tag{2-22}$$

u_C、i_C 的波形见图 2-9（b）。

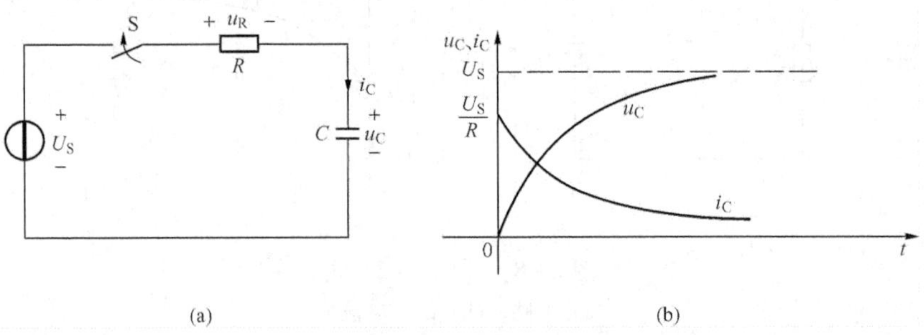

图 2-9　电容经电阻接到直流电源上的充电
（a）电路；（b）u_C、i_C 的波形

由图 2-9 可见，电容经电阻充电时的电容电压 u_C 从零开始，随时间按指数规律上升，最终趋于电源电压 U_S；充电电流由开始的最大值 $\left(\dfrac{U_S}{R}\right)$，按指数规律衰减，最终趋于零。

τ 称为电容充电的时间常数，其单位与电容放电的时间常数相同。$u_C(3\tau)=U_S(1-e^{-3})=0.95U_S$，$u_C(5\tau)=U_S(1-e^{-5})=0.9933U_S$。在此，同样可以看到，$t=(3\sim5)\tau$，电容充电基本结束。电容充电的时间常数与电容放电的时间常数的物理意义相同。

电容充电是电容储存电场能量的过程。R、C 越大，τ 越大，这是因为 C 越大，最终充进电容器的电场能量越多；电阻越大，充电电流越小，完成一定的电场能量积累所经历的时间越长。

【例 2-3】 图 2-10 电路中，$U_S=20V$，$R_1=2k\Omega$，$R_2=8k\Omega$，$C=0.5\mu F$，开关 S 闭合前电容未充电。$t=0$ 时开关 S 闭合。试求：(1) 充电过程中电容电压 u_C 和电流 i_C；(2) $t=5\tau$ 时的 u_C 和 i_C 值。

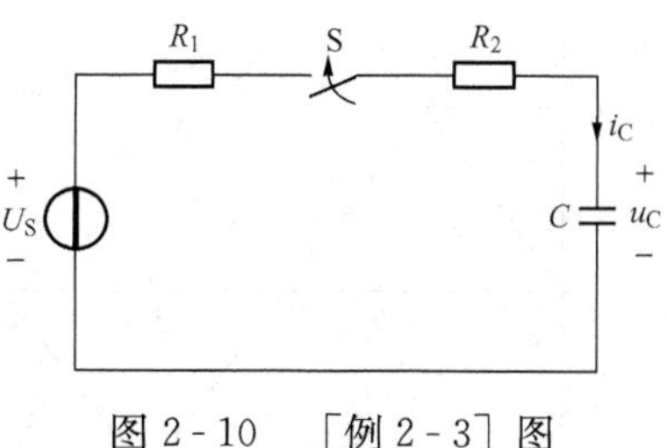

图 2-10 ［例 2-3］图

解 (1) 电容充电的时间常数 $\tau=RC$，式中的 R 应是对电容而言的串联等效电阻。本例 $R=R_1+R_2$，所以

$$\tau=RC=(R_1+R_2)C=(2+8)\times10^3\times0.5\times10^{-6}=5\times10^{-3}(s)$$

$$u_C=U_S\left(1-e^{-\frac{t}{\tau}}\right)=20\times\left(1-e^{-\frac{t}{5\times10^{-3}}}\right)=20\times\left(1-e^{-200t}\right)(V)$$

$$i_C=\frac{U_S}{R}e^{-\frac{t}{\tau}}=\frac{U_S}{R_1+R_2}e^{-\frac{t}{\tau}}=\frac{20}{(2+8)\times10^3}e^{-200t}=0.002e^{-200t}\ (A)=2e^{-200t}\ (mA)$$

(2) $u_C(5\tau)=20(1-e^{-5})=19.86(V)$

$i_C(5\tau)=2e^{-5}=0.0135(mA)$

小　结

本章主要介绍电容元件和电感元件的特性。

一、电容元件

(1) 对于一个电容器，当忽略其漏电，仅把它看成一个储存电荷和电场能量的理想元件，该元件称为电容元件。

(2) 电容元件是一个动态元件，其伏安关系为 $i_C=Cdu_C/dt$。

(3) 电容元件是一个储能元件，其储能 $W_C=\frac{1}{2}Cu_C^2$。

(4) 几个电容串联时，总电容的倒数等于各电容的倒数之和。几个电容并联时，总电容等于各电容之和。

二、电感元件

(1) 对于一个线圈，若忽略其电阻、电容的作用，仅把它看成一个流过电流建立磁场的理想二端元件，该元件称为电感元件。

(2) 电感元件也是一个动态元件，其伏安关系为 $u_L=Ldi/dt$。

(3) 电感元件也是一个储能元件，其储能 $W_L=\frac{1}{2}Li_L^2$。

三、RC 电路的过渡过程

(1) 电路过渡过程的概念包括：什么是过渡过程、产生的原因和换路定律。

(2) 电容经电阻放电、电容经电阻接到直流电源充电都是常见的过渡过程形式。

(3) 时间常数 τ 是表明过渡过程时间长短的物理量，实用中认为换路后经过 $t=(3\sim5)\tau$，过渡过程结束。

习　题　二

2-1　为什么电容在直流电路中相当于开路？

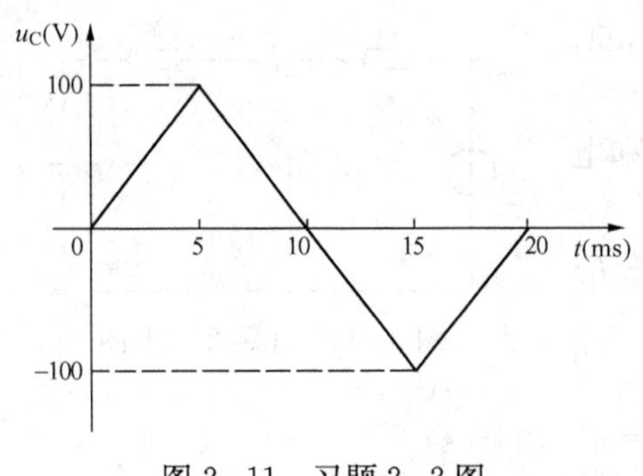

图 2-11 习题 2-2 图

2-2 一电容 $C=10\mu F$，电容上的电压 u_C（t）图像如图 2-11 所示。按电压、电流关联参考方向，（1）画出 $t=0\sim20ms$ 间的电流 i（t）的波形；（2）求电容上的最大电场能量 W_{Cm}。

2-3 已知 $C_1=10\mu F$、耐压为 25V，$C_2=20\mu F$、耐压为 15V。求：（1）两个电容器并联的总电容；（2）确定两个电容器并联时的最大允许电压；（3）若两个电容器并联后的外加直流电压为 10V，求各电容器所带电荷量及电场能量。

2-4 现有两个质量良好的电容器，$C_1=10\mu F$，耐压为 450V，$C_2=50\mu F$，耐压为 300V，现将它们串连接到 600V 的直流电源上使用，判断是否安全？

2-5 图 2-12 中 $C_1=C_4=2\mu F$，$C_2=C_3=4\mu F$。求：（1）开关 S 闭合时 $C_{AB}=$______；（2）开关 S 打开时 $C'_{AB}=$______。

2-6 为什么电感在直流电路中相当于短路？

2-7 一电感 $L=0.5H$，流过电感的电流 i（t）的图像如图 2-13 所示。按电感电压、电流关联参考方向，求：（1）画出 $t=0\sim16ms$ 间的电压 u_L（t）的波形；（2）求电感中的最大磁场能量 W_{Lm}。

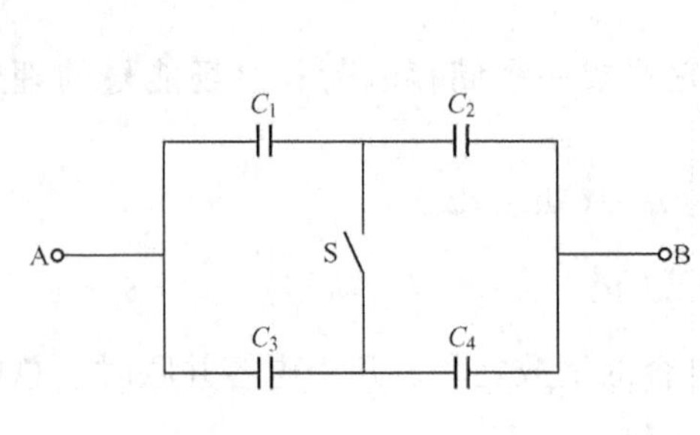

图 2-12 习题 2-5 图

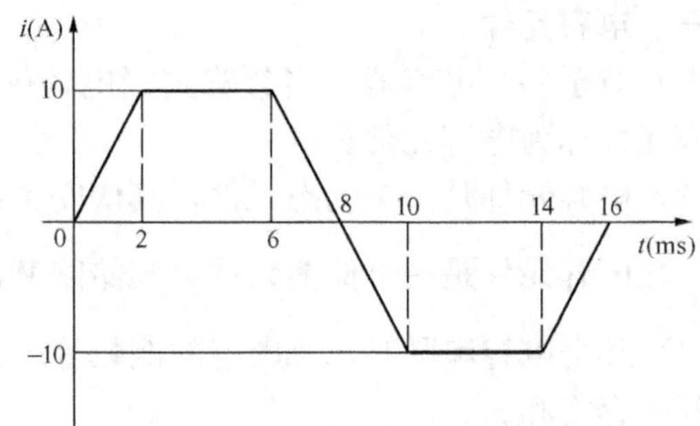

图 2-13 习题 2-7 图

2-8 图 2-14 电路中，$U_S=10V$，$R_1=3k\Omega$，$R_2=2k\Omega$，$C=10\mu F$。$t=0$ 时开关 S 闭合，u_C（0_-）$=0$。求开关闭合后的 u_C 和 i_C，并画出其波形。

2-9 图 2-15 所示的电路中，$U_S=5V$，$R_1=250\Omega$，$R_2=1000\Omega$，$R_3=1000\Omega$，$C=10\mu F$。开关 S 原来合在 1 上，$t=0$ 时开关 S 由 1 合向 2，求：（1）换路后的 u_C 和 i_C，并画出其波形；（2）电容上的电压 u_C 降至 2V 所需的时间。

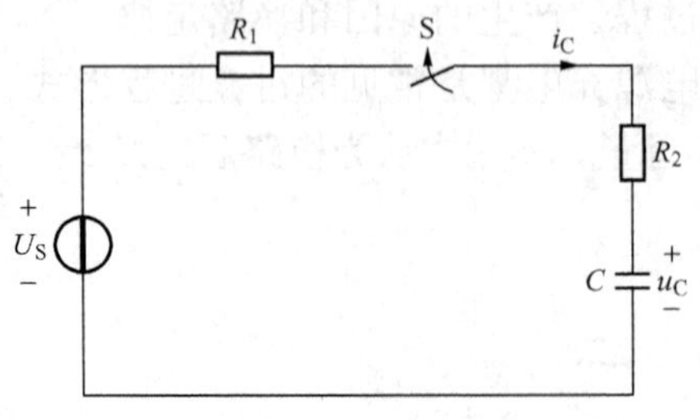

图 2-14 习题 2-8 图

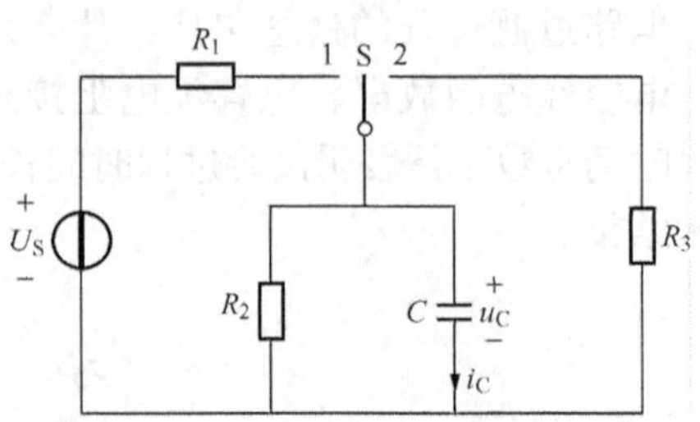

图 2-15 习题 2-9 图

第三章　正弦交流电路

由于交流电改变电压方便，交流电机（发电机、电动机）结构简单、成本低、运行可靠，所以从发电到用电主要采用交流电。

第一节　正弦交流电的基本概念

大小和方向随时间变化的电流、电压、电动势统称为交流电，分别用小写字母 u、i、e 表示。随时间按正弦规律变化的交流电称为正弦交流电，简称正弦量，平时所说的交流电就是指正弦量。

一、正弦量的参考方向及瞬时值

为了表示正弦量，必须引进交流电的参考方向，其定义及应用方法与直流电（电流、电压、电动势）的参考方向相同。

以电流为例，规定电流 i 的参考方向如图 3-1（a）所示。i 随时间 t 按正弦规律变化的波形见图 3-1（b）。把计时起点记为 $t=0$，它在坐标原点上。

交流量任一瞬间的值称为瞬时值。如图 3-1（b）中 t_1 的瞬时值为 8A，记为 $i(t_1)=8A$，又如 $i(t_2)=-5A$、$i(0.015s)=-10A$，括号内数字代表瞬时时间，瞬时值的绝对值代表大小，正负号代表方向，若为正，表明实际方向与参考方向相同；反之相反。

二、正弦量的周期、频率、振幅

我们把正弦量完成一个完整交变［如图 3-1（b）中 i 从坐标原点到 t_4 的过程］，称为一个循环。把不断重复循环变化的交流量称为周期交流量。正弦量是最常用的周期交流量。

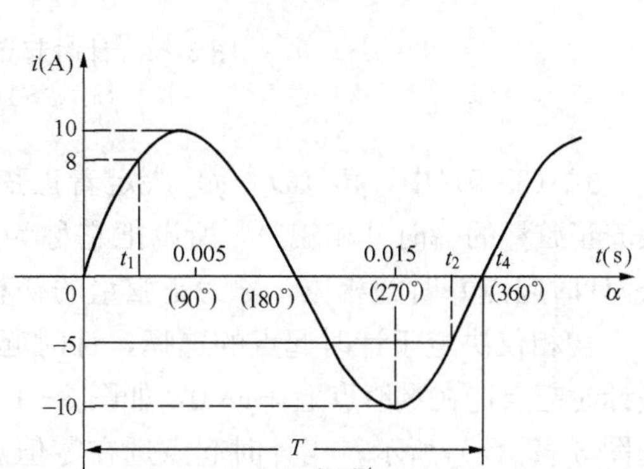

图 3-1　正弦交流电流

（a）参考方向；（b）波形图

周期交流量经过一个循环所需要的时间称为周期，符号为 T，SI 制中的单位是 s（秒）。

周期交流量每秒钟完成循环的次数称为频率，符号为 f，SI 制中的单位是赫兹（简称赫），符号为 Hz。

频率 f 与周期 T 互为倒数，即

$$f=\frac{1}{T} \text{ 或 } T=\frac{1}{f} \qquad (3-1)$$

工业用的正弦交流量的频率称为"工频"。我国工频 $f=50Hz$，$T=0.02s$。

正弦量的最大瞬时值称为最大值，又叫振幅，显然，最大值为正值。电流、电压、电动势的最大值分别用 I_m、U_m、E_m 表示。图 3-1（b）中 $I_m=10A$。

三、正弦量的一般表达式

正弦量在一个周期内的瞬时值两次为零，为避免混乱，人们特意把从负半波进入正半波与横轴相交的点称为正弦量的零值点。

正弦量在一个周期内所对应的角度为 360°或 2π rad（弧度），当横轴用角度 α 表示时，则正弦量的瞬时值便是 α 的函数。

图 3-1（b）所示电流 i 的零值点正好在坐标原点上，将该点的 α 记为零，则

$$i = I_{\mathrm{m}}\sin\alpha \tag{3-2}$$

显然，电角度 α 是 t 的函数，定义 $\frac{\mathrm{d}\alpha}{\mathrm{d}t}$ 为电角速率，又称为电角频率，用 ω 表示。当 α 随 t 均匀变化时

$$\omega = \frac{\alpha}{t} = \frac{2\pi}{T} = 2\pi f \tag{3-3}$$

在 SI 中，式（3-3）中 α 的单位是弧度角 rad，t 的单位为 s，ω 的单位是 rad/s。我国工频角频率 $\omega = 2\pi f = 100\pi \mathrm{rad/s} = 314 \mathrm{rad/s}$。引出 ω 后，当自变量用时间 t 表示时，对于图 3-1（b）所示电流 i，$\alpha = \omega t$，式（3-2）变成

$$i = I_{\mathrm{m}}\sin\omega t \tag{3-4}$$

式（3-4）仅适用于正弦量的零值点与坐标原点重合的情况。然而，计时起点（即坐标原点）的选择是任意的，一般情况下，计时起点与零值点并不重合，如图 3-2 所示。因此，正弦电流随时间变化的一般表达式为

$$i = I_{\mathrm{m}}\sin(\omega t + \psi) \tag{3-5}$$

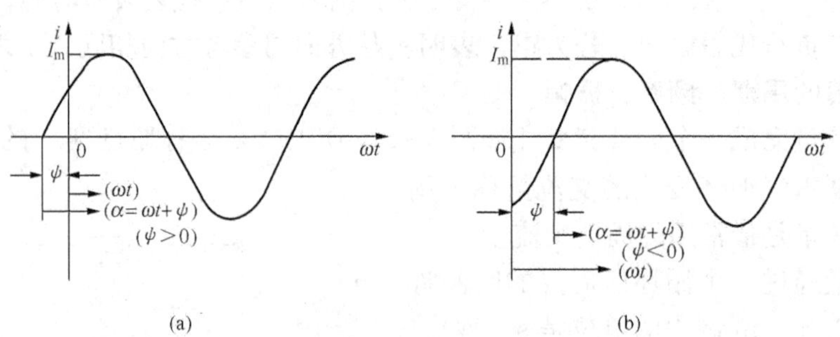

图 3-2　计时起点与零值点不重合的情况

（a）$\psi>0$ 时；（b）$\psi<0$ 时

式（3-5）中，角（$\omega t+\psi$）决定着正弦量瞬时的大小、方向及变化趋势（这三个方面代表着正弦量的瞬时“相貌”），所以把它称为正弦量的相位角，简称相位。ψ 是正弦量在 $t=0$（即计时起点）时的相位，称为正弦量的初相角，简称初相。

初相仅决定于计时起点的选择，计时起点选择不同，初相也不同，初相或正或负或零。当计时起点选在零值点上，$\psi=0$，如图 3-1（b）所示；当计时起点选在零值点的右侧，$\psi>0$，如图 3-2（a）所示；当计时起点选在零值点的左侧，$\psi<0$，如图3-2（b）所示。为了避免混乱，规定初相的取值范围：$-\pi \leqslant \psi \leqslant \pi$。

振幅表明正弦量的大小；角频率（或频率或周期）表明正弦量交变的快慢；初相表明正弦量的初始状态。一个正弦量只要振幅、角频率（或频率或周期）、初相确定后，该正弦

量便被唯一确定了。因此，振幅、角频率（或频率或周期）和初相统称为正弦量的三要素。

同一正弦量，参考方向选择不同时，振幅与角频率不变，而瞬时值异号，初相角相差 180°。

【例 3-1】 已知一工频电流 $I_m=5A$，初相 $\psi=60°$，写出 i 的解析式。

解 工频角频率 $\omega = 2\pi f = 2\pi \times 50 = 314$ (rad/s)，则

$$i = I_m\sin(\omega t + \psi) = 5\sin(314t + 60°)\text{(A)}$$

四、相位差

为了比较两个同频率正弦量变化的先后顺序，引入“相位差”的概念。定义两个同频率正弦量的相位之差称为相位差，用 φ 表示。

若 $i_1=I_{m1}\sin(\omega t+\psi_1)$；$i_2=I_{m2}\sin(\omega t+\psi_2)$，则 i_1 与 i_2 的相位差为

$$\varphi_{12}=(\omega t+\psi_1)-(\omega t+\psi_2)=\psi_1-\psi_2 \tag{3-6}$$

可见，两个同频率正弦量的相位差等于它们的初相之差。同样，为了防止混乱，规定相位差的取值范围：$-\pi\leqslant\varphi\leqslant\pi$。

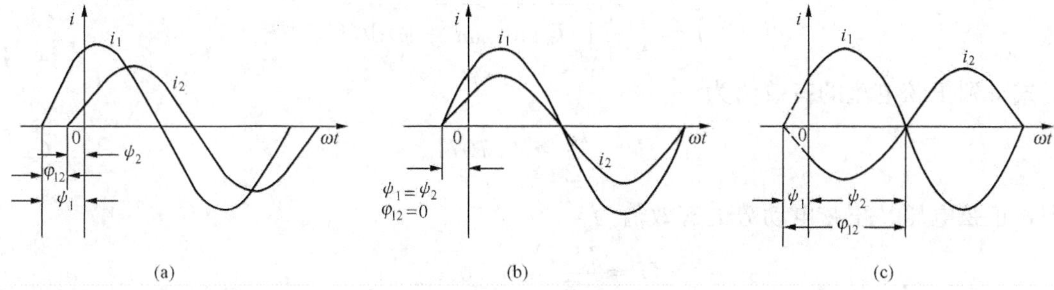

图 3-3 不同相位关系的几种情况

(a) 超前、滞后；(b) 同相；(c) 反相

相位关系的几种情况是：若 $\varphi_{12}=\psi_1-\psi_2>0$，即 $\psi_1>\psi_2$，如图 3-3 (a) 所示，这表明 i_1 比 i_2 早到达零值点（或最大值），这种情况称 i_1 比 i_2 超前（或者说 i_2 比 i_1 滞后）；若 $\varphi_{12}=\psi_1-\psi_2=0$，即 $\psi_1=\psi_2$，如图 3-3 (b) 所示，这表明 i_1 与 i_2 同时到达零值点和最大值，这种情况称 i_1 与 i_2 同相；若 $\varphi_{12}=\psi_1-\psi_2=\pi$（或 $-\pi$），如图 3-3 (c) 所示，这表明 i_1 到达零值时，i_2 为由正半波进入负半波的零瞬时值点，i_1 为（正）最大值时，i_2 为负且绝对值最大，这种情况称为 i_1 与 i_2 反相。

为分析简便，可选初相为零的正弦量作为参考正弦量。应用时，在一个电路的几个同频率的正弦量中，当选择一个量为参考正弦量时，其他量的初相角就等于它们与参考正弦量的相位差。显然，在几个正弦量中，只能选一个为参考正弦量。

【例 3-2】 已知两个工频正弦量 $u=311\sin(\omega t+30°)$ V、$i=5\sin(\omega t-30°)$ A。求：(1) 相位差 φ_{ui}，并比较相位关系；(2) u 比 i 早到零值点的时间 t。

解 (1) $\varphi_{ui}=\psi_u-\psi_i=30°-(-30°)=60°$

因为 $\varphi_{ui}>0$，所以 u 比 i 超前。

(2) 因为 $\omega = 2\pi f = 100\pi$ rad/s $= 18000°$/s，所以

$$t = \frac{\varphi_{ui}}{\omega} = \frac{60}{18000} \approx 0.00333\text{ (s)}$$

五、有效值

为了反映交流量在能量转换方面的效应，引入有效值的概念。其定义为：一个周期交流量和一个直流量分别作用于同一电阻，若经过交流量的一个周期的时间，两者产生的热量相等，则这个直流量（大小）称为交流量的有效值。

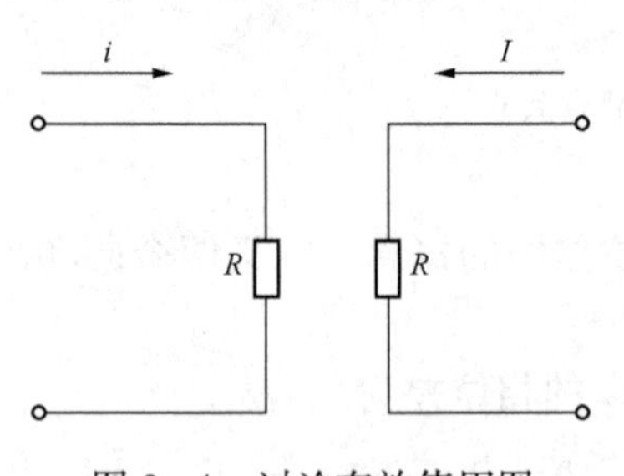

图 3-4 讨论有效值用图

以图 3-4 为例，交流电流 i 在一个周期 T 内流过 R 的发热量为 $\int_0^T i^2 R\mathrm{d}t$，直流电流 I 在一个周期 T 内流过 R 的发热量为 I^2RT，按有效值的定义有

$$I^2RT = \int_0^T i^2 R\mathrm{d}t$$

由此式得出周期性交流电流的有效值为

$$I = \sqrt{\frac{1}{T}\int_0^T i^2\,\mathrm{d}t}$$

当电流为正弦量时，设 $i = I_\mathrm{m}\sin(\omega t + \psi)$，其有效值计算式为

$$I = \sqrt{\frac{1}{T}\int_0^T I_\mathrm{m}^2 \sin^2(\omega t + \psi)\,\mathrm{d}t}$$

由上式得到正弦电流的有效值为

$$I = \frac{I_\mathrm{m}}{\sqrt{2}} = 0.707 I_\mathrm{m} \tag{3-7}$$

同理，正弦电压、正弦电动势的有效值为

$$U = \frac{U_\mathrm{m}}{\sqrt{2}} = 0.707 U_\mathrm{m}$$

$$E = \frac{E_\mathrm{m}}{\sqrt{2}} = 0.707 E_\mathrm{m}$$

交流电气设备铭牌上所标的电流、电压，一般交流电压表、电流表所测量的值，以及平时所说的 220V 交流电压都是有效值。不加说明，交流电流、电压的大小均指有效值。

【例 3-3】 计算［例 3-2］中正弦电压、电流的有效值。

解 $U = \frac{U_\mathrm{m}}{\sqrt{2}} = \frac{311}{\sqrt{2}} = 220\ (\mathrm{V})$

$I = \frac{I_\mathrm{m}}{\sqrt{2}} = \frac{5}{\sqrt{2}} = 3.54\ (\mathrm{A})$

第二节 正弦量的相量表示

由上节已知，正弦量可以用三角函数式和波形图来表示，但用这两种形式进行正弦量的运算非常繁琐，在电路分析中不实用，因此，人们想到用相量对正弦量交流电路进行分析计算。

一、用旋转相量表示正弦量

以电流 $i = I_\mathrm{m}\sin(\omega t + \psi) = \sqrt{2}\,I\sin(\omega t + \psi)$ 为例，在如图 3-5 所示的复平面上令一长度

为 I_m、初相为 ψ 的有向线段，以 ω 角速度、按逆时针方向旋转，该旋转矢量 $\dot{I}_m$ 称为旋转相量。该旋转相量能表示正弦量的三个要素。它任意时刻在纵轴上的投影 $I_m\sin(\omega t_1+\psi)$，即为正弦量在该时刻的瞬时值。

当旋转相量旋转一周，则其在纵轴的投影对应于一个完整的正弦波。

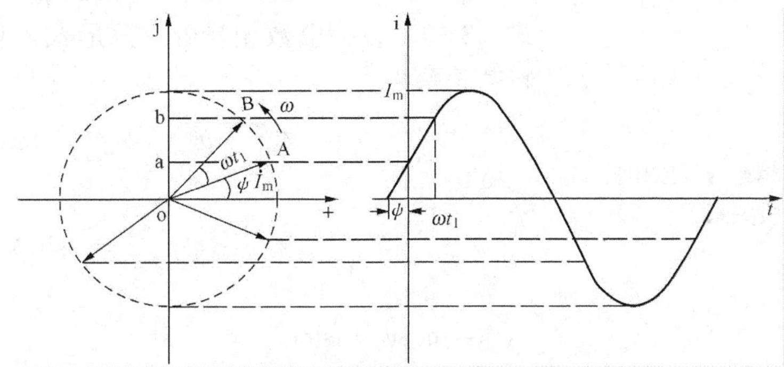

图 3-5　用旋转相量表示正弦量

用旋转相量来代替正弦量参与电路运算，显然也是非常繁琐的。不难想象，在同一复平面上，各个同频率的旋转相量间是相对静止的。在电路分析中，主要是分析各正弦量之间的相互关系，因此可先暂不考虑角频率 ω 这个要素，而用静止的初态旋转相量来表示正弦交流量，这即是正弦量的矢量相量。

二、正弦量的相量

1. 正弦量的矢量相量

正弦量的矢量相量，是在复平面上的长度为正弦量的幅值 I_m 或有效值 I、（与正实轴间的）角度为正弦量的初相位 ψ 的带箭头的有向线段。一个正弦量可以用一个唯一的矢量相量表示。电流、电压、电动势的矢量相量分别用 $\dot{I}_m$、$\dot{U}_m$、$\dot{E}_m$ 或 $\dot{I}$、$\dot{U}$、$\dot{E}$ 表示，前者为正弦量的幅值矢量相量（相量的长度为正弦量的振幅），后者为正弦量的有效值矢量相量（相量的长度为正弦量的有效值）。

只有同频率的正弦量的矢量相量才能画在同一坐标平面上。几个同频率的正弦量的矢量相量总称相量图。为了简化相量图，一般不画出坐标轴。

若 $i_1=I_{m1}\sin(\omega t+\psi_1)=\sqrt{2}I_1\sin(\omega t+\psi_1)$，$i_2=I_{m2}\sin(\omega t+\psi_2)=\sqrt{2}I_2\sin(\omega t+\psi_2)$，则图 3-6（a）为 i_1、i_2 的幅值相量图，图 3-6（b）为 i_1、i_2 的有效值相量图。

2. 正弦量的复数相量

由数学可知，复平面中的一个矢量唯一的对应着一个复数，因此，一个矢量相量可以用一个复数表示，该复数称为正弦量的复数相量。一个复数相量唯一的代表着一个正弦量。

图 3-7 中有效值矢量相量 $\dot{A}$ 的实部为 a，虚部为 b，则矢量相量 $\dot{A}$ 所对应的复数相量的代数形式为

$$\dot{A}=a+\mathrm{j}b \tag{3-8}$$

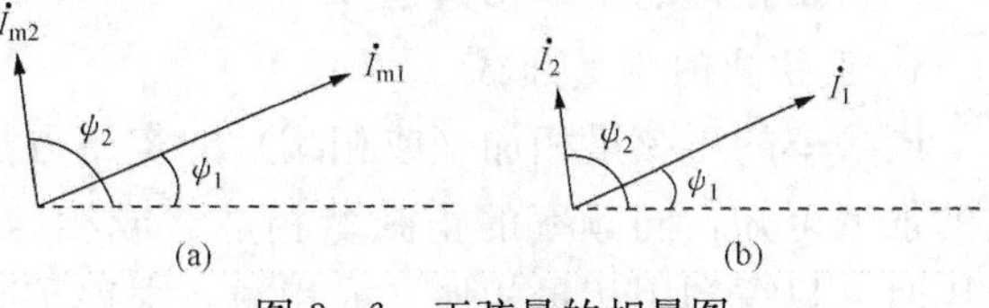

图 3-6　正弦量的相量图
（a）幅值相量图；（b）有效值相量图

在数学中，式（3-8）中虚数单位用 i

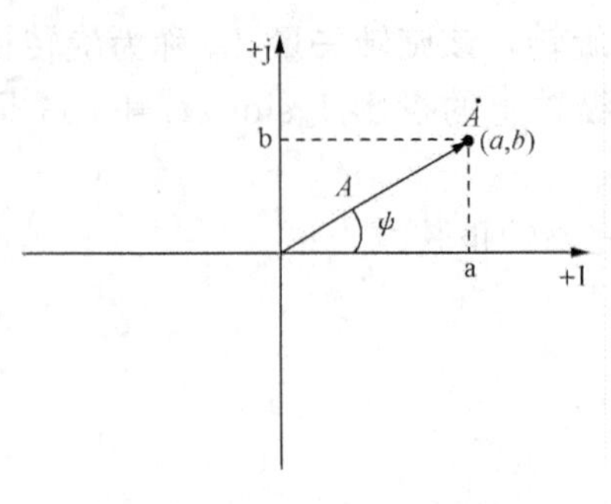

图 3-7 矢量相量与复数相量的对应关系

表示，为了避免与电流 i 混淆，电工中改用 j 表示。若复数相量 $\dot{A}$ 用模 r（即矢量相量 $\dot{A}$ 的长度 A）和幅角 ψ 来表示，则 $\dot{A}$ 可表示为

$$\dot{A} = r\cos\psi + \mathrm{j}r\sin\psi \qquad (3-9)$$

式（3-9）称为复数相量的三角形式，它与代数形式的转换关系为

$$r = \sqrt{a^2 + b^2},\quad \psi = \arctan\frac{b}{a}$$

或

$$a = r\cos\psi,\quad b = r\sin\psi$$

利用欧拉公式

$$e^{\mathrm{j}\psi} = \cos\psi + \mathrm{j}\sin\psi$$

式（3-9）可表示为复数相量的指数形式，即

$$\dot{A} = re^{\mathrm{j}\psi} \qquad (3-10)$$

为了书写的方便，常将式（3-10）简写为极坐标形式，即

$$\dot{A} = r\angle\psi \qquad (3-11)$$

可见，由正弦量 $f(t) = A_m\sin(\omega t + \psi)$，可直接写出复数相量的指数形式或极坐标形式。

在分析计算正弦交流电路时，常进行 r、ψ 与 a、b 间的变换。因为 a、b 各有正负，按 a、b 正负的不同，对应的矢量相量位于复平面的象限不同，如图 3-8 所示。为了适应电工的需要，与复数相量对应的矢量相量位于Ⅱ、Ⅳ象限时，一律取绝对值小于 180°的辐角（ψ）。

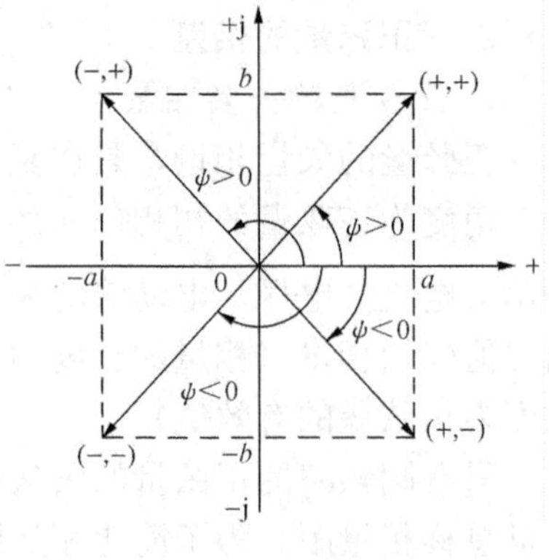

图 3-8 a、b 的正负号与 ψ 角的对应关系

正弦量的复数相量，也有幅值复数相量和有效值复数相量之分，符号与矢量相量相同。

由以上可知，一个正弦量既可以用矢量相量表示，又可以用复数相量表示。用来表示正弦量的矢量相量和复数相量统称正弦量的相量。通常所说的正弦量的相量是指有效值相量。

在概念上应注意：①正弦量并不等于相量，而是与相量对应，可以用相量表示；②只有正弦量才可用相量来表示；③相量也是对应于选择的参考方向而言的。同一正弦量，参考方向的选择不同，初相位相差 180°，它们的辐角也相差 180°，在相量图上方向相反。

三、正弦量的简单相量运算

1. 正弦量的相量加减

同频率的正弦量相加（或相减）的实用方法是利用相量进行加减的。然而，由三角函数式的加减可知，同频率的正弦量相加（或相减）的结果仍为同频率的正弦量（例证从略）。应用时，只需利用相量相加（或相减）求得正弦量的和（或差）的有效值和初相角。

（1）矢量相量的加减称为相量图法。其方法是利用矢量求和的平行四边形法则或多边形法则求得正弦量之和（或差）的矢量相量。

（2）正弦量的复数相量加减。其方法是利用复数的加、减运算法则求得正弦量之和（或差）的复数相量。

$$\dot{A}_1 \pm \dot{A}_2 = (a_1 + \mathrm{j}b_1) \pm (a_2 + \mathrm{j}b_2) = (a_1 \pm a_2) + \mathrm{j}(b_1 \pm b_2) = a + \mathrm{j}b$$

2. 相量的乘除

相量的乘除采用极坐标形式比较方便。其运算法则为

$$\dot{A}_1 \cdot \dot{A}_2 = r_1\underline{/\psi_1} \cdot r_2\underline{/\psi_2} = r_1 r_2\underline{/\psi_1 + \psi_2} = r\underline{/\psi}$$

$$\dot{A}_1/\dot{A}_2 = \frac{r_1\underline{/\psi_1}}{r_2\underline{/\psi_2}} = \frac{r_1}{r_2}\underline{/\psi_1 - \psi_2} = r\underline{/\psi}$$

【例 3-4】 已知 $i_1 = 10\sqrt{2}\sin(\omega t + 30°)$ A，$i_2 = 5\sqrt{2}\sin(\omega t + 60°)$ A，利用矢量相量的加、减方法，求：（1）$i_1 + i_2 = i$；$i_1 - i_2 = i'$；（2）利用复数相量的加法求 $i_1 + i_2 = i$。

解 （1）如图 3-9（a）所示，按比例作出矢量相量 $\dot{I}_1$、$\dot{I}_2$，再以 $\dot{I}_1$、$\dot{I}_2$ 为邻边作平行四边形 OABC，射线$\overrightarrow{OB}$即为 i 的矢量相量 $\dot{I}$，$\dot{I}_1 + \dot{I}_2 = \dot{I}$，测量得 $I = 14.5$A、$\psi = 40°$，所以，$i = 14.5\sqrt{2}\sin(\omega t + 40°)$ A。

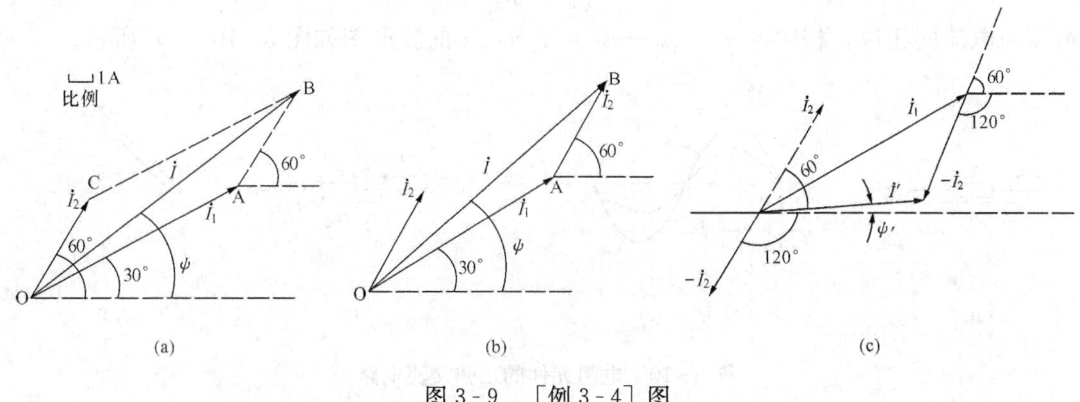

图 3-9 ［例 3-4］图

也可应用多边形法则求"相量和"$\dot{I}$，如图 3-9（b）所示，先画出 $\dot{I}_1$，再平移 $\dot{I}_2$，将 $\dot{I}_2$ 的首端（非箭头端）接在 $\dot{I}_1$ 的末端（箭头端），然后从 $\dot{I}_1$ 的首端向 $\dot{I}_2$ 的末端引射线$\overrightarrow{OB}$即为 $\dot{I}$。多个矢量相量相加的方法类推。三个以上的矢量相量相加时，应用多边形法则较为方便。

$\dot{I}_1 - \dot{I}_2$ 可转换成 $\dot{I}_1 + (-\dot{I}_2)$，按矢量相量相加的方法求得代表 i' 的矢量相量 $\dot{I}'$，如图3-9（c）所示。$\dot{I}_1 - \dot{I}_2 = \dot{I}'$，量得 $I' = 6.1$A、$\psi = 6°$，所以

$$i' = 6.1\sqrt{2}\sin(\omega t + 6°) \text{ A}$$

（2）先将已知的 i_1、i_2 直接写出复数相量的极坐标形式，随之变成代数形式

$$\dot{I}_1 = 10\underline{/30°} = 8.66 + \mathrm{j}5 \text{ (A)}$$

$$\dot{I}_2 = 5\underline{/60°} = 2.5 + \mathrm{j}4.33 \text{ (A)}$$

则有

$$\dot{I}=\dot{I}_1+\dot{I}_2=(8.66+j5)+(2.5+j4.33)=11.2+j9.33=14.6\angle 39.8^\circ(\mathrm{A})$$

所以

$$i=14.6\sqrt{2}\sin(\omega t+39.8^\circ)\mathrm{A}$$

实用中，经常利用复数相量进行定量的计算，利用相量图帮助定性分析。

第三节 *R*、*L*、*C* 的正弦交流电路

一、电阻元件的正弦交流电路

1. 电压、电流的关系

电阻元件瞬时形式的电路模型如图 3-10（a）所示。设电流 $i=\sqrt{2}I\sin(\omega t+\psi_i)$，由电阻的伏安关系式 $u_R=Ri$ 可知，$u_R=\sqrt{2}RI\sin(\omega t+\psi_i)$，而电压的一般表达式为 $u_R=\sqrt{2}U_{\mathrm{R}}\sin(\omega t+\psi_u)$，比较二式可知：

（1）电压与电流有效值或最大值之间的数量关系为

$$U_{\mathrm{R}}=RI \quad 或 \quad U_{\mathrm{Rm}}=RI_{\mathrm{m}} \tag{3-12}$$

（2）电压与电流的相位关系为

$$\psi_u=\psi_i \tag{3-13}$$

即电压与电流同相位，相位差 $\varphi=\psi_u-\psi_i=0$。u_{R}、i 的波形图如图 3-10（b）所示。

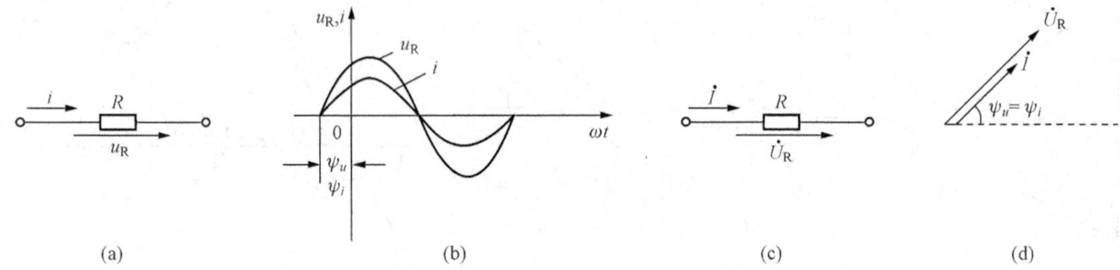

图 3-10 电阻元件的正弦交流电路

（a）瞬时形式电路模型；（b）u_R、i 的波形；（c）相量形式电路模型；（d）$\dot{U}_R$、$\dot{I}$ 的相量图

电阻元件的相量形式电路模型如图 3-10（c）所示。因为 $\dot{I}=I\angle\psi_i$，$\dot{U}_R=U_{\mathrm{R}}\angle\psi_u=RI\angle\psi_i=R\dot{I}$，从而得出电阻上的电压、电流相量关系式为

$$\dot{U}_{\mathrm{R}}=R\dot{I} \tag{3-14}$$

式（3-14）称为电阻元件相量形式的欧姆定律式。$\dot{U}_{\mathrm{R}}$、$\dot{I}$ 的相量图如图 3-10（d）所示。

2. 电阻元件上的功率

电路任一瞬时接受或发出的功率称为瞬时功率，用 p 表示，电阻上的瞬时功率

$$\begin{aligned} p_{\mathrm{R}}&=u_{\mathrm{R}}i=\sqrt{2}U_{\mathrm{R}}\sin(\omega t+\psi_u)\cdot\sqrt{2}I\sin(\omega t+\psi_i)\\ &=U_{\mathrm{R}}I[1-\cos2(\omega t+\psi)] \end{aligned} \tag{3-15}$$

式（3-15）中 $\psi_u=\psi_i=\psi$。因为 $[1-\cos2(\omega t+\psi)]\geqslant0$，所以 p 总为非负值。这表明电阻元件流过电流时总是吸收功率，消耗电能。

瞬时功率是随时间不断变化的，不便应用，所以引入平均功率。瞬时功率在一个周期内的平均值称为平均功率，用 P 表示。电阻上的平均功率为

$$P_{\mathrm{R}}=\frac{1}{T}\int_{0}^{T}P_{\mathrm{R}}\mathrm{d}t=\frac{1}{T}\int_{0}^{T}U_{\mathrm{R}}I[1-\cos 2(\omega t+\psi)]\mathrm{d}t$$

$$=U_{\mathrm{R}}I=I^{2}\mathrm{R}=\frac{U_{\mathrm{R}}^{2}}{R} \tag{3-16}$$

平均功率是表明交流电路中消耗电能的平均速率的。其单位与直流电路的功率相同。由式（3-16）可见，电阻上的平均功率的计算式，在形式上与直流电路中电阻的功率相同，但式中 U、I 为交流电压、电流的有效值。在交流电路中，用功率表测得的功率即为平均功率，平均功率又称为有功功率。

二、电感元件的正弦交流电路

1. 电压、电流的关系

电感元件瞬时形式的电路模型如图 3-11（a）所示。设 $i=\sqrt{2}I\sin(\omega t+\psi_i)$，由电感的伏安关系式 $u_{\mathrm{L}}=L\dfrac{\mathrm{d}i}{\mathrm{d}t}$ 可知，$u_{\mathrm{L}}=\sqrt{2}I\omega L\sin\left(\omega t+\psi_i+\dfrac{\pi}{2}\right)$，而电压一般表达式为 $u_{\mathrm{L}}=\sqrt{2}U_{\mathrm{L}}\sin(\omega t+\psi_u)$，比较二式可知：

（1）电压与电流的数量关系为

$$U_{\mathrm{L}}=\omega LI=X_{\mathrm{L}}I \quad \text{或} \quad U_{\mathrm{Lm}}=\omega LI_{\mathrm{m}}=X_{\mathrm{L}}I_{\mathrm{m}} \tag{3-17}$$

式（3-17）中 $X_{\mathrm{L}}=\omega L$，称为感抗。当 ω、L 的单位分别为 rad/s、H 时，X_{L} 的单位为 Ω。X_{L} 表示电感对正弦交流电流的阻碍作用。

（2）电压与电流的相位关系为

$$\psi_u=\psi_i+\frac{\pi}{2} \tag{3-18}$$

即电感电压超前于电流 90°，相位差 $\varphi=\psi_u-\psi_i=\dfrac{\pi}{2}$。$u_{\mathrm{L}}$、$i$ 的波形图如图 3-11（b）所示。

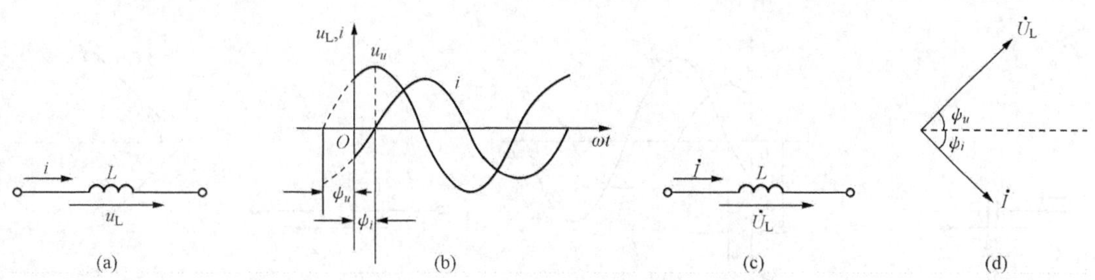

图 3-11　电感元件的正弦交流电路

（a）瞬时形式电路模型；（b）u_{L}、i 的波形；（c）相量形式电路模型；（d）$\dot{U}_{\mathrm{L}}$、$\dot{I}$ 的相量图

电感元件的相量形式电路模型如图 3-11（c）所示。$\dot{I}=I\angle\psi_i$，$\dot{U}_{\mathrm{L}}=U_{\mathrm{L}}\angle\psi_u=X_{\mathrm{L}}I\angle\left(\psi_i+\dfrac{\pi}{2}\right)=X_{\mathrm{L}}I\angle\psi_i\cdot\angle\dfrac{\pi}{2}=\mathrm{j}X_{\mathrm{L}}\dot{I}$，从而得出

$$\dot{U}_{\mathrm{L}}=\mathrm{j}X_{\mathrm{L}}\dot{I} \tag{3-19}$$

式（3-19）称为电感元件相量形式的伏安关系式，$\dot{U}_{\mathrm{L}}$、$\dot{I}$ 的相量图如图 3-11（d）所示。

2. 电感元件上的功率

电感上的瞬时功率

$$p_L = u_L i = \sqrt{2}U_L \sin(\omega t + \psi_i + \frac{\pi}{2}) \cdot \sqrt{2}I\sin(\omega t + \psi_i)$$

$$= 2U_L I\cos(\omega t + \psi_i) \cdot \sin(\omega t + \psi_i) = U_L I\sin2(\omega t + \psi_i) \quad (3-20)$$

电感上的平均功率，即有功功率

$$P_L = \frac{1}{T}\int_0^T p_L \mathrm{d}t = \frac{1}{T}\int_0^T U_L I\sin2(\omega t + \psi_i)\mathrm{d}t = 0 \quad (3-21)$$

可见，电感的平均功率为零。

在 p_L 的正半波，电感把从电源接受的电能转换成自身的磁场能量储存起来，在 p_L 的负半波，电感再把储存的磁场能量返还给电源。因此说电感不是消耗电能的元件，仅是能量的交换元件。为了描述电感与电源这种能量交换的规模，引入无功功率的概念。所谓电感的无功功率就是电感与电源进行能量交换的最大速率，即瞬时功率的最大值，用 Q_L 表示。

$$Q_L = U_L I = I^2 X_L = \frac{U_L^2}{X_L} \quad (3-22)$$

当 U_L、I、X_L 单位分别为 V、A、Ω 时，无功功率单位是乏尔（简称乏），符号为 var。常用单位有 kvar（千乏）。

无功功率与平均功率的物理意义不同，前者代表着电能交换，后者代表着电能的消耗。注意无功功率绝不等于无用功率，它是储能元件在交流电路中正常工作的必要条件。

三、电容元件的交流电路

1. 电压、电流的关系

电容元件瞬时形式的电路模型如图 3-12（a）所示，设 $i = \sqrt{2}I\sin(\omega t + \psi_i)$，由电容的伏安关系式 $i = C\frac{\mathrm{d}u_C}{\mathrm{d}t} \rightarrow u_C = \frac{1}{C}\int i\mathrm{d}t$，推得电容电压的表达式（过程略）$u_C = \sqrt{2}I\frac{1}{\omega C}\sin\left(\omega t + \psi_i - \frac{\pi}{2}\right)$，与电压一般表达式 $u_C = \sqrt{2}U_C\sin(\omega t + \psi_u)$ 相比较可知：

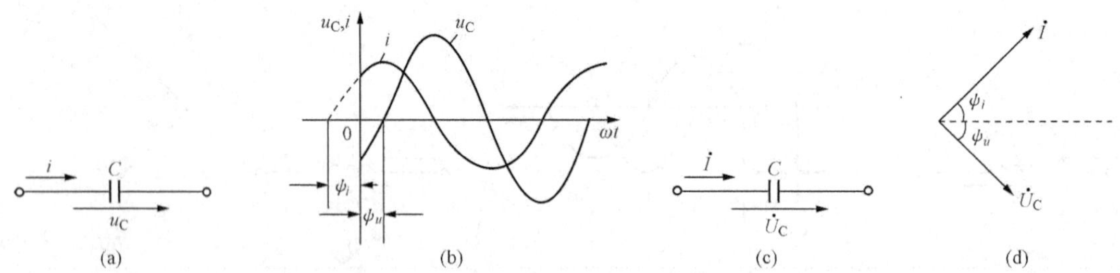

图 3-12 电阻元件的正弦交流电路

（a）瞬时形式电路模型；（b）u_C、i 的波形；（c）相量形式电路模型；（d）$\dot{U}_C$、$\dot{I}$ 的相量图

（1）电压、电流的数量关系为

$$U_C = \frac{1}{\omega C} \cdot I = X_C I \quad 或 \quad U_m = X_C I_m \quad (3-23)$$

式（3-23）中 $\frac{1}{\omega C} = X_C$，X_C 称为容抗。当 ω、C 的单位分别为 rad/s、F 时，X_C 的单位为 Ω。

X_C 表示电容对正弦交流电流的阻碍作用。

（2）电压与电流的相位关系

$$\psi_u = \psi_i - \frac{\pi}{2} \tag{3-24}$$

即电容上电压滞后于电流 90°，相位差 $\varphi=\psi_u-\psi_i=-\frac{\pi}{2}$。$u_C$、$i$ 的波形如图 3-12（b）所示。

电容元件的相量形式电路模型如图 3-12（c）所示。$\dot{I}=I\angle\psi_i$，$\dot{U}_C=U_C\angle\psi_u=X_C I\angle\left(\psi_i-\frac{\pi}{2}\right)=X_C I\angle\psi_i\angle-\frac{\pi}{2}=-\mathrm{j}X_C\dot{I}$，从而得出

$$\dot{U}_C=-\mathrm{j}X_C\dot{I} \tag{3-25}$$

式（3-25）称为电容元件相量形式的伏安关系式。$\dot{U}_C$、$\dot{I}$ 的相量图如图 3-12（d）所示。

2. 电容元件上的功率

可类同电感元件功率的分析方法。电容的瞬时功率、平均功率（即有功功率）

$$p_C=-U_C I\sin2(\omega t+\psi_i) \tag{3-26}$$

$$P_C=0 \tag{3-27}$$

由式（3-26）、式（3-27）可知，电容与电感相似，也是一个能量的交换元件。同样引出电容的无功功率 Q_C

$$Q_C=U_C I=I^2X_C=\frac{U_C^2}{X_C} \tag{3-28}$$

当 U_C、I、X_C 分别为 V、A、Ω 时，Q_C 的单位是 var。

【例 3-5】 在图 3-13 所示电路中，已知 $i=10\sqrt{2}\sin(5t+30°)$ A，$R=20\Omega$，$L=1\mathrm{H}$，$C=0.1\mathrm{F}$。试求：（1）各元件的端电压 u_R、u_L 及 u_C；（2）各电压相量 $\dot{U}_R$、$\dot{U}_L$ 及 $\dot{U}_C$，并画出相量图；（3）各元件的功率。

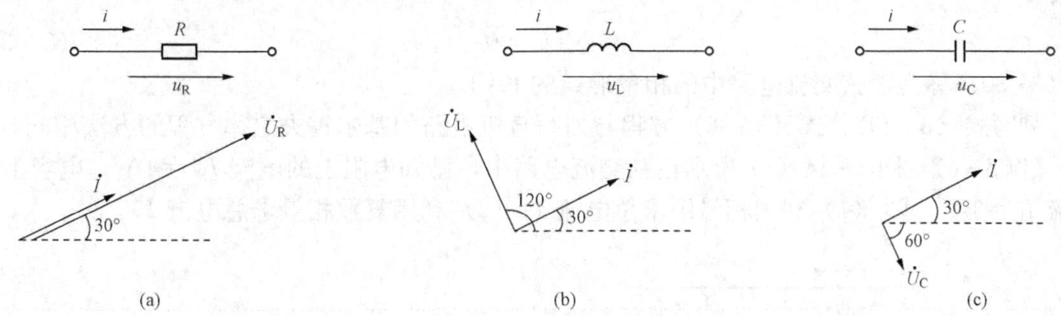

图 3-13 ［例 3-5］图［图 3-13（a）中 $\dot{U}_R$ 的比例已增大］

解 （1）$u_R=\sqrt{2}RI\sin(\omega t+30°)=\sqrt{2}\times20\times10\sin(5t+30°)$

$=200\sqrt{2}\sin(5t+30°)$（V）

$X_L=\omega L=5\times1=5$（Ω）

$u_L=\sqrt{2}X_L I\sin(\omega t+30°+90°)=\sqrt{2}\times5\times10\sin(5t+120°)$

$=50\sqrt{2}\sin(5t+120°)$（V）

$$X_C = \frac{1}{\omega C} = \frac{1}{5\times 0.1} = 2(\Omega)$$

$$u_C = \sqrt{2}X_L I\sin(\omega t + 30° - 90°) = \sqrt{2}\times 2\times 10\sin(5t - 60°)$$
$$= 20\sqrt{2}\sin(5t - 60°)(V)$$

（2）各电压相量

$\dot{U}_R = 200\underline{/30°}V, \dot{U}_L = 50\underline{/120°}V, \dot{U}_C = 20\underline{/-60°}V$

相量图如图 3-13 所示。

（3）各元件上的功率：

$P_R = U_R I = 200\times 10 = 200(W)$，$P_L = 0$，$P_C = 0$

$Q_R = 0$，$Q_L = U_L I = 50\times 10 = 500(var) = 0.5(kvar)$

$Q_C = U_C I = 20\times 10 = 200(var) = 0.2(kvar)$

第四节 相量形式的基尔霍夫定律

在本章第二节所讲的正弦量的相量加、减是计算方法，而相量的加、减计算依据是相量形式的基尔霍尔夫定律。

由第一章可知，基尔霍夫定律与元件性质无关，而且在任意瞬时都是成立的，因此，在交流电路中对于任一节点$\sum i=0$，对于任一回路$\sum u=0$。

在同一正弦交流电路中，所有电流、电压都为同频率的正弦量，因此它们都可以用相量表示，由此可以推知，连接在任一节点的各支路电流相量的代数和为零，即

$$\sum \dot{I} = 0 \qquad (3-29)$$

式（3-29）称为正弦交流电路中的相量形式的 KCL；任一回路的各元件的电压相量的代数和为零，即

$$\sum \dot{U} = 0 \qquad (3-30)$$

式（3-30）称为正弦交流电路中的相量形式的 KVL。

列写式（3-29）、式（3-30）方程与列写直流电路的基尔霍夫定律方程的方法相同。

【例 3-6】 图 3-14（a）所示正弦交流电路中，已知电阻上的电流 $I_R=4A$，电容上的电流 $I_C=3A$。求：（1）利用相量图求总电流 I；（2）利用复数相量求总电流 I。

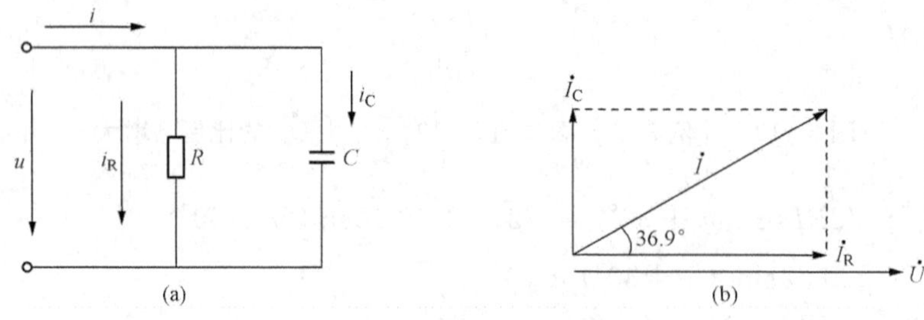

图 3-14 ［例 3-6］图

解 （1）利用相量图求 I。首先选择各电流、电压的参考方向如图 3-14（a）所示，列

出相量形式 KCL 方程，即 $\dot{I}=\dot{I}_{R}+\dot{I}_{C}$(为了简化，可不画出相量形式的电路模型)；再分别画相量 $\dot{U}$、$\dot{I}_{R}$、$\dot{I}_{C}$，一般并联电路选择电压为参考正弦量（串联电路选择电流为参考正弦量），对于电阻元件，$\dot{I}_{R}$ 与 $\dot{U}$ 同相位，对于电容元件 $\dot{I}_{C}$ 超前于 $\dot{U}90°$，如图 3-14（b）所示；最后以 $\dot{I}_{R}$、$\dot{I}_{C}$ 为邻边作平行四边形求和相量 $\dot{I}$，由图可见 $\dot{I}_{R}$、$\dot{I}_{C}$、$\dot{I}$ 构成直角三角形，$I=\sqrt{I_{R}^{2}+I_{C}^{2}}=\sqrt{4^{2}+3^{2}}=5(A)$。

（2）利用复数相量求总电流 I。以电压为参考正弦量，则 $\dot{I}_{R}=4\underline{/0°}A$，$\dot{I}_{C}=3\underline{/90°}A$，$\dot{I}=\dot{I}_{R}+\dot{I}_{C}=4\underline{/0°}+3\underline{/90°}=4+j3=5\underline{/36.9°}(A)$，可见 $I=5A$。

本例中，$i_{R}+i_{C}=i$，$\dot{I}_{R}+\dot{I}_{C}=\dot{I}$，但 $I_{R}+I_{C}\neq I$，因为 i_{R} 与 i_{C} 相位不同。在正弦交流电路中，对于一个节点，因为各电流一般不同相位，所以一般 $\sum I\neq 0$；对于一个回路，因为各电压一般不同相位，所以一般 $\sum U\neq 0$。

第五节 R、L、C 串联的正弦交流电路

图 3-15 所示为 R、L、C 串联的正弦交流电路。为了简便，直接画出相量形式的电路模型。

一、总电压与电流的关系

在一个稳态的正弦交流电路中，各电流、电压都是同频率的正弦量，因此它们都可以用相量表示。下面利用相量图分析 R、L、C 串联的正弦交流电路。

1. 总电压与电流的数量关系

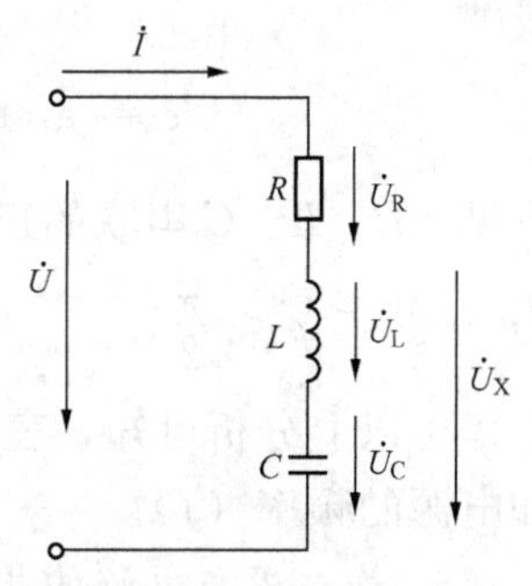

图 3-15 R、L、C 串联正弦交流电路

以电流为参考正弦量，先画出电流相量 $\dot{I}$，然后按着 $\dot{U}_{R}$ 与 $\dot{I}$ 同相、$\dot{U}_{L}$ 超前于 $\dot{I}$ 90°、$\dot{U}_{C}$ 滞后于 $\dot{I}$ 90°，画出三个元件的电压相量，根据 $\dot{U}=\dot{U}_{R}+\dot{U}_{L}+\dot{U}_{C}$，利用矢量相量求和的方法求得 $\dot{U}$ 相量，如图 3-16（a）所示。图中 $\dot{U}_{L}+\dot{U}_{C}=\dot{U}_{X}$ 称为电抗电压相量，$U_{X}=U_{L}-U_{C}=I(X_{L}-X_{C})=IX$，称为电抗电压，$X=X_{L}-X_{C}$ 称为电抗，它综合了感抗和容抗的共同作用，显然，感抗与容抗对电流的阻碍作用是相反的。

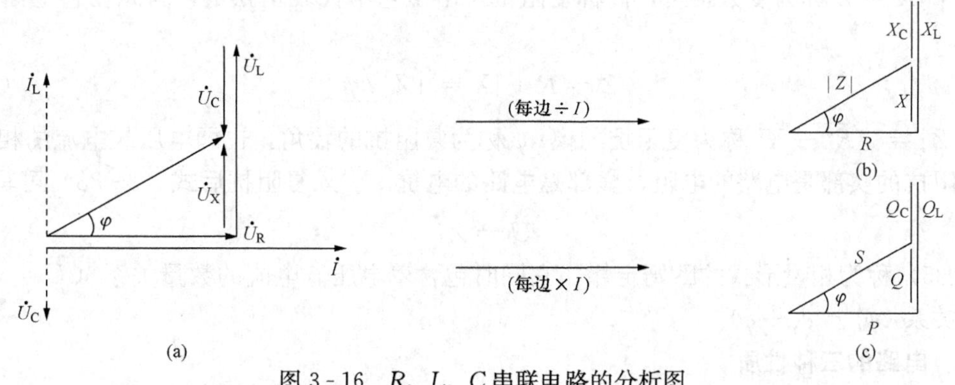

图 3-16 R、L、C 串联电路的分析图

（a）相量图及电压三角形；（b）阻抗三角形；（c）功率三角形

电压相量 $\dot{U}_R$、$\dot{U}_X$、$\dot{U}$ 构成的直角三角形称为电压三角形，由该三角形可知

$$U = \sqrt{U_R^2 + U_X^2} = I\sqrt{R^2 + X^2} = I|Z| \tag{3-31}$$

或

$$U_m = I_m|Z|$$

$$|Z| = \sqrt{R^2 + X^2} = \sqrt{R^2 + \left(2\pi fL - \frac{1}{2\pi fC}\right)^2}$$

式中：$|Z|$ 称为电路的阻抗，它综合了电阻、感抗和容抗对电流的阻碍作用。

由式（3-31）可见，R、L、C 串联的正弦交流电路中，在数量上总电压有效值（或最大值）等于阻抗与电流有效值（或最大值）的乘积。

电阻、电抗及阻抗三者也构成了一个直角三角形，称为阻抗三角形，如图 3-16（b）所示。阻抗三角形与电压三角形相似，电压三角形每条边同除以电流 I 即为阻抗三角形。在阻抗三角形中，φ 角称为阻抗角。

2. 总电压与电流的相位关系

在正弦交流电路中，规定相位差 $\varphi = \psi_u - \psi_i$（在第三节 R、L、C 的正弦交流电路中已经这样用了）。由图 3-16 中电压三角形和阻抗三角形得

$$\varphi = \arctan\frac{U_X}{U_R} = \arctan\frac{U_L - U_C}{U_R}$$

或

$$\varphi = \arctan\frac{X}{R} = \arctan\frac{X_L - X_C}{R} = \arctan\frac{2\pi fL - \frac{1}{2\pi fC}}{R} \tag{3-32}$$

可见，R、L、C 串联的正弦交流电路中，在相位上总电压超前于电流 φ 角。φ 角的数值范围为 $-\frac{\pi}{2} < \varphi < \frac{\pi}{2}$。

由以上分析可知，表征总电压与电流关系的 $|Z|$ 和 φ 仅决定于电路的参数（R、L、C）和电源的频率（f）。

3. 总电压与电流的相量关系式

由 $\dot{U}_R = R\dot{I}$、$\dot{U}_L = jX_L\dot{I}$、$\dot{U}_C = -jX_C\dot{I}$ 及相量形式的 KVL 可知

$$\begin{aligned}\dot{U} &= \dot{U}_R + \dot{U}_L + \dot{U}_C = R\dot{I} + jX_L\dot{I} - jX_C\dot{I} \\ &= \dot{I}[R + j(X_L - X_C)] = \dot{I}[R + jX]\end{aligned} \tag{3-33}$$

式中 $R + jX = Z$ 称为复数阻抗，简称复阻抗。由于它不代表正弦量，因此在它上面不加小圆点。

$$Z = R + jX = |Z|\angle\varphi \tag{3-34}$$

式中：$|Z| = \sqrt{R^2 + X^2}$ 称为复阻抗的模；φ 称为复阻抗的辐角，也即电压与电流的相位差。

复阻抗的实部是电路的电阻，虚部是电路的电抗。引入复阻抗后式（3-33）可写成

$$\dot{U} = Z\dot{I} \tag{3-35}$$

式（3-35）称为相量形式的欧姆定律。它同时包含着电压、电流的数量关系（$U = |Z|I$）和相位关系（$\psi_u = \psi_i + \varphi$）。

二、电路的三种性质

由以上分析可知，电抗 $X = X_L - X_C$，X 或正或负或零，X 决定着电路的性质。

(1) 当$X>0$，即$X_L>X_C$时，$\varphi>0$，则总电压u超前于电流i，电路为感性，称为感性电路，相量图如图3-17 (a) 所示。

(2) 当$X<0$，即$X_L<X_C$时，$\varphi<0$，则总电压滞后于电流，电路为容性，称为容性电路。相量图如图3-17 (b) 所示。

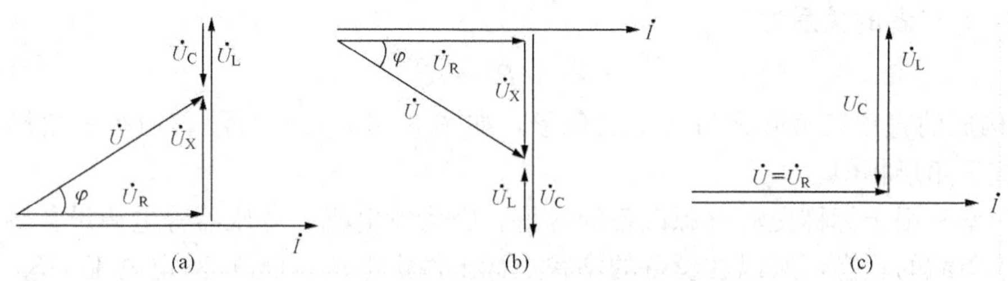

图3-17 R、L、C串联电路三种性质的相量图

(a) 感性；(b) 容性；(c) 电阻性

(3) 当$X=0$，即$X_L=X_C$时，$\varphi=0$，则总电压与电流同相位，电路为电阻性，称为电阻性电路，电路的这种状态又称串联谐振。相量图如图3-17 (c) 所示。

三、功率

1. 有功功率

在R、L、C串联的正弦交流电路中，只有电阻是消耗电能的元件，因此，电路的有功功率P即为电阻的有功功率P_R，所以

$$P=P_R=U_RI=I^2R \tag{3-36}$$

由电压三角形可知，$U_R=U\cos\varphi$，所以

$$P=UI\cos\varphi \tag{3-37}$$

2. 无功功率

由前已知，电感、电容都是能量的交换元件，它们在R、L、C串联的正弦交流电路中，各自都与外部进行着能量交换。设$i=\sqrt{2}I\sin\omega t$，由式（3-20）、式（3-26）可知，$p_L=U_LI\sin2\omega t$，$p_C=-U_CI\sin2\omega t$，两者瞬时功率的波形如图3-18所示。

由图3-18可见，L与C的瞬时功率（+、-）符号相反，这表明当电感接受功率时，电容正好发出功率；电感发出功率时，电容正好接受功率。两者相互补偿的差值才是与电源交换的功率，所以电路的无功功率

$$Q=P_{Lm}-P_{Cm}=U_LI-U_CI=U_XI \tag{3-38}$$

由电压三角形可知，$U_X=U\sin\varphi$，所以

$$Q=UI\sin\varphi \tag{3-39}$$

在感性电路中，$\varphi>0$，$Q>0$；在容性电路中，$\varphi<0$，$Q<0$；在电阻性电路中，$\varphi=0$，$Q=0$。

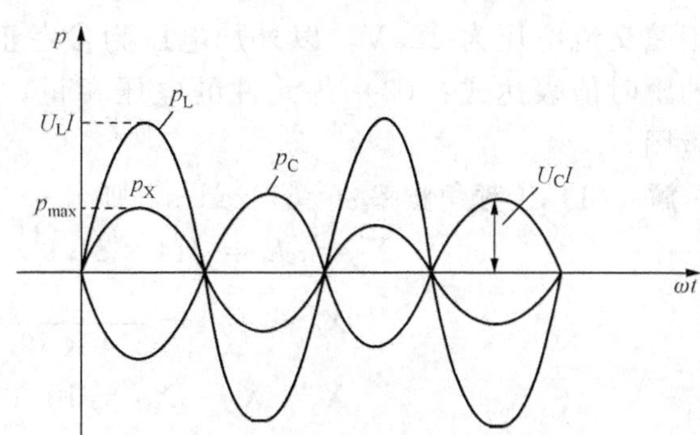

图3-18 R、L、C串联电路的无功功率分析图

3. 视在功率

一般情况下，正弦交流电路中的负载端电压、电流不同相位，乘积UI并

不代表电路接受的有功功率，只是看似功率，所以把 UI 定义为视在功率，用 S 表示，即

$$S=UI \tag{3-40}$$

S 的单位为 V·A（伏安）或 kV·A（千伏安）。

P、Q、S 三者的关系为

$$S=\sqrt{P^2+Q^2} \tag{3-41}$$

P、Q、S 构成的直角三角形称为功率三角形，如图 3-16（c）所示。功率三角形与电压三角形、阻抗三角形相似。

视在功率常用于标称交流电源设备的容量。因为发电机、变压器等电源设备输出的有功功率决定于负载的状态，所以在设备的铭牌上标出额定电压（U_N）额定电流（I_N）、额定视在功率（S_N），以供选用。

4. 功率因数

定义 P/S 为功率因数，显然

$$\frac{P}{S}=\cos\varphi \tag{3-42}$$

所以把 $\cos\varphi$ 称为功率因数。在 R、L、C 串联的正弦交流电路中

$$\cos\varphi=\frac{R}{|Z|}=\frac{R}{\sqrt{R^2+\left(2\pi fL-\frac{1}{2\pi f_C}\right)^2}} \tag{3-43}$$

显然，电路的功率因数也仅决定于电路的参数和电源的频率。

RLC 串联电路是正弦交流电路中具有代表性的电路，RL 串联、RC 串联电路只是 RLC 串联电路的特例，RLC 串联电路的相应公式及相量图，经过相应修改便是 RL 串联或 RC 串联电路的公式及相量图。

最后指出下面一组公式适用于正弦交流电路中的任何无源二端网络。

$$Z=R+jX=|Z|\underline{/\varphi},\ \dot{U}=Z\dot{I},\ S=UI,\ P=S\cos\varphi,\ Q=S\sin\varphi$$

$$S=\sqrt{P^2+Q^2},\ \varphi=\arctan\frac{X}{R}=\arctan\frac{Q}{P},\ \cos\varphi=\frac{P}{S}=\frac{R}{|Z|}$$

只是 R、X 是无源二端网络的等效电阻和等效电抗。

【例 3-7】 有一 RLC 串联电路，已知 $R=40\Omega$，$L=31.9\text{mH}$，$C=79.6\mu\text{F}$，外加工频正弦交流电压为 220V，以外加电压为参考正弦量，求：（1）电路的复阻抗；（2）电流的瞬时值表达式；（3）各元件的电压相量；（4）电路的 $\cos\varphi$、S、P、Q；（5）画出相量图。

解 （1）工频角频率 $\omega=314\text{rad/s}$，则

$$X_L=\omega L=314\times31.9\times10^{-3}\approx10\ (\Omega)$$

$$X_C=\frac{1}{\omega C}=\frac{1}{314\times79.6\times10^{-6}}\approx40\ (\Omega)$$

$$X=X_L-X_C=10-40=-30\ (\Omega)$$

$$Z=R+jX=40-j30\approx50\underline{/-36.9^\circ}(\Omega)$$

（2）外加电压 $U=220\text{V}$，依题意 $\dot{U}=220\underline{/0^\circ}\text{V}$

$$\dot{I}=\frac{\dot{U}}{Z}=\frac{220\angle 0^\circ}{50\angle -36.9^\circ}=4.4\angle 36.9^\circ(\text{A})$$

$$i=4.4\sqrt{2}\sin(314t+36.9^\circ)\text{A}$$

(3) $$\dot{U}_R=R\dot{I}=40\times 4.4\angle 36.9^\circ=176\angle 36.9^\circ(\text{V})$$

$$\dot{U}_L=\text{j}X_L\dot{I}=\text{j}10\times 4.4\angle 36.9^\circ=44\angle 126.9^\circ(\text{V})$$

$$\dot{U}_C=-\text{j}X_C\dot{I}=-\text{j}40\times 4.4\angle 36.9^\circ=176\angle -53.1^\circ(\text{V})$$

(4) $$\cos\varphi=\cos(-36.9^\circ)=0.8,\quad \sin\varphi=-0.6$$

$$S=UI=220\times 4.4=968\ (\text{V}\cdot\text{A})$$

$$P=UI\cos\varphi=S\cos\varphi=968\times 0.8\approx 774\ (\text{W})$$

$$Q=UI\sin\varphi=S\sin\varphi=968\times(-0.6)\approx -581\ (\text{var})$$

因为 $\varphi=-36.9<0$，所以电路为容性。

(5) 相量图如图 3-19 所示。

画相量图的目的是为直观展示各量之间的相位关系和数量关系。画相量图应遵循“对号入座”原则，即同一种（电压或电流）相量长度按比例等于其大小，方向表明初相。

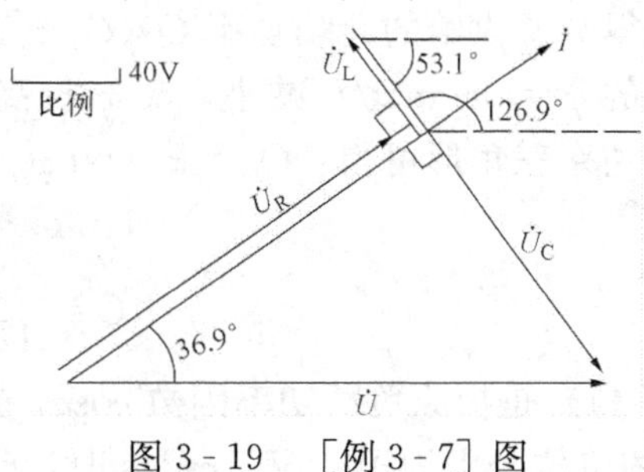

图 3-19 [例 3-7] 图

*第六节 线路功率因数的提高

在供电电路中，用电设备多为感性，且功率因数较低。例如感应式电动机满载时的 $\cos\varphi$ 为 0.7～0.85，日光灯的 $\cos\varphi$ 约为 0.3～0.5，因此，使得供电线路的功率因数偏低，应设法提高线路的功率因数。

一、提高线路功率因数的意义

(1) 使电源设备的容量得到充分利用。例如一台额定容量为 117 500kV·A 的发电机，当 $\cos\varphi=0.6$ 时，只能发出 70 500kW 的有功功率；而当 $\cos\varphi=0.85$ 时则能发出约 100 000kW的有功功率。

(2) 减少线路的功率损耗。当电源设备及线路输送的有功功率、供电电压一定时，由 $P=UI\cos\varphi$ 可知，提高 $\cos\varphi$，线路的电流 I 减小，供电线路的损耗 I^2r_l（r_l 是线路电阻）减小。

由于上述原因，发电厂或供电部门会要求用户（特别是用电大户）采取措施，设法提高线路的功率因数。

二、提高线路功率因数的常用方法

提高线路的 $\cos\varphi$ 的常用方法如图 3-20 (a) 所示，即在负载两端并联电容器。图 3-20 (b) 是相量图，将 $\dot{I}_1$ 分解成 $\dot{I}_{1a}$ 和 $\dot{I}_{1r}$ 两个分量，$\dot{I}_{1a}$ 与 $\dot{U}$ 同相，称为 $\dot{I}_1$ 的有功分量（因为 $UI_{1a}=UI_1\cos\varphi_1=P_1$），$\dot{I}_{1r}$ 滞后于 $\dot{U}$ 90°，称为 $\dot{I}_1$ 的无功分量（因为 $UI_{1r}=UI_1\sin\varphi_1=Q_1$）。各电流相量构成的直角三角形称电流三角形。将电流三角形的各边同乘以电压，得到功率三角形，如图 3-20 (c) 所示。

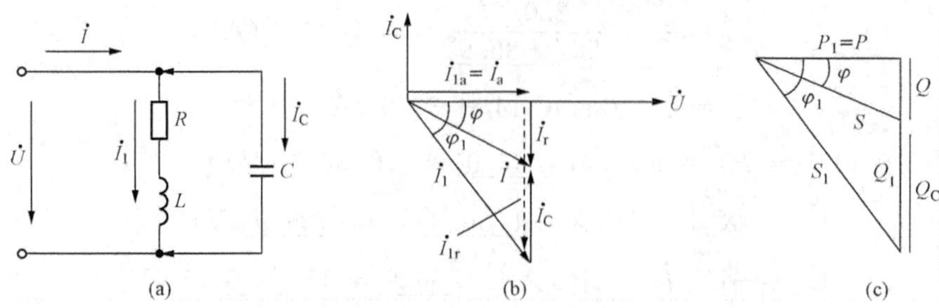

图 3-20 感性负载并联电容

(a) 电路相量模型；(b) 相量图；(c) 功率三角形

由功率三角形可见，感性负载中所需的无功功率 Q_1 的一部分由电容的无功功率 Q_C 补偿，使得电源供给的无功功率 Q（Q_1-Q_C）减小，电源供给的有功功率 $P=P_1$ 不变，因而线路侧的 $\varphi=\arctan Q/P$ 减小，$\cos\varphi$ 提高。

由功率三角形可得：$Q_C=P(\tan\varphi_1-\tan\varphi)$，而 $Q_C=U^2\omega C$，所以

$$U^2\omega C = P(\tan\varphi_1-\tan\varphi)$$

$$C=\frac{P}{U^2\omega}(\tan\varphi_1-\tan\varphi) \tag{3-44}$$

式（3-44）是把原负载功率因数 $\cos\varphi_1$ 提高到 $\cos\varphi$ 所需的并联电容 C 的计算公式。其中 P、U、ω 的单位分别为 W、V、rad/s 时，C 的单位为 F。

【例 3-8】 一感性负载，有功功率 $P=50$kW，功率因数 $\cos\varphi_1=0.6$，工频电源电压为 220V，试求：(1) 将线路原功率因数 $\cos\varphi_1=0.6$ 提高到 $\cos\varphi=0.95$，需并联的电容值 C；(2) 电容并联前后供电线路上的电流 I_1 及 I。

解 (1) 由 $\cos\varphi_1=0.6$ 得 $\varphi_1\approx53.1°$，$\tan\varphi_1\approx1.33$；由 $\cos\varphi=0.95$ 得 $\varphi=18.2°$，$\tan\varphi\approx0.329$，由式（3-43）得

$$C=\frac{P}{U^2\omega}(\tan\varphi_1-\tan\varphi)=\frac{50\times10^3}{220^2\times314}\times(1.33-0.329)$$

$$=0.00329\ (\text{F})=3290\ (\mu\text{F})$$

(2) 由 $I=P/U\cos\varphi$ 可知

$$I_1=\frac{P}{U\cos\varphi_1}=\frac{50\times10^3}{220\times0.6}\approx379\ (\text{A})$$

$$I=\frac{P}{U\cos\varphi}=\frac{50\times10^3}{220\times0.95}\approx239\ (\text{A})$$

可见，并联电容后，线路上的电流显著下降，但原负载上的电流仍是 $I_1\approx379$A，没有变化，所以并联电容并不影响原负载的正常工作。

*第七节 电路的谐振

含有电感、电容的无源二端正弦交流电路，当端口电压、电流同相时的状态称为电路的谐振。在电子技术中，电路的谐振应用很广。

一、串联谐振

RLC 串联的正弦交流电路发生的谐振称为串联谐振，它就是电路的电阻性状态。

1. 串联谐振的条件

串联谐振的条件为 $X_L=X_C$ 即

$$\omega L=\frac{1}{\omega C} \tag{3-45}$$

由式（3 - 45）可知，满足电路谐振的电源角频率、频率为

$$\omega_0=\frac{1}{\sqrt{LC}} \tag{3-46}$$

$$f_0=\frac{1}{2\pi\sqrt{LC}} \tag{3-47}$$

ω_0、f_0 分别称为电路的固有谐振角频率、固有谐振频率。其中 ω_0、f_0、L、C 的单位分别为 rad/s、Hz、H、F。由谐振条件可知，可调整电源频率 f 或 L 或 C，满足谐振条件，实现电路谐振。

2. 串联谐振的特点

（1）阻抗最小，电流最大。RLC 串联的正弦交流电路的阻抗 $|Z|=\sqrt{R^2+(X_L-X_C)^2}$，谐振时，因为 $X_L=X_C$，所以 $|Z|=R$ 最小，U 一定时，电流 $I=U/R$ 最大。谐振时的电流称为谐振电流，用 I_0 表示，即

$$I_0=\frac{U}{R} \tag{3-48}$$

（2）电容与电感上的电压相等，可能远大于端电压。串联谐振时

$$U_L=U_C=X_LI_0=X_CI_0=U\frac{X_L}{R} \tag{3-49}$$

若 $X_L=X_C\gg R$，则电感或电容上的电压（$U_L=U_C$）远大于电路的端电压（U）。在电信工程中常利用这一特点，将微弱电信号变强。正因为串联谐振在电压方面表现出如此显著的特点，所以又称为电压谐振。

【例 3 - 9】 收音机的调谐电路如图 3 - 21 所示。它是通过调整电容 C 的大小实现“选台”的。已知线圈的电阻 $R=20\Omega$，电感 $L=250\mu$H，调整电容 $C=150$pF，使电路发生串联谐振。求：（1）固有谐振频率 f_0；（2）对应于谐振频率的电台信号的电压 $U=10\mu$V 时，U_L、U_C 的大小。

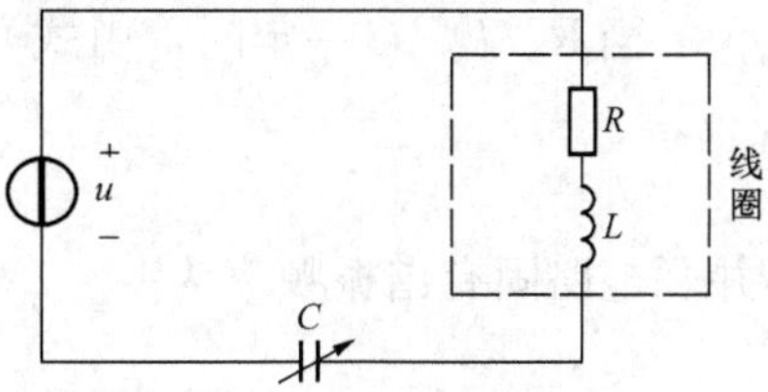

图 3 - 21　［例 3 - 9］图

解　（1）$f_0=\dfrac{1}{2\pi\sqrt{LC}}=\dfrac{1}{2\pi\sqrt{250\times10^{-6}\times150\times10^{-12}}}\approx822\times10^3\text{Hz}\approx822\ (\text{kHz})$

（2）$X_L=X_C=2\pi f_0L=2\pi\times822\times10^3\times250\times10^{-6}=1291\ (\Omega)$

$$U_L=U_C=U\frac{X_L}{R}=10\times\frac{1291}{20}=645.5(\mu\text{V})\approx0.646(\text{mV})$$

二、并联谐振

含有电感、电容并联的无源二端网络发生的谐振称为并联谐振。并联谐振电路中，应用最多的是线圈（R、L 串联模型）与电容并联的谐振电路，如图 3 - 22（a）所示。

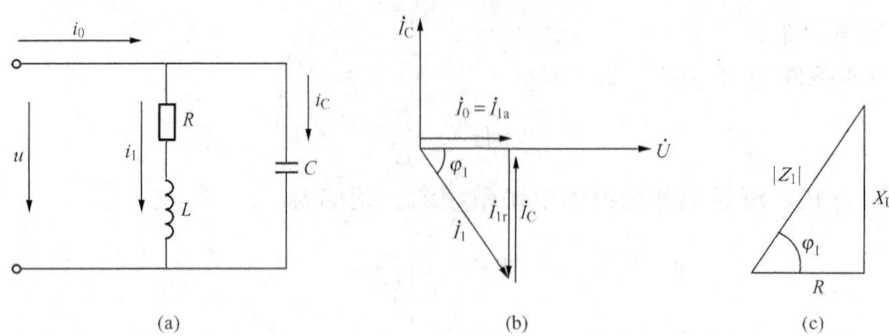

图 3-22 R、L 串联与 C 并联电路的谐振

（a）电路图；（b）相量图；（c）线圈阻抗三角形

1. 并联谐振条件

并联谐振时的相量图如图 3-22（b）所示。谐振电流 $\dot{I}_0=\dot{I}_1+\dot{I}_C$与外加电压$\dot{U}$同相。为了便于分析，把 $\dot{I}_1$ 分解成 $\dot{I}_{1a}$、$\dot{I}_{1r}$ 两个分量，$\dot{I}_{1a}$ 与端电压$\dot{U}$同相，$\dot{I}_{1r}$ 比$\dot{U}$滞后 π/2。显然，$\dot{I}_C$ 与 $\dot{I}_{1r}$ 反相、且大小相等。线圈的阻抗三角形如图 3-22（c）所示。由于 $I_{1r}=I_C$，而

$$I_{1r}=I_1\sin\varphi_1=\frac{U}{|Z_1|}\cdot\frac{\omega L}{|Z_1|}=\frac{U\omega L}{R^2+(\omega L)^2}$$

$$I_C=\frac{U}{X_C}=U\omega C$$

则有

$$U\cdot\frac{\omega L}{R^2+(\omega L)^2}=U\omega C$$

即并联谐振的条件为

$$C=\frac{L}{R^2+(\omega L)^2}\tag{3-50}$$

当R、L、C一定时，由式（3-50）可得并联电路固有谐振角频率为

$$\omega_0=\sqrt{\frac{1}{LC}-\left(\frac{R}{L}\right)^2}\tag{3-51}$$

并联电路固有谐振频率为

$$f_0=\frac{1}{2\pi}\sqrt{\frac{1}{LC}-\left(\frac{R}{L}\right)^2}\tag{3-52}$$

由式（3-51）、式（3-52）可知，只有在 $1/RL>(R/L)^2$ 的情况下，ω_0、f_0 才为实数，电路才可以通过调频实现谐振。通过调节电容总是可以实现电路谐振的。

2. 并联谐振的特点

（1）总电流最小，阻抗最大。并联谐振时，$\dot{I}_C$ 与 $\dot{I}_{1r}$ 反相、且大小相等，即两者在电路中处于完全互补状态，使得总电流即谐振电流 $I_0=I_{1a}$ 为最小，因而 $|Z_0|=U/I_0$ 为最大。因为

$$I_0=I_1\cos\varphi_1=\frac{U}{|Z_1|}\cdot\frac{R}{|Z_1|}=U\frac{R}{R^2+(\omega L)^2}$$

所以

$$|Z_0|=\frac{U}{I_0}=\frac{R^2+(\omega L)^2}{R}=\frac{L}{R\cdot\dfrac{L}{R^2+(\omega L)^2}}\tag{3-53}$$

因为谐振时
$$C=\frac{L}{R^2+(\omega L)^2}$$

所以
$$|Z_0|=\frac{L}{RC} \tag{3-54}$$

(2) RL 支路及电容上的电流可能远大于总电流。谐振时

$$I_C=I_{1r}=\frac{U\omega L}{R^2+(\omega L)^2}=U\cdot\frac{R}{R^2+(\omega L)^2}\cdot\frac{\omega L}{R}=I_0\frac{\omega L}{R}=I_0\frac{X_L}{R} \tag{3-55}$$

一般线圈的 $X_L\gg R$，此时线圈上电流及 I_C 比总电流 I_0 大的多。正因为并联谐振在电流方向表现出这样的特点。所以又称电流谐振。

当 $R=0$，仅为 L、C 并联的电路发生谐振时，称为理想的并联谐振，此时，谐振条件、固有谐振角频率 ω_0、固有谐振频率 f_0 与串联谐振相同，$|Z_0|=\infty$，电路对外相当于开路。当外加电压作用时，总电流（I_0）为零，但电感、电容上有电流，且大小相等，相位相反。

【例 3-10】 已知 $R=10\Omega$，$L=100\mu H$ 的线圈与电容 $C=100pF$ 的电容器构成并联谐振电路，端电压为 100V 的正弦交流电压。求 ω_0、f_0，通过调频实现谐振的 $|Z_0|$、I_0、线圈电流 I_1 和电容电流 I_C。

解
$$\omega_0=\sqrt{\frac{1}{LC}-\left(\frac{R}{L}\right)^2}=\sqrt{\frac{1}{100\times10^{-6}\times100\times10^{-12}}-\left(\frac{10}{100\times10^{-6}}\right)^2}\approx10^7\,(\text{rad/s})$$

$$f_0=\frac{\omega_0}{2\pi}\approx\frac{10^7}{2\pi}\approx1.59\times10^6(\text{Hz})=1590\ (\text{kHz})$$

$$|Z_0|=\frac{L}{RC}=\frac{100\times10^{-6}}{10\times100\times10^{-12}}=10^5(\Omega)$$

$$I_0=\frac{U}{|Z_0|}=\frac{100}{10^5}=10^{-3}(\text{A})=1\ (\text{mA})$$

$$X_L=\omega_0L=10^7\times100\times10^{-6}=1000\ (\Omega)$$

$$I_1\approx I_C=I_0\frac{X_L}{R}=1\times\frac{1000}{10}=100\ (\text{mA})$$

第八节 三相交流电源

在发电、输电及用电方面，由于三相制具有许多技术、经济上的优点，因而，目前世界各国的电力系统均采用三相制。所谓三相制就是由三相交流电源向三相负载供电的电路连接方式。一般三相交流电源是对称的三相交流电源。

一、对称三相交流电动势

三个频率相同、振幅相等、相位互差 120°的正弦交流电动势总称为对称三相正弦交流电动势。含对称三相正弦交流电动势的电源（三相电源内各相复阻抗一般相等）称为对称三相正弦交流电源，简称对称三相交流电源。

1. 对称三相交流电动势的表示方法

图 3-23（a）所示的三相电源中的每一个电源称为一相，分别称为 U、V、W 相。图中的 U1、V1、W1 端称为首端，又叫相头；U2、V2、W2 端称为末端，又叫相尾。各相电动势的参考方向习惯由相尾指向相头。

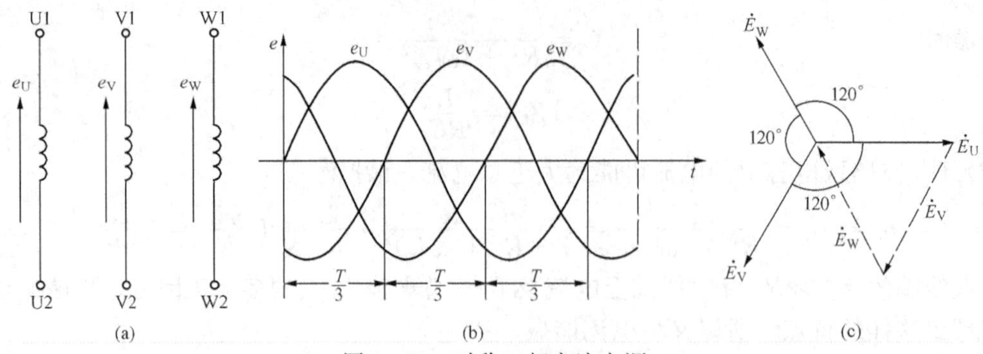

图 3-23 对称三相交流电源

(a) 电动势参考方向；(b) 波形图；(c) 相量图

在电力系统中，对称三相正弦交流电动势是发电机产生的（后面介绍）。若以 e_U 为参考正弦量，则对称三相正弦交流电动势的瞬时值表达式为

$$\left.\begin{aligned} e_U &= \sqrt{2}E\sin\omega t \\ e_V &= \sqrt{2}E\sin(\omega t - 120^\circ) \\ e_W &= \sqrt{2}E\sin(\omega t - 240^\circ) = \sqrt{2}E\sin(\omega t + 120^\circ) \end{aligned}\right\} \tag{3-56}$$

波形图、相量图如图 3-23（b）、（c）所示。电动势的相量为

$$\left.\begin{aligned} \dot{E}_U &= E \\ \dot{E}_V &= E\angle{-120^\circ} \\ \dot{E}_W &= E\angle{120^\circ} \end{aligned}\right\} \tag{3-57}$$

引进 $\alpha = \angle{120^\circ}$、$\alpha^2 = \angle{240^\circ} = \angle{-120^\circ}$的旋转因子，对称三相交流电动势相量可写成 $\dot{E}_U$、$\dot{E}_V = \alpha^2\dot{E}_U$、$\dot{E}_W = \alpha\dot{E}_U$ 。

凡频率相同，振幅相等，相位互差 120°的三相正弦交流量均称为对称三相正弦量。不难证明，对称三相正弦量的瞬时值之和、相量和皆为零。

2. 相序

由图 3-23 (b) 所示的波形图可见，e_U 到达零值点后经过 T13 时间 e_V 到达零值点，再经过 T13 时间 e_W 到达零值点，可见，对称三相电动势 e_U、e_V、e_W 并不同时到达零值或最大值。三相正弦量出现零值或最大值的先后时间顺序叫相序。图 3-23（b）所示三相电动势的相序为 U—V—W—U，这样的相序称为正相序，简称正序（或顺序），记为 U—V—W；若相序为U—W—V—U，称为负相序，简称负序（或逆序），记为 U—W—V。以后如无特殊说明均指正序。

二、三相电源的连接

三相电源有星形和三角形两种连接方式。

1. 星形连接

电源星形连接如图 3-24（a）所示。三相相尾相连的点 N 称为电源的中性点，简称中点；三相相头引出线叫端线或相线，俗称火线。中点引出线叫中性线，简称中线，又叫零线。若中点接地，则中线又叫做地线。不带中线的星形连接用“Y”表示，带中线的星形连接用“YN”表示。

每相电源的电压称为相电压，分别用 u_U、u_V、u_W 表示。习惯上，相电压参考方向由相头指向相尾，忽略电源内阻时，相电压等于相电动势。三相电动势对称，三个相电压也对称。

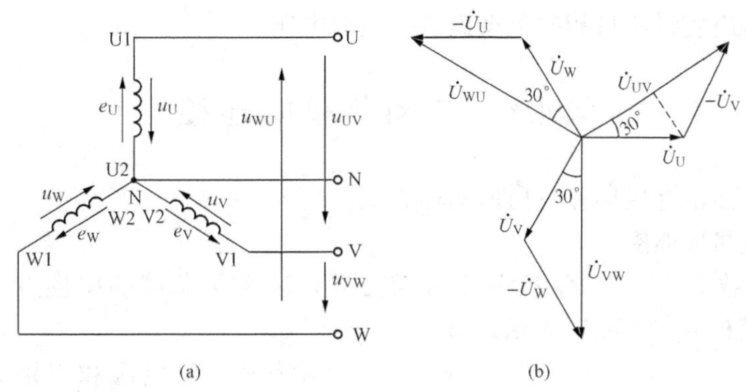

图 3-24　电源星形连接

(a) 星形连接；(b) 电压相量图

两相端线之间的电压称为线电压，记为 u_{UV}、u_{VW}、u_{WU}。根据 KVL，线、相电压的关系为

$$u_{UV}=u_U-u_V,\quad u_{VW}=u_V-u_W,\quad u_{WU}=u_W-u_U$$

线、相电压的相量关系为

$$\dot{U}_{UV}=\dot{U}_U-\dot{U}_V,\quad \dot{U}_{VW}=\dot{U}_V-\dot{U}_W,\quad \dot{U}_{WU}=\dot{U}_W-\dot{U}_U$$

对称三相交流电源线、相电压的相量关系如图 3-24（b）所示。由图可见

$$U_{UV}=2U_U\cos 30^\circ=\sqrt{3}U_U$$

U_{UV}为 U_U 的$\sqrt{3}$倍，$\dot{U}_{UV}$ 比 $\dot{U}_U$ 超前 30°。显见，星形连接的对称三相电源，线、相电压的相量关系式为

$$\left.\begin{aligned}\dot{U}_{UV}&=\sqrt{3}\dot{U}_U\angle 30^\circ\\ \dot{U}_{VW}&=\sqrt{3}\dot{U}_V\angle 30^\circ\\ \dot{U}_{WU}&=\sqrt{3}\dot{U}_W\angle 30^\circ\end{aligned}\right\}\qquad(3-58)$$

由此可见，星形连接的对称三相交流电源的线、相电压关系是：①线电压是相电压的$\sqrt{3}$倍，若用 U_{ph} 表示相电压，U_L 表示线电压，则 $U_L=\sqrt{3}U_{ph}$；②线电压超前于相应的相电压 30°；③线电压也是一组与相电压同相序的对称三相正弦量。

Y 形连接的电源仅向负载提供一组线电压，而 YN 形连接的电源可同时向负载提供一组相电压和一组线电压。

2. 三角形连接

电源的三角形连接如图 3-25 所示。它是将三相电源的首尾端分别相连。并在连接点引出 U、V、W 三根相线。三角形连接用“△”表示。

当接线正确时，因为三相电动势对称，所以三角形回路中的合电动势（$e_U+e_V+e_W$）为零，回路中无环流（只存在于三角形回路中的电流称为环流）。

当忽略内阻，选择相电压与相电动势参考方向相反时，各相电压等于相电动势，三个相电压也为一组对称三相正弦量。线电压等于相应的相电压。

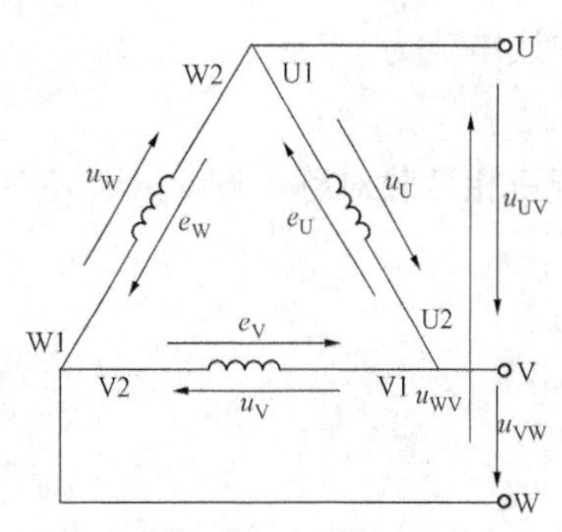

图 3-25　电源三角形连接

电源作三角形连接时，只能向负载提供一组线电压。

第九节　三相负载的连接

三相负载的连接也有星形和三角形两种方式。

一、三相负载星形连接

图 3-26 的负载 Z_U、Z_V、Z_W 为星形连接方式，N′称为负载的中性点，不接中线时用“Y”表示，接中线时用“YN′”表示。

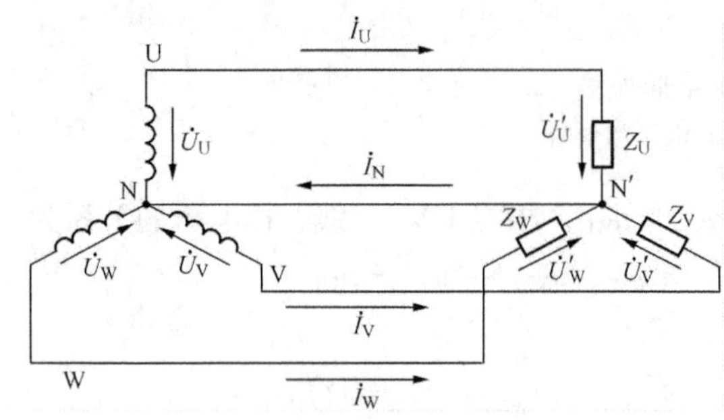

图 3-26　YN—YN′三相电路

由三相交流电源和三相负载构成的电路总体称为三相电路，由三根相线连接电源和负载的三相电路称为三相三线制电路。如图 3-26 所示的带中线的三相电路称为三相四线制电路，用 YN—YN′表示。复阻抗相等的三相负载称为对称三相负载，否则，为不对称三相负载；电源和负载都对称的三相电路称为对称三相电路，否则，为不对称三相电路。通常，三相电源是对称的，因而，三相电路是否对称决定于三相负载是否对称。

每相负载上的电压称为负载相电压，习惯上，负载相电压的参考方向由相线指向中性点，见图 3-26 中 $\dot{U}'_U$、$\dot{U}'_V$、$\dot{U}'_W$；每相负载的电流称负载的相电流，习惯上，负载相电流与相电压参考方向关联；相线上的电流称为线电流，习惯上，线电流参考方向由电源指向负载。中线电流参考方向由负载中性点指向电源的中性点。

1. 线、相电流关系

由图 3-26 可见，负载星形连接时，线电流等于对应的相电流。

2. 线（相）电流、中线电流

在 YN—YN′三相电路中，当线路阻抗可以忽略时，负载相电压就是电源的相电压，即

$$\dot{U}'_U = \dot{U}_U,\quad \dot{U}'_V = \dot{U}_V,\quad \dot{U}'_W = \dot{U}_W$$

线（相）电流为

$$\dot{I}_U = \frac{\dot{U}_U}{Z_U},\quad \dot{I}_V = \frac{\dot{U}_V}{Z_V},\quad \dot{I}_W = \frac{\dot{U}_W}{Z_W} \tag{3-59}$$

中线电流为

$$\dot{I}_N = \dot{I}_U + \dot{I}_V + \dot{I}_W \tag{3-60}$$

若三相负载对称，即 $Z_U = Z_V = Z_W = Z$ 时，有

$$\left.\begin{aligned} \dot{I}_U &= \frac{\dot{U}_U}{Z} \\ \dot{I}_V &= \frac{\dot{U}_V}{Z} = \frac{\alpha^2 \dot{U}_U}{Z} = \alpha^2 \dot{I}_U \\ \dot{I}_W &= \frac{\dot{U}_W}{Z} = \frac{\alpha \dot{U}_U}{Z} = \alpha \dot{I}_U \end{aligned}\right\} \tag{3-61}$$

$$\dot{I}_N = \dot{I}_U + \dot{I}_V + \dot{I}_W = 0 \tag{3-62}$$

可见，YN－YN′对称三相电路中，线（相）电流为一组与电源相电压同相序的对称三相正弦量，中线无电流，即中线不起作用。正因为如此，所以实用上对称三相负载作星形连接时不接中线。例如三相感应式电动机的三相绕组是对称的三相负载，当三相绕组接成星形时就不接中线。

3. 线、相电压的关系

在图3-26所示的电路中，因为不计线路阻抗，所以负载的相电压即为电源相电压，负载的线电压即为电源的线电压。因此，负载的线电压与相电压的关系为

$$\left.\begin{aligned}\dot{U}_{UV} &= \sqrt{3}\dot{U}'_U\underline{/30^\circ}\\ \dot{U}_{VW} &= \sqrt{3}\dot{U}'_V\underline{/30^\circ}\\ \dot{U}_{WU} &= \sqrt{3}\dot{U}'_W\underline{/30^\circ}\end{aligned}\right\} \tag{3-63}$$

在图3-26所示电路中，当三相星形负载因对称而去掉中线后，电路变成Y－Y形对称三相三线制电路。由电路理论可知，凡是电路中无电流的连线去掉后，对其他部分无影响，因此，对于对称的Y－Y形三相电路，式（3-59）、式（3-61）、式（3-63）仍成立，三相线（相）电流仍保持对称。

二、三相负载三角形连接

图3-27（a）所示为三相负载三角形连接，用"△"表示。相电流的参考方向如图所示，用 $\dot{I}_{UV}$、$\dot{I}_{VW}$、$\dot{I}_{WU}$ 表示。

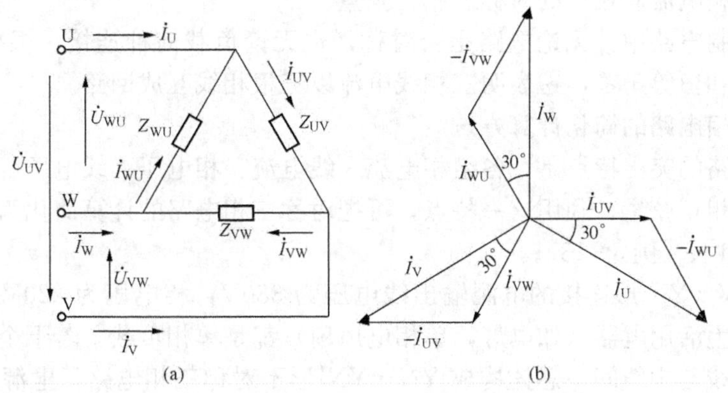

图3-27 负载三角形连接
（a）电路图；（b）相量图

1. 线、相电压关系

三角形连接的三相负载，相电压等于电源线电压，无论负载对称与否，这一结论都是正确的。

2. 相电流

三相负载的相电流分别为

$$\dot{I}_{UV} = \frac{\dot{U}_{UV}}{Z_{UV}},\quad \dot{I}_{VW} = \frac{\dot{U}_{VW}}{Z_{VW}},\quad \dot{I}_{WU} = \frac{\dot{U}_{WU}}{Z_{WU}}$$

若三相负载对称，即 $Z_{UV}=Z_{VW}=Z_{WU}=Z$，则有

$$\left.\begin{aligned}\dot{I}_{UV}&=\frac{\dot{U}_{UV}}{Z}\\ \dot{I}_{VW}&=\frac{\dot{U}_{VW}}{Z}=\frac{\alpha^2\dot{U}_{UV}}{Z}=\alpha^2\dot{I}_{UV}\\ \dot{I}_{WU}&=\frac{\dot{U}_{WU}}{Z}=\frac{\alpha\dot{U}_{UV}}{Z}=\alpha\dot{I}_{UV}\end{aligned}\right\} \tag{3-64}$$

可见，三角形连接的对称三相负载的相电流，也为一组与电源线电压同相序的对称三相正弦量。

3. 线、相电流关系

三角形负载的线、相电流的相量关系为

$$\dot{I}_U=\dot{I}_{UV}-\dot{I}_{WU},\quad \dot{I}_V=\dot{I}_{VW}-\dot{I}_{UV},\quad \dot{I}_W=\dot{I}_{WU}-\dot{I}_{VW}$$

当三相相电流对称时，线、相电流的相量图如图 3-27（b）所示，由图可知

$$\left.\begin{aligned}\dot{I}_U&=\sqrt{3}\dot{I}_{UV}\underline{/-30^\circ}\\ \dot{I}_V&=\sqrt{3}\dot{I}_{VW}\underline{/-30^\circ}\\ \dot{I}_W&=\sqrt{3}\dot{I}_{WU}\underline{/-30^\circ}\end{aligned}\right\} \tag{3-65}$$

可见，三角形连接的对称三相负载的线、相电流的关系是：①线电流是相电流的$\sqrt{3}$倍。若 I_{ph}表示相电流，I_L 表示线电流，则 $I_L=\sqrt{3}I_{ph}$；②线电流滞后于相应的相电流 30°；③线电流也是一组与相电流同相序的对称三相正弦量。

在三相三线制电路中，无论电路是否对称，也无论负载何种连接，根据 KCL，三个线电流的瞬时值之和恒等于零，这表明三相线电流以三根相线互成回路。

三、对称三相电路的简化计算方法

对称三相电路的突出特点是，各组相电流、线电流、相电压、线电压都是与电源相电压同相序的对称三相正弦量。利用这一特点，可把对称三相电路的计算简化为单相计算。具体方法见［例 3-11］、［例 3-13］。

在 380/220V（YN 形连接的电源输出线电压为 380V，相电压为 220V）的低压交流供电系统中，多数生活用电器（如电灯，单相电风扇）都是单相负载，若干个单相负载分别接在 U、V、W 相线与中线间，总体构成 YN－YN′形不对称三相电路，电源通过相线和中线向各单相负载供电。由于中线的存在，且阻抗很小，三相负载相电压对称。当一相相线或负载发生故障时，不会影响其他两相负载的正常工作。显然，中线的作用至关重要，所以，严禁中线断开，不能在中线上装隔离开关和熔断器。

【例 3-11】 图 3-28（a）所示为负载星形连接的对称三相电路。已知电源线电压为 380V，每相负载的复阻抗 $Z=8+j6\Omega$。以 $\dot{U}_U$ 为参考正弦量：（1）写出 $\dot{U}_U$、$\dot{U}_V$、$\dot{U}_W$；（2）求 $\dot{I}_U$、$\dot{I}_V$、$\dot{I}_W$；（3）画相量图。

解 （1）因为图 3-28（a）为对称三相电路，所以负载相电压为一组对称三相正弦量，相电压 $U_{ph}=U/\sqrt{3}=380/\sqrt{3}=220$V。由题意可知

$$\dot{U}_U=220\underline{/0^\circ}\text{ V},\dot{U}_V=220\underline{/-120^\circ}\text{ V},\ \dot{U}_W=220\underline{/120^\circ}\text{ V}$$

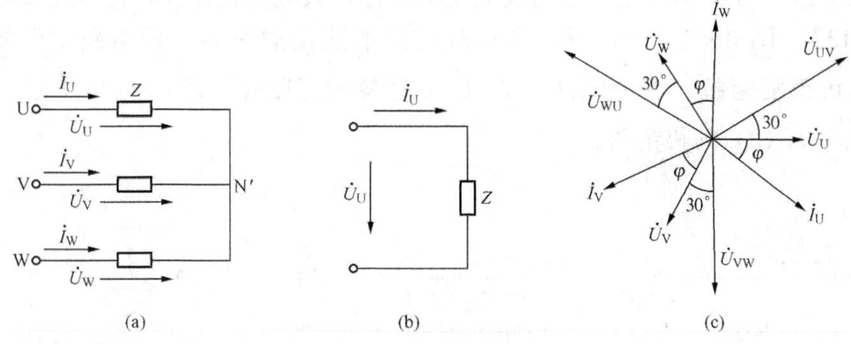

图 3-28 [例 3-11] 图

(a) 电路；(b) 单相电路；(c) 相量图

(2) 根据对称三相电路各组量对称的特点，只需对一相（一般选 U 相）进行计算，求得一相的量后，其他两相的量可按对称关系推得。本例按图 3-28 (b) 所示的单相电路计算 $\dot{I}_U$，图中 Z 为每相负载复阻抗，$\dot{U}_U$ 为 U 相负载相电压。

$$Z = 8 + j6 = 10\underline{/36.9^\circ}(\Omega),\quad \varphi = 36.9^\circ$$

$$\dot{I}_U = \frac{\dot{U}_U}{Z} = \frac{220\underline{/0^\circ}}{10\underline{/36.9^\circ}} = 22\underline{/-36.9^\circ}(\text{A})$$

由对称性可知

$$\dot{I}_V = 22\underline{/-156.9^\circ}\ \text{A},\ \dot{I}_W = 22\underline{/83.1^\circ}\ \text{A}$$

(3) 相量图如图 3-28 (c) 所示。

*【例 3-12】 图 3-29 (a) 为不对称 YN－YN′形三相电路（YN 形电源接线未画出），已知电源线电压 $U=380\text{V}$，$Z_U=R=10\Omega$，$Z_V=j10\Omega$，$Z_W=-j10\Omega$，以电源 U 相电压为参考正弦量，求：(1) $\dot{I}_U$、$\dot{I}_V$、$\dot{I}_W$；$\dot{I}_N$；(2) 画相量图。

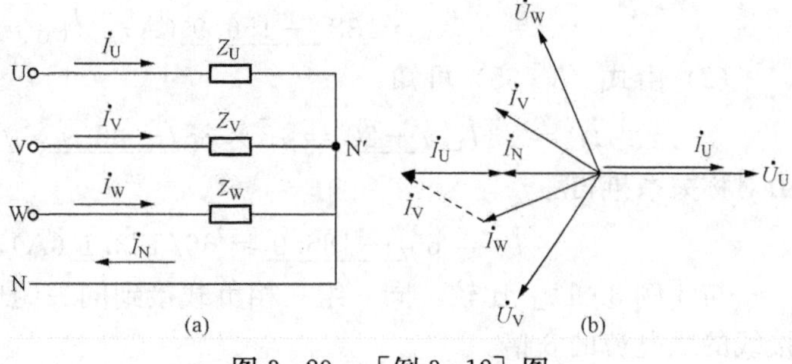

图 3-29 [例 3-12] 图

(a) 电路；(b) 相量图

解 (1) 电源相电压 $U_{ph}=U/\sqrt{3}=380/\sqrt{3}=220$ (V)，则电源相电压 $\dot{U}_U = 220\underline{/0^\circ}\text{V}, \dot{U}_V = 220\underline{/-120^\circ}\text{V}, \dot{U}_W = 220\underline{/120^\circ}\text{V}$。

$$\dot{I}_U = \frac{\dot{U}_U}{Z_U} = \frac{220\underline{/0^\circ}}{10} = 22\underline{/0^\circ}(\text{A}),\ \dot{I}_V = \frac{\dot{U}_V}{Z_V} = \frac{220\underline{/-120^\circ}}{j10} = 22\underline{/150^\circ}(\text{A})$$

$$\dot{I}_W = \frac{\dot{U}_W}{Z_W} = \frac{220\underline{/120^\circ}}{-j10} = 22\underline{/-150^\circ}(\text{A})$$

$$\dot{I}_N = \dot{I}_U + \dot{I}_V + \dot{I}_W = 22\underline{/0^\circ} + 22\underline{/150^\circ} + 22\underline{/-150^\circ} = -16.1 = 16.1\underline{/\pi}(\text{A})$$

(2) 相量图如图 3-29 (b) 所示。

不对称的 YN－YN′形电路，因为线电流不对称，只能分相计算，且中线有电流。

【例 3-13】 图 3-30（a）所示为负载三角形连接的对称三相电路，已知线电压为 380V，每相负载复阻抗 $Z=8+j6\Omega$，以 $\dot{U}_{UV}$ 为参考正弦量，求：（1）$\dot{I}_{UV}$、$\dot{I}_{VW}$、$\dot{I}_{WU}$；（2）$\dot{I}_{U}$、$\dot{I}_{V}$、$\dot{I}_{W}$；（3）画相量图。

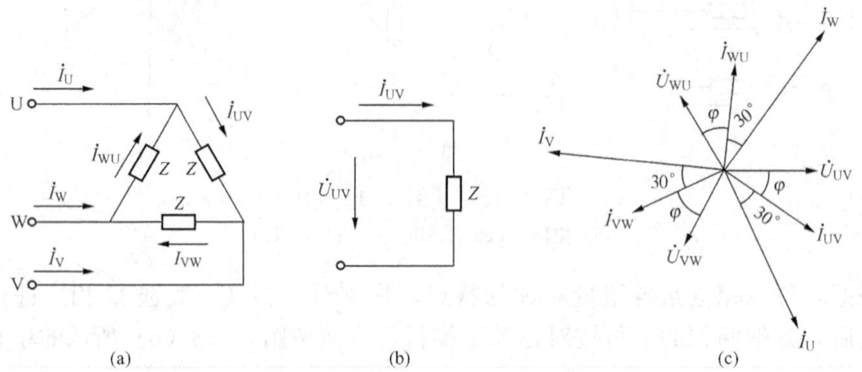

图 3-30 ［例 3-13］图

（a）三相电路图；（b）单相电路；（c）相量图

解 （1）作图 3-30（b）所示的单相电路，以题意外加电压 $\dot{U}_{UV}=380\underline{/0^\circ}$V，$Z=8+j6=10\underline{/36.9^\circ}$（Ω），则

$$\dot{I}_{UV}=\frac{\dot{U}_{UV}}{Z}=\frac{380\underline{/0^\circ}}{10\underline{/36.9^\circ}}=38\underline{/-36.9^\circ}(\text{A})$$

由对称关系推得

$$\dot{I}_{VW}=38\underline{/-156.9^\circ}(\text{A}),\ \dot{I}_{WU}=38\underline{/83.1^\circ}(\text{A})$$

（2）由式（3-65）可知

$$\dot{I}_U=\sqrt{3}\,\dot{I}_{UV}\underline{/-30^\circ}=\sqrt{3}\times 38\underline{/-36.9^\circ}\times\underline{/-30^\circ}=66\underline{/-66.9^\circ}(\text{A})$$

由对称关系推得

$$\dot{I}_V=66\underline{/-186.9^\circ}=66\underline{/173.1^\circ}(\text{A}),\ \dot{I}_W=66\underline{/53.1^\circ}\text{A}$$

与［例 3-11］比较，同一组三相负载接到同一组电源上，三角形接线的线电流是星形接线的线电流的 3 倍。

（3）相量图见图 3-30（c）所示。

第十节 三相电路的功率

一、三相有功功率 *P*

一般情况下，$P=P_U+P_V+P_W$，其中 P_U、P_V、P_W 分别为各相负载的有功功率。若三相电路对称，$P_U=P_V=P_W$，则

$$P=3P_U=3U_{ph}I_{ph}\cos\varphi \tag{3-66}$$

式中：U_{ph}、I_{ph} 分别为负载相电压、相电流；$\cos\varphi$ 为每相负载的功率因数。

用 U、I 分别表示线电压、线电流，则负载星形连接时，$U_{ph}=U/\sqrt{3}$、$I_{ph}=I$；负载三角

形连接时，$U_{ph}=U$、$I_{ph}=I/\sqrt{3}$，分别代入式（3-66）中，得

$$P=\sqrt{3}UI\cos\varphi \tag{3-67}$$

对称三相电路中，不论负载何种连接，三相总有功功率都可按式（3-67）计算。

二、三相无功功率 Q

一般情况下，$Q=Q_U+Q_V+Q_W$，其中 Q_U、Q_V、Q_W 分别为各相负载的无功功率。若三相电路对称，用分析有功功率的方法得

$$Q=3U_{ph}I_{ph}\sin\varphi \tag{3-68}$$

$$Q=\sqrt{3}UI\sin\varphi \tag{3-69}$$

三、三相视在功率 S

一般情况下，规定视在功率 $S=\sqrt{P^2+Q^2}$。对称三相电路中有

$$S=\sqrt{P^2+Q^2}=\sqrt{(\sqrt{3}UI\cos\varphi)^2+(\sqrt{3}UI\sin\varphi)^2}=\sqrt{3}UI \tag{3-70}$$

四、三相电路功率因数

三相电路的功率因数定义为 P/S，对称三相电路的功率因数为

$$\frac{P}{S}=\cos\varphi \tag{3-71}$$

三相电路中泛指电压、电流都是指线电压、线电流。

【例 3-14】 求［例 3-11］和［例 3-13］中的三相电路的功率。

解 （1）对于［例 3-11］中的负载星形连接的对称三相电路，$\varphi=36.9°$，则有

$P=\sqrt{3}UI\cos\varphi=\sqrt{3}\times380\times22\times\cos36.9°\approx11\ 579$（W）$\approx11.6$（kW）

$Q=\sqrt{3}UI\sin\varphi=\sqrt{3}\times380\times22\times\sin36.9°\approx8694$（var）$\approx8.69$（kvar）

$S=\sqrt{3}UI=\sqrt{3}\times380\times22=14\ 479$（V·A）$\approx14.5$（kV·A）

（2）对于［例 3-13］中的负载三角形连接的对称三相电路，$\varphi=36.9°$，则有

$P=\sqrt{3}UI\cos\varphi=\sqrt{3}\times380\times66\times\cos36.9°=34\ 737$（W）$\approx34.7$（kW）

$Q=\sqrt{3}UI\sin\varphi=\sqrt{3}\times380\times66\times\sin36.9°=26\ 081$（var）$\approx26$（kvar）

$S=\sqrt{3}UI=\sqrt{3}\times380\times66=43\ 438$（V·A）$\approx43.4$（kV·A）

由此可见，同一组三相负载接到同一组电源上，三角形连接的功率是星形连接的功率的 3 倍。

小　结

一、正弦交流电的基本概念

正弦交流电可以用三角函数式和波形图表示。

（1）以电流为例，三角函数式的一般形式为 $i=I_m\sin(\omega t+\psi_i)$。$(\omega t+\psi_i)$ 称为相位，振幅 I_m、角频率 ω（或 f、或 T）、初相角 ψ_i 称为正弦量的三要素。

（2）振幅 I_m 或有效值 I 表明正弦量的大小。交流量有效值的大小等于与交流量做功相等的直流量，正弦电流的有效值 $I=I_m/\sqrt{2}$。

（3）角频率 ω、频率 f、周期 T，都是表示正弦量变化快慢的。三者的关系为 $\omega=2\pi f=$

$2\pi/T$。

(4) 初相 ψ_i 反映的是正弦量计时起点的状态。其值决定于计时起点的选择。同一正弦量的参考方向选择不同，瞬时值变号、初相角相差 180°。

(5) 相位差 φ 为同频率的正弦量的相位之差，其值等于初相之差。相位差的本质是两个同频率的正弦量到达零值点或最大值的时间差。

二、正弦量的相量表示及加减计算方法

表示正弦量的矢量相量和复数相量统称为正弦量的相量。矢量相量的加减是作图法；复数相量的加减是解析法。相量的加减只能也只需求得正弦量之和或差的有效值和初相。

三、*R*、*L*、*C* 元件的特性

(1) 电阻元件：$\dot{U}_R = R\dot{I}$，平均功率即有功功率 $P_R=U_RI=I^2R=U_R^2/R$，无功功率 $Q=0$，电阻是消耗电能的元件。

(2) 电感元件：$\dot{U}_L = jX_L\dot{I}$，$X_L=\omega L$，有功功率 $P_L=0$，无功功率 $Q_L=U_LI=I^2X_L=U_L^2/X_L$，电感是能量的交换元件。

(3) 电容元件：$\dot{U}_C = -jX_C\dot{I}$，$X_C=1/\omega C$，有功功率 $P_C=0$，无功功率 $Q_C=U_CI=I^2X_C=U_C^2/X_C$，电容也是能量的交换元件。

四、相量形式的基尔霍夫定律

在正弦交流电路中，对于任一节点，$\sum\dot{I}=0$，对于任一回路$\sum\dot{U}=0$，它们是分析计算正弦交流电路的依据。

五、RLC 串联的正弦交流电路

(1) 总电压与电流在数量方面为 $U/I=|Z|$，在相位方面为 $\psi_u-\psi_i=\varphi$，$-\frac{\pi}{2}<\varphi<\frac{\pi}{2}$。其中，阻抗$|Z|=\sqrt{R^2+X^2}=\sqrt{R^2+(X_L-X_C)^2}$，$X$（$=x_L-x_C$）称为电抗，电压与电流的相位差 $\varphi=\arctan\frac{X}{R}$。总电压与电流的相量关系式为 $\dot{U}=Z\dot{I}$，复数阻抗 $Z=R+j(X_L-X_C)=R+jX=|Z|\angle\varphi$。

(2) 电路的三种状态：当 $X>0$ 时，$\varphi>0$，电路为感性；当 $X<0$ 时，$\varphi<0$，电路为容性；当 $X=0$ 时，$\varphi=0$，电路为电阻性。

(3) 电路的有功功率 $P=P_R=U_RI=I^2R=UI\cos\varphi$；无功功率 $Q=U_XI=I^2X=Q_L-Q_C=UI\sin\varphi$；视在功率 $S=UI$；$P/S=\cos\varphi$ 称为功率因数。

六、线路功率因数的提高

线路功率因数提高的重要意义是使电源设备的容量得到充分利用，减少线路的功率损耗，常用的方法是在感性负载的两端并联电容器。

七、电路的谐振

(1) 串联谐振的条件是 $\omega L=1/\omega C$。特点是：①电路的阻抗最小，电流最大；②电感与电容上的电压相等，可能远大于端电压。

(2) 并联谐振的条件是 $C=L/[R^2+(\omega L)^2]$。按调节电容的并联谐振，其特点是：①电路的阻抗最大，电流最小；②支路电流可能远大于总电流。

八、三相正弦交流电路

(1) 三相电源和三相负载都有星形和三角形两种连接方式。在对称三相电路中，电源或负载星形连接时，线电压是相电压的$\sqrt{3}$倍，线电压超前于相应的相电压 30°。电源或负载三角形连接时，线电流是相电流的$\sqrt{3}$倍，线电流滞后于相应的相电流 30°。对称三相电路的计算可以转化成单相计算。

（2）在电源和负载均接成星形的对称三相电路中，因中线不起作用，所以实际接线为不带中线的 Y－Y 型。

（3）在不对称的 YN－YN′形三相电路（即 380/220V 交流低压供电系统）中，只有接上中线，才能保证三相负载的正常工作，因此严禁中线断开，不能在中线上装隔离开关和熔断器。

（4）对称的三相正弦交流电路中，$P=\sqrt{3}UI\cos\varphi$、$Q=\sqrt{3}UI\sin\varphi$、$S=\sqrt{3}UI$、功率因数为 $\cos\varphi$。

习　题　三

3-1　某省广播电台发出的无线电正弦交流电的频率为 1280kHz，求它的周期和角频率。

3-2　已知 $i=5\sin(314t+60°)$ A，回答下列问题：（1）最大值、有效值、角频率、频率、周期、初相；（2）$t=0.1$s 的瞬时值；（3）写出电流参考方向改变后的解析式 $i'(t)$；（4）在同一直角坐标平面中画出 $i(t)$ 与 $i'(t)$ 的波形图。

3-3　u、i 为同频率的正弦量，设 $\psi_i=0$，分别画出以下情况下的波形图：（1）同相；（2）反相；（3）u 超前于 i 90°；（4）u 滞后于 i 90°。（每一种情况画一个坐标）

3-4　已知 $i=7.07\sin(\omega t-75°)$ A，$u=311\sin(\omega t-285°)$ V。求相位差 φ_{iu}，并指出 i、u 的相位关系。

3-5　把一个“1000W，220V”的电炉，分别接到 220V 的交流电源和直流电源上，在相同的时间里，发热量是否相同？为什么？

3-6　写出下列正弦量的相量：（1）$u=311\sin(\omega t+30°)$ V；（2）$i=10\sqrt{2}\sin(\omega t-60°)$ A；（3）$i=5\sqrt{2}\sin(\omega t-120°)$ A；（4）$u=-220\sqrt{2}\sin\left(\omega t-\frac{\pi}{2}\right)$V。

3-7　判断下列各式的正误：（1）$i=10\sqrt{2}\sin(2t+60°)\ \text{A}=10\angle 60°\text{A}$　（2）$U=220\angle 45°\text{V}$　（3）$U=100\angle 30°\text{V}=100\sqrt{2}\sin(\omega t+30°)$ V　（4）$u=220\sqrt{2}\sin 100\pi t$V，$u$ 的电压相量为 $\dot{U}=220\angle 0°$V。

3-8　下列电压、电流中，哪几个能用相量表示？哪几个能用相量进行加减运算？

$u_1=U_{m1}\sin(\omega t+\psi_1)$；$u_2=\sqrt{2}U_2\sin(\omega t-\psi_2)$；$u_3=U_{m3}\sin(3\omega t+\psi_3)$；$i_4=I_{m4}\sin(\omega t+\psi_4)$；$i_5=\sqrt{2}I_5\sin(3\omega t+\psi_5)$；$i_6=I_{m6}\sin(314t-\psi_6)$；$i_7=e^{-100t}\sin(\omega t+\psi_7)$；

3-9　将下列相量化为极坐标形式，并写出所代表的正弦量（各量角频率均为 ω）：

（1）$\dot{I}=3+j4A$；（2）$\dot{I}=-4-j3$A；（3）$\dot{U}=-50+j86.6$V；（4）$\dot{U}=220$V；（5）$\dot{I}=-j8$A；（6）$\dot{I}=-8$A；

3-10　已知 $u_1=160\sqrt{2}\sin(314t+60°)$ V、$u_2=120\sqrt{2}\sin(314t-30°)$ V，（1）利用相量图求 $u_1+u_2=u$；（2）应用复数相量求 $u_1+u_2=u$。

3-11　已知 $u_1=160\sqrt{2}\sin(314t+75°)$ V、$u_2=120\sqrt{2}\sin(314t-45°)$ V，（1）利用相

量图求 $u_1-u_2=u$；（2）应用复数相量求 $u_1-u_2=u$。

3-12　已知 $i_1=10\sqrt{2}\sin(\omega t+30°)$ A，$i_2=5\sqrt{2}\sin(\omega t+120°)$ A，$i_3=8\sqrt{2}\sin(\omega t-150°)$ A，试利用复数相量求 $i_1+i_2+i_3=i$。

3-13　对电阻元件，判断下列各式的正误：

（1）$u=iR$；（2）$U_m=I_mR$；（3）$U=IR$；（4）$\dot{U}_m=\dot{I}R$；（5）$\dot{U}=\dot{I}R$。

3-14　一白炽灯正常工作时，灯丝的电阻 $R=484\Omega$，接在工频电源上，端电压 $\dot{U}=220\underline{/60°}$V。求：（1）通过灯泡的电流 i；（2）按每天平均开灯 4h，一月 30 天计，全月消耗的电能量；（3）画出 u、i 的相量图。

3-15　对电感元件，判断下列各式的正误：

（1）$U=iL$；（2）$u=ix_L$；（3）$u=-L\dfrac{di}{dt}$；（4）$U_m=I_mX_L$；（5）$\dot{U}=X_L\dot{I}$；（6）$U=LX_L$；（7）$\dot{U}=iL$；（8）$U_m=iL$；（9）$\dot{U}_m=j\dot{I}_mX_L$；（10）$\dot{U}_m=j\omega L\dot{I}$；（11）$\dot{U}=j\dot{I}X_L$；（12）$\dot{U}_m=j\omega L\dot{I}_m$。

3-16　电感 L=0.6H、电阻因很小忽略不计的线圈，接到 $u=220\sqrt{2}\sin(314t-60°)$ V 的电源上。求：（1）线圈中的电流 i；（2）无功功率 Q_L；（3）磁场能量的最大值 W_{Lmax}；（4）画出 u、i 的相量图。

3-17　对电容元件，判断下列各式的正误：

（1）$i=\dfrac{u}{x_C}$；（2）$u=c\dfrac{di}{dt}$；（3）$i=-c\dfrac{du}{dt}$；（4）$I_m=\dfrac{U_m}{X_C}$；（5）$I=\omega CU$；（6）$\dot{I}=\dfrac{\dot{U}}{-j\omega C}$；（7）$\dot{I}_m=j\omega C\dot{U}_m$；（8）$\dot{I}=j\omega C\dot{U}$；（9）$i=j\omega CU$；（10）$i=j\omega C\dot{U}$。

3-18　一个 C=31.85μF 的电容接在 $u=220\sqrt{2}\sin(314t+60°)$ V 的电源上。求：（1）流过电容的电流 i；（2）无功功率 Q_C；（3）电容器上电场能量最大值 W_{Cm}；（4）画出 u、i 的相量图。

3-19　在图 3-31 所示各电路中，电压 u 为正弦交流电压，已知电流表 PA1 的读数为 3A，PA2 的读数为 4A，求测总电流的表 PA 的读数。

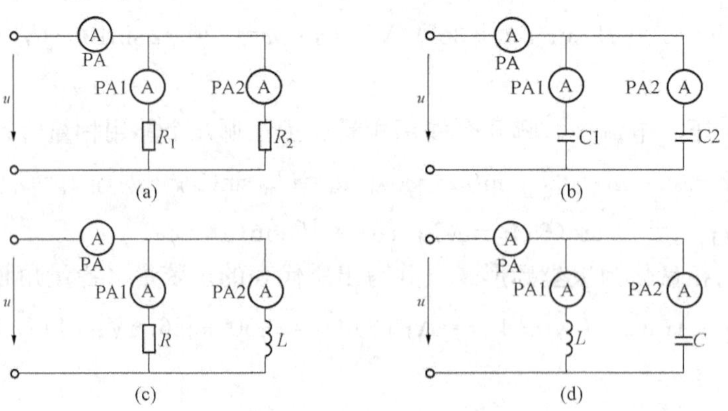

图 3-31　习题 3-19 图

3-20　在图 3-32 所示电路中，电流 i 为正弦交流电流，电压表 PV1 的读数为 60V，

PV2 的读数为 80V。求测总电压的表 PV 的读数。

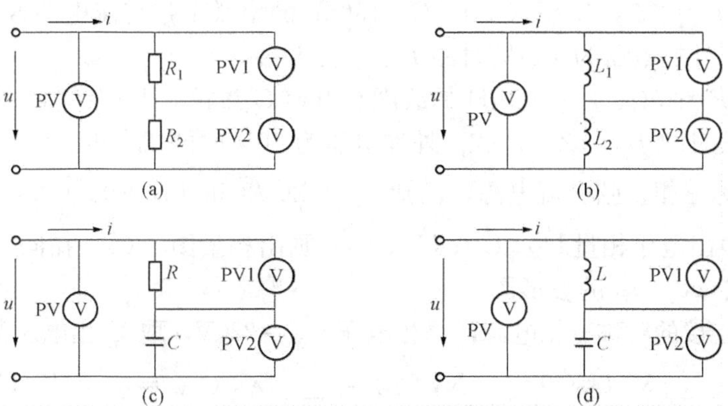

图 3-32　习题 3-20 图

3-21　对 R、L、C 串联的正弦交流电路，判断下列各式的正误：

(1) $i=\dfrac{u}{Z}$；(2) $I=\dfrac{U}{R+\mathrm{j}(X_L-X_C)}$；(3) $\dot{I}=\dfrac{\dot{U}}{R+\mathrm{j}(X_L-X_C)}$；(4) $I=\dfrac{U}{|Z|}$；(5) $U=U_R+U_L+U_C$；(6) $u=u_R+u_L+u_C$；(7) $\dot{U}=\dot{U}_R+\dot{U}_L+\dot{U}_C$；(8) $U_R=\dfrac{R}{\sqrt{R^2+(X_L-X_C)^2}}U$；(9) $U_X=\dfrac{X_L-X_C}{\sqrt{R^2+(X_L-X_C)^2}}U$；(10) $\dot{U}_C=\dfrac{-\mathrm{j}X_C}{R+\mathrm{j}(X_L-X_C)}\dot{U}$；(11) $\dot{U}_L=\dfrac{\mathrm{j}X_L}{R+\mathrm{j}(X_L-X_C)}\dot{U}$

3-22　已知 R、L、C 串联的工频正弦交流电路中 $R=30\Omega$、$L=382\text{mH}$、$C=39.8\mu\text{F}$，外加电压为 220V，自选端电压初相。求：(1) Z、$\dot{I}$、$\dot{U}_R$、$\dot{U}_L$、$\dot{U}_C$；(2) P、Q、S、$\cos\varphi$；(3) 画相量图；(4) 指出电路的性质。

3-23　把电阻 $R=6\Omega$，电感 $L=25.5\text{mH}$ 的线圈接在工频电压 220V 的电源上（设 $\psi_u=0°$）。求：(1) Z、$\dot{I}$、$\dot{U}_R$、$\dot{U}_L$；(2) P、Q、S、$\cos\varphi$；(3) 画相量图。

3-24　R、C 串联的正弦交流电路中，外加电压 $u=220\sqrt{2}\sin314t\text{V}$，$R=60\Omega$，$C=39.8\mu\text{F}$。求：(1) Z、$\dot{I}$、$\dot{U}_R$、$\dot{U}_C$；(2) P、Q、S、$\cos\varphi$；(3) 画相量图。

3-25　下列三组数据是无源二端网络的端口电压、电流相量，分别求二端网络的 Z、$|Z|$、R、X，并指出电路性质。

(1) $\dot{U}=220\underline{/30°}\text{V}$、$\dot{I}=10\underline{/30°}\text{A}$；(2) $\dot{U}=220\underline{/60°}\text{V}$、$\dot{I}=10\underline{/120°}\text{A}$；(3) $\dot{U}=220\underline{/-60°}\text{V}$、$\dot{I}=10\underline{/-120°}\text{A}$。

3-26　有一感性负载，功率为 10kW，外加工频电压为 220V，功率因数为 0.65。求将线路的原功率因数提高到 0.92，需并联多大电容。

3-27　图 3-33 所示的 RLC 串联正弦交流电路中，已知 $R=10\Omega$，外加电压为 100V，通过调容使电流最大，此时电流表 PA 指示____A；电压表 PV1 指示____V；PV2 指示 400V；PV3 指示____V；PV4 指

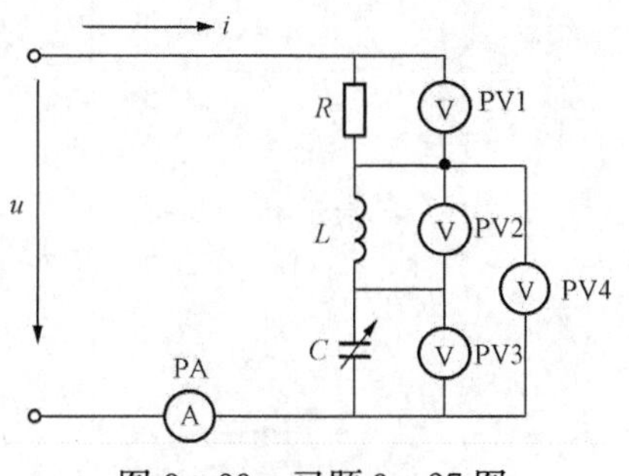

图 3-33　习题 3-27 图

示____ V。

3-28 已知 $R=20\Omega$，$L=250\mu H$、$C=150pF$ 的串联正弦交流电路通过调频实现调谐。求：(1) f_0；(2) 外加电压为 $10\mu V$ 时的 I_0、U_L、U_C。

3-29 已知 $R=20\Omega$、$L=400\mu H$ 的线圈与电容 C 并联，当 $C=100pF$ 时，电路达到谐振。求：(1) 谐振时的 f_0、$|Z_0|$；(2) 外加电压为 10V 时的 I_0、I_C。

3-30 一对称三相正弦交流电源，已知 $u_U=220\sqrt{2}\sin(\omega t+90°)$ V，(1) 写出 u_V、u_W 的解析式；(2) 写出电压相量 $\dot{U}_U$、$\dot{U}_V$、$\dot{U}_W$；(3) 画出相量图；(4) 在同一直角坐标平面中画出三相电压 u_U、u_V、u_W 的波形图。

3-31 星形连接的对称三相电源，每相电压 $U_{ph}=220V$，取 U 相电压为参考正弦量，则 $\dot{U}_U=$ ____ V, $\dot{U}_V$ ____ V, $\dot{U}_W=$ ____ V, $\dot{U}_{UV}=$ ____ V, $\dot{U}_{VW}=$ ____ V, $\dot{U}_{WU}=$ ____ V。

3-32 一电源线电压为 380V 的对称三相交流电路，负载接成星形，每相负载 $R=20\Omega$、$X=15\Omega$，选负载 U 相电压为 90°，求：(1) $\dot{I}_U$、$\dot{I}_V$、$\dot{I}_W$；(2) 三相电路 P、Q、S、$\cos\varphi$；(3) 画出相量图。

3-33 一电源线电压为 380V 的对称三相交流电路，负载接成三角形，每相负载 $R=20\Omega$、$X=15\Omega$，以 $\dot{U}_{UV}$ 为参考，求：(1) $\dot{I}_{UV}$、$\dot{I}_{VW}$、$\dot{I}_{WU}$；(2) $\dot{I}_U$、$\dot{I}_V$、$\dot{I}_W$；(3) 三相电路的 P、Q、S、$\cos\varphi$；(4) 画出相量图。

3-34 某 YN－YN′形三相电路，$Z_U=3+j4\Omega$，$Z_V=3-j4\Omega$，$Z_C=5\Omega$，电源线电压为 380V，不计线路阻抗，求：(1) 各线电流；(2) 中线电流；(3) 三相功率 P、Q、S；(4) 画相量图。

3-35 相电压为 220V 的对称星形电源接入三相电动机，电动机各相绕组的额定电压不同时，其接线方式不同。判断下列两种情况下电动机三相绕组的接线方式：(1) 每相绕组的额定电压为 220V；(2) 每相绕组的额定电压为 380V。

第四章　铁磁材料与磁路

磁路是变压器、电机及各种电磁器件的基本组成部分。构成磁路的材料主要是铁磁材料，因此，了解铁磁材料及磁路的基本知识，是学习变压器及各种电机的重要基础。

第一节　铁磁材料的磁特性

磁场中的物质称为磁介质。空气、木材、瓷、胶木、铜、铝之类的磁介质，其导磁能力（即对磁场的增强程度）很弱且接近，这类磁介质统称为非铁磁材料（又称为非铁磁物质）；铁、钴、镍和它们的合金及氧化物之类的磁介质，其导磁能力很强，这类磁介质统称为铁磁材料（又称为铁磁物质）。铁磁材料的磁特性是在磁化过程中表现出来的。

一、铁磁材料的磁化

铁磁材料的内部存在着很多天然磁化区——磁畴。磁畴内部的分子电流排列整齐，每个磁畴相当于一个小磁体，对外显示着很强的磁性。

当无外磁场作用时，各磁畴的磁场方向的指向混乱，对外磁性抵消，铁磁材料总体对外不显磁性，如图 4-1（a）所示。

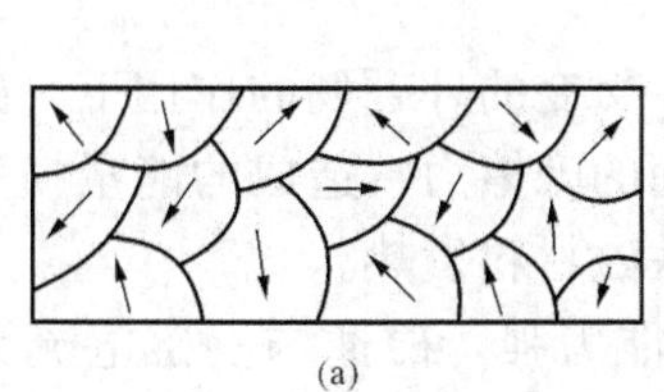

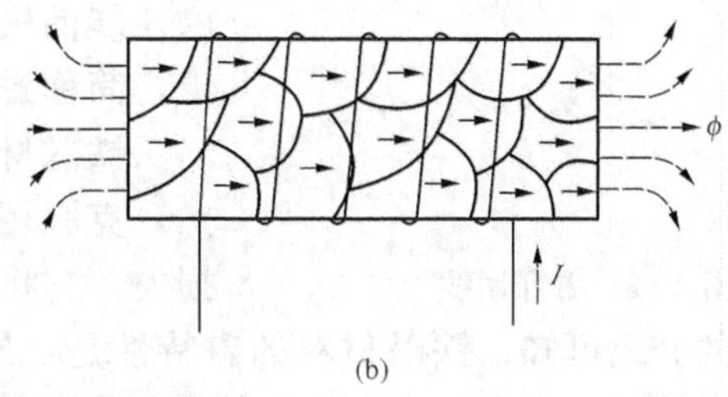

图 4-1　铁磁材料的磁畴和磁化示意
（a）磁畴；（b）磁化

若将铁磁材料放入通电线圈中（线圈称为励磁线圈，电流称为励磁电流），在励磁电流产生的外磁场的作用下，各磁畴的磁场方向趋向于外磁场的方向，产生一个很强的附加磁场，使合成的总磁场（ϕ）大大增强，这种现象称为铁磁材料的磁化，如图 4-1（b）所示。

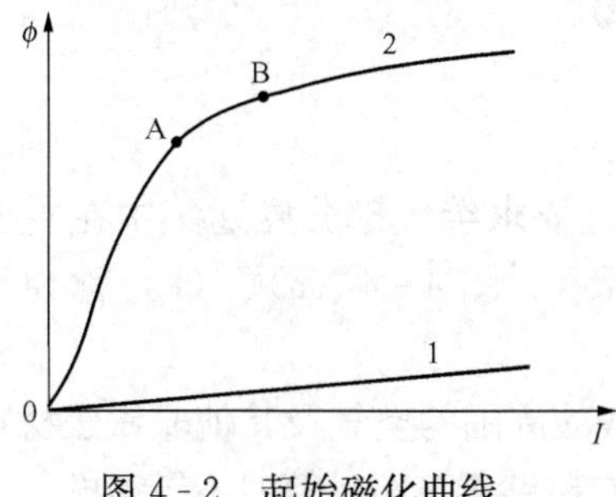

图 4-2　起始磁化曲线

磁通随电流变化的曲线称为磁化曲线，简记为 $\phi-I$ 曲线。铁磁材料的磁特性是通过磁化曲线表示出来的。

二、起始磁化曲线

图 4-2 中曲线 1 是一空心线圈的（自感）磁通 ϕ 随励磁电流 I 变化的 $\phi-I$ 曲线。显见，ϕ 随 I 正比的增加，但变化率很小。曲线 2 是同一线圈中放入铁磁材料后开始磁化的 $\phi-I$ 曲线，称为起始磁化曲线。

观察曲线，一方面可以看出：在相同的励磁电流下，铁磁材料中的磁通远大于空心线圈中的磁通，这表明铁磁材料的导磁能力远大于非铁磁材料；另一方面还可以看出：铁磁材料中的磁通（ϕ）随励磁电流（I）的变化为非线性关系。当励磁电流较小时，ϕ 随 I 的增加近似正比的迅速增加，这是因为大量磁畴的磁场方向趋向于外磁场方向的结果，如 0A 段所示，此段称为直线段。当 I 增加到一定的程度时，ϕ 随 I 的增加而增加变缓，这是因为铁磁材料中的大部分磁畴已完成转向，只有少数磁畴在继续转向，如 AB 段所示，此段称为膝部。以后当 I 继续增大时，ϕ 随 I 的增加而增加甚微，这是因为铁磁材料中的磁畴已全部完成转向，附加磁场不再增加，磁通 ϕ 仅随 I 的增加略有增加，呈现磁（通）饱和现象，如 B 点以后的曲线所示，此段称为饱和段。

为了用较小的励磁电流获得尽可能大的非饱和磁通，磁路设计的最大工作磁通，一般都取在靠近膝部的 A 点附近。

三、磁滞回线

当铁磁材料的励磁电流交变时，ϕ—i 曲线并不是沿着图 4-3 中虚线所示的起始磁化曲线变化，而是按着图中的 abca′b′c′a 磁滞回线变化。

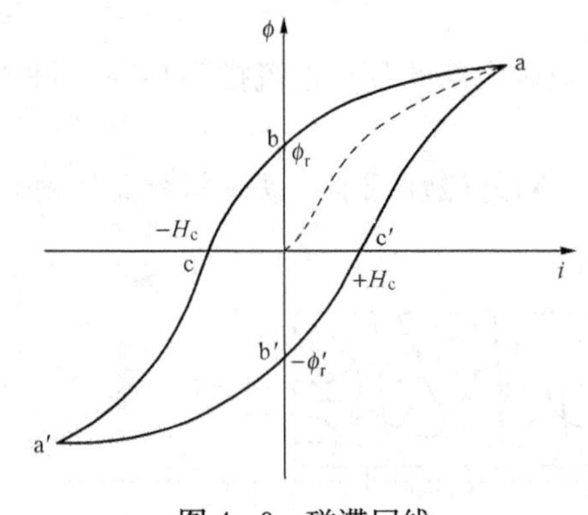

图 4-3 磁滞回线

由磁滞回线可见，磁通 ϕ 的变化总是滞后于电流 i 的变化，这是因为磁畴的转向跟不上电流的变化。当电流减小时，磁通减小较慢，当 $i=0$ 时，铁磁材料中仍保留一部分剩余磁通，简称剩磁（图 4-3 中 ϕ_r、ϕ_r'），必须使电流反向并达到一定的数值时，剩磁才能消失（对应 c、c′点），这一现象称为磁滞现象，简称磁滞。

铁磁材料在交变的外磁场的作用下，磁畴不断转向，克服相互间的摩擦力，造成的能量损失称为磁滞损失，它将使铁磁材料发热。

由以上的介绍可知，铁磁材料的磁特性是：导磁能力强，磁通与励磁电流为非线性关系，具有磁滞性和磁饱和性。磁特性的根源在于铁磁材料内部存在着磁畴。

按着磁特性的差异，铁磁材料分成两大类。一类是软磁材料，如硅钢，纯铁、铸铁、铁镍合金。软磁材料的磁滞现象不明显，剩磁及磁滞损失小，磁滞回线“瘦”细狭长，适宜制作交流电气设备中的铁心。另一类是硬磁材料，如铬钢、钴钢、钨钢及铝镍钴合金等。硬磁材料的磁滞现象显著，剩磁及磁滞损失大，磁滞回线“肥胖”，适宜制作永久磁铁。

第二节 磁路的基本知识

一、磁路的概念

变压器、电机、电磁铁等电气设备的工作需要强磁场，且要求绝大部分磁通集中在主要由铁磁材料构成的路径上，这一路径称为磁路，如图 4-4 所示。图 4-4（a）、（b）称为无分支磁路，图 4-4（c）称为有分支磁路。

在磁路中穿过的磁通 ϕ 称为主磁通，又称为工作磁通。在线圈周围的空气及其他非铁磁材料中穿过的磁通 ϕ_L 称为漏磁通。漏磁通相对于主磁通很小，一般在磁路的分析计算时不予考虑。

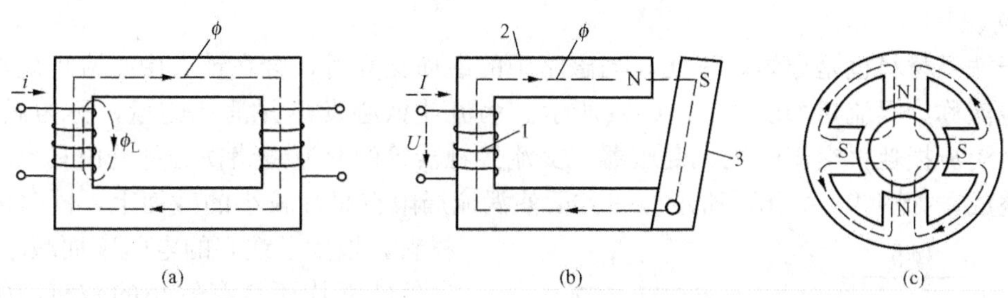

图 4-4 磁路

(a) 单相变压器磁路；(b) 直流电磁铁磁路；(c) 直流电机磁路

对于图 4-5 所示的截面 S、长度 l，材料相同的均匀磁路段引进一个类似于电阻 [$R=l/\nu S$（ν 是导体的电导率）] 的量——磁阻，用 R_m 表示。

$$R_m = \frac{l}{\mu S} \quad (4-1)$$

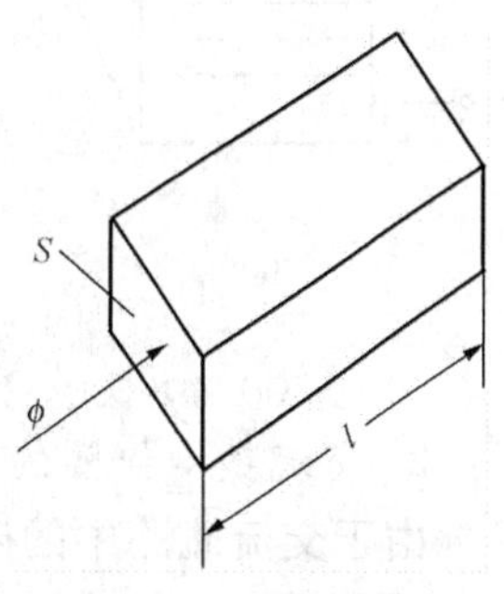

图 4-5 均匀的磁路段

式（4-1）中 μ 称磁介质的磁导率，单位是 H/m；l、S 的单位分别是 m、m^2；R_m 的单位是 1/H。真空的磁导率 $\mu_0=4\pi\times10^{-7}$ H/m，其他非铁磁材料的磁导率 $\mu\approx\mu_0$，且为常数；铁磁材料的 μ 很大，但不是常数。因此，对于铁磁材料磁路段不能应用式（4-1）进行计算，只能利用该式进行定性分析。

二、直流磁路

由直流电流励磁的磁路中，磁通的方向不变，这样的磁路称为直流磁路，又称为恒定磁通的磁路。

对于图 4-4（b）所示的无分支的直流磁路，也有类似于电路欧姆定律式（$I=U/R$）的无分支磁路的欧姆定律式，即

$$\phi = \frac{NI}{\sum R_m} = \frac{F}{\sum R_m} \quad (4-2)$$

式中：ϕ 为磁路中的磁通；N 为励磁线圈的匝数；$F=NI$ 称为磁动势，单位与电流单位相同；$\sum R_m$ 为闭合磁路的总磁阻；当 F、R_m 分别为 A、1/H 时，ϕ 的单位为 Wb。

因为铁磁材料的 μ 不是常数，对于一个无分支的磁路，同样不能用式（4-2）进行计算，只能利用式（4-2）对磁路进行定性分析。

因为直流磁路中的磁通不变，励磁线圈中没有感应电动势，所以励磁电流 I 仅由励磁线圈的外加电压 U 和线圈电阻 R 决定（$I=U/R$）。励磁线圈的电阻是不变的，当外加电压一定时，若磁路状况（中心长度、截面、材料）不同，则总磁阻和磁通也不同。

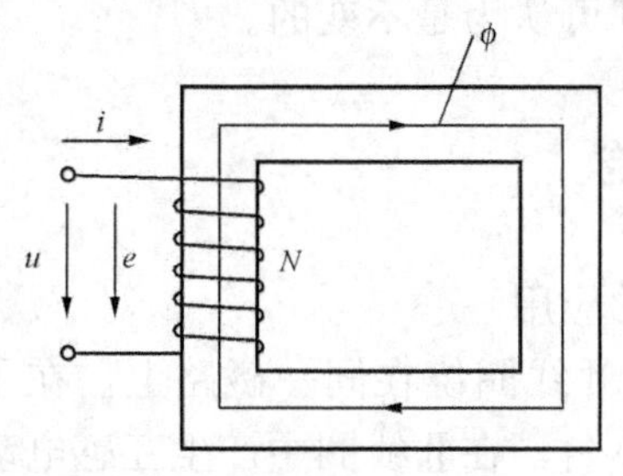

图 4-6 交流铁心线圈

三、交流磁路

在由交流电流励磁的磁路中，磁通随时间不断交变，这样的磁路称为交流磁路。交流磁路的励磁线圈称为交流铁心线圈，如图 4-6 所示。在交流磁路中，除存在磁滞现象外，还存在涡流现象。

1. 涡流

由于铁磁材料也是导体，因此，当磁路中的磁通交变时，会在铁心中感应出旋涡状的电流，该电流称为涡流，如图 4 - 7（a）所示。涡流使铁心发热并消耗能量，称为涡流损耗。为了减小涡流损耗，交流电机、变压器、交流接触器等的交流磁路铁心都是由具有绝缘层的硅钢片叠成，如图 4 - 7（b）所示。一方面使涡流局限在每片较小的截面上，同时因掺入硅材料，增大了铁心的电阻率而减小了涡流。另外硅钢片还具有较小的磁滞，所以它的磁滞损耗和涡流损耗都比较小。磁滞损耗和涡流损耗统称铁损。高频交流铁心则一般采用铁淦氧磁体等。

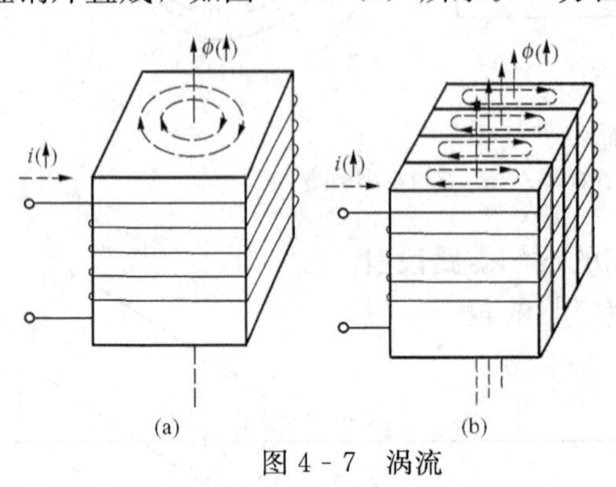

图 4 - 7　涡流

（a）整块铁心；（b）硅钢片叠成铁心

涡流除了有害的一面外，也有可利用的一面，工业上利用涡流的热效应制成高频感应电炉加热或冶炼金属；电工仪表中，常利用涡流产生的阻尼力矩，使仪表指针尽快停摆，以便迅速读数。

2. 交流铁心线圈的电磁关系

由于交流磁路中的磁通不断变化，所以反过来会在励磁线圈中产生感应电动势，这表明交流铁心线圈的电路与磁路的影响是相互的。

在此仅讨论励磁线圈外加的正弦交流电压与磁通的关系。根据法拉第定律和图 4 - 6 所示各量的参考方向规定，$e=-N\mathrm{d}\phi/\mathrm{d}t$（公式推导从略），当主磁通 $\phi=\phi_{\mathrm{m}}\sin\omega t$，励磁线圈的自感电动势为

$$e=-N\frac{\mathrm{d}\phi}{\mathrm{d}t}=-N\omega\phi_{\mathrm{m}}\cos\omega t=E_{\mathrm{m}}\sin(\omega t-90°) \tag{4-3}$$

式（4 - 3）中 $E_{\mathrm{m}}=\omega N\phi_{\mathrm{m}}$ 为自感电动势的幅值，其有效值为

$$E=\frac{\omega N\phi_{\mathrm{m}}}{\sqrt{2}}=\frac{2\pi}{\sqrt{2}}fN\phi_{\mathrm{m}}=4.44fN\phi_{\mathrm{m}}$$

若不计铁心损失、线圈电阻和漏磁通的影响，则外加电压

$$U=E=4.44fN\phi_{\mathrm{m}} \tag{4-4}$$

式（4 - 4）表明，若交流铁心线圈外加正弦交流电压，当电源频率 f 和线圈匝数 N 一定时，主磁通的最大值（ϕ_{m}）与线圈外加电压的有效值（U）成正比，只要励磁线圈的外加电压不变，无论磁路状况如何不同，磁路中的磁通的最大值都可认为是不变的。

*第三节 同名端的概念

在变压器、仪用互感器、电子电路中，同名端有着广泛的应用。

什么是同名端？首先借助于图 4 - 8 予以介绍。图中Ⅰ、Ⅱ线圈绕在同一磁路上，在Ⅰ线圈的 1 端通进变化的电流 i_1，便在Ⅰ线圈中产生自感电动热 e_1，在Ⅱ线圈中产生互感电动势 e_2。当 i_1 增大时，e_1 由 I'指向 1，e_2 由 2′指向 2，1、2 端钮相对于 1′、2′端钮同时为高电

位，如图 4-8（a）所示。当 i_1 减小时，e_1 由 1 指向 1′，e_2 由 2 指向 2′，1、2 端钮相对于 1′、2′端钮同时为低电位，如图 4-8（b）所示。可见，当 i_1 变化时，端钮 1、2 相对于端钮 1′、2′，总是同时为高电位或低电位，根据这一特性，将 1、2 称为同名端。

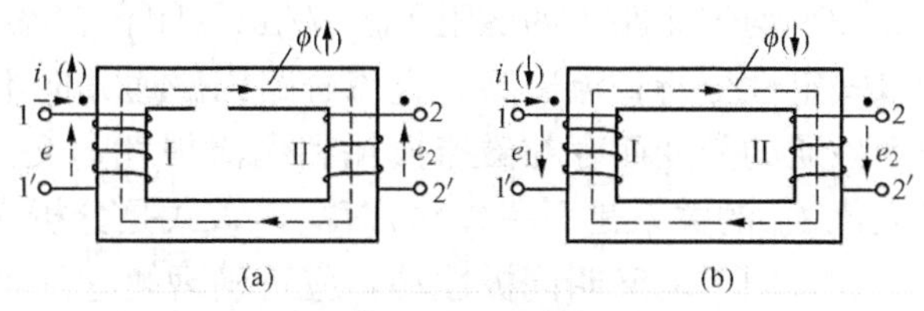

图 4-8　讨论同名端用图

一般地说：在具有互感关系的两个线圈中的任意一个线圈的任意一端，通入任意变化（增大或减小）的电流，由于自感电动势和互感电动势的作用，在两上线圈中，总有一对端钮（它们分属两个线圈）相对于另一对端钮，同时为高电位或低电位。这样的一对端钮称为同名端，又称为同极性端。其标记符号是“·”或“*”，图 4-8 中的 1、2 是同名端，1′、2′也同是名端；而 1、2′，1′、2 端为异名端。两个线圈有两对同名端，显然，只需标出一对。

同名端是由两个线圈的绕向决定的，只要线圈的绕向不变，它们的同名端就是确定的。

同名端有一个现象：若在同名端的两个端钮分别各自通进电流，则它们产生的磁通方向一致，若在异名端分别各自通进电流，则它们产生的磁通方向相反。利用这一现象可以判断已知绕向的两个线圈的同名端。

【例 4-1】 判断图 4-9 所示两线圈的同名端。

解　假设在 1、3 端钮分别通入电流 I_1、I_2，各自产生的磁通 ϕ_1、ϕ_2 如图 4-9 所示。因为 ϕ_1 与 ϕ_2 的方向相反，所以 1、3 端钮为异名端，即 1、4 及 2、3 端钮为同名端。

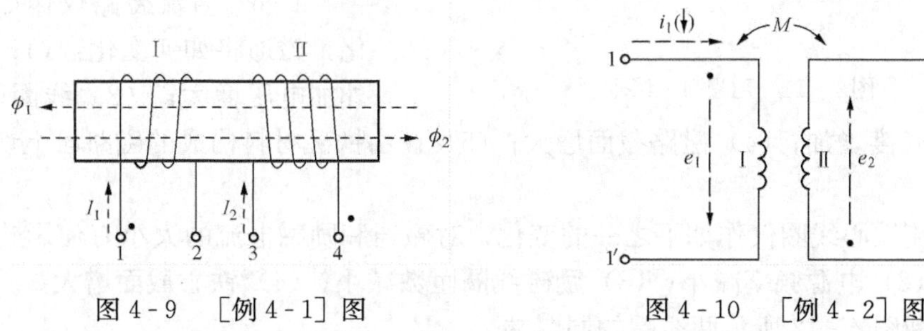
图 4-9　[例 4-1] 图　　图 4-10　[例 4-2] 图

【例 4-2】 利用同名端的定义可以判断互感电动势的方向。图 4-10 是已知同名端但不知绕向的两个互感线圈。试判断当 i_1 减小时，在第二个线圈中产生互感电动势 e_2 的方向。(图中的 M 表示两线圈间具有互感关系)

解　(1) 首先根据电流的方向和变化情况判断自感电动势的方向。本例因为 i_1 减小，所以自感电动势 e_1 与 i_1 同向，由 1 指向 1′，即 $V_1 < V_{1'}$。

(2) 利用同名端的定义，在第二个线圈中找出与第一个线圈的两端对应的高电位和低电位端。本例因为 2′、1（及 2、1′）为同名端，所以 $V_{2'} < V_2$，故 e_2 的方向由 2′指 2 端，如图 4-10 所示。

小　　结

(1) 铁磁材料因内部存在磁畴而具有磁特性。应重点掌握铁磁材料的磁特性。

（2）均匀磁路段的磁阻 $R_m = l/\mu S$。闭合直流磁路的磁通 $\phi = NI/\sum R_m = F/\sum R_m$，常利用该式定性分析直流磁路。直流磁路因磁通方向不变而没有磁滞损耗和涡流损耗；交流磁路中因磁通的交变而存在磁滞损耗和涡流损耗，交流铁心线圈外加的正弦交流电压 U 与磁通最大值 ϕ_m 的关系是 $U=4.44fN\phi_m$，该式是分析交流磁路的依据之一。

（3）同名端又叫同极性端，应正确理解它的含义。

习 题 四

4-1 铁磁材料的磁特性有哪些？它具有磁特性的根源是什么？

4-2 什么是铁磁材料的磁滞现象？

4-3 软磁材料和硬磁材料各自的特点是什么？

4-4 如图 4-11 所示，图____所示磁滞回线所对应的铁磁材料适宜用作交流电气设备的磁路；图____所示磁滞回线所对应的铁磁材料适宜制作永久磁铁。

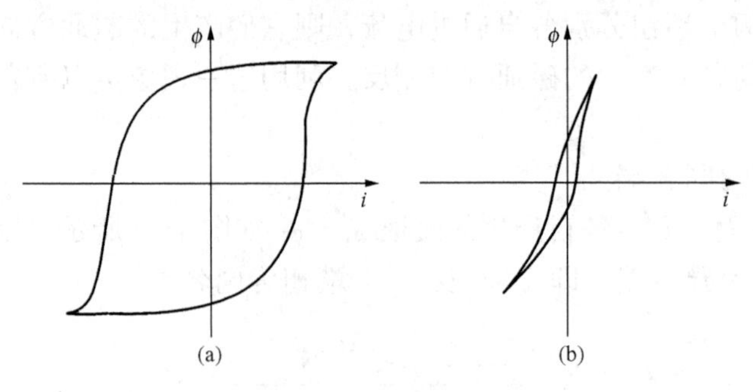

图 4-11 习题 4-4 图

4-5 将一个空心线圈先后接到直流电源和交流电源上，然后在这个线圈中插入铁心，再接上述直流电源和交流电源，交流电源电压的有效值和直流电源电压相等，试比较上述四种情况下线圈电流的大小。

4-6 直流磁路仅作如下之一变化，磁通将如何变化：（1）励磁线圈外加电压增大；（2）线圈匝数增多；（3）磁路中心长度增加；（4）磁路截面增大；（5）在由铁磁材料构成的磁路段上切开一小段变成气隙。

4-7 交流铁心线圈仅作如下之一的变化，对磁通和励磁电流的大小有何影响：（1）外加电压减小；（2）电源频率减小；（3）励磁线圈匝数减小；（4）铁心截面增大。

4-8 判断图 4-12 所示两线圈的同名端。

4-9 对图 4-13 所示电路，判断当开关 S 闭合时线圈Ⅱ的互感电动势 e_2 的方向（标在图中）。

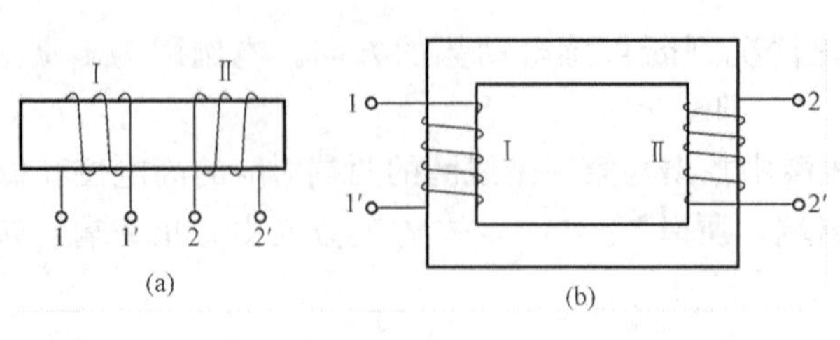

图 4-12 习题 4-8 图

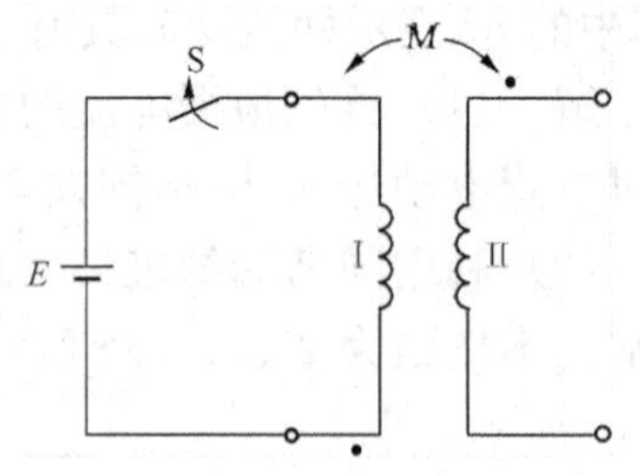

图 4-13 习题 4-9 图

第五章　变　压　器

变压器是一种静止的、只改变电压不改变频率的交流电能传输电气设备。它在电力系统（即生产、输送、分配和应用电能的整体）及所有交流电路中，有着极为广泛的应用。在电力系统的输电中，为了节省材料、减少线路功率损失，必须应用升压变压器将发电机发出的较低电压升高后，再经过高压输电线将电能远距离输送；从用电的角度看，绝大部分电动机、电器及照明负载采用的电压为380/220V，特殊场合为42V以下的安全电压，少数电动机采用10kV或6kV电压。为了满足不同用户对电压的需求，必须应用降压变压器将输电线的高电压变成用户所需要的低电压。

本章简介变压器的结构、工作原理及应用。

第一节　变压器的基本结构及工作原理

按着相数的不同，变压器有单相和三相之分。各种变压器的基本结构和工作原理都是相同的。本节介绍单相变压器。

一、变压器的基本结构

变压器的基本结构是由铁心和绕组组成的，如图5-1所示。

铁心是变压器的磁路部分。它由铁心柱和铁轭组成，铁心柱用来套装绕组，铁轭用以闭合磁路。铁心一般由0.23～0.30mm厚、两面涂漆的硅钢片交替叠装而成，用夹具和螺杆固定。按绕组和铁心相对位置的不同，变压器可分为心式和壳式两种。心式变压器的绕组绕在两边的铁心柱上，如图5-1（a）所示。壳式变压器的绕组则绕在中间铁心柱上，绕组的两侧被外侧的铁心柱包围，如图5-1（b）所示。

绕组是变压器的电路部分。变压器的绕组分同心式和交叠式等类型。同心式的高、低压绕组同心地套装在铁心柱上，为了便于与铁心的绝缘，低压绕组靠近铁心，高压绕组装在低压绕组的外侧，如图5-1的剖面示意图所示。同心式绕组结构简单，制造方便，国产电力变压器多采用这种结构。交叠式绕组制成饼形，高、低压绕组（饼）沿铁心柱的高度上交替放置。主要用于壳式大型电力变压器和壳式电焊变压器、电炉变压器。

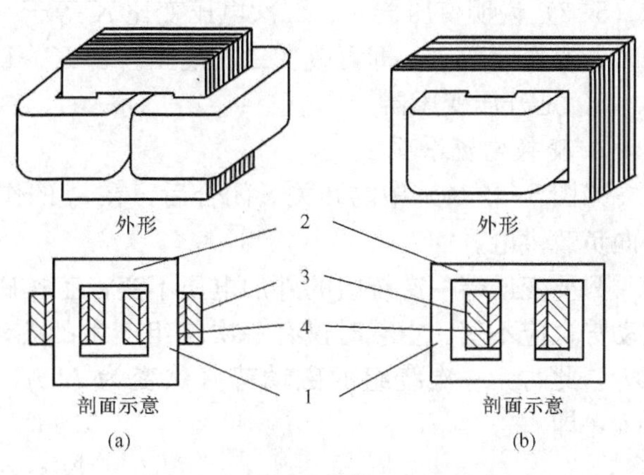

图5-1　单相变压器的基本结构
（a）心式结构；（b）壳式结构
1—铁心柱；2—铁轭；3—高压绕组；4—低压绕组

二、变压器的工作原理

图5-2（a）所示为单相变压器的工作原理图。图5-2（b）为单相变压器的图形符号，文字符号为T。图5-2（a）

左侧与电源相连的绕组称为一次绕组（又称为原边绕组），右侧与负载相连的绕组称为二次绕组（又称为副边绕组）。规定一次侧各量的右下角标为“1”，二次侧各量的右下角标为“2”。

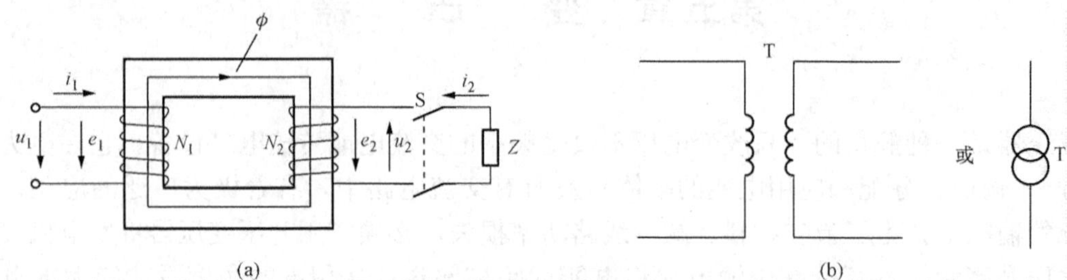

图 5-2　单相变压器

(a) 工作原理图；(b) 图形符号

由物理电学知识可知，变压器的基本工作原理是基于互感的作用。变压器的一、二次绕组在电路上是分开的，两者借助于工作磁通 ϕ 相互联系，称为磁耦合关系。以下是从实际应用的三个方面说明变压器的工作原理。

1. 变换电压原理

变压器的一次侧接通电源，二次侧不接负载（开关 S 断开）的状态称为空载状态。变压器空载时，对于电源就是一个交流铁心线圈，一次绕组中的励磁电流 i_0 称为空载电流。铁心中的工作磁通 ϕ 同时穿过一、二次绕组，分别产生感应电动势 e_1、e_2。若忽略一次绕组的电阻、铁损及漏磁通的影响（一般它们很小），由式（4-4）可知，

一次电压

$$U_1 = E_1 = 4.44 f N_1 \Phi_m \tag{5-1}$$

二次电压

$$U_2 = E_2 = 4.44 f N_2 \Phi_m \tag{5-2}$$

由以上两式可知变压器的电压变比

$$K = \frac{U_1}{U_2} = \frac{E_1}{E_2} = \frac{4.44 f N_1 \Phi_m}{4.44 f N_2 \Phi_m} = \frac{N_1}{N_2} \tag{5-3}$$

式（5-3）说明变压器一、二次电压变比 K 等于一、二次绕组的匝数比，当一次外加电压不变时，改变匝数比，即可改变二次电压。若 $K>1$，则 $U_1>U_2$ 是降压变压器；若 $K<1$，则 $U_1<U_2$ 是升压变压器。

2. 变换电流原理

当图 5-2（a）中的开关 S 闭合后，在 e_2 的作用下，二次绕组中便有电流 i_2 流过，变压器向负载供电。

只要变压器一次绕组的外加电压不变，工作磁通最大值 Φ_m 就不变，而作用在磁路的总磁动势也应不变。空载时仅有一次绕组产生的磁动势 $N_1 i_0$；负载时，二次绕组产生磁动势 $N_2 i_2$，此时，一次绕组的磁动势必然变为 $N_1 i_1$，使得一、二次绕组合成的总磁动势仍为 $N_1 i_0$，即

$$N_1 i_1 + N_2 i_2 = N_1 i_0 \tag{5-4}$$

式（5-4）对应的相量式为

$$N_1 \dot{I}_1 + N_2 \dot{I}_2 = N_1 \dot{I}_0 \tag{5-5}$$

式（5-4）、式（5-5）称为变压器的磁动势平衡方程式。它表明了变压器一、二次绕组电流之间的关系。由于励磁电流（i_0）很小，中小容量电力变压器的空载电流仅为额定电流的2%～8%，大容量电力变压器的空载电流更小，所以，变压器在额定工作状态下 i_0 可以忽略不计，故有

$$\dot{I}_1 = -\frac{N_2}{N_1}\dot{I}_2 \tag{5-6}$$

一、二次电流的大小关系为

$$I_1 = \frac{N_2}{N_1}I_2$$

即

$$\frac{I_1}{I_2} = \frac{N_2}{N_1} = \frac{1}{K} \tag{5-7}$$

式（5-7）说明变压器一、二次绕组的电流比等于一、二次电压变比的倒数。可见变压器带负载运行时，既变换了电压也变换了电流，匝数多的一侧绕组电压高而电流小；匝数少的一侧绕组电压低而电流大。

3. 变换阻抗原理

在电子技术中总是希望负载得到最大功率。由第一章可知，负载得到最大功率必须是电路处于匹配状态，即负载阻抗必须等于信号源的内阻抗 Z_0。然而通常负载阻抗并不等于信号源的内阻抗，为此，经常采用图 5-3（a）所示的电路，通过变压器的阻抗变换作用实现电路的匹配。

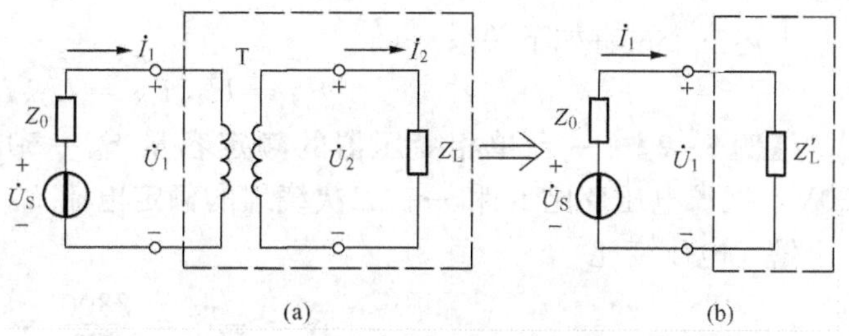

图 5-3 变压器的阻抗变换

（a）电路；（b）等效阻抗

图 5-3（a）中的负载阻抗 $|Z_L| = \dfrac{U_2}{I_2}$，由图（b）可知，从变压器一次侧看，等效负载阻抗

$$|Z'_L| = \frac{U_1}{I_1} = \frac{KU_2}{I_2/K} = K^2\frac{U_2}{I_2} = K^2|Z_L| \tag{5-8}$$

适当选择变压器的电压变比 K，可以满足 $|Z'_L| = |Z_0|$ 的匹配条件，使负载得到最大功率。

【例 5-1】 图 5-3（a）所示电路的正弦信号源电压 $U_S = 6V$，$Z_0 = R_0 = 800\Omega$，负载 $Z_L = R_L = 8\Omega$，变压器 T 的一次匝数 $N_1 = 1000$ 匝。求：（1）使负载功率最大时的变压器二次绕组的匝数 N_2；（2）负载得到的最大功率。

解 （1）电路匹配时负载得到功率最大，匹配时 $R'_L = K^2R_L = K^2 \times 8 = R_0 = 800$（Ω），则

$$K = \sqrt{\frac{R'_L}{R_L}} = \sqrt{\frac{800}{8}} = 10$$

$$N_2 = \frac{N_1}{K} = \frac{1000}{10} = 100\text{（匝）}$$

（2）由图 4 - 3（b）可知，电路工作在匹配状态时

$$U_1 = U_S \times \frac{R_L{}'}{R_0 + R_L{}'} = 6 \times \frac{800}{800 + 800} = 3\ (\text{V})$$

不计变压器的损耗，负载上得到的最大功率为

$$P_{Lm} = P'_L = \frac{U_1^2}{R'_L} = \frac{3^2}{800} = 0.0113\ (\text{W})$$

也可通过变压器的二次电压 U_2 计算负载 R_L 的最大功率 P_{Lm}。

$$U_2 = \frac{U_1}{K} = \frac{3}{10} = 0.3\ (\text{V})$$

$$P_{Lm} = \frac{U_2{}^2}{R_L} = \frac{0.3^2}{8} = 0.0113\ (\text{W})$$

三、单相变压器的额定值

主要有以下三个量。

（1）额定容量 S_N：是指变压器在额定工况下输出的视在功率，单位为 V・A 或 kV・A。

（2）额定电压 U_{1N}/U_{2N}：U_{1N}是指一次外加额定电压；U_{2N}是一次外加 U_{1N}时，二次的空载电压，单位为 V 或 kV。

（3）额定电流 I_{1N}/I_{2N}：是根据额定容量和额定电压计算出来的一、二次电流，单位为 A。

上述三个量有如下关系

$$S_N = U_{1N} I_{1N} = U_{2N} I_{2N} \tag{5 - 9}$$

【例 5 - 2】 一台单相变压器的额定容量 $S_N = 50\text{kV} \cdot \text{A}$；额定电压 $U_{1N}/U_{2N} = 3300/220\text{V}$，试求电压变比 K 和一、二次绕组的额定电流 I_{1N}、I_{2N}。

解 电压变比

$$K = \frac{U_{1N}}{U_{2N}} = \frac{3300}{220} = 15$$

一、二次绕组的额定电流

$$I_{1N} = \frac{S_N}{U_{1N}} = \frac{50 \times 10^3}{3300} \approx 15.2\ (\text{A})$$

$$I_{2N} = \frac{S_N}{U_{2N}} = \frac{50 \times 10^3}{220} \approx 227\ (\text{A})$$

*第二节　变压器的效率与外特性

一、变压器的效率

变压器带上负载后，一、二次电流在绕组电阻中造成的功率损耗称为铜损，铜损与铁心的铁损合称为变压器的损耗。

变压器的输入功率

$$P_1 = U_1 I_1 \cos\varphi_1 \tag{5 - 10}$$

输出功率

$$P_2 = U_2 I_2 \cos\varphi_2 \tag{5 - 11}$$

式（5 - 10）、式（5 - 11）中的 φ_1、φ_2 分别为一、二次电压与电流的相位差。

变压器损耗

$$\Delta P = P_1 - P_2 \tag{5-12}$$

定义输出功率与输入功率比值的百分数为变压器的效率，用 η 表示，即

$$\eta = \frac{P_2}{P_1} \times 100\% \tag{5-13}$$

因为变压器的损耗不大，所以效率很高，一般为百分之九十几，大容量电力变压器的 η 为 98%～99%。

二、变压器的外特性

变压器的外特性是指输出电压 U_2 随输出电流 I_2 变化而变化的特性，即 $U_2 = f(I_2)$。图 5-4 为变压器感性负载（功率因数一定）的情况下的外特性曲线。由图可见，变压器的输出电压 U_2 随输出电流 I_2 的增大略有降低。这是因为变压器的一、二次绕组有一定的阻抗压降，它随负载电流的增大而增大，使二次输出电压降低。一般情况下，变压器的输出电压（U_2）随输出电流（I_2）的增大而下降较小，例如电力变压器从空载到额定负载，输出电压下降仅为额定电压的 3%～5%。这是因为一、二次绕组的阻抗较小的缘故。

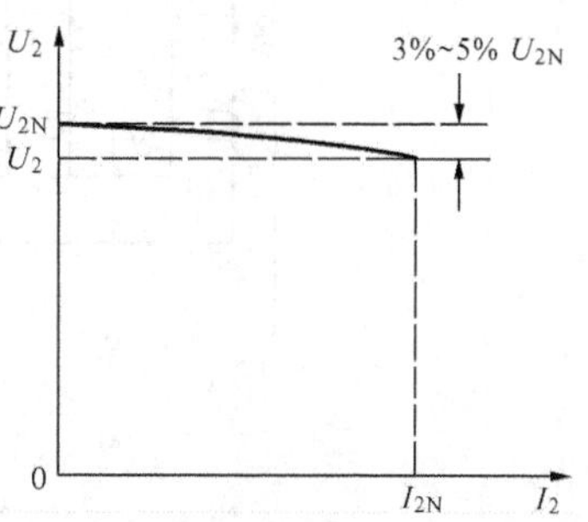

图 5-4 变压器感性负载下的外特性曲线

*△第三节 三相电力变压器

因为三相变压器比总容量相等的三个单相变压成本低、占地少，所以在电力系统中，广泛采用的是三相（油浸式）电力变压器。

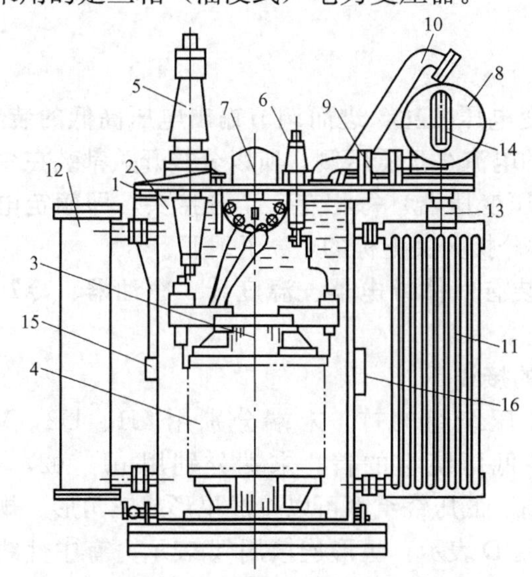

图 5-5 三相油浸式电力变压器结构

1—油箱；2—变压器油；3—铁心；4—绕组；5—高压套管；6—低压套管；7—分接开关；8—储油柜；9—气体继电器；10—安全气道；11—散热器；12—静油器；13—吸湿器；14—油位计；15—信号温度计；16—铭牌

一、三相油浸式电力变压器的结构

较大容量的三相油浸式电力变压器的结构如图 5-5 所示。前面已经指出，变压器的基本结构都是由铁心和绕组组成，只是因为三相油浸式电力变压器的相数多、电压高、容量大，而使其结构较为复杂。

1. 铁心和绕组

铁心由三个铁心柱和上、下铁轭构成；每一相的高、低压绕组同心地套装在同一铁心柱上，如图 5-6 所示。

2. 油箱及变压器油

铁心和绕组都放置在装有变压器油的油箱中，变压器油用作绝缘和冷却，负载状态下变压器因存在损耗而产生的大量热量，通过变压器油传递给油箱壁及散热器散发到大气中，以限制变压器的温升。

在油箱上方装有储油柜（俗称油枕），

储油柜通过下方的连通管与油箱相通。这样，使油与空气的接触面大大减小，从而减小油的氧化和水分的浸入。储油柜内油面的高度随着油箱内油的热胀冷缩而变动，柜的下方装有过滤空气的吸湿器（俗称呼吸器），吸湿器的玻璃中装有硅胶或氯化钙等干燥剂，空气中的水分在进入储油柜前被吸掉。在储油柜的侧面还装有油位计。

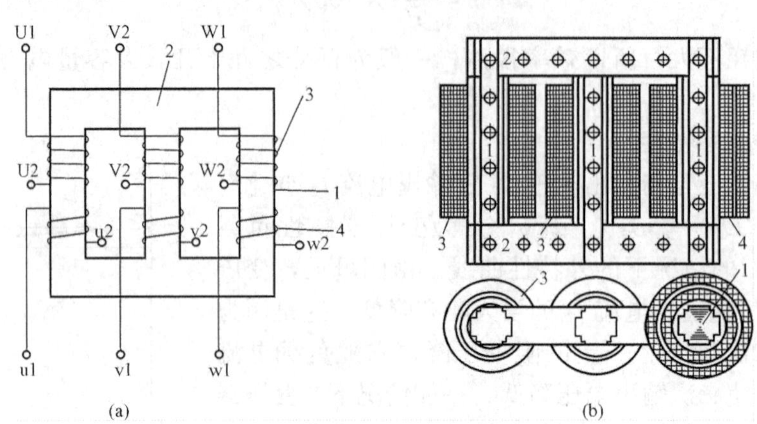

图 5-6 三相电力变压器的铁心和绕组

（a）原理结构；（b）剖面图

1—铁心柱；2—铁轭；3—高压绕组；4—低压绕组

在油箱的上方还装有安全气道，气道出口用 2mm 厚的玻璃密封，当变压器因故障而使油箱内压力增大到一定数值时，气体和油冲破玻璃而喷出，可避免油箱爆炸。

3. 绝缘套管

变压器高、低压绕组的出线必须经过套管，以保证出线和油箱间的良好绝缘。高压侧套管高而大；低压侧套管（相对）矮而小。

4. 分接开关

分接开关是通过改变变压器绕组匝数来改变电压变比，进而调节输出电压高低的装置，以满足负载变化时对电压的要求。因为高压侧的电流小于低压侧，所以分接开关都装在变压器的高压侧。一般配电变压器（靠近负载的降压变压器）每相有三个分接头，即额定电压级、高于和低于额定电压的 5%级，也就是通常分接开关上标的Ⅰ、Ⅱ、Ⅲ。

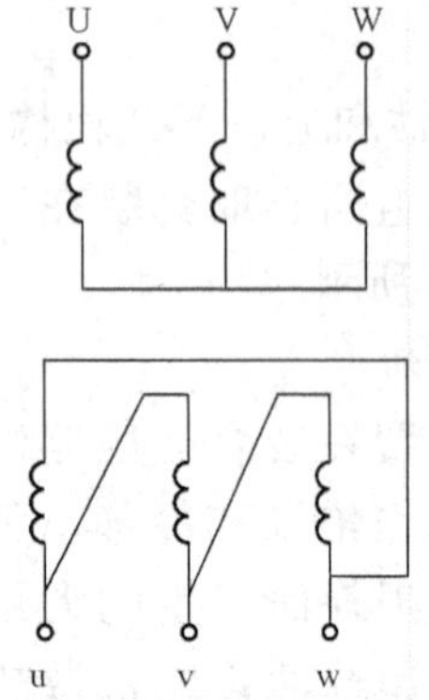

图 5-7 三相变压器“Yd”连接方式

此外，变压器还装有气体继电器、温度计、净油器、冷却风扇等附件。

二、三相变压器的接线

变压器的三相高压绕组的首、末端分别用 U1、U2，V1、V2，W1、W2 表示；低压绕组的首、末端分别用 u1、u2，v1、v2，w1、w2 表示。高、低压绕组都可以接成星形或三角形。规定高压绕组三角形连接用 D 表示，星形连接用 Y 表示，有中性线时用 YN 表示；低压绕组三角形连接用 d 表示，星形连接用 y 表示，有中性线时用 yn 表示。

三相变压器绕组的连接方式是指高、低压绕组连接的整体。例如高压绕组 Y 接，低压绕组 d 接，如图 5-7 所示，则该三相变压器绕组的连接方式记为“Yd”。

三、三相变压器连接组标号

三相变压器绕组的连接情况不同，高、低压绕组对应线电压的相位差不同。实验和研究都证明：高、低压绕组对应线电压的相位差只有十二种，而且都是30°的整倍数。这和时钟面盘上小时数格之间的角度相同。利用这一特点，可将长针作为高压侧线电压相量，并且固定在12点的位置上，而将短针作为低压侧对应线电压相量，短针在钟面上所指的小时数，即为连接组的标号。这一方法称为时钟表示法。如某三相变压器为“Yd”连接，应用时钟表示法低压侧线电压相量 $\dot{U}_{uv}$ 指向11点，这一变压器的连接组标号为“Yd11”，表明低压侧线电压滞后于高压侧线电压330°（即低压侧线电压超前于高压侧线电压30°），如图5-8所示。

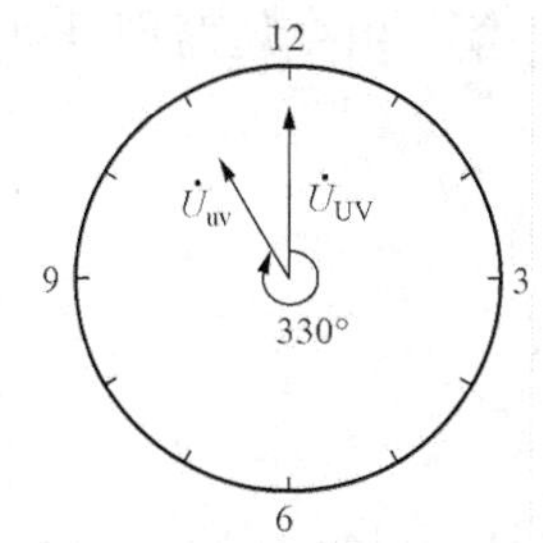

图5-8 时钟表示法图示

三相变压器的连接组标号有重要的作用，如并联运行的变压器必须满足的条件之一是它们的连接组标号必须相同。

电力用户大量使用的配电变压器连接组标号为“Yyn0”，低压侧与高压侧对应线电压同相位。一般这种变压器的最大容量不超过1800kV·A，高压侧额定电压不超过35kV，低压侧负载状态下输出电压为380/220V，供给动力和照明混合负载用电。

四、铭牌

为了正确地使用变压器，厂家将变压器的型号、额定值及技术指标、参数等标在铭牌上，见表5-1。

表5-1 变 压 的 铭 牌

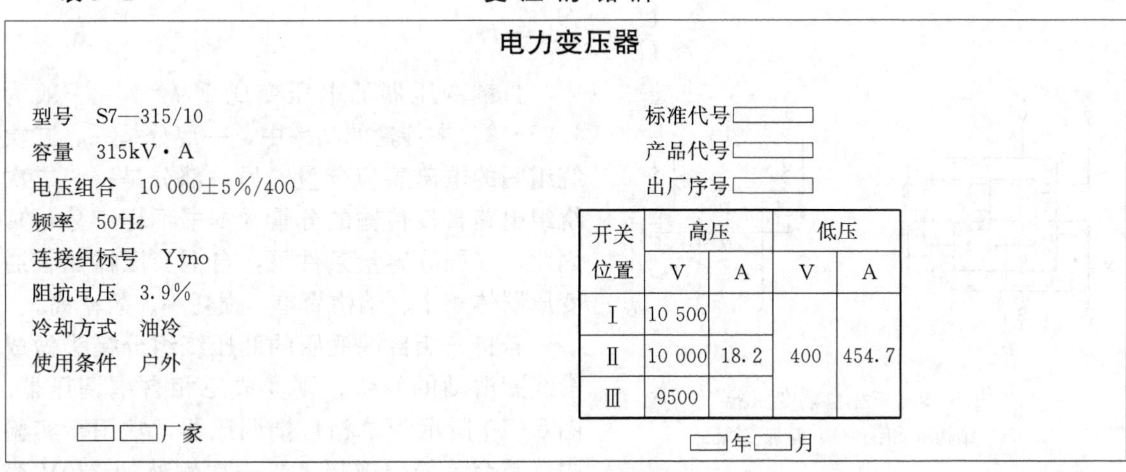

电力变压器

型号 S7—315/10
容量 315kV·A
电压组合 10 000±5%/400
频率 50Hz
连接组标号 Yyno
阻抗电压 3.9%
冷却方式 油冷
使用条件 户外

标准代号□
产品代号□
出厂序号□

开关位置	高压 V	高压 A	低压 V	低压 A
Ⅰ	10 500	18.2	400	454.7
Ⅱ	10 000			
Ⅲ	9500			

□□厂家　　□年□月

1. 型号

表示变压器的结构特点、额定容量和高压侧电压等级。表5-1中，变压器型号S7—315/10的含义如下：

S 7 —315/10
三相 — S
设计序号 — 7
315 — 额定容量(kV·A)
10 — 高压侧额定电压(kV)

2. 额定值

三相变压器的额定容量、额定电压、额定电流的定义、单位与单相变压器相同。在此指出：①三相变压器的额定容量 S_N 是指三相总容量；②额定电压 U_{1N} 是一次侧外加的额定线电压，U_{2N} 是一次侧加 U_{1N}、分接开关位于额定分接头位置（如表 5-1 中的Ⅱ位置）且空载的二次线电压；③额定电流 I_{1N}、I_{2N} 分别是一、二次侧额定线电流。三种额定值的关系是

$$S_N = \sqrt{3}U_{1N}I_{1N} = \sqrt{3}U_{2N}I_{2N} \tag{5-14}$$

额定频率 f_N，我国规定 $f_N=50\text{Hz}$。

此外，铭牌上还有连接组标号、阻抗电压（本书不予介绍）、使用条件等项目内容。

【例 5-3】 S7—315/10 型变压器低压侧额定电压为 400V，求一、二次额定电流。

解 由变压器型号可知，$S_N=315\text{kVA}$，$U_{1N}=10\text{kV}$。由式（5-14）得

$$I_{1N} = \frac{S_N}{\sqrt{3}U_{1N}} = \frac{315\times10^3}{\sqrt{3}\times10\times10^3} \approx 18.2\ (\text{A})$$

$$I_{2N} = \frac{S_N}{\sqrt{3}U_{2N}} = \frac{315\times10^3}{\sqrt{3}\times400} \approx 454.7\ (\text{A})$$

*△第四节 特 殊 变 压 器

一、自耦变压器

在大功率传输的电力系统中，广泛应用着三相自耦变压器。将三相变压器的一、二次绕组串接成如图 5-9 所示的电路便是三相自耦变压器。自耦变压器的二次绕组匝数 N_2 只是一次绕组匝数 N_1 的一部分。一、二次绕组之间不仅有磁耦合，还有电的联系。一、二次侧电压与绕组匝数的关系与普通变压器相同，即

$$\frac{U_1}{U_2} = \frac{N_1}{N_2} = K \tag{5-15}$$

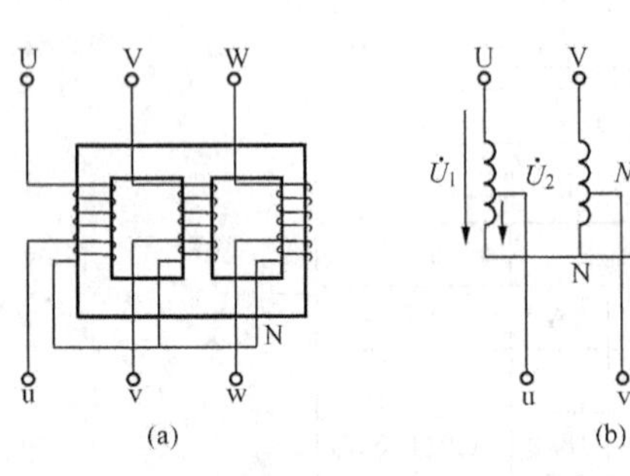

图 5-9 三相自耦变压器

（a）结构示意图；（b）原理接线图

自耦变压器的电压变比 K 较小，一般为 1.25～2，在传输的功率中，一部分是一、二次绕组间的电磁感应分量，另一部分是一、二次绕组电路直接传输的分量（本书不详细分析），因此，在同等容量条件下，自耦变压器比普通变压器体积小、结构简单、损耗小、效率高。

若将三相自耦变压的低压绕组分接头做成沿线圈滑动的触头，则变成三相自耦调压器。图 5-10 所示为单相自耦调压器，常用于实验中调节交流输出电压。当一次侧外加 220V 交流电压时，调节滑动触头的位置，可使二次输出电压在 0～250V 范围内连续变化。

二、仪用互感器

仪用互感器是专供仪表使用的特殊变压器，它包括电压互感器和电流互感器。应用互感器的目的一是把待测的高电压或大电流按比例减小，以便测量，二是将测量电路与高压电路隔离，以利于安全。仪用互感器与普通变压器的工作原理相同，突出的特点是损耗小，变比精确。

图 5-11 是接有互感器的单相电路，10kV 高压电路与测量仪表电路通过互感器隔离。室外变电站的互感器二次引出线接到室内配电屏的仪表上。

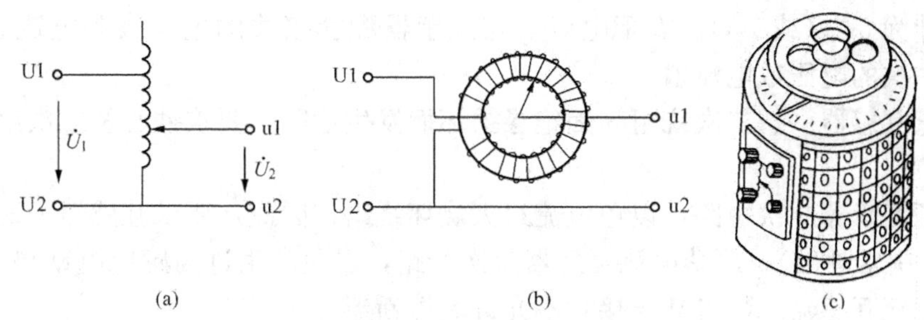

图 5-10 单相自耦调压器

(a) 电路图；(b) 结构示意图；(c) 实物图

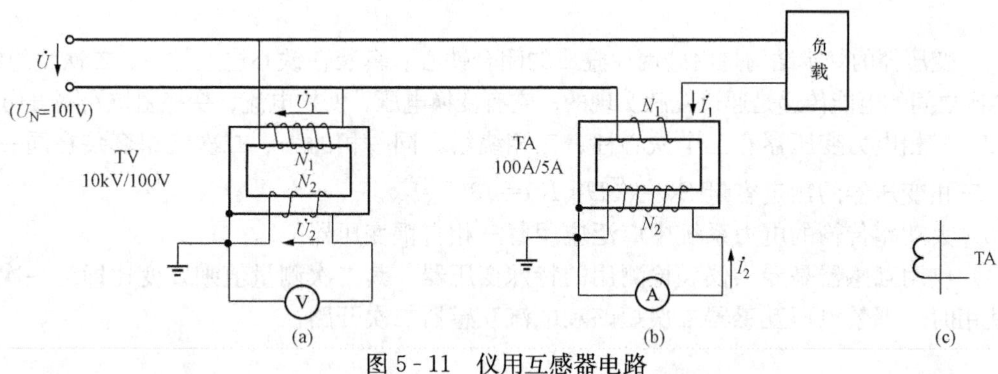

图 5-11 仪用互感器电路

(a) 电压互感器；(b) 电流互感器；(c) 电流互感器

互感器的一次电压等级、应用环境等条件不同，它们的绝缘材料和外型、结构各有差异。图 5-12 为浇注绝缘式互感器实物图。

电压互感器的一次绕组与负载并联，图形符号与变压器相同，文字符号为 TV，一、二次电压之比

$$\frac{U_1}{U_2}=\frac{N_1}{N_2}=K_U$$

$$U_1=K_UU_2 \tag{5-16}$$

式 (5-16) 中：$K_U=\frac{N_1}{N_2}$称为电压互感器的电压变比。电压表测得的电压 U_2 乘以 K_U 即为一次电压 U_1。因为 $K_U\gg1$，所以 $U_2\ll U_1$。

电流互感器的一次绕组与负载串联，图形符号如图 5-11 (c) 所示，文字符号为 TA，一、二次电流之比

$$\frac{I_1}{I_2}=\frac{N_2}{N_1}=K_I$$

$$I_1=K_II_2 \tag{5-17}$$

式 (5-17) 中 $K_I=\frac{N_2}{N_1}$ 称为电流互感器的电流变比。电流表测得的电流 I_2 乘以 K_I 即为一次电流 I_1。因为 $K_I\gg1$，所以 $I_2\ll I_1$。

为了与互感器二次仪表的配套，电压互感器的二次额定电压设计为 100V，电流互感器的二次

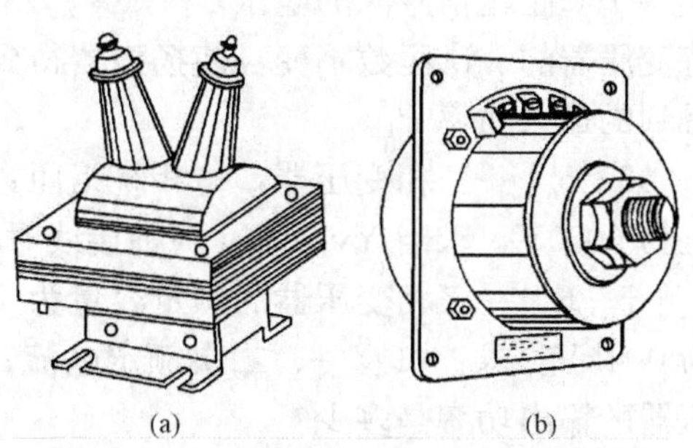

图 5-12 浇注绝缘式互感器实物图

(a) 电压互感器；(b) 电流互感器

额定电流设计为 5A（或 1A）。在配电屏上与互感器配套接线的电压表和电流表的指示值，即为互感器一次的电压或电流值。

为了防止互感器一、二次绕组间因绝缘损坏而发生危险，要求铁心及二次绕组的一端必须接地。

严禁电压互感器二次短路，以免电流过大烧坏绕组，因此，要求互感器的两侧都装熔断器（图 5-10 中未画出）；严禁电流互感器二次开路，以免产生过高感应电动势而发生危险，因此，要求电流互感器二次可靠连接，不允许装熔断器。

小 结

（1）变压器的基本结构是由硅钢片叠成的闭合铁心和套装在铁心柱上的一、二次绕组组成。一、二次之间的电能传递是通过互感实现的；它有变换电压、变换电流、变换阻抗及隔直作用。

（2）三相电力变压器有三个铁心柱、三相绕组，同一相的一、二次绕组套装在同一铁心柱上。三相变压器的额定容量 $S_N=\sqrt{3}U_{1N}I_{1N}=\sqrt{3}U_{2N}I_{2N}$。

（3）大功率传输的电力系统中广泛应用着三相自耦变压器。

（4）仪用互感器是专供仪表检测用的特殊变压器。其二次测量值乘以变比即为一次待测量。使用时，严禁电压互感器二次短路和电流互感器二次开路。

习 题 五

5-1 一单相小容量变压器的一次绕组为 733 匝、二次绕组为 60 匝，铁心截面为 13cm^2，一次电压为 220V，频率为 50Hz。求：（1）电压变比 K 及二次电压 U_2；（2）铁心中磁感应强度的最大值 B_m。

5-2 一单相小型变压器铭牌上标明 220/12V、100V·A，该变压器一次电压为 220V 时，二次电流不能超过多少？

5-3 一单相变压器一次绕组 $N_1=460$ 匝，二次有两个绕组。接于 220V 交流电源上，二次输出电压 $U_{21}=110\text{V}$、$U_{22}=36\text{V}$，输出电流 $I_{21}=0.2\text{A}$、$I_{22}=0.5\text{A}$，负载均匀电阻性，不计空载电流。求：（1）二次绕组匝数 N_{21}、N_{22}；（2）一次电流；（3）变压器的容量至少应为多少伏安（容量最大的一侧作为变压器的容量）？

5-4 电路如图 5-3 所示，将 $R_L=8\Omega$ 的扬声器接于变压器的二次，已知 $N_1=300$ 匝，$N_2=100$ 匝，信号源的电压 $U_s=6\text{V}$；$Z_0=R_0=100\Omega$。求：（1）信号源的输出功率；（2）保持变压器的一次匝数不变，使扬声器得到最大功率时，变压器的二次绕组匝数 N_2 及扬声器得到的最大功率 P_{Lm}。

5-5 一三相变压器，每相绕组匝数一次 $N_1=460$ 匝，二次 $N_2=80$ 匝，若一次所加电压为 6000V，求当 Yy 和 Yd 两种接线时，二次绕组的相电压和线电压。

5-6 一三相变压器的额定容量为 1000kV·A，一次额定电压为 35kV，二次额定电压为 0.4kV。求：（1）一、二次额定电流；（2）若负载的功率因数为 $\cos\varphi=0.8$，满载时，变压器的输出功率是多少？

5-7 为什么要通过仪用互感器测量高压电路的电压和电流？

5-8 使用电压互感器和电流互感器各应注意哪些事项？

第六章　电　　机

电机是实现电能与机械能相互转换的旋转电气设备。电机分为发电机和电动机两大类，其中的发电机是把机械能转换为电能的发电设备；电动机是把电能转换成机械能、拖动各种生产机械的动力用电设备。

电动机有交流电动机和直流电动机之分。交流感应电动机（通常称为交流异步电动机）是电动机中最主要的类型。由于感应电动机具有结构简单、工作可靠、维修方便、价格低廉等优点，所以应用最广。据统计，感应电动机的总容量约占全部电动机总容量的85%。

直流电动机具有起动力矩大、调速性能好的优点，需要在大范围内调速的生产机械，常选用直流电动机进行拖动。

本章重点学习感应电动机，简要介绍直流电动机、同步发电机和控制微电机。

第一节　三相感应电动机的结构及铭牌

一、三相感应电动机的结构

三相感应电动机由定子、转子两个基本部分组成，如图6-1所示。

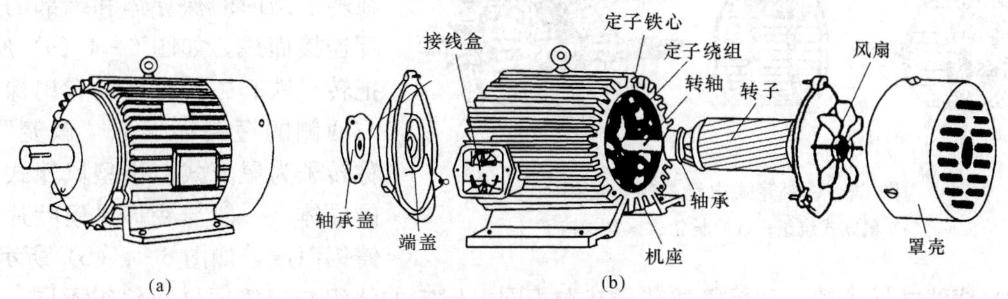

图6-1　鼠笼式三相感应电动机的结构
(a) 外形；(b) 分解图

（一）定子

定子是电动机的固定部分。它主要由定子铁心、定子绕组和机座三部分组成。

(1) 定子铁心。它是电动机磁路的一部分，常用0.5mm厚的硅钢片叠成。硅钢片的内圆上，冲有均匀分布且与转子轴平行的凹槽，如图6-2所示，用来嵌放定子绕组。

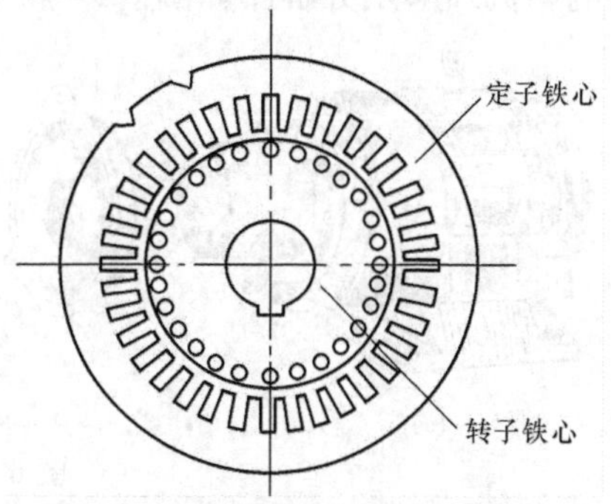

图6-2　定子和转子铁心硅钢片

(2) 定子绕组。定子绕组是用绝缘的铜导线绕制、按一定规律连接成的三相绕组。三相绕组的6个引出端分别接到机座外壳的接线盒中，绕组的首、末端子分别标记为U1、U2，V1、V2，W1、W2。三相定子绕组根据电源电压和电动机额定电压，可作星形或三角形连接。图 6 - 3 所示是定子三相绕组的引出端在接线盒内的连接图。图 6 - 3（a）为星形连接；图 6 - 3（b）为三角形连接。

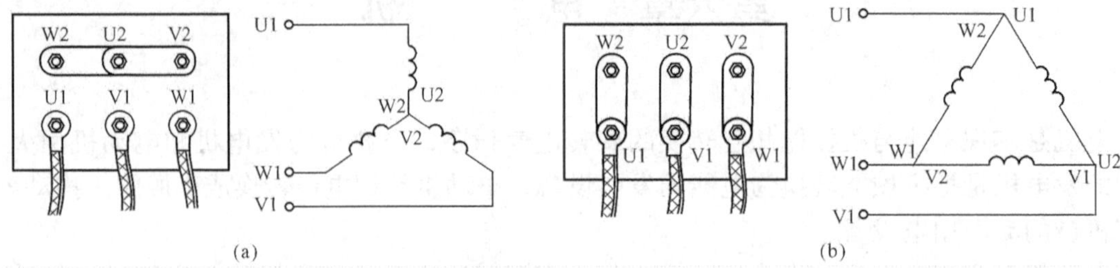

图 6 - 3　定子绕组引出端在接线盒内的连接图

（a）星形接法；（b）三角形接法

（3）机座。机座一般用铸铁或钢板制成，用来固定和防护定子铁心和绕组。

此外，定子还有端盖，其中央部位装有轴承，供支撑转子之用。

（二）转子

转子是电动机的旋转部分。它主要由转子铁心、转子绕组、转轴和风扇组成，如图 6 - 1 所示。

（1）转子铁心。它是电动机磁路的一部分，是由 0.5mm 厚的硅钢片叠成圆柱体，并紧固在转子轴上。转子表面开有均匀分布的凹槽，供放置转子绕组之用，如图 6 - 2 所示。

（2）转子绕组。根据结构的不同，转子绕组分为鼠笼式与绕线式两种。

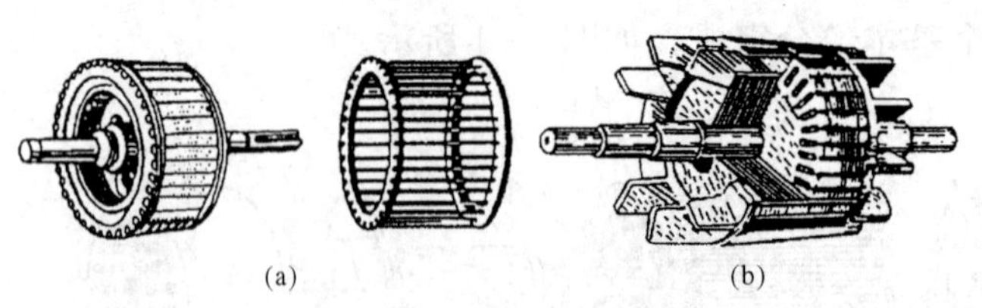

图 6 - 4　鼠笼式电动机转子绕组

（a）鼠笼式绕组；（b）铸铝式鼠笼式转子

1）鼠笼式转子绕组是由安放在转子槽内的裸导体和端部的短路环连接而成，如图 6 - 4（a）所示。把转子铁心去掉，可以看出裸导体与两侧的短路环形似“鼠笼”，故称转子为鼠笼式。小型鼠笼式转子的导体，一般与冷却风扇叶片一起铸铝而成，如图 6 - 4（b）所示。

2）绕线式转子铁心和鼠笼式转子基本相同，但它的绕组与鼠笼式转子绕组不同，而与定子绕组一样，也是三相绕组。转子槽内嵌放着按星形接线的三相绕组，各自的首端分别与轴上的三个互相绝缘的铜制集电环（又称滑环）相连，再通过与集电环相接触的三个电刷，将转子的三相绕组的首端与外电路星形接线的三相变阻器相连（见图 6 - 16）。绕线式三相感应电动机外形及分解图如图 6 - 5 所示。

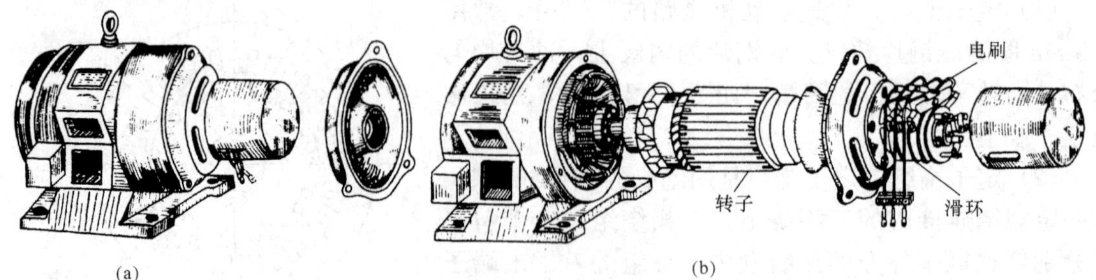

图 6 - 5　绕线式三相异步电动机

（a）外形；（b）分解图

二、三相感应电动机的铭牌

1. 型号

三相感应电动机型号中各部分含义如下：

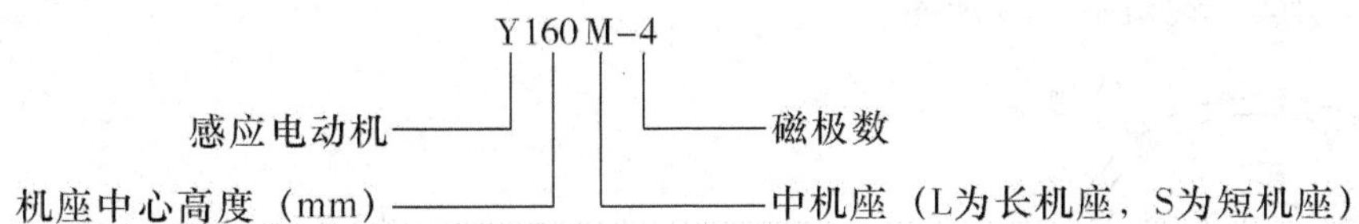

2. 额定值

(1) 额定功率 P_N。指电动机额定运行时，转轴上输出的机械功率，单位为kW。

(2) 额定电压 U_N。指电动机正常运行时，定子绕组所加的电源线电压，单位为V。

(3) 额定电流 I_N。指电动机定子绕组加额定电压并输出额定功率时，定子绕组的线电流，单位为A。

(4) 额定频率 f_N。供电电源的额定频率，我国 $f_N=50\text{Hz}$。

(5) 额定转速 n_N。指电动机额定工况下，转子每分钟的转数，单位r/min（转/分）。

(6) 额定效率 η_N。指电动机额定工况下，输出功率与输入功率之比，常以百分数表示。

(7) 额定功率因数 $\cos\varphi_N$。指电动机在额定工况下定子电路的功率因数。

按上述额定值的定义，三相感应电动机的额定值间有如下关系

$$P_N=\frac{1}{1000}\sqrt{3}U_N I_N \eta_N \cos\varphi_N(\text{kW}) \tag{6-1}$$

铭牌上还给出定子绕组的接法。若标出的额定电压为380V/220V，接法为Y/△符号，这表明每相定子绕组额定电压为220V。若电源线电压为380V，定子绕组应接成星形，若电源线电压为220V，定子绕组应接成三角形。

第二节 三相感应电动机的工作原理

图6-6所示为感应式电动机旋转的原理演示图。当马蹄形磁铁不动，位于两磁极间的可自由转动的笼型短路线圈也同样静止，只要磁铁旋转起来，线圈便沿磁铁的旋转方向也旋转起来。线圈旋转的关键在于磁场的旋转，感应电动机通电后转子旋转的关键也是因为定子内产生了一个旋转磁场。

一、定子三相合成旋转磁场

1. 三相合成旋转磁场的产生

先以定子两极旋转磁场为例，说明定子三相合成旋转磁场是如何产生的。图6-7（a）所示电动机的三相绕组U1—U2、V1—V2、W1—W2尺寸、匝数完全相同，只是空间位置互差120°，这样的三相绕组称为对称三相绕组（实际上，三相绕组在定子槽内是分布放置的，

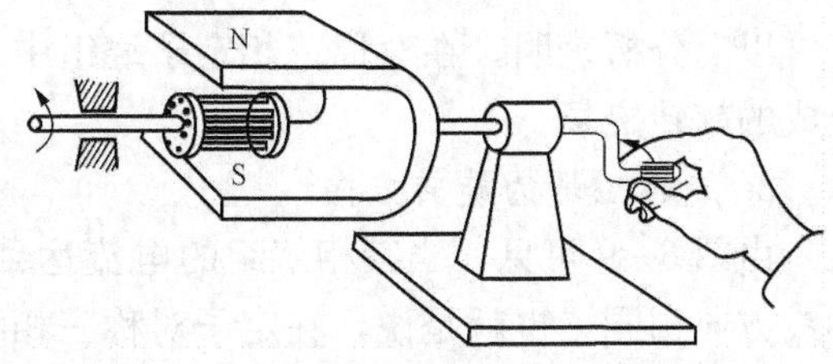

图6-6 感应电动机原理演示图

分析时可等效的视为集中放置）。假设三相绕组星形连接，电流参考方向由首端指向末端，各相绕组轴线方向与电流参考方向符合右手螺旋关系，如图 6-7 所示。

当图 6-7 所示的对称三相绕组接上对称三相交流电压时，便在三相绕组中流过对称三相交流电流，其波形如图 6-8 所示。

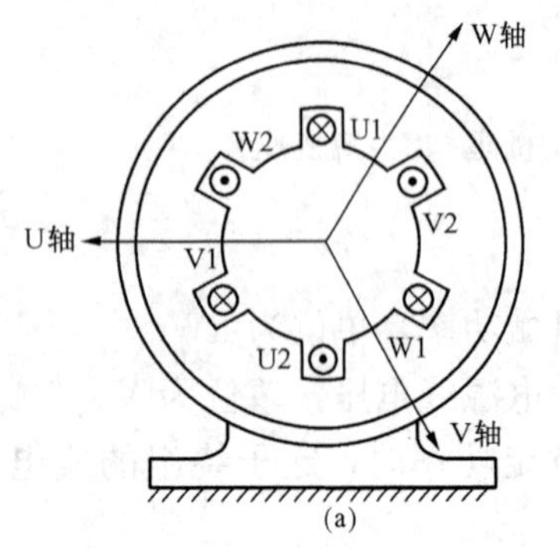

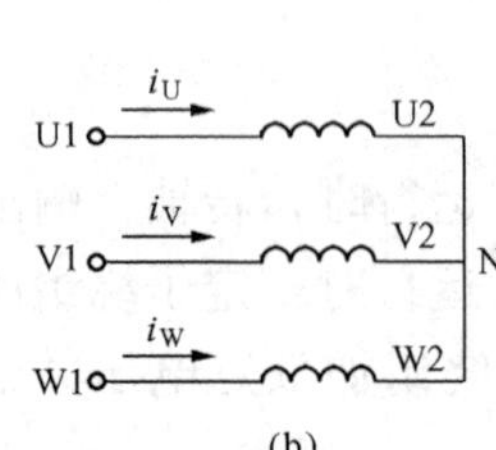

图 6-7 定子绕组示意及电流参考方向

（a）定子剖面图；（b）电流参考方向

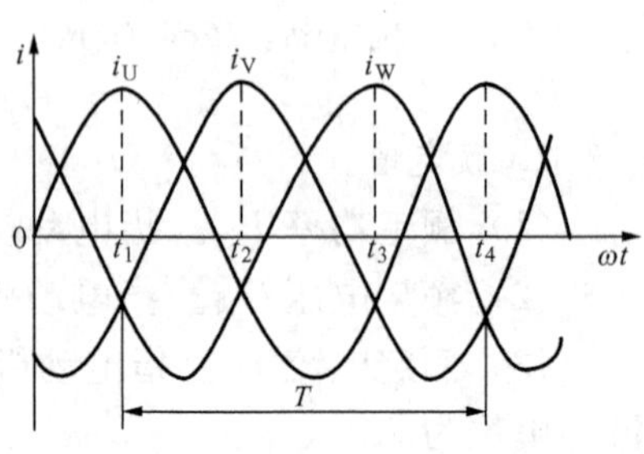

图 6-8 对称三相交流电流的波形

选择 t_1、t_2、t_3、t_4 四个不同瞬时，根据各相电流的实际方向，应用右手螺旋定则判断各瞬时定子三相绕组的合成磁场方向，如图 6-9 所示。

例如当 $t=t_1$ 瞬时，$i_U>0$，U 相绕组电流由首端（U1）流向末端（U2）；$i_V<0$、$i_W<0$，V、W 相绕组电流由末端流向首端。由右手螺旋定则判断三相绕组合成磁场的方向如图 6-9（a）中的虚线箭头所示。

用同样的方法分析 t_2、t_3、t_4 瞬时的情况，可以分别得到图 6-9（b）、（c）、（d）所示的合成磁场方向。

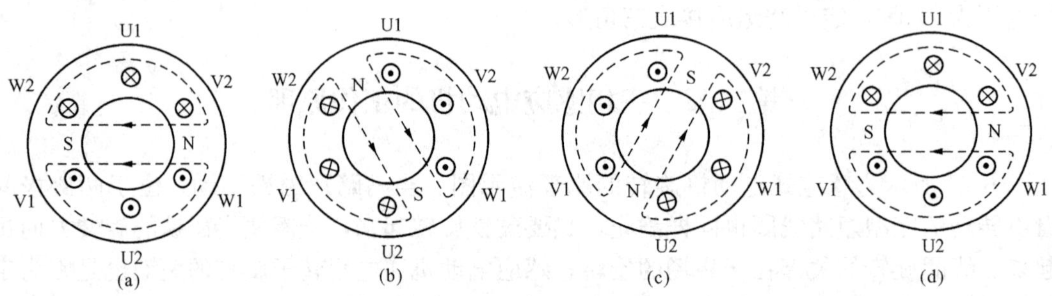

图 6-9 （两极）定子三相合成旋转磁场形成示意图

（a）t_1 时；（b）t_2 时；（c）t_3 时；（d）t_4 时

以上分析表明，在对称三相定子绕组中，通入对称三相交流电流，便在定子内产生一个合成的旋转磁场。

2. 旋转磁场的旋转方向

由图 6-9 可见，当某相绕组的电流达到最大值时，合成旋转磁场的方向与该相绕组的轴线方向相同，也就是说，在定子对称三相绕组中通入相序为 U—V—W 的对称三相交流电流时，旋转磁场按绕组轴线 U—V—W 顺序旋转。

若图 6 - 7（a）所示三相绕组的排列顺序不变，只是把三相绕组中电流的相序改为 U—W—V，也就是将与定子绕组任意两首端相接的电源线对调，合成旋转磁场将按绕组轴线 U—W—V 的顺序旋转，与原旋转方向相反。

可见，旋转磁场的旋转方向取决于定子绕组中三相电流的相序，磁场方向总是从电流相序在前的绕组轴线转向电流相序在后的绕组轴线。

3. 旋转磁场的转速

由以上分析可知，在空间上互差 120°的定子三相绕组中通入对称三相交流电流，产生的合成磁场只有两极，即磁极对数 $p=1$。在实用中，可以通过改变定子绕组的结构和接法，来实现三相感应电动机的多极化。图 6 - 10 为产生四极的定子绕组。图中每相定子绕组由两个串联线圈组成，各线圈在空间上彼此相隔 60°嵌放在定子槽中。按着两极合成旋转磁场的分析方法，就可以得出它是具有四极（$p=2$）的合成旋转磁场，如图 6 - 11 所示。

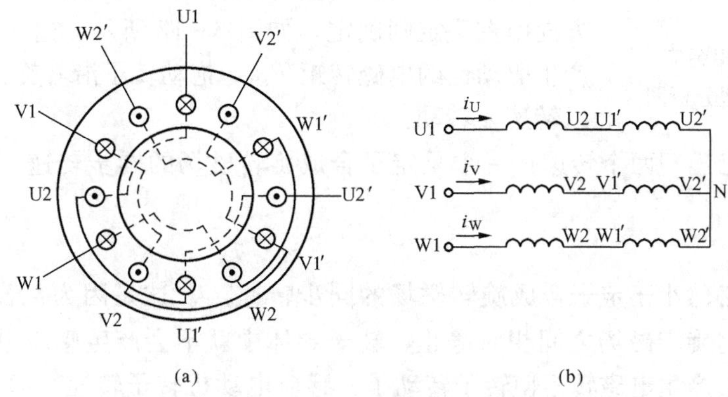

图 6 - 10　产生四极的定子绕组

（a）绕组分布示意；（b）绕组的连接

由图 6 - 11 可以看出，电流从图 6 - 8 的 t_1 瞬时变到 t_2 瞬时，经过 120°（时间）相角，合成旋转磁场只转过 60°空间角。显然，电流经过一个周期，合成旋转磁场旋转 1/2 圈。一般地说，当定子绕组具有 p 对磁极时，电流变化一个周期，旋转磁场在空间只转过 $1/p$ 圈。由于电流的频率为 f，则旋转磁场每秒钟转过 f/p 圈，而每分钟合成旋转磁场转过的圈数为

$$n_1=\frac{60f}{p} \qquad (6-2)$$

式（6 - 2）中 f 的单位为 Hz，n_1 的单位为 r/min（转/分）。

由以上分析可见，合成旋转磁场的转速 n_1 与电流频率 f 成正比，与定子绕组合成磁场的磁极对数 p 成反比。n_1 称为同步转速。

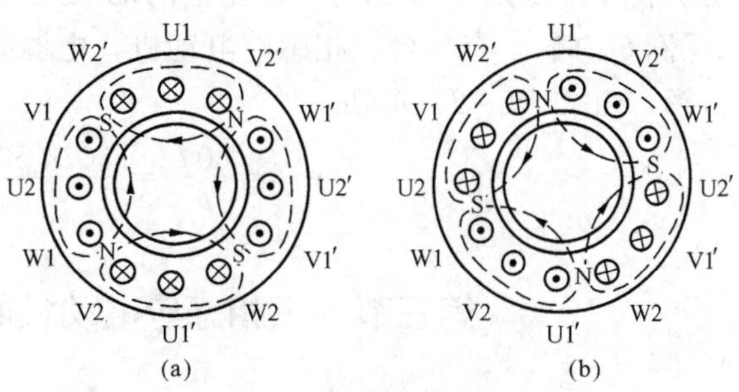

图 6 - 11　三相四极旋转磁场

（a）$t=t_1$ 时；（b）$t=t_2$ 时

对于一台三相感应电动机，p 为定值，当电源频率 f 不变时，同步转速 n_1

不变。例如对于工频电源 $f=50\text{Hz}$，若定子绕组磁极对数 $p=1$，$n_1=3000\text{r/min}$；$p=2$，$n_1=1500\text{r/min}$；$p=3$，$n_1=1000\text{r/min}$，其余类推。

二、三相感应电动机的工作原理

1. 转子转动原理

为了便于分析，把鼠笼式转子绕组简化成由上下两根导体构成的闭合电路，如图 6 - 12 所示。当定子绕组流过对称三相电流后，在定子内产生一个转速为 n_1 的合成旋转磁场。由定子三相绕组中电流相序可知，旋转磁场沿逆时针方向旋转。转子未转动时，转子导体与旋转磁场之间有相对运动，因而在转子导体内产生感应电动势，因转子导体两端是闭合的，所以便有感应电流流过。转子电流方向由右手定则确定。

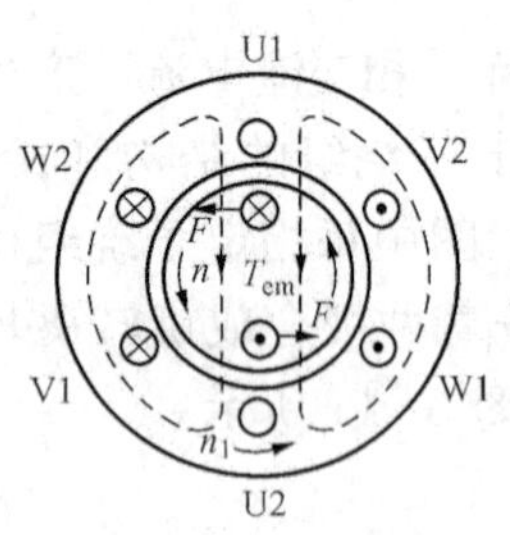

图 6 - 12 三相感应电动机工作原理分析图

转子导体中的电流与旋转磁场相互作用产生电磁力 F，其方向由左手定则确定，如图 6 - 12 所示。这个电磁力 F 对转子产生驱动性的电磁转矩 T_{em}，拖动转子沿着旋转磁场的旋转方向以转速 n 转动。

应注意，现已出现两个转速：一个是定子合成旋转磁场的同步转速 n_1，另一个是转子转速 n。

2. 转差率

转子转速 n 必然小于定子合成旋转磁场的同步转速 n_1。这是因为：若这两者的转速相等，则转子导体与旋转磁场之间相对静止，转子导体中就不会产生感应电动势和感应电流了，因而也就不会产生电磁转矩使转子转动了。感应电动机转子转速（n）总是小于定子合成旋转磁场的同步转速（n_1），正因为如此，所以又称感应电动机为异步电动机。通常，将同步转速 n_1 与转子转速 n 之差与同步转速 n_1 的比值，称为异步电动机的转差率，用 s 表示，即或

$$\left.\begin{aligned} s &= \frac{\Delta n}{n_1} = \frac{n_1 - n}{n_1} \\ n &= n_1(1-s) \end{aligned}\right\} \tag{6-3}$$

转差率是反映三相感应电动机运行特性的重要参数之一。当电动机处于静止状态时，转子转速 $n=0$，则 $s=1$；当转子转速接近于同步转速时，即 $n\approx n_1$ 时，则 $s\approx 0$。可见，感应电动机转速范围是 $0\leqslant n<n_1$，转差率的范围是 $1\geqslant s>0$。

【例 6 - 1】 有一台三相感应电动机，电源频率为 50Hz，磁极对数为 4，求同步转速。

解 由式（6 - 2）可知

$$n_1 = \frac{60f}{p} = \frac{60\times 50}{4} = 750(\text{r/min})$$

第三节 三相感应电动机的电磁转矩与机械特性

要正确地使用三相感应电动机，必须了解它的运行特性，其中，主要应掌握其电磁转矩及机械特性。

一、电磁转矩

由上节已知，电动机的电磁转矩是对转子的拖动转矩，它决定着电动机拖动生产机械的能力。

由推导（略）可得，电动机的电磁转矩为

$$T_{em}=KU_1^2\frac{sR_2}{R_2^2+(sX_{20})^2} \tag{6-4}$$

式中：K 为电机的结构常数；U_1 为定子绕组相电压；R_2 为转子一相绕组的电阻；X_{20} 为当转子不动（$s=1$）时，转子一相绕组的漏电抗，X_{20} 与电源频率 f 成正比，当 f 不变，X_{20} 为定值；s 为转差率。

式（6-4）为感应电动机的电磁转矩公式，也是进一步分析三相感应电动机运行特性的基础。

二、机械特性

由式（6-4）可知，当外加电源电压、频率和转子电路参数一定时，电磁转矩 T_{em} 仅随转差率 s 而变化，$T_{em}=f(s)$ 曲线称为三相感应电动机的转矩特性，如图 6-13（a）所示。如将图 6-13（a）沿顺时针方向转过 90°，将 s 值按式（6-3）换算为转子转速 n，再将表示 T_{em} 的横坐标轴下移，可得到 $n=f(T_{em})$ 曲线。该曲线称为三相感应电动机的机械特性曲线，如图 6-13（b）所示。

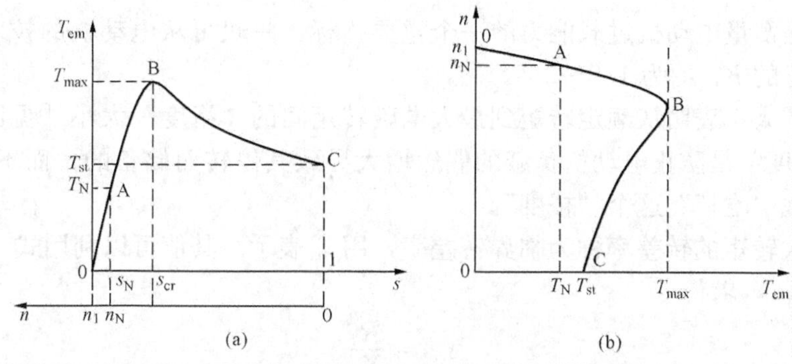

图 6-13　三相感应电动机的转矩特性和机械特性

（a）转矩特性；（b）机械特性

1. 三个重要转矩

（1）额定转矩。电动机拖动额定负载时的工作状态称为额定运行状态。此时，转子输出的转矩称为额定转矩 T_N，其转速称为额定转速 n_N，对应的转差率称为额定转差率 s_N。通常 s_N 为 0.02～0.06。

当电动机拖动机械负载稳定运行时，它所产生的电磁转矩（T_{em}）必须与轴上的阻转矩相平衡，转速才能稳定。阻转矩包括负载转矩 T_L 和空载转矩 T_0（空载转矩是由摩擦、通风阻力及各种损耗产生的），即 $T_{em}=T_L+T_0$。因为 T_0 很小，可以忽略，则 $T_{em}\approx T_L$。

因为电动机运行时，输出的机械功率 P_2 等于角速度（ω）与负载（阻）转矩 T_L 的乘积，由此可知

$$T_{em}\approx T_L=\frac{P_2}{\omega}=\frac{P_2}{2\pi n} \tag{6-5}$$

式（6-5）中，转矩 T_{em}的单位是 N·m（牛·米）；输出功率 P_2 的单位是 W；转速 n 的单位是 r/s（转/秒）。

实用中，功率的常用单位是 kW（千瓦），转速的常用单位是 r/min（转/分），则式（6-5）应变为

$$T_{em} \approx T_L = \frac{P_2 \times 10^3}{\frac{2\pi n}{60}} = 9550 \frac{P_2}{n}\ (\text{N}\cdot\text{m}) \tag{6-6}$$

电动机的额定功率 P_N 和额定转速 n_N 可以从铭牌上查得。当电动机在额定工作状态下运行时，应用式（6-6）可求得额定转矩为

$$T_N \approx 9550 \frac{P_N}{n_N} \tag{6-7}$$

（2）最大转矩。机械特性曲线上的 T_{max}是电动机电磁转矩的最大值，称为最大转矩。它是电动机运行的临界转矩。若负载转矩 T_L 大于 T_{max}，则电动机将因带不动负载而发生停转（闷车）现象，将造成电动机因电流过大而过热，甚至烧坏，这是不允许的。然而，如类似于车床电动机，负载转矩接近最大转矩是时有发生的，这种情况应是允许的。最大电磁转矩反映了电动机的过载能力，通常用它与额定转矩的比值 K_m 来表示，K_m 称为过载系数。其表达式为

$$K_m = \frac{T_{max}}{T_N} \tag{6-8}$$

过载系数是衡量电动机过载能力的一个重要指标，一般可从电动机的技术数据中查到。三相感应电动机的 K_m 约为 1.8～2.5。

过载系数的大小表明从额定转矩到最大电磁转矩间的“裕度”大小［见图 6-13 中 AB 段］。这个“裕度”是防止电动机负载的偶然增大导致其停转而储备的，而不能因此随意增大电动机的负载“吃掉”这个“裕度”。

对应于最大转矩的转差率称为临界转差率，用 s_{cr}表示。其值可以利用式（6-4）对 s 求导，令 $dT/ds=0$，求得

$$s_{cr} = \frac{R_2}{X_{20}} \tag{6-9}$$

再将 s_{cr}代入式（6-4），求得

$$T_{max} = K \frac{U_1^2}{2X_{20}} \tag{6-10}$$

（3）起动转矩。电动机在刚接通电源的瞬时，转速 $n=0$（$s=1$），这时的电磁转矩称为起动转矩 T_{st}。由式（6-4）可知

$$T_{st} = KU_1^2 \frac{R_2}{R_2^2 + X_{20}^2} \tag{6-11}$$

由式（6-11）可见，起动转矩与电源电压的平方成正比，与转子电阻（R_2）有关。

欲使电动机能够起动，应使 $T_{st}>T_L$，若是电动机在额定负载下起动，应使 $T_{st}>T_N$。T_{st}越大，电动机起动越快。起动转矩 T_{st}与额定转矩 T_N 之比反映了感应电动机的起动能力，比值约为 0.8～2。

2. 稳定运行区

当电动机工作在图 6-13（b）所示的机械特性曲线的 OB 段某一点，若因负载阻转矩增

大而使转子转速下降时，由曲线可见，相应的电磁转矩 T_{em} 随之增大，必将自动调整到新的转矩平衡状态使转子稳定运转，反之亦然，所以 OB 段为电动机的稳定运行区。

然而在 BC 段，电动机则无法稳定运行。因为在此区间，只要负载阻转矩稍有增加引起转速下降时，则电磁转矩将随之减小，由此又引起转速进一步下降，直至电动机停转。

由图 6 - 13（b）可见，三相感应式电动机的机械特性曲线在稳定运行区是比较平坦的，也就是说当负载变化时转速变化不大，这样的机械特性称为硬机械特性。这一特性非常适合于一般金属切削机床的驱动。

最后需要指出，由式（6 - 4）可知，在电动机的其他参数不变的情况下，电磁转矩（T）与外加电压（U_1）的平方成正比，因此，外加电压波动对电磁转矩影响很大。例如，当外加电压降到额定电压的 80%时，电磁转矩仅为额定转矩的 64%。显然，感应电动机对外加电压的变化十分敏感，这是它的一个主要缺点。

【例 6 - 2】 有一台三相感应电动机，电源频率为 50Hz，额定转速 $n_N=1450$r/min，空载转差率 $s_0=0.0026$，求电动机的同步转速、磁极对数、空载转速及额定负载时的转差率 s_N。

解 因 n_N 应略低于 n_1，由 $n_N=1450$r/min 可断定，同步转速 $n_1=1500$r/min。再由式（6 - 2）可知磁极对数

$$p=\frac{60f}{n_1}=\frac{60\times 50}{1500}=2$$

按式（6 - 3）可计算空载转速为

$$n_0=n_1(1-s_0)=1500\times(1-0.0026)=1496(\text{r/min})$$

额定转差率为

$$s_N=\frac{n_1-n_N}{n_1}=\frac{1500-1450}{1500}=0.0333$$

【例 6 - 3】 有两台三相感应电动机，输出的额定机械功率都是 10kW，其中一台 $n_{1N}=2930$r/min，另一台 $n_{2N}=1450$r/min，过载系数 K_m 都是 2，求它们的额定转矩和最大转矩。

解 由式（6 - 7）可知第一台电动机额定转矩为

$$T_{1N}\approx 9550\frac{P_{1N}}{n_{1N}}=9550\times\frac{10}{2930}\approx 32.6(\text{N}\cdot\text{m})$$

由式（6 - 8）有

$$T_{1max}=K_m T_{1N}=2\times 32.6=65.2(\text{N}\cdot\text{m})$$

第二台电动机额定转矩为

$$T_{2N}\approx 9550\frac{P_{2N}}{n_{2N}}=9550\times\frac{10}{1450}\approx 65.9(\text{N}\cdot\text{m})$$

最大转矩为

$$T_{2max}=K_m T_{2N}=2\times 65.9\approx 132(\text{N}\cdot\text{m})$$

由［例 6 - 3］可知，功率相同但转速不同的两台电动机，转速低的电磁转矩大。

第四节　三相感应电动机的起动、调速与反转

三相感应电动机的拖动与控制包括起动、调速、反转与制动等内容。

一、三相感应电动机的起动方法

电动机从接上电源开始转动到稳定运转的过程称为起动。起动时的定子电流称为起动电流。电动机刚接通电源转子未动，合成旋转磁场以同步转速切割转子绕组，在转子绕组上产生很大的感应电流。同时，在定子绕组中相应出现很大的起动电流，其值为额定电流的4～7倍。

因起动时间短，起动电流不会损坏电机本身，但可能引起电网电压的显著下降，影响其他用电设备的正常工作；另外，因为起动时转子电路的功率因数很低，起动转矩并不大，使起动速度变慢，甚至不能起动。所以，电动机起动时应关注两个问题：一是应限制起动电流在允许范围之内；二是应使起动转矩大于负载转矩。为此，应选择适当的起动方法。

（一）鼠笼式三相感应电动机的起动

1. 直接起动

直接起动就是电动机在额定电压下的起动。一般规定感应电动机的功率小于7.5kW或电动机的容量不超过电源容量15%～20%的情况都可以直接起动。

直接起动所用设备简单，操作方便，起动转矩大，起动时间短。凡是能直接起动的都应直接起动。在发电厂中，因为电源容量大，一般三相感应电动机都是直接起动。对于不允许直接起动的电动机，应采用降压起动。

2. 降压起动

电动机起动时降低电压，当转子接近额定转速时再加上额定电压运转，这种起动方法称为降压起动。降压起动虽然降低了起动电流，但因电磁转矩与电压的平方成正比而使起动转矩也减小了，所以这一起动方法只适用于空载或轻载下的起动。常用的两种降压起动方法如下：

（1）星形—三角形（Y—△）降压起动。起动时，先将定子三相绕组星形连接，待转子转速升高到一定值后再改接成三角形，如图6-14所示。显然，这种起动方法只适用于正常运行时定子绕组为△形连接的电动机。Y—△降压起动时，起动电流和起动转矩都减小到直接起动时的1/3。

（2）自耦变压器降压起动。它是利用自耦变压器降低加在定子绕组上的起动电压的起动方法，如图6-15所示。起动时，开关S合向左侧，自耦变压器投入起动，起动后再将S合到右侧，自耦变压器退出工作，使电动机在全压下运转。自耦变压器降压起动时，起动电流和起动转矩均下降为直接起动的$1/K^2$（K为自耦变压器的电压变比）。

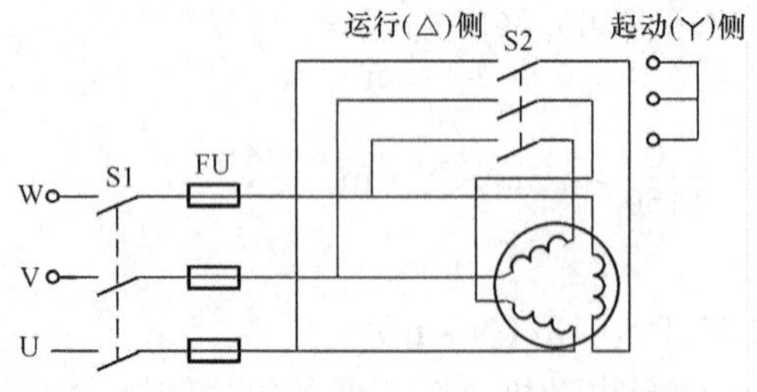

图6-14 Y—△转换降压起动电路

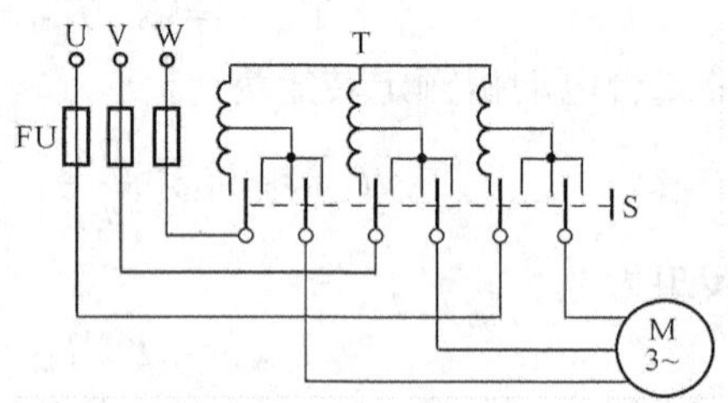

图6-15 自耦变压器降压起动电路

为了满足不同的使用需求，自耦变压器的二次绕组有三个抽头，分别为0.4、0.6、0.8，可根据对起动电流和起动转矩的不同要求，灵活地选择抽头。无论电动机正常运行时是星形连接还是三角形连接，这种起动方法都是适用的。

（二）绕线式三相感应电动机的起动

电动机起动前，先将转子三相绕组的三个首端分别通过集电环和电刷与外电路星接的起动变阻器相连，如图 6 - 16（a）所示。起动时，先将变阻器全部投入，随着转速的升高，再逐渐短接变阻器电阻，最后将变阻器电阻全部退出，电动机进入正常运转。

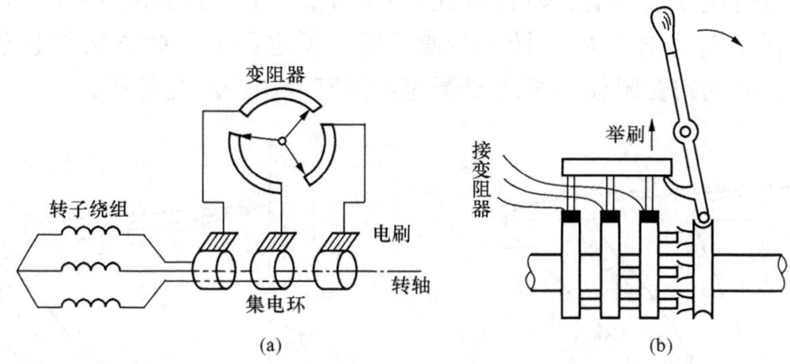

图 6 - 16 绕线式转子电路串联变阻器起动
（a）电路；（b）短路举刷装置

功率较大的绕线式电动机常设有图 6 - 16（b）所示的短路举刷装置。起动完毕，搬动手柄，使电刷脱离滑环、转子绕组在滑环处直接短接。

绕线式电动机转子绕组串电阻起动，既可减小起动电流，又能增大起动转矩，适宜频繁起动，要求起动转矩大的场合。

二、三相感应电动机的调速方法

为了满足生产机械调速的要求，三相感应电动机的转速（n）需要相应调节。由式（6 - 2）、式（6 - 3）可知转速

$$n=(1-s)n_1=(1-s)\frac{60f}{p} \tag{6 - 12}$$

由式（6 - 12）可知，电动机的调速方法主要有以下几种：

1. 改变电源频率 f 调速

欲使电源频率可调，必须有一套变频电源设备。通常采用晶闸管变频技术使电动机的电源频率连续可调。电动机的变频调速范围宽、无级（即连续）平滑，是一种理想的调速方法，现正推广之中。

2. 改变磁极对数 p 调速

改变定子合成旋转磁场的磁极对数（p）实现调速的具体做法是：改变定子绕组的结构和连接方式，使磁极对数改变，进而使转子转速（n）也成倍改变，这是一种有级调速。例如 YD 系列电动机就有双速、三速、四速几个品种。这种调速方法的优点是所需设备简单；缺点是绕组的引出头多，调速级数少。常用于金属切削机床或其他不要求均匀调速的生产机械上。

3. 改变转差率 s 的调速

（1）改变定子电压调速。由式（6 - 9）、式（6 - 10）可知，降低定子绕组电压的机械特性为一组临界转速（对应临界转差率 s_{cr} 的转子转速）不变，而最大电磁转矩 T_{max} 随电压下降的曲线，如图 6 - 17 所示。不难看出，对于恒定转矩负载，改变电压调速范围很窄，实用价值不大。但风机、水泵之类的负载转矩 T_L 是随转速的下降而下降的，如图中虚线所示。

可见其调速范围（对应于 a、a′、a″的转速）较宽，因此，目前大多数电风扇都采用串联电抗器或用晶闸管调压进行调速。

（2）改变转子电路电阻调速。这种方法仅适用于绕线式感应电动机。由式（6－9）、式（6－10）可知，当其他条件不变时，增大转子电路的电阻 R_2，临界转差率 s_{cr} 增大，临界转速下降，最大电磁转矩 T_{max} 不变，机械特性 $n=f(T_{em})$ 下降，如图 6－18 所示。由图可见，负载转矩（T_L）不变时，增大 R_2，转子转速下降。反之则反。此方法与起动时转子电路串联电阻情况一样，但起初变阻器不可用于调速，另有专用调速变阻器。

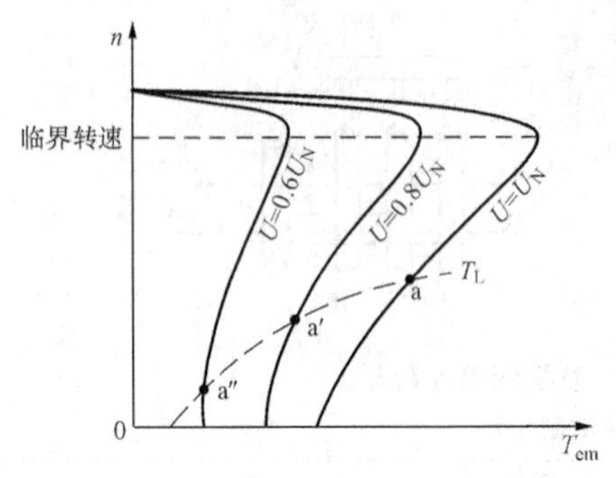

图 6－17　改变定子电压调速（风机类）

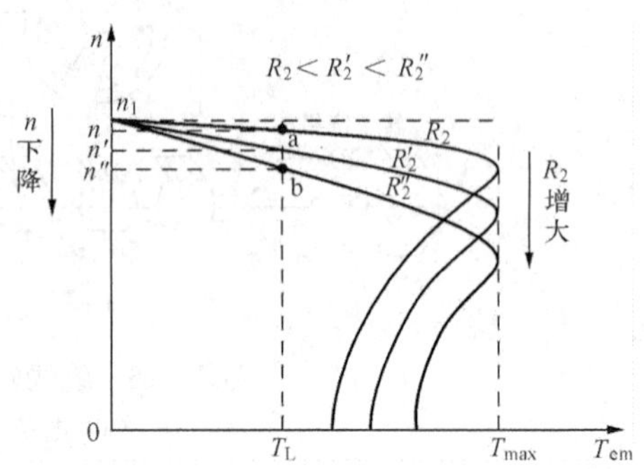

图 6－18　n 随转子电阻 R_2 变化情况

这种调速方法的优点是设备简单，并可在一定的范围内调速。缺点是在转子电路中串入电阻后增加了功率损耗，且在轻载时的调速范围窄（如图 6－18 中 n 到 n''）。这种调速方法常用于运输、起重机械中的绕线式电动机中。

三、三相感应电动机的反转

因为三相感应电动机的转子旋转方向与定子合成旋转磁场方向一致，而旋转磁场方向取决于定子三相绕组中电流的相序，因此，欲改变电动机转子的旋转方向，只需将与电动机相接的电源三相引线中的任意两相对调即可。

*第五节　三相感应电动机的制动

在实际生产中，常要求拖动生产机械的电动机处于制动状态。所谓电动机的制动，就是使电动机迅速停车、迅速减速的控制过程。常用的制动方法一般分为两类，即机械制动（如机械抱闸）和电力制动。常用的电力制动方法有以下三种。

一、反接制动

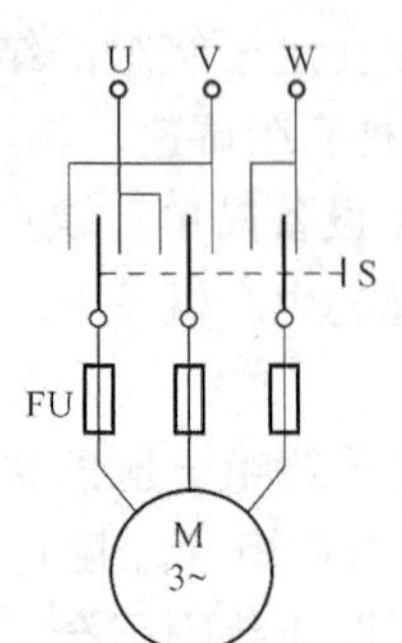

图 6－19　反接制动示意图

反接制动是通过开关装置，将三相电源的任意两相对调，使电动机定子旋转磁场方向与转子转动方向相反，从而产生制动电磁转矩，使电动机迅速停转。例如图 6－19 所示电路，当开关 S 切断电源后合向左侧，将 U、V 相对调，以实现反接制动。

反接制动时，由于转子转向与定子旋转磁场方向相反，其转差率 $s=n_1-(-n)/n_1\approx 2$，即旋转磁场与转子间相对切割速度很大，产生的制动电流比全压起动时电流还大，为此通常在定子绕组中串入限流电阻。应注意，一旦转子停转，要及时迅速切断电源，避免电动机反向起动。反接制动方法只适用于小功率三相感应电动机。

二、发电制动

在电动机工作过程中，由于外来因素的影响，使电动机转速 n 超过旋转磁场的同步转速 n_1，进入发电机状态（见本章第十节），此时电磁转矩的方向与转子转向相反，变为制动转矩，电机将机械能转变成电能向电网反馈，故又称为再生制动或回馈制动。

在生产实践中，感应电动机发电制动出现在电动机变极、变频调速或位能负载下放的过程中。

如图 6－20（a）所示，当起重机下放重物时，刚开始，电动机转速小于同步转速，即 $n<n_1$，它处于电动机运行状态，电磁转矩方向与电动机的旋转方向相同。接着，在电磁转矩和重物重力产生的转矩双重作用下，使转子转速超过旋转磁场的转速，即 $n>n_1$。这时电磁转矩（T_{em}）的方向与转子转向相反成为制动转矩，如图 6－20（b）所示。于是，电动机开始减速，直到制动转矩与重力转矩相平衡时转速均匀，重物将以恒定速度平稳下降。

三、能耗制动

能耗制动如图 6－21（a）所示。欲使电动机迅速停机制动时，当切断三相电源后，立即将定子两相绕组改接到直流电源上，这时在气隙中便产生一个静止的磁场，转子因机械惯性作用而继续旋转，切割静止磁场，由右手定则可知，在转子绕组便产生如图 6－21（b）所示的感应电流，该电流在静止磁场的作用下产生对转子制动的电磁转矩 T_{em}，从而使电动机迅速停转。可见，能耗制动就是把转子的动能转变为电能，消耗在转子回路中。对于绕线式电动机，可通过改变转子回路所串电阻的大小，来改变制动电磁转矩的大小。对于鼠笼式电动机，可通过改变直流电流的大小，来改变制动电磁转矩的大小。

由以上分析可知，电力制动的共同点是：对电动机实施电力制动时，电磁转矩的方向与转子转向相反，从而对转子产生制动作用。

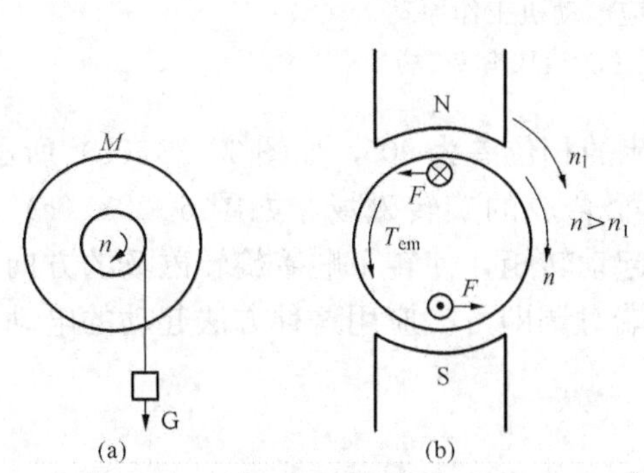

图 6－20 起重机下放重物

（a）实物示意；（b）发电制动图示

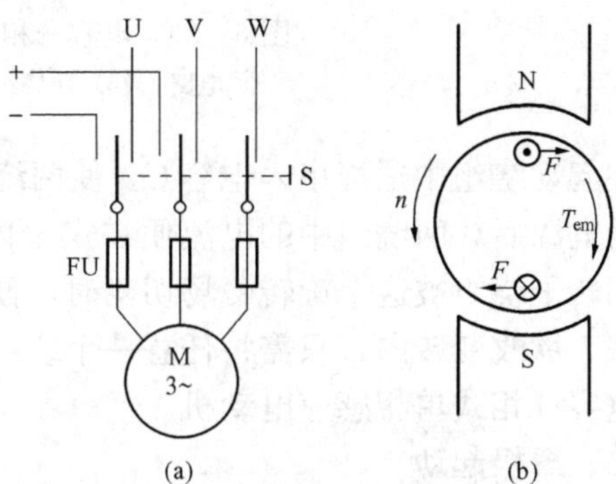

图 6－21 三相感应电动机能耗制动

（a）电路；（b）制动原理图

*第六节 单相感应电动机

单相感应电动机主要用于电风扇、电钻、小鼓风机等小型电器中。其容量较小，一般在几瓦到几百瓦之间，转子为鼠笼式。

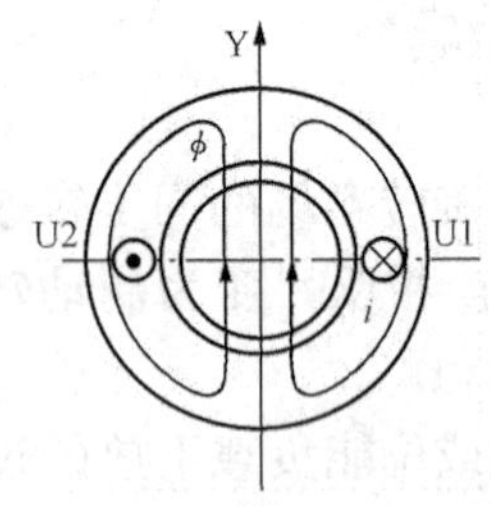

图 6 - 22 定子中只有一个绕组时的磁场状况

图 6 - 22 所示定子中，只有一个绕组（U1—U2），当在绕组中通入正弦交流电流 i 时，在定子内产生的磁场大小和方向随时间不断改变，而磁场（ϕ）的中心始终位于绕组的轴线（Y）上，这样的磁场称为脉动磁场。因为定子磁场不能旋转，所以转子没有起动转矩。

欲使单相电动机起动，关键在于设法在定子内产生一个旋转磁场帮助电机起动。常用的起动方法有以下两种。

一、电容分相式起动

这种单相电动机是在定子上增加一个起动绕组 V1—V2，它与工作绕组 U1—U2 在空间上相差 90°，电路如图 6 - 23（a）所示。

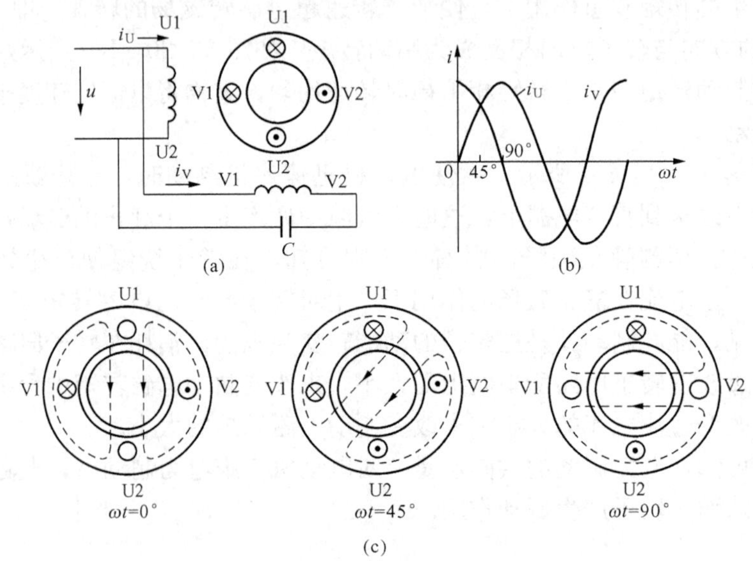

图 6 - 23 电容分相式单相感应电动机工作原理
（a）电路；（b）两绕组中的电流；（c）合成旋转磁场

在起动绕组中适当串入电容 C，使两绕组中电流的相位差为 90°，如图 6 - 23（b）所示。当接通电源后，两绕组中的电流便在定子内产生一个合成的旋转磁场，如图 6 - 23（c）所示。当转子绕组被这个旋转磁场切割时，便可获得起动转矩，使转子顺着旋转磁场的方向旋转起来。欲改变转向，只需将任意一个绕组的首尾端对调即可。应用这种方法起动的电动机称为电容分相式单相感应电动机。

二、罩极起动

罩极起动的单相感应电动机定子磁极的表面开有一个凹槽，将磁极分成大小两部分，并在较小的磁极上套有一个短路铜环，该磁极称为“罩极”，短路环相当于罩极绕组，如图 6 - 24（a）所示。

当接通交流电流后，由于磁场的交变，使得短路环中产生感应电流。由楞次定律可知该电流可使罩极部分的磁通变化滞后于未罩部分的磁通变化，如图 6 - 24（b）所示，因而在气隙中产生一个移动磁场，其移动方向由未罩部分移向被罩部分。当移动磁场切割转子绕组时，在转子上便产生起动转矩，使转子由未罩部分向被部分的方向转动。如图 6 - 24（a）转子中的箭头所示。

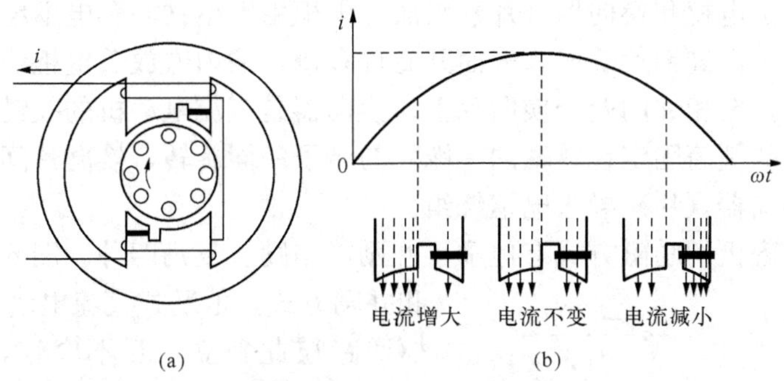

图 6 - 24 罩极起动的单相感应电动机工作原理
(a) 定子结构示意；(b) 移动磁场示意

*第七节 直流电动机的结构及工作原理

尽管直流电动机结构较为复杂，但因其起动性能和调速性能都优于交流电动机。所以，目前在要求起动转矩大、宽范围平滑调速的场合仍常被采用，如交通、冶金、轻工、纺织、印染等行业仍需使用直流电动机。在发电厂中的给煤（粉）机就是使用的直流电动机。

一、直流电动机的结构

直流电动机的结构如图 6 - 25 所示。直流电动机由定子和转子两个基本部分组成。

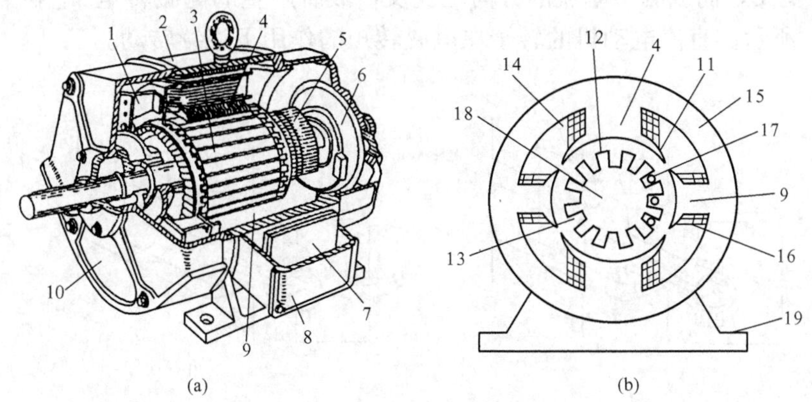

图 6 - 25 直流电动机的结构
(a) 结构；(b) 垂直于轴向的断面示意图
1—风扇；2—机座；3—电枢；4—主磁极；5—换向器；6—刷架；7—接线板；8—出线盒；
9—换向磁极；10—端盖；11—主磁极极靴；12—电枢齿；13—电枢槽；14—励磁绕组；
15—磁轭；16—换向磁极绕组；17—电枢绕组；18—电枢铁心；19—底脚

（1）定子由主磁极、换向磁极、机座和电刷装置等组成。主磁极由铁心和励磁绕组组成。当励磁绕组通入直流电流时，便产生恒定磁场，称为主磁场。换向磁极位于相邻主磁极中间，用来改善电枢绕组中电流的换向。机座由铸钢或钢板焊接而成，其作用是固定主磁极、换向磁极，并成为电机磁路的一部分。电刷装置由电刷和电刷架组成，其作用是通过固定的电刷与旋转的换向器（片）滑动接触，将外部的直流电流引入电枢绕组。

（2）转子主要由电枢和换向器（片）组成。电枢由电枢铁心和电枢绕组组成。电枢铁心是主磁路的一部分，由硅钢片叠成，表面开有许多槽，槽内嵌放着电枢绕组，每个绕组元件的两个引出端分别接至相邻的两个换向片上。换向器是直流电动机的关键部件，它是由许多铜制的换向片组成的圆筒固定在转轴的一端，与转子一同旋转，换向片间用云母作绝缘。外加直流电流通过换向器（片）导入电枢绕组。

直流电动机主磁极的励磁方式有他励、并励、串励、复励四种。图 6 - 26 表示的是他励和并励方式。他励式直流电动机的励磁回路与电枢回路彼此独立，互不牵连，只要励磁电压不变，主磁场就很稳定。并励式直流电动机的励磁绕组与电枢绕组共用同一直流电源，只要电源电压稳定，主磁场也就稳定，其工作情况与他励式相同。若励磁电压不变，他励或并励的直流电动机的每个主磁极下的磁通 ϕ 不变。以下按应用较多的并励式直流电动机进行分析。

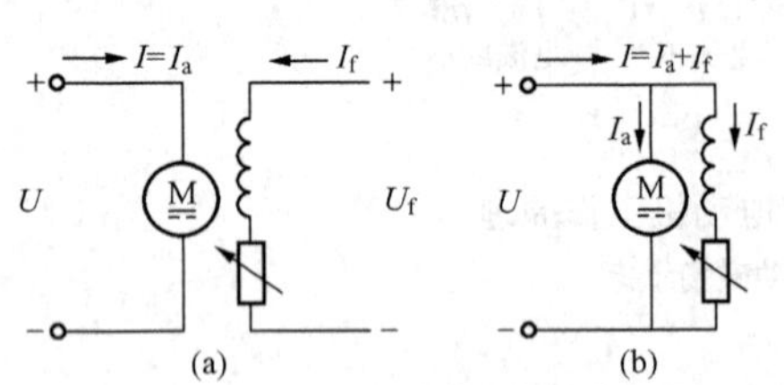

图 6 - 26 直流电动机他励和并励方式
（a）他励式；（b）并励式

二、直流电动机的工作原理

由直流电动机的工作原理图 6 - 27（a）可见，在外加直流电压 U 的作用下，电枢电流从电刷 B1 流入，经线圈 a→b→c→d 至电刷 B2 流出，线圈边 ab、cd 所受电磁力 F 及转子产生的电磁转矩 T_{em} 的方向如图中箭头所示；当线圈转过 180°后，线圈的两个边 ab、cd 所处的主磁极极性变反，而线圈中电流的方向也变反，故所产生的电磁转矩 T_{em} 的转向不变，如图 6 - 27（b）所示。直流电动机的转子在电磁转矩的作用下连续转动。

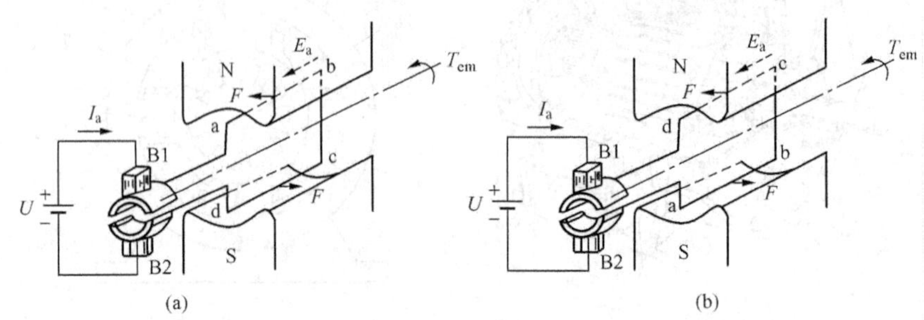

图 6 - 27 直流电动机工作原理图
（a）电枢线圈的初使位置；（b）电枢线圈转过 180°后的位置

转子转动时，电枢绕组因切割主磁场磁通产生感应电动势 E_a。由右手定则判断可知，感应电动势 E_a 的方向与外加电枢电流 I_a 的方向相反，故称反电动势。由物理学可知，$E=Blv$，因为 B 与每个主磁极下的磁通 ϕ 成正比，v 与电动机的转速 n 成正比，l 为电枢绕组不变的有效边，所以

$$E_a = C_e \phi n \tag{6 - 13}$$

式中：C_e 为与电动机结构有关的电动势常数。当 ϕ 的单位为 Wb，n 的单位为 r/min 时，E_a 的单位为 V。

电枢绕组电流

$$I_a = \frac{U - E_a}{R_a} \tag{6-14}$$

式中：U 为外加电源电压；R_a 为电枢绕组的电阻。

由物理学可知，$F=BIl$，因电磁转矩 $T_{em}\propto F$，$B\propto\phi$，所以电磁转矩

$$T_{em} = C_T\phi I_a \tag{6-15}$$

式中：C_T 为与电机结构有关的转矩常数。当 ϕ 的单位为 Wb，I_a 的单位为 A 时，T 的单位为 N·m。

电动机空载运行时所需的电磁转矩很小，转速较高，反电动势 E_a 与电源电压很接近，电枢电流很小。

电动机带负载后转速有所下降，反电动势减小，电枢电流增大，从而产生较大的电磁转矩拖动负载。

电枢电流 I_a 达到额定值时为满载，超过额定值时为过载。负载过大将导致转子停转，此时，$n=0$，由式（6-13）、式（6-14）可知，$E_a=0$，$I_a(=U/R_a)$ 因 R_a 很小而很大，可能达到额定值的10～20倍，这将烧坏电枢绕组，要严防这种情况的发生。

【例6-4】 一台并励式直流电动机，其额定电压 $U_N=220$V，输出额定功率 $P_N=7.5$kW，电枢电阻 $R_a=0.15\Omega$，励磁回路电阻 $R_f=41.5\Omega$，额定转速 $n_N=1000$r/min，额定效率 $\eta=0.83$。求：(1) 额定运行时输入功率 P_1 和额定电枢电流 I_{aN}；(2) 额定运行时电枢中的反电动势 E_a；(3) 额定转矩 T_N。

解 (1) 输入电功率

$$P_1 = \frac{P_N}{\eta} = \frac{7.5\times10^3}{0.83} \approx 9036\ (\text{W})$$

输入额定电流

$$I_N = \frac{P_1}{U_N} = \frac{9036}{220} \approx 41.1\ (\text{A})$$

额定励磁电流

$$I_{fN} = \frac{U_N}{R_f} = \frac{220}{41.5} \approx 5.3\ (\text{A})$$

额定电枢电流

$$I_{aN} = I_N - I_{fN} = 41.1 - 5.3 = 35.8\ (\text{A})$$

(2) 电枢反电动势

$$E_a = U_N - I_{aN}R_a = 220 - 35.8\times0.15 \approx 215\ (\text{V})$$

(3) 由式（6-7）可得

$$T_N \approx 9550\frac{P_N}{n_N} = 9550\times\frac{7.5}{1000} \approx 71.6\ (\text{N}\cdot\text{m})$$

*第八节 直流电动机的使用

对直流电动机的使用，主要介绍其起动、调速和反转方面的内容。

一、直流电动机的起动

直流电动机接通直流电源后，从静止状态开始加速至稳定的工作转速的过程称为起动。

起动方法有三种。

1. 直接起动

直接起动不需要附加设备，优点是操作简便；缺点是起动电流（或起动转矩）很大（为额定值的10～20倍），对电动机换向、温升及机械强度等方面都很不利。因此，直接起动只适用于功率不大于1kW的小型直流电动机。

2. 电枢回路串起动电阻起动

在电枢回路中串入起动电阻，就能限制最初的起动电流。起动电阻通常为分级可变电阻，在起动过程中分级切除。这种起动方法应用广泛，起动过程能耗大，因此频繁起动的大中型电机，不宜采用。

3. 降压起动

当电动机容量较大而起动又比较频繁时，可采用降低直流电源电压的方法起动。起动时，降低直流电压，以限制起动电流，起动后，逐步提升直流电压，使电动机的转速按所需加速度上升，以控制起动时间。降压起动的优点是起动电流和起动能耗小，升速平稳，但需配用专用的可调直流电源设备。

由此可见，与感应电动机相比，直流电动机比较容易做到起动电流小、起动转矩大，即具有良好的起动性能。

二、直流电动机的调速

由式（6-13）可知

$$n=\frac{E_a}{C_e\phi} \tag{6-16}$$

由式（6-14）可知

$$E_a=U-R_aI_a \tag{6-17}$$

将E_a代入式（6-16）得

$$n=\frac{U-R_aI_a}{C_e\phi} \tag{6-18}$$

由式（6-18）可见，直流电动机可以通过改变主磁通、电枢回路串联电阻及改变电源电压的大小达到调速的目的。

1. 改变主磁通调速

在电源电压和电枢回路电阻保持不变的条件下，增大并励回路中的串联电阻以减小励磁电流，使主磁通减小，转速便升高（不作详细分析）。由于并励绕组电流小，调速功耗不大，并且可以在较宽的范围内调速，因而这种调速方法得到广泛应用。

2. 改变电枢回路串联电阻的调速

在电源电压和主磁通保持不变的条件下，增大串联于电枢回路中的电阻，等于降低加在电枢两端的有效电压，转子转速必然下降。由于电枢电阻增大，故调速功耗大，应用不广。

3. 改变电源电压调速

改变电源电压调速是指通过调节加在电枢两端的直流电压进行调速，此时主磁极的励磁方式应由原来的并励式改成他励式，即由另外的直流电源供给励磁电流。因受电动机额定电压的限制，所以这种方法只能降低电枢电压使转速降低，调速范围应限定在额定转速以下。由于利用晶闸管元件可以制成可调电压范围较宽的直流电源，因此，这种调速方式正逐步得到广泛应用。

由于直流电动机能在一个较大范围内平滑（无级）调速，故比交流电动机调速性能好得多。所以有些对调速性能要求高的生产机械，经常选用直流电动机作为原动机。

三、直流电动机的反转

由左手定则可知，只要对调主磁极励磁绕组的两个端子接线，改变励磁电流方向，或对调电枢绕组的两个电刷的电源极性改变电枢电流的方向，都可以改变电动机的转向。

四、直流电动机的机械特性

由式（6-18）可知，对于并励式直流电动机，U、R_a、ϕ 不变，转速 n 仅随负载电流 I_a 改变；当负载阻转矩 T_L 增大时，$T_{em} \approx T_L$ 增大，I_a 增大，因 R_a 很小，所以 n 下降很少，具有硬机械特性，其机械特性 $n=f(T_{em})$ 曲线如图6-28所示。

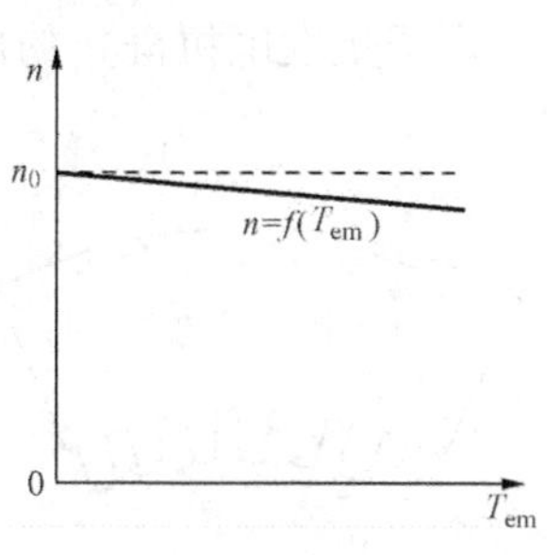

图 6-28 并励式直流电动机的机械特性

*△第九节 同步发电机的结构

同步发电机是将机械能转变成交流电能的电机。它是发电厂中直接承担发电任务的最重要的电气设备。

在火力发电厂中，因为发电机以汽轮机为原动机，被称为汽轮发电机；在水力发电厂中，因为发电机以水轮机为原动机，被称为水轮发电机。

同步发电机由发电机本体、励磁系统和冷却系统组成。

一、同步发电机的本体结构

汽轮发电机的结构如图 6-29 所示。不同类型的发电机，它们的本体结构基本相同，都是由定子和转子两个基本部分组成的。

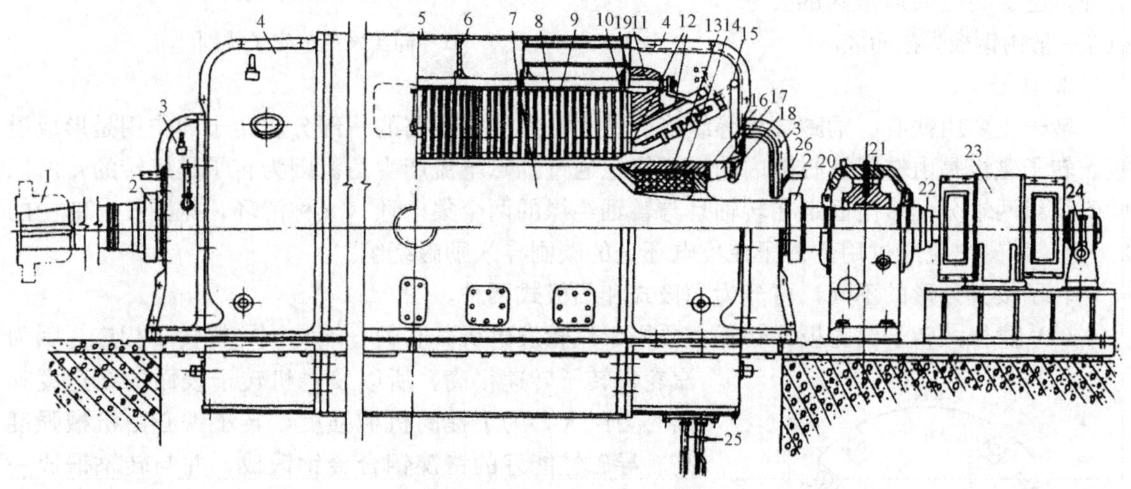

图 6-29 汽轮发电机的结构图

1—联轴器（与汽轮机连接）；2—集电环；3—小端盖；4—大端盖；5—机壳；6—横向壁；7—转子本体；8—定子铁心；9—定子径向风道；10—燕尾筋；11—定子铁心端压板；12—定子绕组；13—转子绕组；14—护环；15—消防水管；16—中心环；17—离心风扇；18—内端盖（档风圈）；19—机壁；20—油档；21—励端轴承；22—联轴器（与励磁机连接）；23—励磁机；24—励磁机轴承；25—引出线；26—风档

1. 定子

定子是发电机静止的部分，又称为电枢。主要由铁心、绕组和机座组成。

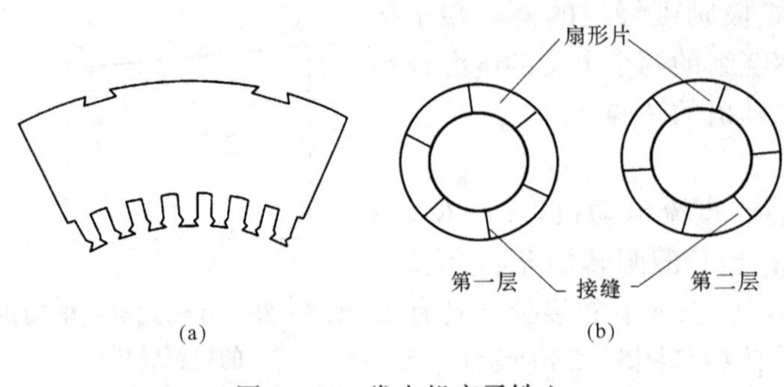

图 6-30　发电机定子铁心
(a) 扇形铁心片；(b) 扇形铁心片交错叠法

(1) 定子铁心。定子铁心与转子铁心共同构成发电机的主磁路。定子铁心是由许多 0.5mm 厚的扇形硅钢片交替叠成圆形，如图 6-30 所示。每叠至 3～4cm 厚时，便留有 1cm 左右的通风道，以便铁心散热。整个铁心固定在机座的内圆上，通过定子两端的铁心压板压成一个整体。在定子铁心的内圆上开有许多槽，用以嵌放定子绕组。

(2) 定子绕组。定子有三相绕组，每相绕组由若干个线圈连接而成，每个线圈由直线部分和端部构成，如图 6-31 所示。线圈由铜线绕制成形后，再包好绝缘，然后将直线部分嵌放在垫好绝缘的定子槽内，最后用槽楔压紧。线圈的端部露在定子槽的两端，通过出线头与其他线圈连接。定子三相绕组按星形连接。

(3) 机座。它的主要作用是固定定子铁心，因此，要求它具有足够的强度和刚度，以承受在加工、运输和运行过程中的各种作用力；另外，还要满足通风散热的要求。机座一般由钢板焊接而成。

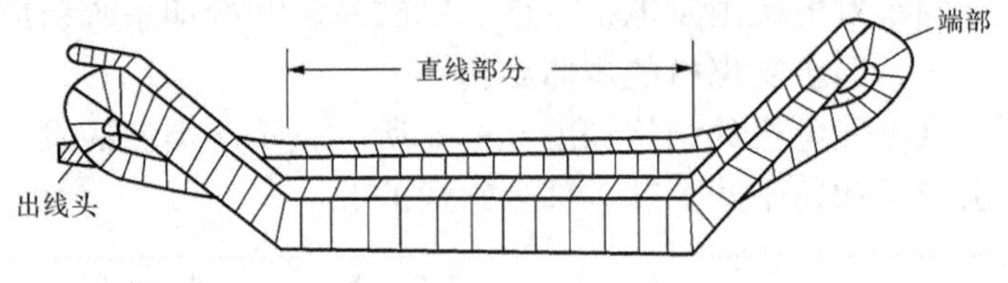

图 6-31　同步发电机定子线圈

2. 转子

转子主要由铁心、励磁绕组等组成。铁心是发电机磁路的一部分。转子的作用是形成磁极。转子磁极是由转子铁心槽内的励磁绕组通过励磁电流产生的。因为转子是旋转的，所以励磁绕组两端分别接至固定在转轴且与转轴绝缘的两个集电环（又称滑环，见图 6-29 中的 2）上，励磁电流通过用弹簧压在集电环上的碳刷导入励磁绕组。

转子按其外形的不同，可分为隐极式和凸极式两种。

(1) 隐极式转子。隐极式转子主要用于汽轮发电机。它的一端与汽轮机转子相连，因为汽轮机转子转速很高，所以发电机转子表面的线速度和离心力巨大，为了提高机械强度，转子铁心由机械强度高、导磁性能好的铬镍钼合金钢锻成，并与转轴锻成一个整体。在转子表面开有许多槽，供嵌放励磁绕组之用。槽间较小的部分为小齿，特宽的部分（共约占转子表面的 1/3）为大齿，大齿就是磁极。汽轮发电机的转子磁极大多为两极，如图 6-32 所示。

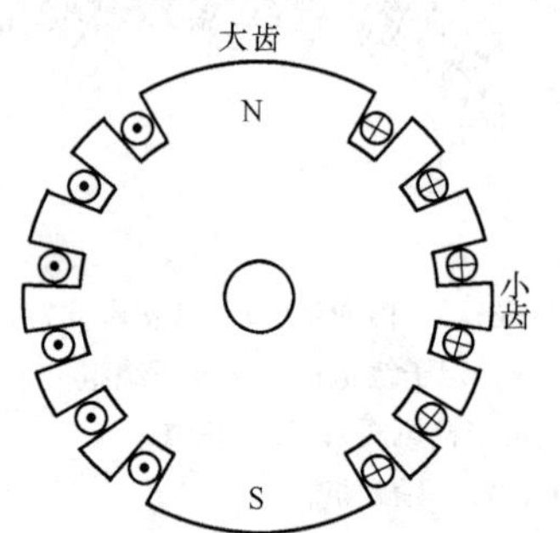

图 6-32　隐极式发电机转子横截面

为了既减小转子表面的线速度，又增大发电机的容量，常把隐极式转子做成细长的圆柱体（相应的定子也较长)，如图 6 - 33 所示。隐极式转子的细长结构决定了它只能卧式安装。

(2) 凸极式转子。凸极式转子具有凸出的磁极。转子铁心由磁轭和磁极两部分组成，铁心由钢板冲片叠成。在磁极铁心上绕有励磁绕组。凸极式转子截面如图 6 - 34 所示。

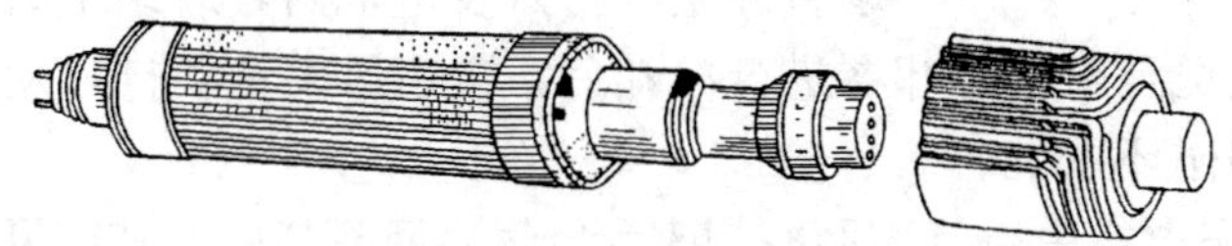

图 6 - 33　隐极式转子及其端部外形

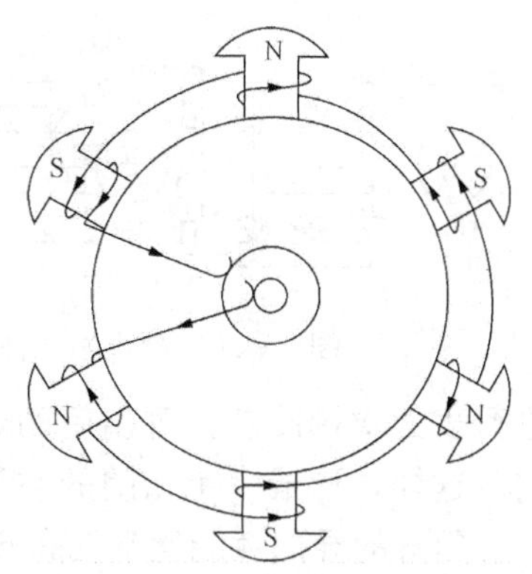

图 6 - 34　凸极式转子截面示意图

凸极式转子主要用于水轮发电机，它的一端与水轮机转子相连，因为水轮机的转速较低；发电机转子表面的线速度和离心力不大，所以发电机转子磁极采用便于加工和组装的凸极式结构。

此外，因为当发电机发出的交流电的频率一定时，转子磁极对数 (p) 与转子转速 (n) 成反比 (见下节内容)，而水轮发电机的转子转速较低，所以转子的磁极对数较多 (通常有 4 对、8 对、16 对等)，转子的直径较大，轴向长度相对较短，整个转子呈扁盘形，与之相应的定子直径也较大，也呈扁盘形。

通常，大、中容量的水轮发电机的转子垂直于地面安装在水轮机的上方，为立式结构。

二、同步发电机的励磁系统

同步发电机的励磁系统是指专门供给发电机励磁电流的供电系统。同步发电机常用以下两种方式励磁。

1. 直流励磁机励磁

直流励磁机励磁是中、小型同步发电机应用最普遍的一种方式 (图 6 - 29 所示发电机就是由励磁极励磁的)，其原理电路如图 6 - 35 所示。直流励磁机 GE 实际是一台与同步发电机 GS 同轴相连的直流发电机，其结构与并励式直流电动机完全相同，直流电动机转变成发电机状态就是直流发电机。图 6 - 35 中，线圈 1 是直流励磁机的励磁绕组，改变 R_f 的阻值，可以调节励磁机输出的直流电压和发电机转子励磁绕组 2 中的励磁电流，进而改变发电机转子磁极的磁场强弱。

直流励磁机的容量越大，换向越困难，这就限制了励磁机容量的增大。

2. 静止半导体励磁 (三机励磁方式)

静止半导体励磁系统如图 6 - 36 所示。这种励磁方式所使用的励磁机是与同步发电机 (GS) 同轴相连的三相交流发电机 GE1，称为交流主励磁机。同步发电机的励磁电流，由交流主励磁机发出的三相交流电，经静止的整流器整流后，再经集电环供给。而主励磁机的励磁电流，则由同轴相连的交流副励磁机 GE2 (也是交流发电机)，经静止的可控整流器整流后供给。这种励磁系统没有换向器，所以被广泛应用于 100MW 以上的汽轮发电机中。

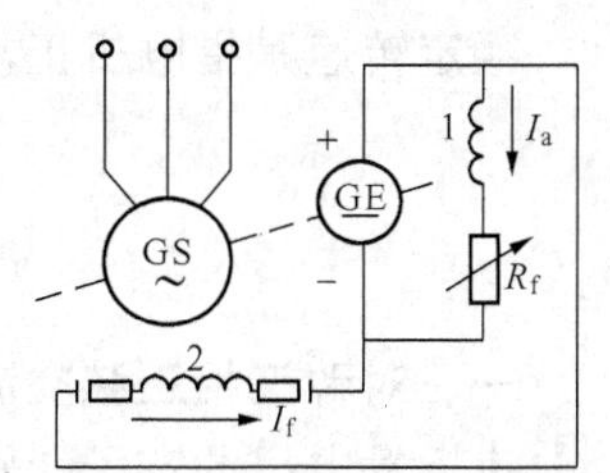

图 6 - 35　直流励磁机励磁的原理电路

三、同步发电机的冷却系统

发电机运行时会产生各种损耗，引起绕组、铁心温度升高。

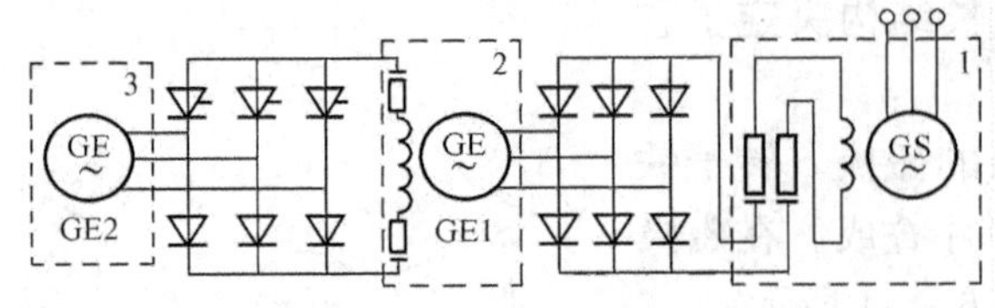

图 6 - 36 静止半导体励磁系统

如果温度太高，会影响绕组绝缘的寿命和运行的安全。所以，必须采取冷却措施，以保证发电机各部分温度不超过允许值。

中、小型发电机大多采用封闭式空气表面冷却方式，即由发电机转子两端的风扇将冷空气打入发电机内，对绕组和铁心进行表面吹拂冷却，升温后的热空气送至空气冷却器进行冷却后，再由风扇重新打入发电机内。这样，形成一个密闭的空气冷却循环系统。

氢气的导热性能比空气高 6 倍。发电机由空气表面冷却改为氢气表面冷却后，其容量可提高 20%～30%。所以，50～100MW 的汽轮发电机一般采用氢气表面冷却方式。更大容量的汽轮发电机则采用氢内冷。所谓内冷就是冷却介质穿过空心导体直接带走热量的冷却方式。

水的导热性能比氢气大 20 倍，所以，有的大容量发电机采用双水内冷方式。将经过处理的洁净水，通入定子绕组和转子励磁绕组的空心导体内进行冷却。

大容量发电机还常将上述冷却方式进行不同组合使用。例如水—氢—氢的冷却方式，就是将定子绕组水内冷，转子绕组氢内冷，铁心表面氢冷却。

四、同步发电机的额定值

1. 额定容量 S_N 或额定功率 P_N

额定容量或额定功率是指输出功率的保证值。额定容量是指输出的额定视在功率，单位为 kV · A；额定功率是指输出的额定有功功率，单位为 kW。

2. 额定电压 U_N

额定电压是指发电机在额定运行时，定子三相绕组的线电压，单位为 V 或 kV。

3. 额定电流 I_N

额定电流是指发电机在额定运行时，定子绕组的线电流，单位为 A 或 kA。

4. 额定功率因数 $\cos\varphi_N$

额定功率因数即发电机在额定运行时的功率因数。

以上四个额定值的关系是

$$\left.\begin{aligned} S_N &= \sqrt{3}U_N I_N \\ P_N &= S_N\cos\varphi_N = \sqrt{3}U_N I_N\cos\varphi_N \end{aligned}\right\} \tag{6 - 19}$$

5. 额定频率 f_N

我国额定工频为 50Hz。

6. 额定转速 n_N

额定转速是指电机正常运行时的转子转速，单位为 r/min。

*△第十节 同步发电机的工作原理

一、对称三相正弦交流电动势的产生

汽轮发电机的定子、转子原理结构如图 6 - 37 所示。为了便于分析，定子铁心内圆的槽内嵌放的 U、V、W 对称三相绕组，按集中放置分析（每相只画一匝）。U1、V1、W1 为首端，U2、V2、W2 为末端。

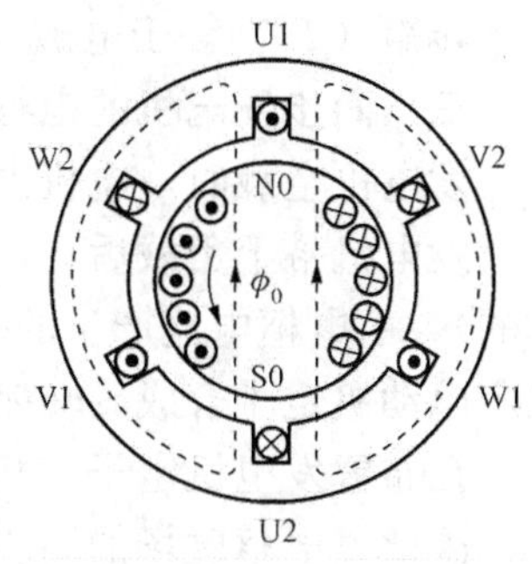

图 6 - 37　汽轮发电机定子、转子原理结构

由转子励磁电流产生的转子磁极（N0、S0）称为主磁极，产生的磁场称为主磁场，主磁场的磁通（ϕ_0）称为主磁通，又称为励磁磁通。ϕ_0 经定子铁心、转子铁心和（定子与转子间的）气隙而闭合。三相感应电动势的参考方向皆由绕组的末端指向首端，如图 6 - 37 所示。

沿转子圆周靠近表面的气隙上，主磁场的磁感应强度近似按正弦规律分布；三相绕组的结构、匝数相同；转子匀速旋转，各相绕组切割主磁场的速度相同，由 $e=Blv$ 可知，三相感应电动势一定是振幅相等、频率相同，随时间按正弦规律变化的，又因为三相绕组在空间上互差 120°。所以三相感应电动势的相位差为 120°。显然，三相电动势为一组对称三相正弦交流量。

若主磁极对数为 p，转子旋转一周，每相电动势经历 p 个循环，当转子转速为 n（转/分），则每相电动势每秒钟经历循环的次数，即频率

$$f=\frac{pn}{60} \tag{6-20}$$

由式（6 - 20）可知转子转速

$$n=\frac{60f}{p} \tag{6-21}$$

我国工频 $f=50\text{Hz}$，若 $p=1$，则 $n=3000\text{r/min}$；若 $p=2$，则 $n=1500\text{r/min}$，其余类推。汽轮发电机 $p=1$，转速 $n=3000\text{r/min}$。

二、发电机的功率及转矩

发电机运行时，内部存在三种损耗：一是机械损耗 ΔP_{mh}，它由轴承、电刷和通风的摩擦引起；二是铁损耗 ΔP_{Fe}，它是由定子铁心的磁滞和涡流损耗引起；三是铜损耗 ΔP_{Cu}，它是定子电流在绕组电阻上的损耗。

发电机空载时，仅存在 ΔP_{mh} 和 ΔP_{Fe}，所以称 $\Delta P_0=\Delta P_{mh}+\Delta P_{Fe}$ 为空载损耗，在负载状态下 ΔP_0 基本不变。

发电机在运行中，输入的机械功率 P_1 减去空载损耗，剩余的部分就是通过电磁感应从转子传递到定子的电磁功率 P_{em}，即

$$P_{em}=P_1-\Delta P_0 \tag{6-22}$$

P_{em} 减去定子中的铜损 ΔP_{Cu} 即为发电机向电网输出的有功功率 P_2，即

$$P_2=P_{em}-\Delta P_{Cu}=P_1-\Delta P_0-\Delta P_{Cu} \tag{6-23}$$

式（6 - 23）即为发电机的功率平衡关系。

因大、中容量发电机的铜损耗 ΔP_{Cu} 不超过额定功率的 1%，当忽略定子铜损后

$$P_2\approx P_{em}=P_1-\Delta P_0=3UI\cos\varphi \tag{6-24}$$

式中：U、I 分别为发电机的相电压、相电流；$\cos\varphi$ 为负载的功率因数。

根据动力学 $P=T\omega$（T 是作用在转轴上的转矩；ω 是转轴的旋转角速度）和式（6 - 22），有

$$T_1=T_{em}+T_0 \tag{6-25}$$

式（6 - 25）即为发电机转子的转矩平衡方程式。由此可知，发电机转子输入的（驱动性）

机械转矩（T_1）等于电磁（阻）转矩与空载（阻）转矩之和。

三、同步发电机的电枢反应

发电机空载时，电机内只有旋转的主磁场。

发电机带上负载后，定子绕组中便出现电流，该电流称为电枢电流（一般三相电流是对称的），由电枢电流产生的磁场称为定子磁场，又叫电枢磁场。电枢磁场是旋转的（与三相感应电动机定子合成旋转磁场相同），其转向与转子转向相同，其同步转速 $n_1=60f/p$。

在布置发电机定子三相绕组时，总是使它产生的电枢磁场的磁极对数与主磁极对数相等，因此，电枢磁场的同步转速 n_1 与转子转速 n（$=60f/p$）恰好相等。正因为如此，才把这种发电机称为同步发电机。

电枢磁场对主磁场必然产生影响，我们把这种影响称为电枢反应。因为电枢磁场与主磁场相对静止，所以电枢反应是不变的。电枢反应的程度和影响，与发电机所带负载的大小和性质有关。

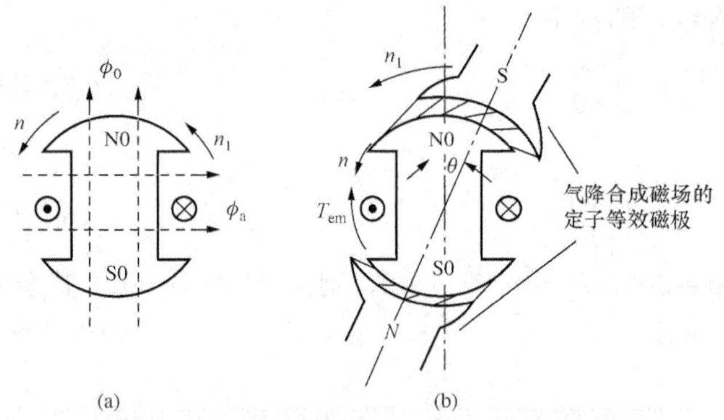

图 6－38 发电机带纯电阻性负载时的电枢反应

（a）横轴电枢反应；（b）气隙合成磁场的等效磁场

当负载为纯电阻性，电枢磁场（ϕ_a）与主磁场（ϕ_0）垂直，如图 6－38（a）所示（详细分析略）。这时的电枢反应称为横轴电枢反应。横轴电枢反应的结果是，使定子与转子间的气隙合成磁场发生扭曲（畸变），即气隙合成旋转磁场相对于主磁场逆着转子旋转的方向偏转了一个 θ 角，如图 6－38（b）所示。发电机输出的有功功率越大，横轴电枢反应越强烈，θ 角越大，所以 θ 角称为功率角，简称功角。

气隙合成磁场的定子等效磁极对主磁极产生磁拉力阻碍转子旋转，对应的阻转矩即为电磁转矩 T_{em}。由计算可知（略），在 $\theta<90°$ 的范围内，T_{em} 随 θ 的增大而增大。

当负载为纯感性时，电枢磁场（ϕ_a）与主磁场（ϕ_0）的轴线重合，但两者方向相反，如图 6－39 所示（详细分析略）。这时的电枢反应称为纵轴去磁电枢反应。纵轴去磁电枢反应的结果是消弱主磁场，使气隙合成磁场减弱，但不发生扭曲，气隙合成磁场的定子等效磁极对转子的磁拉力穿过转子轴心，对转子不产生阻转矩，即 $T_{em}=0$。

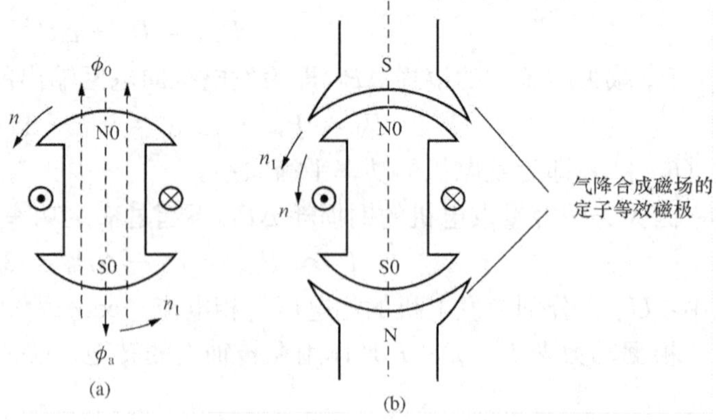

图 6－39 同步发电机带纯感性负载时电枢反应

（a）纵轴去磁电枢反应；（b）气隙合成磁场等效磁极

四、发电机与“无穷大”电网并列时的功率调节

将两台或两台以上的发电机对应的各相并联在一起，组成联合供电网络（简称电力系统）向负载供电，称为发电机并列运行。因为并列运行有许多优点，所以

电力系统中不同发电厂的所有发电机都是并列运行的。

如果电网的容量远大于并入发电机的容量（10 倍以上），可认为电网是一个恒压、恒频的“无穷大”电网。以下介绍的是发电机与“无穷大”电网并列时的功率调节。

1. 有功功率的调节

当并列运行的发电机输出的有功功率 $P=3UI\cos\varphi$ 一定时，相电流的有功分量、横轴电枢反应磁场、功角（θ）一定，作用在转子上的转矩保持平衡，转子以同步转速（n_1）稳定运转。若瞬时增大转子的输入机械转矩（即机械功率），而电枢磁场因受电网恒频的限制，其同步转速不变，所以功角 θ 瞬时增大，电磁转矩也随之增大，进而使转子在大的功角基础上达到新的转矩平衡，继续以同步转速旋转。在此过程中，发电机输出的有功功率随之增大。同理，若瞬时减小转子的输入机械转矩，则发电机输出的有功功率随之减小。

由此可知，欲调整发电机输出的有功功率，必须调节原动机输入给发电机的机械功率。对于汽轮发电机应调节汽轮机的进汽量；对于水轮发电机则应调节水轮机的进水量。

2. 无功功率的调节

发电机除发出有功功率外，还必须发出一定的无功功率，以满足负载对无功功率的需求。电力系统负载所需的无功功率总体是感性的。

并入电网的发电机空载（未输出电流）时，定子绕组中的每相感应电动势 E_0 等于电力系统的相电压 U，此时的励磁电流称为正常励磁电流，转子仅输入很小的机械转矩以平衡空载转矩，维持转子以同步转速（n_1）稳定运转；因为无电枢磁场，所以气隙磁场即为主磁场，也就是说气隙磁场与主磁场的轴线重合，功角（θ）为零。在此基础上，增大励磁电流，使其大于正常励磁电流，主磁场在每相定子绕组中产生的感应电动势 E_0 大于系统（相）电压 U，定子绕组产生电流，出现电枢磁场。然而，这时因为转子仍保持空载时的输入机械转矩，功角（θ）仍为零，说明此时的电枢反应为纵轴电枢反应。又因为受系统（不变的）相电压的限制，发电机的相电压大小不变，这表明电枢反应为纵轴去磁电枢反应，正是靠电枢磁场抵消主磁场的增强，而维持发电机不变的端电压，显然这时发电机输出的是纯感性无功电流，也即发出感性无功功率。

运行中的发电机，就是通过调节转子励磁电流来调整输出的无功功率的。

发电机运行时，同时发出有功功率和无功功率，所以根据需要，分别调节原动机输入给发电机的机械功率和励磁电流。

*第十一节 控制微电机的简介

普通电机的任务是转换能量，而控制电机的主要任务是转换和传递信号。控制电机应具有高精度、高可靠性、高灵敏度的工作特性。这类电机的功率小、体积小、重量轻，所以又叫微电机。

控制电机的种类很多，在此，仅简介伺服电动机、测速发电机和步进电动机。

一、伺服电动机

伺服电动机在自动控制系统中是作为执行元件应用的，用来驱动控制对象，故称执行元件。它将输入的电信号转换为电动机轴上的转角或转速，改变信号电压便可改变电动机的转角、转速和转向。伺服电动机有交流和直流两种。

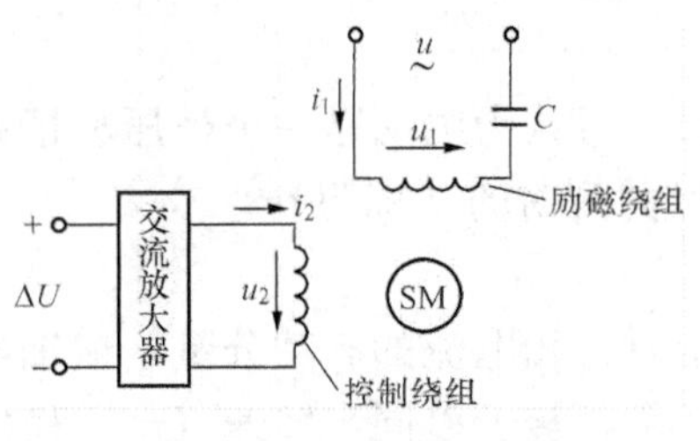

图 6-40 交流伺服电动机的原理接线图

图 6-40 所示是交流伺服电动机的原理接线图。它实质就是一台微型电容分相式单相感应电动机。它的定子上装有两个绕组，一个是励磁绕组，另一个是控制绕组，两个绕组在空间相差 90°。励磁绕组与电容 C 串联后接到电压一定的交流电源上，控制绕组接到交流放大器的输出端，控制信号电压 u_2 即为放大器的输出电压。u_2 与励磁绕组电压 u_1 频率相同。适当选择电容 C 的值，可以使 u_2 与 u_1 的相位差近似为 90°。

当无输入信号时，控制绕组的电压 u_2 为零，这时，定子内只有励磁绕组产生的脉动磁场，转子静止不动。

当有控制信号输入时，在控制绕组加上与励磁电压 u_1 相位差为 90°的控制电压 u_2，这时，两绕组中的电流 i_1 和 i_2 的相位差也近似为 90°。这样，在定子内产生旋转磁场，转子便沿着旋转磁场的方向旋转。在负载一定的情况下，电动机的转速将随控制电压 u_2 的大小而变化。

当控制信号变反时，控制电压 u_2 反相，定子旋转磁场改变旋转方向，转子反转。

二、测速发电机

测速发电机的任务是测量旋转机械的转速，将旋转机械的转速变换为电压信号。测速发电机有交流和直流两类，其工作原理与一般发电机相同，但在工作时只需输出电压信号，不带负载，因而设计的侧重点在于应使输出电压与转速保持良好的线性（即正比）关系。

三、步进电动机

步进电动机是一种将电脉冲信号变换成角位移或直线位移的执行元件。每输入一个电脉冲信号，它就转动一个角度或前进一步，所以称为步进电动机，又称为脉冲电动机。

步进电动机的种类很多，目前应用最多的是反应式（变化磁阻式）和永磁式。永磁式电动机的转子是一个永久磁铁；反应式的转子用高导磁材料制成，它是根据铁磁物质被磁化后，其位置总是力图使磁路的磁阻最小的原理而工作的。定子和转子都由硅钢片叠成。定子铁心上有均匀分布的六个磁极，磁极表面有小齿形成齿极，磁极上绕有（控制）绕组，相对的两个磁极绕组为一相。转子上没有绕组，有齿极若干个，齿距与定子上的小齿齿距相等，定子、转子齿数配合有一定的要求。图 6-41 所示是反应式步进电动机的简化结构图。图中，假设定子磁极上无小齿，转子只有四个齿（齿距角 90°）。

当 U 绕组通电时，产生 U—U′轴线方向的磁通，并通过转子形成闭合回路，因为磁通具有力图通过磁阻最小路径的特点，从而产生磁拉力，形成一反应力矩，使转子 1、3 两个齿与定子 U—U′磁极对齐，如图 6-42（a）所示。利用脉冲分配器，把输入脉冲按 U—V—W 的顺序，一个一个轮流输入到三个绕组，转子位置如图 6-42（a）、（b）、（c）所示，向顺时针方向一步一步转动。若将三个励磁绕组输入脉冲顺序改变，步进电动机将反向旋转。

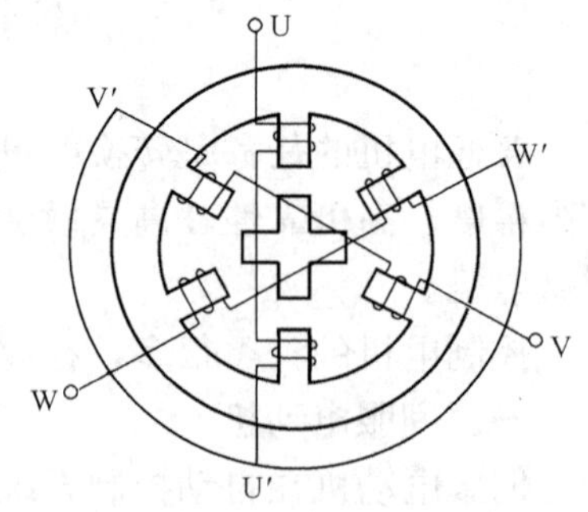

图 6-41 三相反应式步进电动机的简化结构图

显然，步进电动机转子位移与脉冲数成正比，其转速与输入脉冲频率成正比。

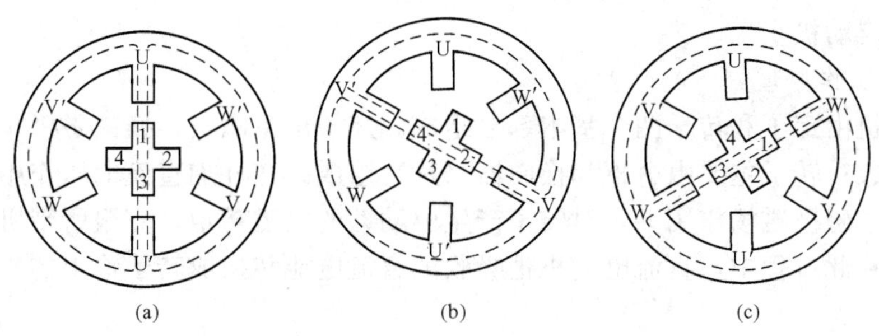

图 6-42　三相反应式步进电动机工作原理
(a) U 相通电；(b) V 相通电；(c) W 相通电

步进电动机与伺服电动机相比，具有较大的起动转矩，动作更准确，调速范围宽，在自动控制系统中应用广泛。例如在数控机床、自动绘图机、自动记录仪表等设备中都有应用。

小　　结

本章学习的是如下五种电机。

一、三相感应电动机

1. 基本结构

主要由定子和转子组成。定子和转子都主要由铁心和绕组组成。转子绕组按结构分为鼠笼式和绕线式两种。

2. 工作原理

定子对称三相绕组接上对称三相交流电源产生旋转磁场。该旋转磁场切割转子绕组，在绕组中产生感应电流，转子电流所受电磁力对转子产生驱动性的电磁转矩。在该转矩作用下，转子克服所拖动的机械负载阻转矩，按一定的转速旋转，在此过程中电动机将吸收的交流电能转换成（转子）输出的机械能。由于转子转速恒低于定子旋转磁场的同步转速，故三相感应电动机又称为三相异步电动机。转差率（s）是电动机运行的重要参数。

3. 三相感应电动机的使用

(1) 起动。电动机起动时，定子绕组中起动电流很大，一般为额定电流的 4～7 倍。为了减小起动电流，大容量的鼠笼式电动机采用降压起动；绕线式异步电动机在转子三相绕组中串入可变起动电阻起动。

(2) 调速。通过调整电源频率、改变定子绕组磁极对数、改变电源电压、对绕线式电动机调节转子回路的串接电阻，都可以调节电动机的转速。

(3) 反转。只要将接到电动机的三相电源线中的任意两相对调即可使电动机反转。

(4) 制动。为了使电动机迅速停转，常采用的电力制动方法有反接制动、发电制动和能耗制动。

二、单相感应电动机

单相感应电动机为了获得起动转矩，常用的方法有电容分相式起动和罩极起动。

三、直流电动机

1. 结构与工作原理

直流电动机由定子和转子两个基本部分组成。定子由主磁极、换向磁极、机座和换向用的电刷装置组成；转子主要由电枢和换向器（片）组成。在外加直流电压作用下，电枢绕组流过电流，在主磁极磁场作用下，对转子产生驱动性的电磁转矩，克服所带机械负载的阻转矩匀速旋转。在此过程中，直流电动机把吸收的直流电能转换成转子输出的机械能。

2. 使用

（1）起动。因直流电动机直接起动的电流过大，因此，一般 1kW 以上的直流电动机不允许在全压下直接起动。常用的非直接起动方法是在电枢回路中串联起动电阻或降低直流电源电压起动。

（2）调速。常用的调速方法有改变电源电压、改变主磁极励磁电流、改变串入电枢回路电阻的方法。

（3）反转。改变励磁电流的方向或改变电枢电流的方向，都可使直流电动机反转。

四、同步发电机

1. 基本结构

同步发电机由发电机本体、励磁系统和冷却系统组成。发电机本体由定子、转子两部分组成。定子主要由铁心、三相绕组和机座组成；转子主要由铁心和励磁绕组组成。

2. 基本工作原理

转子励磁绕组通入励磁电流建立主磁场，转子由原动机拖动旋转切割定子三相绕组，在绕组中产生对称三相正弦交流电动势。当发电机向外供电时，定子产生的电枢旋转磁场与转子转向相同、转速相等，两者同步，正是这个原因才把这种发电机称为同步发电机。

调整发电机输出的有功功率是通过调节输入的机械功率来实现的；调整发电机输出的无功功率是通过调节励磁电流来实现的。

五、控制微电机

普通电机的任务是转换能量，而控制微电机的主要任务是转换和传递信号。

习 题 六

6-1 三相感应电动机的定子和转子各主要由哪几部分组成的？各部分的作用是什么？

6-2 一台三相感应电动机铭牌标出的电压为 380/220V，接线为 Y/△，试问：（1）电源线电压分别为 380V 和 220V，电动机三相绕组各应如何连接？（2）在两种情况下，电动机的功率、相电压、线电压、相电流、线电流、功率因数及转速是否相等？（3）如果接错，其后果如何？

6-3 简述三相感应电动机的工作原理。

6-4 为什么三相感应电动机又称为异步电动机？为什么转子转速总是低于定子旋转磁场的同步转速？

6-5 三相感应电动机在什么情况下转差率 s 为下列数值：

（1）$s=1$；　（2）$0<s<1$；　（3）$s\approx0$。

6-6 一台三相感应电动机，额定频率 $f_N=50$Hz，磁极对数 $p=3$，额定转速 $n_N=$

970r/min，接到工频三相电源上，求该电机的同步转速 n_1、额定转差率 s_N。

6-7　两台三相感应电动机，额定功率都是 4kW，第一台的额定转速 $n_{N1}=2900$r/min，第二台的额定转速 $n_{N2}=725$r/min，求两者的额定转矩。

6-8　在三相感应电动机正常运行时，如果转子突然被卡住（不能转动），试问电机电流有何变化？对电动机有何影响？

6-9　三相感应电动机在断了一根电源线或一相绕组断线能否起动？为什么？

6-10　一台定子三相绕组△接线的鼠笼式感应电动机，直接起动时 $I_{st}=6I_N$，$T_{st}=18$N·m。现采用 Y—△换接起动，此时起动电流 I_{st}和起动转矩 T_{st}各为多少？

6-11　某三相感应电动机△接线，由产品目录中查出它的部分额定数据如下：$P_N=10$kW、$U_N=380$V、$n_N=1450$r/min、$\cos\varphi_N=0.87$、$\eta_N=0.875$、$I_{st}/I_N=7$、$T_{st}/T_N=1.4$、$T_m/T_N=2$。求：额定电流 I_N、额定转矩 T_N、最大转矩 T_{max}、起动转矩 T_{st}和起动电流 I_{st}。

6-12　电动机数据同上题，试求：（1）用 Y—△换接起动时的起动电流和起动转矩；（2）当负载转矩为额定转矩的 0.6 倍和 0.25 倍时，电动机能否起动？

6-13　三相感应电动机常用的电力制动方法有________、________、________。

6-14　只要将接于三相感应电动机的三根电源引线中的任意两根________，电动机便可反转。

6-15　单相感应电动机常用的起动方法有________起动和________起动。

6-16　图 6-43 是一台可以控制正反转的单相电容分相式电动机，试分析这一电路是如何改变电动机转动方向的？

6-17　图 6-44 是电容分相式家用电风扇电动机的调速电路，试分析其调速原理？

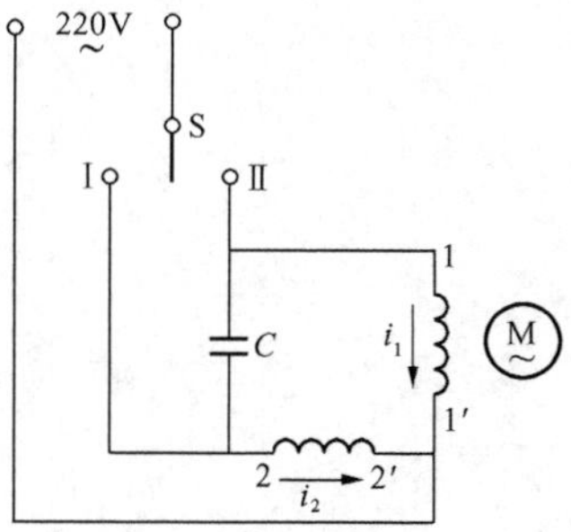

图 6-43　习题 6-16 图

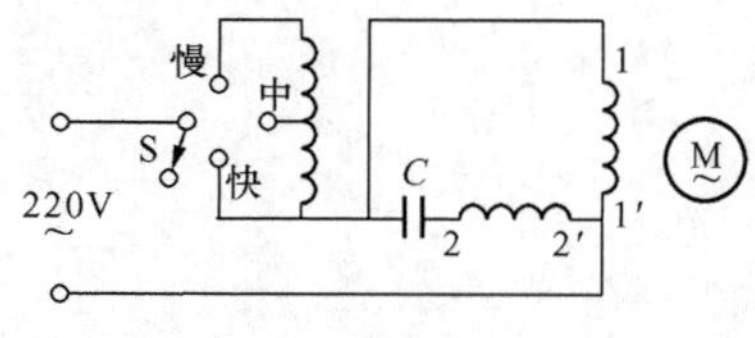

图 6-44　习题 6-17 图

6-18　直流电动机的定子和转子各由哪几部分组成？各部分的作用是什么？

6-19　有一台并励直流电动机，已知 $U_N=220$V，$P_N=10$kW，电枢绕组电阻 $R_a=0.2\Omega$，励磁绕组电阻 $R_f=120\Omega$，$n_N=1000$r/min，额定效率 $\eta_N=0.8$。求：（1）额定励磁电流 I_{fN}、额定输入电流 I_N、额定电枢电流 I_{aN}；（2）额定反电动势 E_{aN}；（3）额定转矩 T_N。

6-20　为什么直流电动机一般不允许直接起动？常用的起动方法有哪些？

6-21　一台并励直流电动机，$U_N=220$V，$I_N=122$A，电枢回路电阻 $R_a=0.15\Omega$，励磁回路电阻 $R_f=110\Omega$，$n_N=960$r/min。求：（1）直接起动电流最大值 I_{stm}；（2）欲将起动电流 $I_{stm}=2I_N$，电枢回路应串多大的起动电阻（R_{st}）？

6-22　直流电动机有哪些调速方法？

6-23　如何改变并励式直流电动机转子的转向？

6-24　同步发电机由________、________、________三部分组成。

6-25 同步发电机常用的励磁方式有________和________。

6-26 同步发电机的冷却介质有________、________、________。

6-27 某国产汽轮发电机，$P_N=300MW$，$U_N=20kV$，$\cos\varphi_N=0.85$，$f_N=50Hz$，$n_N=3000r/min$，求该发电机的额定电流 I_N 和磁极对数 p。

6-28 调整发电机输出的有功功率，是通过调节原动机输入给发电机的________来实现的。对于汽轮发电机应调节汽轮机的________量；对于水轮发电机则应调节水轮机的________量。

6-29 调整发电机输出的无功功率，是通过调节转子的________来实现的。

6-30 控制微电机的主要任务是转换和传递________。

第七章　发电厂厂用电及低压电动机的控制

本章首先简介发电厂厂用电的基本知识，然后介绍应用最广的低压电器和电动机的常见控制电路，最后简单介绍安全用电知识。

*△第一节　发电厂厂用电的基本知识

一、发电厂厂用电的概念及其组成

在发电厂的生产过程中，需要许多机械为发电设备和辅助设备服务，以保证发电厂的正常（发电）生产，这些机械称为厂用机械。厂用机械除极少数（如汽动给水泵）外，都是由电动机拖动的。发电厂中所有厂用电动机及全厂其他（包括运行操作、试验、修配、照明等）用电，统称为厂用电或自用电。

发电厂的厂用电一般由以下几部分组成：①各车间电动机；②配电装置及网络；③全厂照明；④各种交、直流电源装置。

二、发电厂厂用电的重要性

首先，发电厂安全可靠的厂用电是保证正常发电的基本条件。没有安全可靠的厂用电，就不可能保证正常发电，因此，在任何情况下，厂用电都是最重要的负荷。

其次，由于厂用电的消耗是计入（对外）发出电能成本的，所以，发电厂只有力求减少厂用电的消耗，做到“少用多发”，才能有利于提高发电厂的经济效益。厂用电消耗一般用厂用电率表示。所谓厂用电率就是发电厂的厂用电量与发电量比值的百分数。它是发电厂的重要经济技术指标之一。厂用电率与发电厂的类型、单机（炉）容量、自动化程度有关。一般凝汽式的火力发电厂的厂用电率为5%～8%，热电厂（兼顾供热的火力发电厂）为8%～10%，水力发电厂为0.2%～2%。

三、发电厂的厂用电供电电压

厂用电负荷主要是电动机，而电动机的功率范围很大，从几百瓦到几千千瓦。发电机组的容量越大，所选电动机的功率越大。因此，从经济性与工作可靠性等方面考虑，发电厂厂用电的电压一般选用高压和低压两级。我国规定火力发电厂的厂用电高压为3、6、10kV；低压动力采用380V，照明采用220V。对于中小型水电厂，由于为水轮发电机及其辅助设备服务的电动机功率不大，一般只用380/220V低电压、动力和照明共用的三相四线制。

四、提高发电厂厂用电供电可靠性的措施

1. 厂用电高压工作电源直接从发电机出口引接

厂用电高压工作电源是供给各段厂用高压母线正常工作的电源。厂用电供电的可靠性与厂用电高压工作电源的取得方式有很大的关系。现代发电厂的厂用电高压工作电源广泛采用的是从发电机出口引接的方式。其优点是供电可靠性高，尤其是当发电机并入电网运行后，即使本厂发电机组全部停止运行，仍能从电网取得可靠的高压厂用电，而且运行简单、调度方便、投资和运行费用较低、重要电动机的自起动也能得到保证。

2. 厂用电母线按炉分段

通常，厂用电系统采用单母线接线。在火力发电厂中，因为锅炉的辅助设备多，用电量大，所以厂用电高压母线都按锅炉的台数分段。凡属同一台锅炉的厂用电动机都接在同一段母线上，与锅炉同组汽轮机的厂用电动机，一般也接在该段母线上。厂用电低压母线一般也按机炉分段，由对应段的厂用电高压母线经低压厂用降压变压器供电。

3. 设置备用电源

各段厂用电母线至少应有两个电源：一个是工作电源，另一个是备用电源。备用电源分为明备用和暗备用。明备用是专门设置一台备用变压器，当工作电源设备因故障或检修退出工作时，由备用变压器替代供电。备用变压器的容量应等于最大一台工作电源变压器的容量；暗备用不设专用备用变压器，而是将每台工作电源变压器的容量增大，正常运行时，各厂用工作电源变压器分别带自己的负荷。当某段母线上的工作电源变压器退出工作时，接通分段联络开关，由接在另一段母线上的工作电源变压器供电。

4. 设置备用电源自动投入装置

为了在某工作电源变压器因事故退出工作时，迅速恢复对应段母线的供电，特装设备用电源自动投入装置。靠这一装置迅速、自动投入备用变压器或接通分段联络断路器。

五、厂用电主接线实例

在电能转换和传输的电路中应用的各种设备称为电气设备。用于直接生产、输送、分配和使用电能的电气设备（如发电机、变压器、断路器等），称为一次电气设备。一次电气设备所组成的电路称为一次电路，又称为主电路。用图形符号代表实际电气设备所画出的主电路，称为一次电路图或主电路图或主接线图。主接线图的画法有单线图和多线图之分。三相交流主电路的单线图如图 7 - 2 所示。单线图所表明的是各一次电气设备的连接关系和顺序。

在一次电路中应用的开关设备有断路器和隔离开关。断路器有足够的灭弧能力，它能通、断负荷电流和切断短路电流。隔离开关无灭弧能力，它只能对带电部分与不带电部分之间起隔离作用，禁止用隔离开关通断电路。

有一种小车断路器，它是把断路器装在小车上，与之配套的隔离开关的静触头固定安装在小车间隔的墙壁上，动触点安装在小车的本体上。开关设备的图形符号如图 7 - 1 所示。

图 7 - 2 所示为中型热电厂厂用电主接线的一例。该厂装二机三炉。发电机额定电压为 10.5kV，发电机电压侧为工作母线分段的双母线接线。6kV 高压厂用母线按炉分段，因是三炉，故分成三段，另设置备用高压段。厂用高压工作变压器 T3、T4、T5 的高压侧接在机压母线上。T6 是高压明备用变压器。

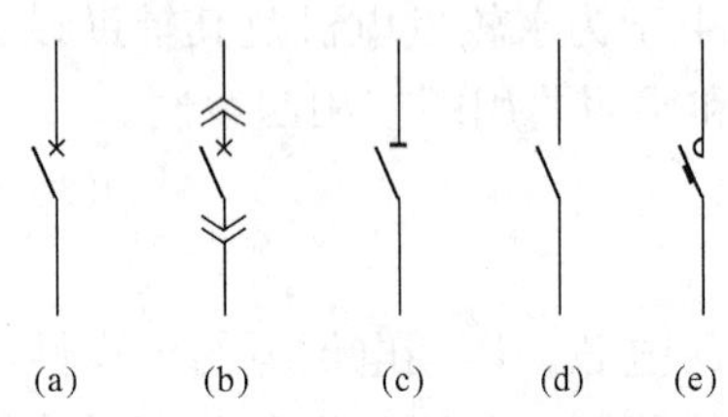

图 7 - 1 开关设备的图形符号
（a）一般断路器；（b）小车断路器；
（c）隔离开关；（d）低压开关；
（e）具有自动释放功能的接触器

为了提高厂用电的供电可靠性，正常工作时，将与电网连接的主变压器 T2 和高压厂用备用变压器 T6 都接在 10kV 备用机压母线上，母线联络断路器 QFC 接通。这样，可使高压厂用备用变压器与电网联系更加紧密。

低压厂用母线按机组数分为两段，分别由低压厂用工作变压器 T7、T8 供电，每段母线用闸刀开关分为两个半段。T9 为低压厂用备用变压器。

厂用电动机的供电方式有两种，即个别供电和成组供电。厂用高压电动机、低压大容量电动机及重要机械电动机采用个别供电方式，如图 7－2 中厂用电母线所接的电动机。对于小功率的电动机或距厂用电配电装置较远的车间，如中央水泵房，采用成组供电方式，即由厂用电母线引出馈线，接到车间配电盘，再由配电盘引到电动机上。

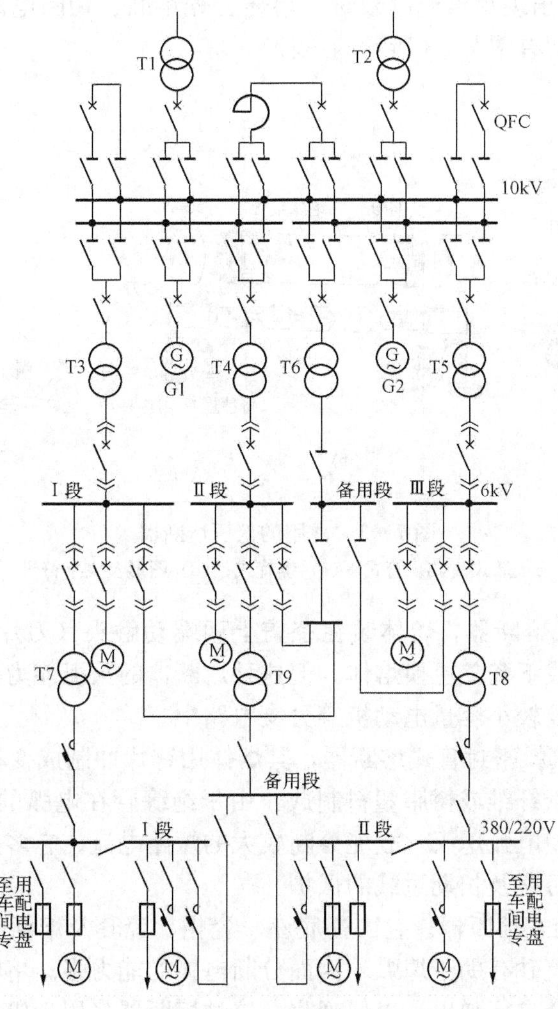

图 7－2　厂用电主接线实例

第二节　常用的低压电器

在低压电路中使用的电气设备，习惯称为低压电器。所谓低压一般是指交流 1000V 以下、直流 1200V 以下的电压。

按用途的不同，低压电器可分为以下两类：

（1）低压配电电器。这类电器主要应用于低压配电主电路，如低压开关（刀开关）、熔断器、低压断路器（自动空气开关）等属于这一类。

（2）低压控制电器。这类电器主要用于对电动机的保护与控制，如按钮、接触器、继电器等属于这一类。

一、熔断器

熔断器是由熔体及绝缘的盒或管两部分组成的。熔体为丝状或片状，制作熔体的材料为铅锡合金或截面很小的良导体——铜、银等。熔断器串入被保护电路之后，就在该电路形成一“薄弱环节”，当电路出现短路或过载时，熔体首先熔断、切断电路，以免故障扩大。熔断器的种类很多，常用的有图 7 - 3 所示的三种。

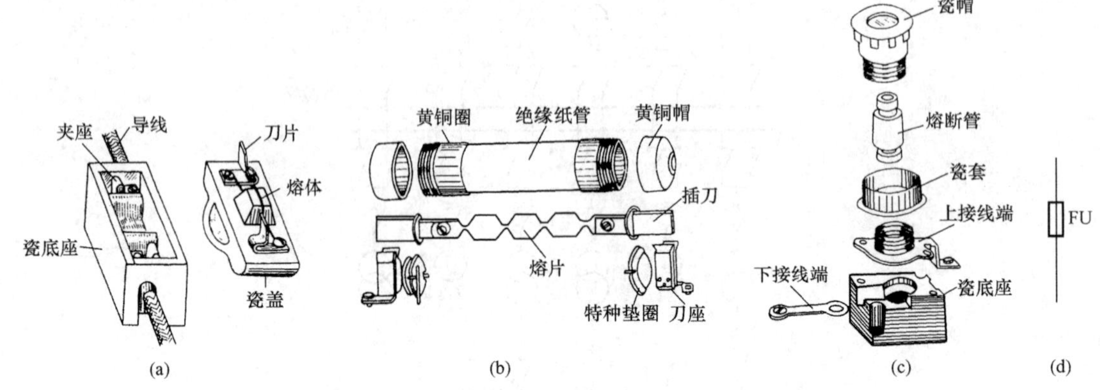

图 7 - 3 常用的低压熔断器

(a) 插式；(b) 管式；(c) 螺旋式；(d) 图形及文字符号

图 7 - 3（a）为插式熔断器，熔体装在瓷盖上两端动触头（刀片）之间，熔体熔断后，可以很方便的从瓷座上拔下瓷盖更换熔体。但这种熔断器的灭弧能力差，因而分断短路电流的能力小，多用于照明及较小容量电动机等分支电路中。

图 7 - 3（b）为无填料密封管式熔断器，其熔体用锌片冲制成变截面形状，装于密封绝缘纸管内。绝缘管用钢纸纤维或树脂塑料制成，由于绝缘管在电弧的高温下产生大量气体，能使管内气压升高，促使电弧熄灭，故能分断较大的短路电流。它多用于电力线路中，作导线、电缆及用电设备的短路及长期过载的保护。

图 7 - 3（c）为螺旋式熔断器。它由瓷底座、瓷帽、瓷套及熔断管组成。熔断管内装有熔丝并填满石英砂。石英砂有助于熄弧，因而分断电弧的能力强。熔断管上端还装有红色熔断指示器，熔丝熔断后会自行弹出，以便观察。这种熔断器多用于机床电器电路及某些分支电路，作短路和过载保护。

图 7 - 3（d）所示为熔断器的图形符号，文字符号为 FU。

熔断器对于电灯、电炉之类的静负载，可以作为其过载和短路保护；而对于电动机负载，由于熔断器的熔断特性与电动机的发热特性不能很好配合，所以熔断器只能作为它的短路保护。

熔断器的熔体应按下述方法选择：

（1）用于照明、电炉支路，应使熔体额定电流不小于支路上所有负载工作电流之和，但不得大于两倍，也不得大于电能表的额定电流。

（2）用于一台电动机，为了躲过电动机的起动电流，若电动机不经常起动，应使熔体额定电流≥电动机起动电流/2.5～3；若电动机频繁起动，应使熔体额定电流≥电动机起动电流/1.6～2。

（3）用于几台电动机合用的熔断器，应使熔体额定电流＝(1.5～2.5)×容量最大电动机的额定电流＋其余电动机工作电流之和。

熔体的额定电流有：2、4、5、6、10、15、20、25、30、40、50、60、80、100、120、150、200、300、350、500、600A 等规格。

选择熔断器的额定电流应略大于或等于熔体的额定电流。

二、低压开关（刀开关）

常用的低压开关有如下三种。

（1）开启式负荷开关，俗称胶盖刀闸。其结构如图 7-4（a）所示。它的上部是触头和触刀，下部是熔体，全部导电零件固定在一块瓷质底板上，外罩绝缘胶木盖。开启式负荷开关可作为一般照明、电热电器的控制开关使用，也常用来直接控制不频繁起动的小型电动机。

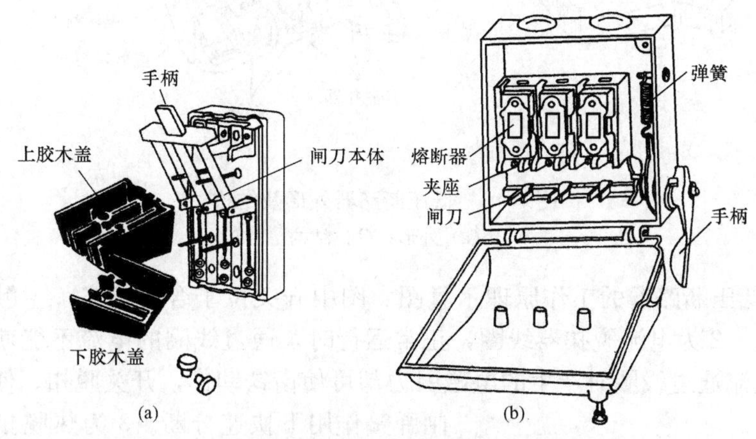

图 7-4　开启式负荷开关和封闭式负荷开关

（a）开启式负荷开关；（b）封闭式负荷开关

（2）封闭式负荷开关，俗称铁壳开关。其结构如图 7-4（b）所示。它是将刀开关和熔断器一同安装在铸铁或钢板制成的外壳内，其闸刀通过弹簧的储能作用可快速分断不大于其额定电流的负载电路。其熔断器则视开关的容量选用插式、管式。这种开关主要用于配电设备中，供手动不频繁通、断带负荷电路。60A 以下等级的这种开关常作为交流电动机的控制开关，用来通、断 380V、15kW 以下的电动机电路。

（3）转换开关。转换开关也属于低压开关的一种，如图 7-5 所示。它采用的是层叠式结构，每层中安放一组动触点和静触点，并采用双断点形式，因而分断能力较强。各层动触点由一根带手柄的绝缘转轴操作。转换开关的型号较多，有的可作为电源开关，有的可作为小容量电动机起动、停止、换向及星—三角起动等用的控制开关，有的还可以作为线路换接开关。

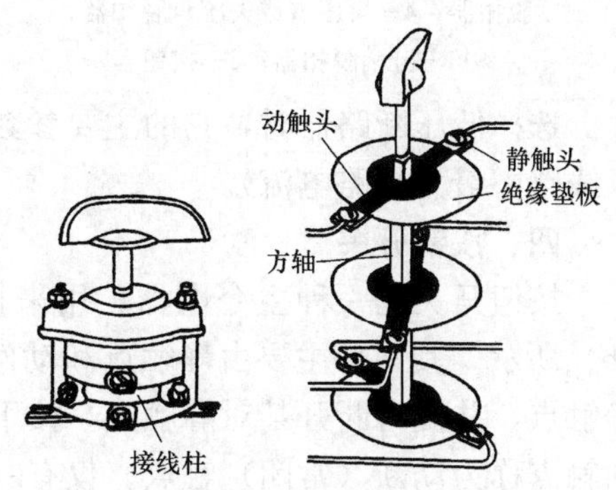

图 7-5　转换开关

三、低压断路器（自动空气开关）

低压断路器又称为自动空气开关。它是低压开关中性能最完善的一种手动合闸开关。它不仅能在有载时通、断电路的工作电流，而且还能对电路实施短路、过载、欠压等保护，但不适用于频繁操作的场合。

低压断路器的外形及结构如图 7 - 6（a）、（b）所示。

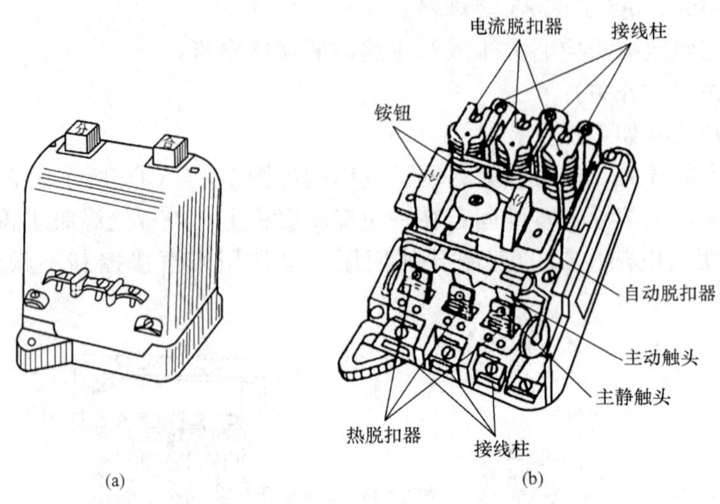

图 7 - 6 低压断路器外形及结构

（a）外形；（b）结构

图 7 - 7 为低压断路器的工作原理示意图。图中开关位于合闸状态，主触头闭合，分闸弹簧 1 已被拉紧。2 为电流脱扣器线圈，正常运行时，通过线圈的电流不能使衔铁动作，但短路（故障）电流通过线圈时产生的电磁引力却可使衔铁动作，开关脱扣，使触点系统在分闸弹簧作用下快速分断。3 为热脱扣器，它是利用双金属片受热后向一侧弯曲的原理工作的，可用作过载保护。4 为欠压（或失压）脱扣器，只有它的线圈中的电流不低于规定值时，断路器才能合闸，如果电源电压低于规定值或消失，断路器将立即分闸。装有这种脱扣器的低压断路器可作为电动机的低压保护（当电压恢复正常时，须重新合闸才能工作）。5 为分励脱扣器，利用它可实现开关远距离分闸，按下按钮（按钮下面介绍）6 后，分励脱扣器的线圈接通电流而吸合衔铁使断路器跳闸。

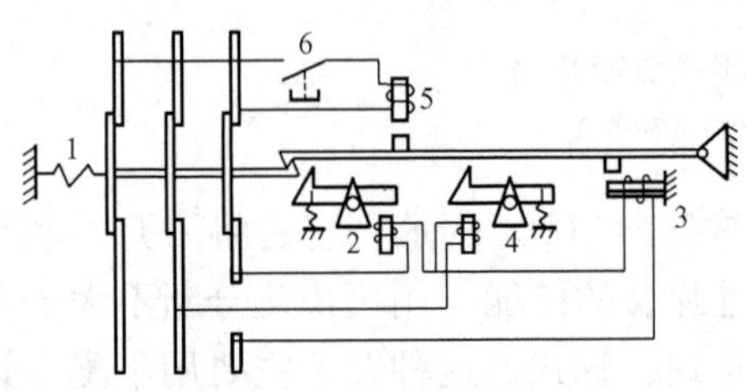

图 7 - 7 低压断路器的工作原理示意图

1—分闸弹簧；2—电流脱扣器线圈；3—热脱扣器；4—欠压（或失压）脱扣器；5—分励脱扣器；6—按钮

选择低压断路器时，它的主要参数是额定电压、额定电流和允许切断的极限电流（应大于线路中最大短路电流）。

四、按钮开关

按钮开关是一种主令电器，用来接通或断开控制电路，其外型和结构如图 7 - 8（a）、（b）所示。其内部主要由静触点和动触点两部分组成，按下按钮帽，动触点可以接通某对静触点，并同时断开某对静触点。按下时被接通的触点称动合（常开）触点，按下时被断开的触点称为动断（常闭）触点。仅有一对动合触点的按钮称为起动按钮，仅有一对动断触点的按钮称为停止按钮。图 7 - 8（a）、（b）所示的按钮，是具有一对动合、一对动断触点的按钮，称为复合按钮。它们均为返回式，即手离开按钮后，动触点在弹簧作用下恢复到未按动时的状态。按钮的文字符号为SB，图形符号如7－8（c）所示。

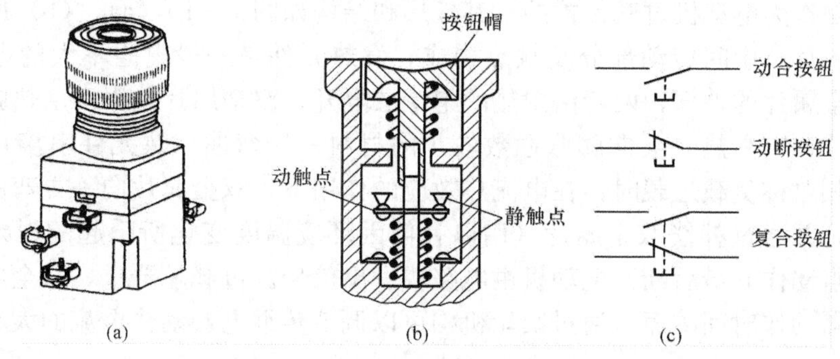

图7－8　按钮开关及图形符号

（a）外形；（b）结构；（c）图形符号

五、交流接触器

交流接触器是一种可远距离操作的控制电器，特别适用于须频繁操作的场合。它的主要部分为电磁铁和触点，它们一起封装在一个胶木壳体内，如图7－9（a）、（b）所示。电磁铁部分包括“山”字形动、静铁心及吸引线圈，每副触点的静触点固定在壳体上，而动触点则装在与动铁固定相接的触点桥上。全部触点又分主触点和辅助触点两类，主触点可通过较大的电流，接于电动机主电路中，辅助触点容量较小，可用于接触器的控制回路。由于主触点分断电路时要产生较大电弧，故均配有灭弧罩。

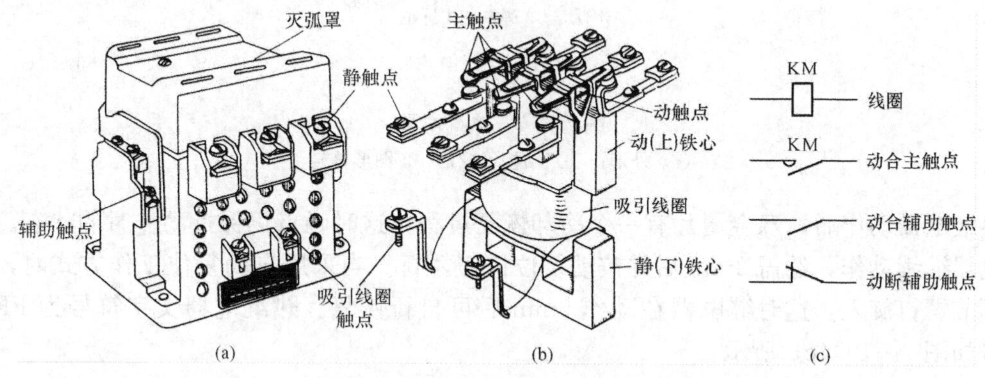

图7－9　交流接触器

（a）外形；（b）内部主要结构；（c）图形符号

当吸引线圈通电时，动铁心被吸合，带动触点桥向下运动，闭合主触点并使部分辅助触点闭合、部分辅助触点断开。凡吸引线圈通电时闭合的触点称为动合触点；凡吸引线圈通电时断开的触点称为动断触点。当吸引线圈断电时，在恢复弹簧的作用下，动铁心返回，带动所有触点恢复到未通电的状态。接触器的文字符号为KM，线圈与触点的图形符号如图7－9（c）所示。

交流接触器的线圈额定电压有220、380、500V几种，主触点额定电流有5～150A多种规格，可用于75kW以下电动机的起动。在选用交流接触器时，应注意它的线圈额定电压、主触点额定电流及触点的数量。

六、热继电器

热继电器是作为电动机过载保护的，其外形和结构如图 7 - 10（a）、（b）所示。它由发热元件、双金属片、中间传动部分及触点构成。发热元件是一段电阻不大的电阻丝或电阻片，它位于双金属片的外部，两者由耐热的绝缘层隔开。双金属片是由两层热膨胀系数不同的金属压紧而成，它受热时会向膨胀系数较小的材料一侧弯曲。热元件串接在电动机电路中，当发生三相对称负载过载时，在电流热效应的作用下，双金属片向一方弯曲，推动传动导板向右运动，并通过补偿双金属片（用以补偿因环境温度变化所引起的误差）及弓形弹簧，使相应触点动作并最后断开电动机主电路或发出信号。过载越严重，双金属片温度上升越快，热继电器动作时间越短。通过凸轮机构可以调节热继电器动作电流的大小。

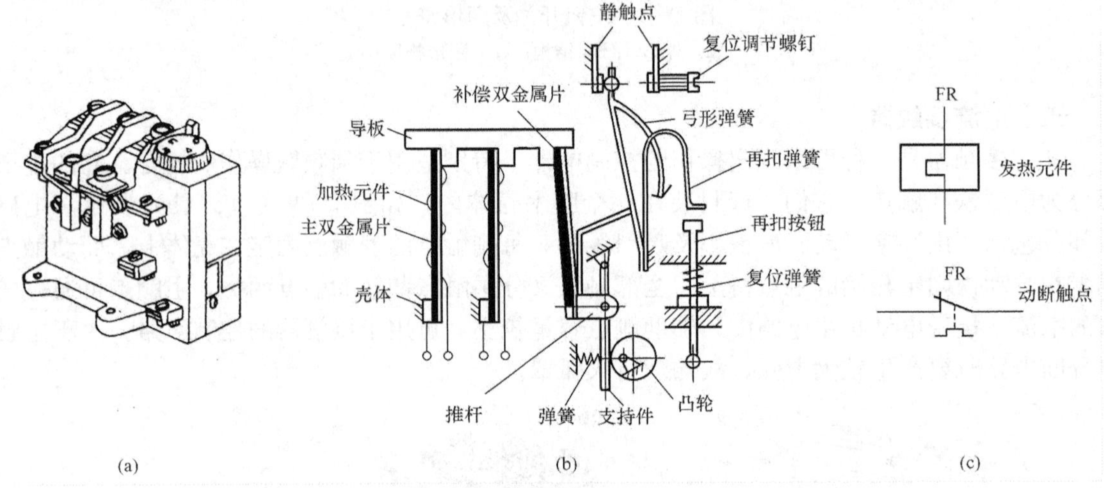

图 7 - 10 热继电器

（a）外形；（b）结构示意；（c）图形符号

热继电器动作后，双金属片有一个冷却恢复过程，这时触点仍保持动作时的状态。要使热继电器继续动作，约需 2min 后并按动复位按钮才行。当采用自动复位工作方式时，须将复位调节螺钉旋入，这时继电器在动作 5min 后可自行恢复。热继电器文字符号为 FR，图形符号如图 7 - 10（c）所示。

热继电器不能用于电动机的短路保护，因为短路电流虽大，但双金属片因热惯性原因不可能很快弯曲，而短路电流却会在很短的时间内造成严重的后果。不过双金属片存在热惯性这一点，却对接触器用于电动机的控制有利，因为这可避免电动机起动电流造成热继电器误动作。

热继电器的选用决定于被保护电动机的额定电流，原则是应使继电器的发热元件的额定电流稍大于或等于电动机的额定电流。

第三节 低压三相感应电动机的常用控制电路

在低压三相感应电动机的控制电路中，除对在个别场合下使用的小容量电动机采用负荷开关通、断负荷电流外，大部分电动机广泛采用的是由接触器、继电器构成的控制电路，称为继电—接触器控制。其优点是操作方便、省时、省力，能有效地自动保护电动机。

为读图、分析、设计电路清晰方便，常采用展开式原理图（简称原理图）来表示继电—接触器控制电路。

应当说明的是，在三相感应电动机控制电路的原理图中，首先，主电路和（辅助）控制电路是分开画出的，主电路画在辅助控制电路的左边或上边；其次，同一电器的各部件，如接触器的线圈和主、辅触点，也是按其作用和连接的不同分画在电路的有关环节中，为了表明它们属于同一电器，各部件用同一设备文字符号标注（如接触器的线圈、触点都标注为 KM）；再次，规定原理图中所有触点状态，均为未通电、未发生机械动作前的状态。

一、点动正转控制电路

点动正转控制电路如图 7 - 11 所示。它是由电源开关 QS、熔断器 FU、交流接触器 KM、起动按钮 SB 组成。这种控制电路适用于电动机经常起动和停止的场合，如控制电葫芦电动机的操作等。其工作原理是：电动机起动时，先合上电源开关，然后按下起动按钮，接触器线圈通电，其主触点 KM 闭合，电动机起动运转；松开起动按钮，接触器线圈断电，其主触点断开，电动机断电而停转。熔丝 FU 作为短路保护使用。

二、自锁正转控制电路

自锁正转控制电路如图 7 - 12 所示。它是由电源开关 QS、熔断器 FU、接触器 KM、热继电器 FR、起动按钮 SB1、停止按钮 SB2 组成。其工作原理是：起动时，先合上电源开关 QS，然后按下起动按钮 SB1，交流接触器线圈通电，其主触点 KM 闭合，电动机 M 起动，当松开起动按钮后，靠已闭合的接触器辅助动合触点 KM，继续维持接触器线圈通电和主触点闭合，保证电动机继续运转。接触器辅助触点的这一作用称为自锁，该触点称为自锁触点。欲使电动机退出工作，只需按下停止按钮 SB2，则接触器线圈断电，其主触点断开，电动机停转，最后断开电源开关 QS。

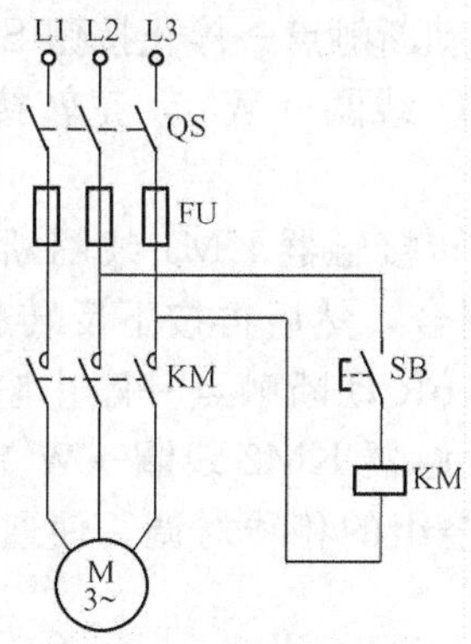

图 7 - 11　三相感应电动机的点动正转控制电路

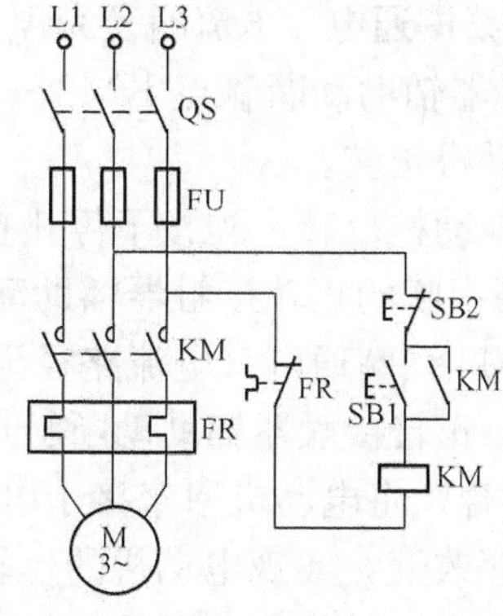

图 7 - 12　三相感应电动机的自锁正转控制电路

图 7 - 12 中，熔断器 FU 作为短路保护，热继电器 FR 作为电动机过载保护。当电动机过载时，串接在控制回路中的热继电器动断触点 FR 断开，接触器线圈断电，其主触点断

开，切断电动机的主电路，电动机停转。接触器本身具有失压保护功能，即当电压消失或低于某一数值时，接触器的固定铁心对衔铁的电磁引力小于弹簧的反作用力，释放衔铁，将接触器的主触点断开。

三、可逆控制

生产中往往要求某个部件正、反两个方向运动，例如起重机提升和放下重物即是如此。这就要求拖动它的电动机进行正、反向旋转，即需可逆控制。利用两个接触器的互锁可实现三相感应电动机频繁正、反转控制电路如图 7 - 13（a）所示。它是由两套单向控制电路组成：起动按钮 SB1 和接触器 KM1 负责电动机正转控制；起动按钮 SB2 和接触器 KM2 负责电动机的反转控制。

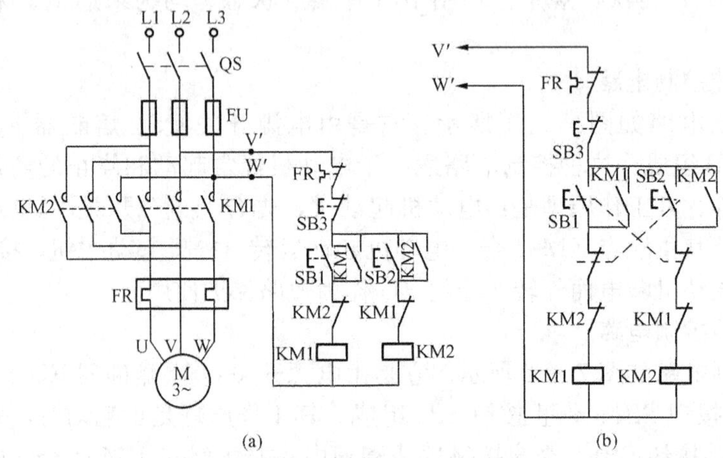

图 7 - 13 接触器连锁的电动机正、反转控制电路

（a）接触器触点互锁；（b）接触器触点、复合按钮触点互锁

其工作原理如下：

（1）电动机起动时，先合上电源开关 QS，欲使电动机正转，按下正转起动按钮 SB1，正转接触器 KM1 线圈通电（电流路径为 V′→热继电器 FR 动断触点→停止按钮 SB3→起动按钮 SB1→反转接触器辅助动断触点 KM2→正转接触器 KM1 线圈→W′），正转接触器 KM1 主触点闭合，电动机正转。

（2）欲使电动机反转，先按下停止按钮 SB3，使正转接触器 KM1 线圈断电，与反转接触器 KM2 线圈串联的正转接触器辅助动断触点 KM1 闭合，然后再按下反转起动按钮 SB2，反转接触器 KM2 线圈通电（电流路径为 V′→热继电器 FR 动断触点→停止按钮 SB3→反转起动按钮 SB2→正转接触器辅助动断触点 KM1→反转接触器 KM2 线圈→W′），反转接触器 KM2 主触点闭合，将电动机原来接于电源 U、W 两相绕组的相线对调，使通入电动机三相绕组的电流相序改变，实现电动机的反转。

欲使电动机退出工作，只需按下停止按钮 SB3，使接触器断电，其主触点断开，最后断开电源开关 QS。

将一个接触器的辅助动断触点串接于另一接触器的起动回路中，目的是防止两个接触器的主触点同时闭合导致电源的相间短路。当正转接触器 KM1 线圈通电时，它的辅助动断触点是断开的，若此时误按反转起动按钮 SB2，反转接触器线圈不能形成通路，反之亦然。接触器辅助动断触点的这种相互制约作用称为互锁或连锁。

对于图 7 - 13（a）所示的控制电路，欲使电动机反转，必须首先按下停止按钮（SB3），然后再按反转起动按钮（SB2）。对于小容量的三相感应电动机，可采用图 7 - 13（b）所示的利用接触器和按钮互锁的直接正、反转控制电路。按钮均采用复合按钮，将正转（或反转）起动按钮的动断触点与反转（或正转）接触器线圈串联，它们的动断触点先于动合触点动作［见图 7 - 8（b）］，因而，可直接操作正、反转起动按钮改变电动机的转向，且不会造成电源的相间短路。

四、多地控制电路

为了操作方便，有时要求能在不同地点对同一台电动机进行起动、停止控制。例如发电厂中的给水泵电动机，要求在主控制室、机房都能起、停操作。图 7 - 14 所示为两地控制电路。其接线原则是不同处的所有起动按钮（如 1SB1、2SB1）并联连接；所有停止按钮（如 1SB2、2SB2）串联连接，将各对起动、停止按钮（如 1SB1、1SB2）安装在不同地点，即可实现多地控制。这样按下任一起动按钮或停止按钮，都可以使电动机起动或停止。

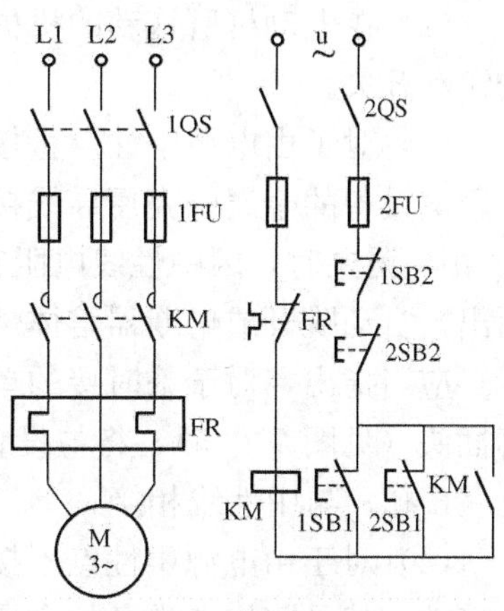

图 7 - 14　三相感应电动机的两地控制电路

第四节　安全用电常识

人体触及电压较高的带电体并导致局部受伤或死亡的现象称为触电。

一、触电伤害

触电分为电击和电伤两种。

1. 电击

电击是指电流通过人体内部对器官造成的伤害。

影响电击危害程度的因素是：

（1）通过人体电流的大小。当工频电流超过 10mA，触电人就不能自我摆脱电源，超过 50mA，持续时间超过 1s，就会有生命危险，而决定电流大小的因素是人体上的电压和人体电阻。人体电阻可在几百欧姆到几万欧姆范围内变化，皮肤破损或潮湿脏污时，人体电阻显著降低，最低可达 800～1000Ω 以下，按着致命电流（50mA）和人体最小电阻（800～1000Ω）计，对人有致命危险的工频最小电压为 40～50V。

（2）电流通过人体的持续时间。时间越长，后果越严重。

（3）电流通过人体的途径。当电流通过心脏时，会引起心室震颤，较大的电流还会使心脏停止跳动，使血液循环中断导致死亡。经验表明，在电流通过人体的途径中，最危险的途径是从手→胸部（心脏）→脚；较危险的途径是从手→手；危险较小的途径是从脚→脚。

2. 电伤

电伤是电流对人体外部的伤害，电伤又叫电灼。电伤往往在人体表面留下伤痕，严重时，也会导致死亡。例如，错误的带负荷拉闸（即带负荷拉无灭弧能力的隔离开关）会被电弧或从中溅出的金属液体烧伤。

二、安全用电措施

安全用电最根本的保证是要重视用电安全，树立“电业工作安全第一”的思想，学习并掌握安全用电知识，严格执行《电业安全工作规程》。常用的安全用电措施简述如下。

（1）发电厂（或其他厂矿）内的高压电气设备都设有固定遮栏，未经允许，严禁入内。

（2）在电动机所拖动的机械设备上工作时，应注意警示牌上的警示内容，不得随意触动按钮和开关。

（3）对于由电源中性点直接接地的三相四线制供电的电气设备，应该实施保护接零，即将用电设备的金属外壳用导线接到中性线上，如图 7 - 15 所示。当用电设备的一相（如图中 L3 相）漏电时，因中性线电阻很小，将出现很大的短路电流，必将引起电源开关（图中未画出）自动跳开或熔断器熔体熔断，切断电源，使用电设备的外壳对地电压消失。

应当指出，对于临时接的单相用电设备，为了确保实施保护接零，应使用三脚插座和三脚插头（见图 7 - 15），将与设备的金属外壳相接的导线，经过插头上的插脚、插座上的插孔（E 孔）与中性线相接。

（4）对于由电源中性点不接地的三相三线制供电的用电设备，应实施保护接地。所谓保护接地，就是将用电设备的金属外壳，采用具有一定截面、被称为接地线的导线与埋入地下的接地体（金属导体）连在一起的措施，如图 7 - 16 所示。接地线与接地体合称接地装置。若用电设备的一相（如图 7 - 16 中 L3 相）漏电时，流过外壳的电流是其他两相对地电容电流的（相量）和。当人体触及设备的金属外壳时，因为接地装置的接地电阻很小，一般不超过 4Ω，不及人体电阻的百分之一，因而电流主要流过接地装置，流过人体的电流极小，这就保证了触电人的安全。接地线一定要保持其良好状态，不能随意拆开、损伤、折断。

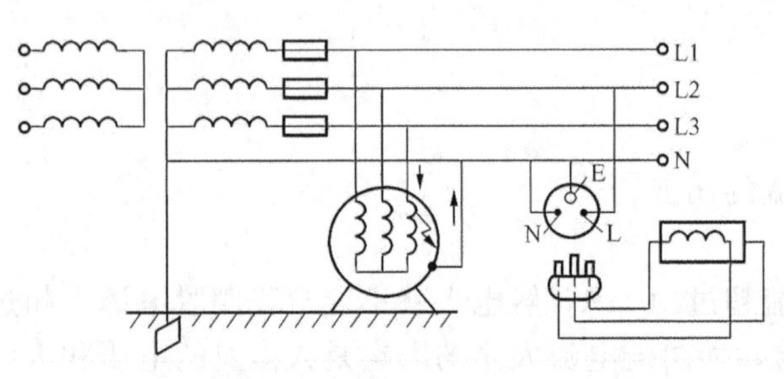

图 7 - 15　用电设备的保护接零

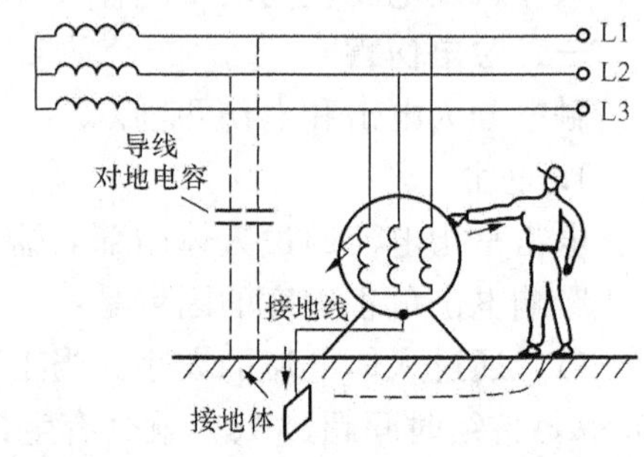

图 7 - 16　用电设备的保护接地

（5）使用电气工具应正确选择安全电压。安全电压是指在各种不同环境下，人体接触带电体后，不发生任何伤害的电压。由前已知，安全电压在 40～50V 以下。我国规定交流安全电压有效值为 42、36、24、12、6V 五种，供不同条件下选用。

合理选择常用电气工具的安全电压，如行灯、机床照明灯等，一般选用 36V 的电压，在金属容器（如汽鼓、凝汽器、槽箱等）内选用 24V 及以下的电压，在特别潮湿的场所中，必须采用不高于 12V 的电压。

（6）安装漏电保护器。当发生人体触电时，漏电保护器迅速动作切断电源，使触电者迅速脱离危险。

尽管采取了上述安全用电措施来防止触电，但由于工作疏忽，有时也会发生触电事故，因此还要注意以下安全用电事项：

（1）任何情况下，不得用手的触摸来代替验电工具鉴定导体是否带电。

（2）在电气设备上作业必须在停电情况下进行，如必须带电作业，应采取安全措施（如站在绝缘板上或穿绝缘靴，戴绝缘手套等），作业时应有专人监护。

（3）带电的导线头，应用绝缘带包好，悬挂在人碰不到的高处。

（4）手枪电钻、电风扇之类的金属外壳必须实施保护接零。

（5）多人进行电工作业后恢复供电时，必须通知所有在场人员引起注意。

（6）当发现带电高压导线一相落地（断落点有时发生弧闪）时，应立即将故障地点隔离，人员应远离导线落地点，最好在 20m 以外。已受到跨步电压威胁（两腿有麻感）者，应采用单脚或双脚并拢方式迅速跳离危险区。

第五节　触　电　急　救

一、迅速断电

当发现有人触电时，应使触电者尽快脱离电源。

若触电发生在低压设备上，应立即断开电源开关。若电源开关不在附近，可用有绝缘柄的斧、钳子切断电源线，或用干燥的木棍、竹竿等绝缘物把导线挑开，或垫上干燥的绝缘物把触电者拉开。要防止挑开的导线触及其他人。在带电体与触电人未分开前，切勿用手拉触电人，以免救护人也发生触电。若触电人抓住电线牢牢不放，松开困难，这时，应使触电者与大地隔开；若触电者在较高的位置，在切断电源前，应事先采取安全措施，以免断电后触电者跌下摔伤。

若为高压触电，救护者必须按电压等级戴绝缘手套、穿绝缘靴或使用绝缘杆等工具进行救护，否则就一定要断开电源断路器并拉开两侧隔离开关，才能靠近触电者。

二、迅速抢救

触电人脱离电源后，必须立即将他抬至空气清新的场所。若触电者未昏迷，心脏仍在跳动，可解开衣扣静卧休息，留人守候观察。若触电者已失去知觉，停止呼吸，必须马上进行人工呼吸。若触电者的呼吸、心脏跳动均已停止，仍不能认为已经死亡，应立即进行人工呼吸，同时进行胸外心脏按压，并请医生前来输氧、抢救。

触电急救时切记不能拖延时间。统计资料表明，触电后 1min 开始急救的，90%有良好效果；触电后 6min 开始急救的，10%有良好效果，而触电 12min 才开始急救的，救活的可能性很小。因此，当触电者脱离电源后，不应是马上将触电者送往医院，而应该立即就地急救。这正是人人都需学会触电急救法的原因。

小　　结

一、发电厂的厂用电

任何情况下，发电厂的厂用电都是发电厂的最重要的负荷。火力发电厂的厂用电一般选用高、低两级电压供电。为了保证厂用电的供电可靠性，厂用高压电工作电源广泛采用由发电机出口直接引接的方式、厂用电母线按炉分段、设置备用电源及备用电源自动投入装置。

二、常用的低压电器

常用的低压电器有熔断器、低压开关、低压断路器、按钮开关、交流接触器、热继电器，应熟悉它们的结构、作用、工作原理及选择。

三、电动机的继电—接触器控制

电动机的继电—接触器控制电路是由接触器、熔断器、热继电器和控制按钮组成。电路对电动机具有起动（自锁）、停止、过载保护、短路保护、失压保护等多种功能。

四、安全用电

触电伤害有电击和电伤两种。防止触电除采取安全用电措施外，还应注意一些具体的安全用电事项。发现有人触电应迅速断电和迅速抢救。

习 题 七

7-1 发电厂的厂用电的重要性体现在哪些方面？

7-2 为什么火力发电厂的厂用电的供电电压，一般选用高压和低压两级？

7-3 提高发电厂厂用电供电可靠性的措施有哪些？

7-4 熔断器的作用是什么？

7-5 有一台 7.5kW 的三相感应电动机，额定电压为 380V，满载时的功率因数为 0.85，η_N（电动机的效率）为 0.88，电动机不经常起动，按起动电流 $I_{st}=6I_N$ 计，试选择熔断器的熔体额定电流。

7-6 某 220V 的单相电源线，装 1500W 电炉一个，6 盏 100W 的白炽灯，试确定该电路中熔断器的熔体额定电流。

7-7 热继电器对电动机的保护任务是什么？它为什么不能承担电动机的短路保护？

7-8 开启式负荷开关、封闭式负荷开关各应用在哪些场合？

7-9 安装时，要求开启式负荷开关在合闸状态时手柄向上，电源侧导线接在开关上侧，负载侧导线接在开关下侧。想想这是为什么？

7-10 现场使用的开启式负荷开关有时胶盖未盖（熔丝裸露），在这种不正常的情况下，用手合开关有可能发生的危险是什么？

7-11 低压断路器（自动空气开关）具有哪些保护功能？

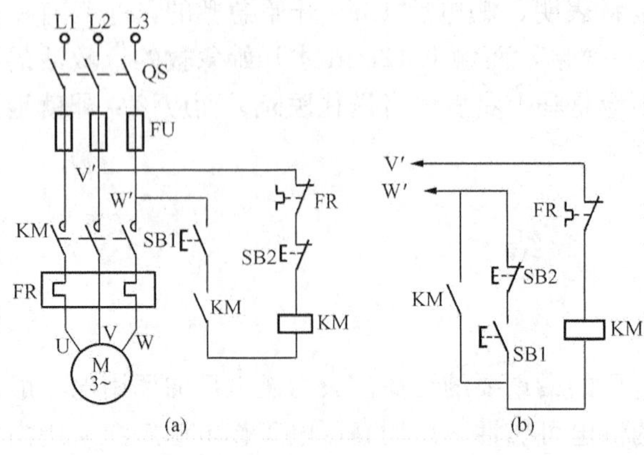

图 7-17 习题 7-13 图

7-12 默画三相感应电动机的自锁正转控制电路，说明其工作原理。

7-13 图 7-17（a）、（b）所示为三相感应电动机的自锁正转控制电路，分别指出错点和改正接法。

7-14 图 7-18（a）、（b）所示为三相感应电动机的两地控制电路，指出错点及改正接法。（1SB1、1SB2 同处于一地；2SB1、2SB2 同处于另一地）

7-15 图 7-19 所示为三相感应电动机的非直接正反转控制电路，指出错点及改正接法。

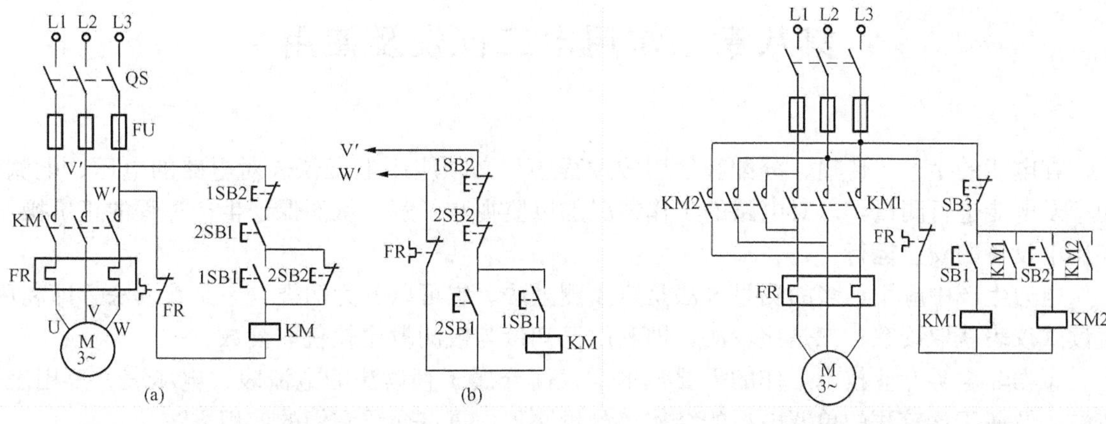

图 7-18　习题 7-14 图　　　　图 7-19　习题 7-15 图

7-16　图 7-20 所示电路，在每相熔断器的两端并接一个指示灯，用来指示熔断器是否熔断，说明其工作原理。

7-17　我国选定的交流安全电压（有效值）共五种，它们分别为 ________ V、________ V、________ V、________ V、________ V。

7-18　防止触电的常用安全用电措施有哪些？

7-19　防止触电的注意的事项有哪些？

7-20　什么叫电气设备的保护接零、保护接地？分别说明各自的保护原理。

7-21　指出选择下列常用电气工具的安全电压值：

（1）行灯、机床照明灯；（2）在金属容器内；（3）在特别潮湿的场所。

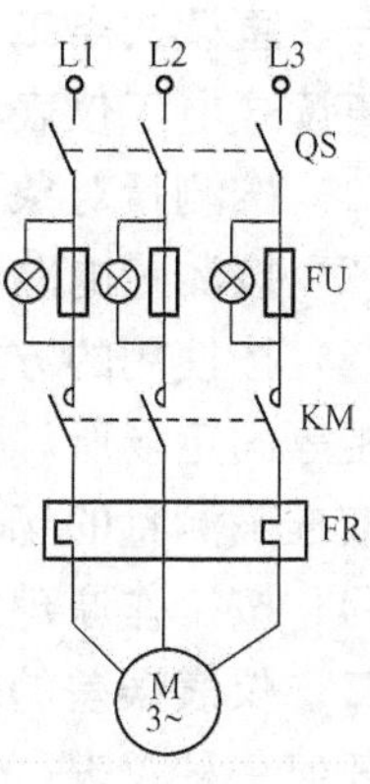

图 7-20　习题 7-16 图

7-22　作为非医务人员，当你发现有人触电时，如何进行触电急救？

第八章　常用电工仪表及使用

在电能的生产、传输、分配和使用的过程中，必须应用电工仪表对电路的电压、电流、功率及电能进行测量，以对电路的工作情况加以监视和了解，从而保证生产过程的正确操作和用电设备的安全运行。

电力生产中应用最多的测量方法是直接测量法。它可以分为两类：一是直读法，即利用直读式仪表获取读数；二是比较法，即利用已知量与被测量比较获取读数。

根据非电类专业技术工作的需要，本章仅简介属于直读法的电流表、电压表、万用表、兆欧表及属于比较法的单臂电桥的结构、测量原理，重点介绍它们的使用方法。

第一节　电工仪表的基本知识

一、直读式电工仪表的分类

直读式电工仪表种类很多，主要按以下几个方面分类。

（1）按测量对象可分为电流表、电压表、功率表、电能表等。

（2）按测量电路的频率可分为直流仪表、交流仪表、交直流两用仪表等。

（3）按使用的方式可分为开关板式仪表及携带式仪表。开关板式仪表通常安装于开关板、柜等固定场所，又称为盘式仪表，价格较低仍可达到一定的精度；携带式仪表主要用在需做较准确测量的场合，如实验或试验中。其精确度高、误差小，但价格较高。

（4）按工作原理主要分为磁电式、电磁式、电动式及感应式等种类。

二、仪表误差的表示方法

任何一种仪表，无论制造如何精确，测量时都将有误差，即测量值与实际值之间总是不可能绝对相等。仪表误差有两种，其一是基本误差，其二是附加误差。基本误差是在标准条件下使用的误差。这种误差是由于仪表结构、材料及制造工艺上的不完善造成的，是仪表本身的固有误差。例如轴尖与轴承之间摩擦，刻度尺不准等。附加误差是仪表在非标准条件下使用产生的"额外"误差。例如环境温度变化、工作位置不符合规定、外界电磁场影响等都会产生附加误差。

仪表误差的表示方法有三种。

1. 绝对误差

仪表的指示值与实际值之差称为绝对误差，即

$$\Delta A = A_x - A_0 \quad (8-1)$$

式中：A_x 为指示值（测量值）；A_0 为实际值，又称真值；ΔA 为绝对误差，其值或正或负。

用绝对误差表示仪表误差比较直观，但它并不能反映测量的准确程度，为此引用相对误差。

2. 相对误差

绝对误差与实际值的比值称为相对误差，用 γ 表示。在电工测量中，常用百分数表

示，即

$$\gamma=\frac{\Delta A}{A_0}\times100\%$$

相对误差表明了误差对测量结果的相对影响。它能正确的反映误差程度。由于相对误差可以对不同测量结果的误差进行比较，所以它是误差计算中常用的一种表示方法。工程上凡是确定或是评价测量结果的误差，一般都采用相对误差。

3. 基准误差

基准误差是绝对误差 ΔA 与仪表量程（满刻度值）A_m 之比，即

$$\gamma_n=\frac{\Delta A}{A_m}\times100\% \tag{8-2}$$

由于仪表标尺的各刻度处的绝对误差不一定相等，其值有大小，符号有正负。我们把仪表在规定的正常工作条件下进行测量时，产生的绝对值最大的最大绝对误差 ΔA_m 与仪表量程 A_m 之比称为最大基准误差，用 γ_{nm} 来表示，即

$$\gamma_{nm}=\frac{\Delta A_m}{A_m}\times100\% \tag{8-3}$$

常用最大基准误差反映仪表的准确性。一只合格的仪表，在规定的标准条件下其最大基准误差应小于其允许值。

三、电工仪表的准确度等级

直读式电工仪表的准确度等级是以最大基准误差来划分的。若以 K 表示仪表的准确度等级，则 K 与最大基准误差的关系是

$$K\%\geqslant\frac{|\Delta A_m|}{A_m}\times100\% \tag{8-4}$$

例如，准确度等级 $K=0.5$ 的仪表，在标准条件下工作，其最大基准误差不允许超过 ±0.5%。仪表的准确度等级数值越小，允许的最大基准误差越小，表示仪表的准确度等级越高。

我国标准规定电流表和电压表的准确度等级（K）分别为 0.05、0.1、0.2、0.3、0.5、1.0、1.5、2.0、2.5、3.0 级和 5.0 级共十一级。其中 0.05～0.5 级的仪表常作为标准表用来对低等级仪表进行校正或用在精密测量中，1.5～5 级表用于配电盘中。

由仪表的准确度等级及仪表的量程，还可以算出仪表的最大基本误差（可能的最大值）。在规定的正常工作条件下，仪表的最大基本误差是不变的。

【例 8-1】 要测量实际值为 90V 左右的电压，现有 A 为 0.5 级、量程 0～300V 及 B 为 1.0 级、量程 0～100V 的电压表各一块，问采用哪一块表测量的相对误差较小？

解 仪表的最大绝对误差可能存在于标尺的任何位置，因此，两表可能的最大绝对误差（取绝对值）分别为

$$\Delta U_{mA}=300\times0.5\%=1.5\ (\mathrm{V})$$

$$\Delta U_{mB}=100\times1.0\%=1\ (\mathrm{V})$$

它们可能的最大相对误差（取绝对值）为

$$\gamma_A=(\Delta U_{mA}/U_0)\times100\%=\frac{1.5}{90}\times100\%=1.67\%$$

$$\gamma_B=(\Delta U_{mB}/U_0)\times100\%=\frac{1}{90}\times100\%=1.11\%$$

由［例 8-1］可见，1.0 级电压表较 0.5 级电压表的相对误差小，测量更准确。由此例可知，选择仪表时，应兼顾准确度等级和量程两个方面，而不能只看准确度等级的高低。此外，为保证测量的相对误差较小，还应使被测量尽量接近仪表满刻度，至少应在满刻度的一半以上。

四、电工仪表的表面标记

在电工仪表的表面有一些标记符号，它们分别表示仪表的种类、性能、准确度等级、使用条件等，懂得这些标记符号的含义才能保证正确、合理地选择和使用仪表。

电工仪表表面上常见标记符号及含义见表 8-1。

表 8-1　　电工仪表表面上常见标记符号及含义

分类	符号	名称
电流种类	—	直　流
	～	交　流
	≂	直流和交流
测量单位	A	安
	V	伏
	W	瓦
	var	乏
	Hz	赫
工作原理		磁电系仪表
		电磁系仪表
		电动系仪表
		磁电系比率表
		铁磁电动系
准确度等级	1.5	以表尺量限的百分数表示
	(1.5)	以指示值的百分数表示
工作位置	⊥	标尺位置垂直
	⊓	标尺位置水平
	∠60°	标尺位置与水平面夹 60°

分类	符号	名称
外界条件		Ⅰ级防外磁场（例如磁电系）
		Ⅰ级防外电场（例如静电系）
	Ⅱ　Ⅱ	Ⅱ级防外磁场及电场
	Ⅲ　Ⅲ	Ⅲ级防外磁场及电场
	Ⅳ　Ⅳ	Ⅳ级防外磁场及电场
	△A	A 组仪表
	△B	B 组仪表
	△C	C 组仪表
绝缘强度		不进行绝缘强度试验
		绝缘强度试验电压为 2kV
端钮调零器	+	正　端　钮
	−	负　端　钮
	*	公共端钮
		与屏蔽相连接的端　钮
		调　零　器

第二节　直流电流表与电压表及使用

测量直流电流、电压，通常采用磁电式电流表、电压表。

一、磁电式仪表的测量机构及工作原理

这种仪表的测量机构如图 8-1 所示。机构的固定部分由 U 形永久磁铁、软铁极掌 N、S 及柱形铁心等组成。极掌与铁心之间为一均匀空气隙，气隙内分布一均匀的径向辐射状磁场，机构的可动部分由铝框、绕在框架上的线圈、线圈两端的半轴及装在轴上的指针等组成。两根半轴端部放在轴承座内，各连有一盘绕向相反的螺旋弹簧，螺旋弹簧还兼作线圈电流的进、出引线（电流由弹簧的固定端进、出）。线圈和弹簧分别用来获得转矩和阻转矩。

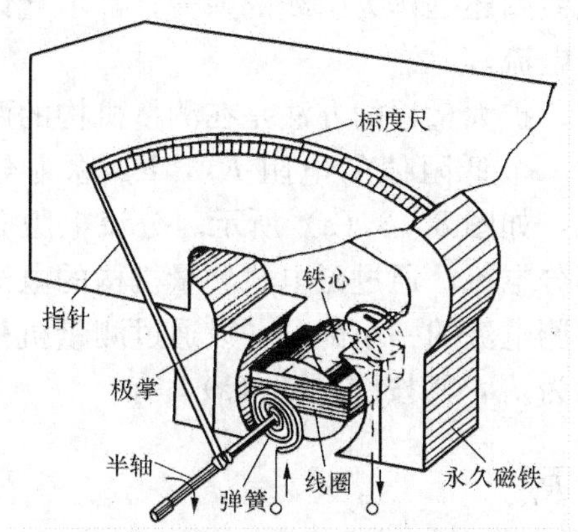

图 8-1　磁电式仪表的测量机构

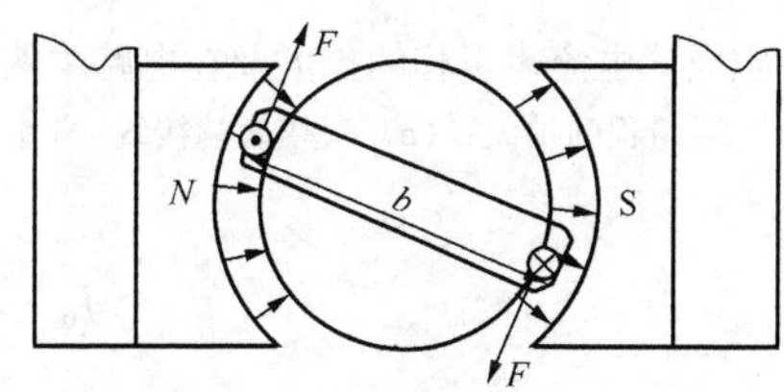

图 8-2　转动转矩的产生

当电流 I 流过线圈时，与空气隙内磁场相互作用，线圈的两有效边受到一对大小相等、方向相反的力的作用，如图 8-2 中 F 所示，其大小应为

$$F = BLNI$$

式中：B 为气隙磁场的磁感应强度；L 为线圈在磁场内的有效长度；N 为线圈匝数。

力 F 的方向由左手定则确定。这样，线圈受到的转矩 T 的大小为

$$T = Fb = BLb\text{N}I = k_1 I$$

式中：b 为线圈的宽度；k_1 为比例系数，$k_1 = BLb\text{N}$。

在此转矩作用下，线圈带动指针转动，同时螺旋弹簧被扭紧而产生阻转矩。由于弹簧产生的阻转矩 T_c 与指针的偏转角 α 成正比，即

$$T_c = k_2 \alpha$$

故当弹簧的阻转矩与线圈的转矩相平衡时，可动部分即停止转动，指针指在某一固定位置，这时

$$T = T_c$$

故有

$$\alpha = \frac{k_1}{k_2} I = kI \tag{8-5}$$

由式（8-5）可知，指针偏转的角度α与流过线圈的电流成正比。正因为如此，这种仪表的标度尺刻度是均匀的。磁电式仪表的铝框架起着阻尼器的作用。当线圈转动时，铝框也切割永久磁铁的磁力线，而在框架内产生感应电流，该电流又与永久磁铁的磁场作用产生一个与转动方向相反的制动力矩。由于这个力矩仅在可动部分摆动时存在，故能使其在平衡位置附近的摆动迅速停止。

磁电式测量机构只能用来测量直流，因为通过交流电流时，线圈受到的转矩方向将迅速改变，而测量机构的可动部分具有一定的惯性，跟不上转矩的迅速变化，因而只能在某一位置上振动或静止不动。

二、磁电式电流表及使用

磁电式测量机构本身只能测量很小的电流。要想测量较大的电流，则必须扩大量程。这是因为作为其测量机构核心的线圈只能用截面很小的导线绕制，而且电流需经弹簧进出，无论线圈还是作为引线的弹簧，都不允许通过大电流。

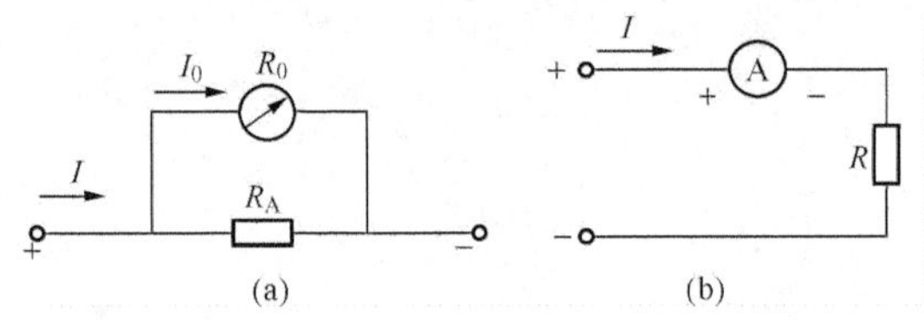

图 8-3 磁电式电流表量程的扩大及在电路中的接线
(a) 量程的扩大；(b) 安培表的接线

扩大量程的办法是在测量机构的两端并联一个低阻值的电阻R_A，R_A称为分流电阻，如图 8-3（a）所示。分流电阻分去大部分电流，通过磁电式测量机构的电流只是被测电流的一小部分。设通过测量机构的电流为I_0，则按图8-3（a），有

$$I_0 = I\frac{R_A}{R_0 + R_A}$$

即

$$R_A = \frac{R_0}{\frac{I}{I_0} - 1} = \frac{R_0}{n-1} \tag{8-6}$$

式中：R_0为测量机构的内阻；I为被测电流；$I/I_0 = n$为电流表量程的扩大倍数。

由式（8-6）可知，量程扩大的程度越大，分流电阻就越小，通过测量机构的电流在被测电流中所占的比例就越小。

【例 8-2】 有一磁电式测量机构，满刻度电流$I_0 = 500\mu A$，内阻$R_0 = 200\Omega$，欲将其改制成量程为 5A 的电流表，试求并联的分流电阻R_A。

解 电流表量程扩大倍数应为

$$n = \frac{I}{I_0} = \frac{5}{500 \times 10^{-6}} = 10^4$$

由式（8-6）可知

$$R_A = \frac{R_0}{n-1} = \frac{200}{10^4 - 1} \approx 0.02\ (\Omega)$$

磁电式电流表应与负载串联使用，如图8-3（b）所示。由于表的内阻非常小，严禁将其并联在负载或电源的两端，以免损坏仪表。接线时还应注意极性，仪表接线端钮上标有"+"者为电流流入端，标有"−"者为电流流出端；如果接反，将使指针反偏，可能损坏仪表。

三、磁电式电压表及使用

磁电式测量机构的两端接于被测电压 U 时，测量机构中的电流 $I=U/R_0$，它与被测电压成正比，所以测量机构可以直接测量电压。但测量机构的允许电流很小，因而直接作为电压表使用只能测量很小的电压，一般只有几十毫伏左右。为了测量较高的电压，通常用一个大电阻 R_V 与测量机构串联，如图 8-4（a）所示。这个大电阻称为分压器或分压电阻。

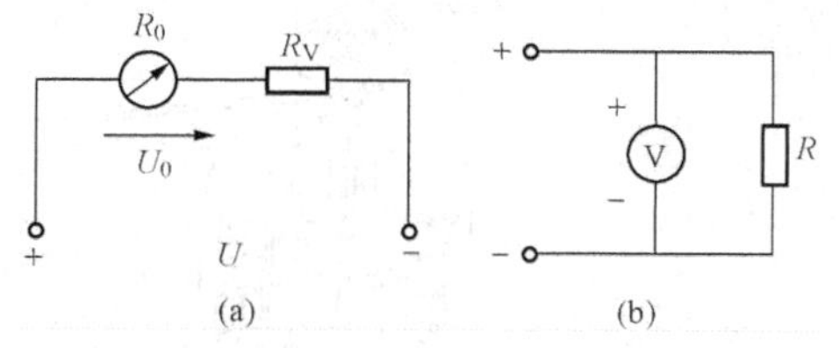

图 8-4　电压表量程的扩大及在电路中的接线
（a）量程的扩大；（b）电压表接线

由图 8-4（a）可知

$$U_0 = U\frac{R_0}{R_0 + R_V}$$

则

$$R_V = R_0\left(\frac{U}{U_0} - 1\right) = R_0(m-1) \tag{8-7}$$

式中：U_0 为测量机构原有电压量程，$U_0=I_0R_0$；U 为被测电压；m 为电压表量程扩大倍数，$m=\frac{U}{U_0}$。

可见，量程扩大的程度越大，分压电阻就越大，测量机构上的电压在被测电压中所占比例也就越小。

【例 8-3】　一个满刻度电流 $I_0=50\mu A$，内阻 $R_0=200\Omega$ 的磁电式测量机构，欲将其改制成量程 100V 的电压表，应选用多大的分压电阻？

解　电压量程扩大倍数应为

$$m = \frac{U}{U_0} = \frac{U}{I_0R_0} = \frac{100}{50\times10^{-6}\times200} = 10\ 000$$

由式（8-7）可知

$$R_V = R_0(m-1) = 200\times(10\ 000-1) = 1.9998\times10^6(\Omega)$$

磁电式电压表应与负载并联使用，如图 8-4（b）所示。它的“+”、“−”端钮应与电路的高、低电位端分别相接；如果接反，表的指针反偏，甚至可能造成仪表损坏。

第三节　交流电流表与电压表及使用

测量交流电流、电压主要采用电磁式电流表、电压表。

一、电磁式测量机构及测量原理

下面以电磁式仪表常用的推斥型测量机构为例，说明其结构与工作原理。结构见图 8-5（a），这种机构的固定部分是一个圆形线圈 1 及安放在线圈内壁上的软磁材料铁片 2。可动部分除转轴、指针、弹簧和阻尼簧片外，还有一块固定的转轴上的软磁材料铁片 3，铁片 3 与铁片 2 是接近的。当线圈通电产生磁场时，两铁片均被磁化，同方向端极性相同，因而相互排斥。由于铁片 2 固定不动，而铁片 3 可动，因而铁片 3 受推斥力即产生对转轴的转矩，从而如图 8-5（b）所示的那样带动转轴及指针转动。

在线圈通入交流电的情况下，由于两铁片在磁化时极性同时改变，仍能产生方向不变的

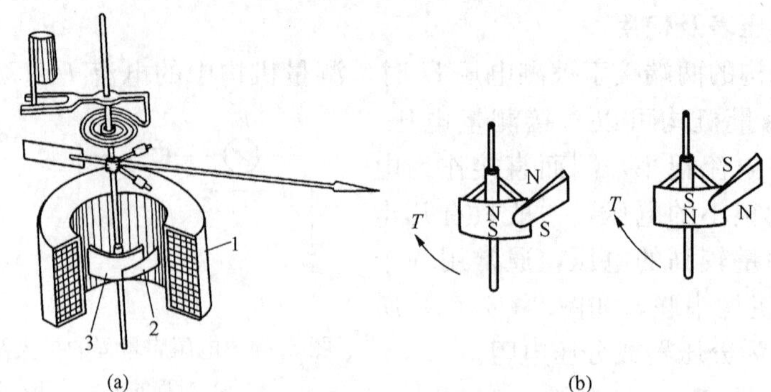

图 8-5　电磁式仪表的测量机构及工作原理

（a）测量机构；（b）原理说明图

1—圆形线圈；2—线圈内壁上的软铁片；3—转轴上的软铁片

排斥力，因此这种测量机构可以交直流两用。

分析可知，可以近似认为电磁式测量机构的转动转矩 T 与通入线圈的直流电流或交流电流有效值 I 的平方成正比，即

$$T = k_1 I^2$$

在转动转矩的作用下，指针偏转 α 角，同时螺旋弹簧也被扭紧，产生一阻转矩，其大小为

$$T_c = k_2 \alpha$$

当阻转矩与转动转矩平衡时，指针停止转动，这时有

$$T = T_c$$

则有

$$\alpha = \frac{k_1}{k_2} I^2 = K I^2 \tag{8-8}$$

可见，指针的偏转角 α 与电流的平方成正比，因此，这类仪表的表盘标度尺刻度是不均匀的。

电磁式仪表采用图 8-6（a）、（b）所示的空气阻尼或磁感应阻尼器。空气阻尼器阻尼力矩由翼片 1 在小空气室 2 中移动产生；而磁感应阻尼器的阻尼力矩是由随轴转动金属翼片切割永久磁铁的磁力线而产生的。

二、电磁式电流表及使用

电磁式测量机构的固定线圈可选用截面较大的导线制作，因此能制成直接测量大电流的电流表。但量程通常仍不超过 100A，测量数值更大的交流电流时，可配用电流互感器扩大量程。开关板式电流表配用的电流互感器二次绕组电流均为 5A（或 1A），因此，这种电流表内实际允许的最大电流不超过 5A，表的标尺刻度是按配用某种规定的互感器扩大量程后的数值标定的，以便直接读取被测电流而省去推算。电磁式电流表不能采用分流器扩大量程，因为这将使仪表内部的功率损耗增大到不能允许的程度。

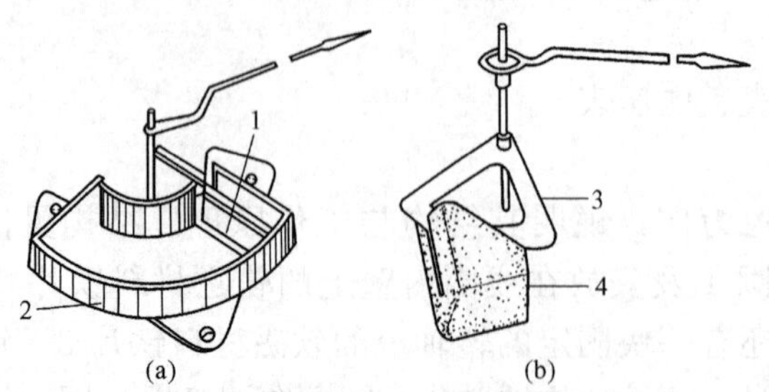

图 8-6　空气阻尼器及磁感应阻尼器

（a）空气阻尼器；（b）磁感应阻尼器

1—翼片；2—小空气室；3—金属翼片；

4—永久磁铁

电磁式电流表测量仍与负载串联，但其接线柱没有极性要求。

三、电磁式电压表及使用

电磁式测量机构串接分压电阻后，就构成了电压表。但作为电压表，它的固定线圈匝数较多，导线较细。开关板式电压表量程最大可达 600V，要测量数值更高的交流电压，则应采用电压互感器扩大量程。

电磁式电压表测量时仍应并接在被测负载两端，但其接线柱也没有极性要求。

四、钳形电流表及使用

钳形电流表由穿芯式电流互感器和电磁式电流表组成（也有采用整流式仪表的），它可以如图 8 - 7（a）所示的那样，在不切断导线的情况下测量低压交流电路中的电流。使用时紧握手柄，让被测载流导线由铁心前端张开的活动钳口处进入环行铁心中间。手放开后，钳口闭合，载流导线、铁心及绕在铁心上的二次绕组就组成一个电流互感器，二次绕组经电流表闭合，如图 8 - 7（b）所示。这样就可以从电流表上直接读取载流导体中电流大小。通常钳形电流表上还装有量程选择开关，以适应不同测量范围的需要。

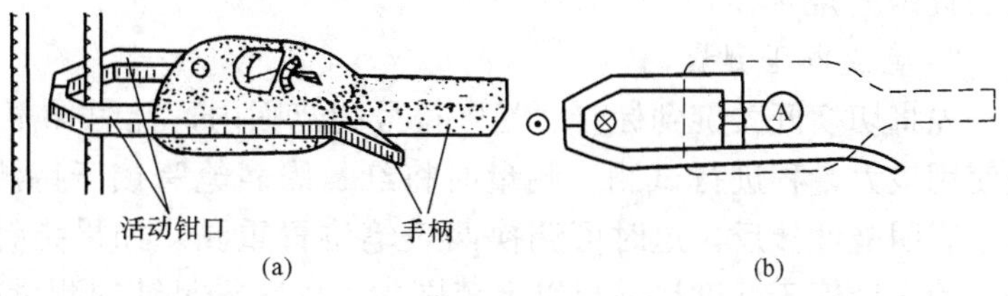

图 8 - 7　钳形电流表

(a) 外形；(b) 工作原理示意图

注意：严禁用钳形电流表测量高压导线中的电流，以免发生触电危险。

第四节　万用表的使用

万用表是一种能测量交、直流电压、直流电流（有的也能测交流电流）、电阻等的多功能仪表。虽然万用表测量准确度不高（一般相对误差在 2.5%～5%范围内），但携带方便，操作简单，因此是电工的必备仪表之一。

一、万用表的结构简介

万用表由磁电式测量机构（俗称表头）、测量线路及切换开关三大部分组成。

测量机构为各种测量的共用部分；测量线路由许多分压器、分流器（电阻）及半导体二极管组合而成，使表计有多种测量功能和多种量限供选择；切换开关则为实现不同测量项目及量限进行线路切换。

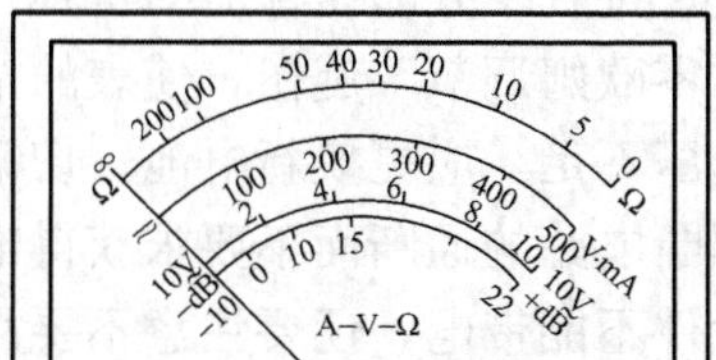

图 8 - 8　MF - 30 型万用表的面板布置

常用的 MF - 30 型万用表的面板布置见图 8 - 8。面板的上半部分为表盘，有四条标度尺，从上到下分别为电阻、直流电压、电流、交流电压及分贝（dB）的标度尺。面板的下半部分主要为切换开关，有四个测量项目及每个项目中的不同量限，可通过切换开关对其任意选择。每个测量项目均以相应字母标明。万用表的种类繁多，但结构功能大致相同。

二、万用表的使用

1. 一般注意事项

使用前应检查表头指针是否在零位，如不在，可利用机械零位调整螺钉进行调整。如需进行电阻测量，还应检查表内电池是否完好。万用表的红、黑两表笔应分别插入与其颜色相同或标注有“+”或“−”标志的插孔内。由于标度尺多，读数时应很好地分清，例如标有“DC”或“−”符号的是直流标尺，而标有“AC”或“～”符号的是交流标尺。此外，应特别注意切换开关位置的项目及量程是否与将要测量的项目及量程相符，否则，极易损坏万用表。例如测量电阻后忘记转动切换开关就去测量交流电压，这将导致表计瞬时烧坏。

2. 直流电压测量

先将切换开关旋到标有“V̲”符号的范围内，此时如不能判定待测电压的极性及范围，应使用最大量程进行试测。测量时将红、黑表笔跨接于待测电路或元件的两端，如指针反转，表明极性接反，这时可调换两表笔位置重测。如果指针摆动很小，可换档选择较小量程，使表针停于标度尺一半以上范围内，以获得足够的测量精度。

3. 交流电压测量

将切换开关旋至标有“V̰”符号的范围内，再选择合适的量程。然后用测直流电压的方法进行测量，但这时不再区分正负极性。另外测量交流电压时，很可能是对 220V 或 380V 电压进行测量，这时应特别注意安全。

4. 直流电流测量

将切换开关旋至“mA”或“μA”范围内，将表计串接入电路。注意红表笔为电流流入，黑表笔为电流流出，接反时同样会使表针反偏。严禁在测量时将表计与负载并联。当测量范围及极性不清时，可仿照前述测量直流电压时遇到同样问题的处理方法予以处理。应当指出，对于一般不具备测交流电流功能的万用表，不能用于测交流电流。

5. 电阻的测量

将切换开关旋至标有“Ω”符号的范围内，并根据电阻值的估计值选择合适的量程。测试前还须将万用表调零，即将两表笔短接，旋转面板上的“零欧姆调节”旋钮，使表的指针指在电阻标度尺的零位。如无法调到零位，说明表内电池电压不足，应更换新电池。切记每更换一次量程，均应重新调零。当然，如只是利用万用表判断电路的通断而不要求获得准确的电阻值，则这一步骤可省略。测量电阻时，被测电路或元件不能带电，还要注意不要用手捏住表笔的裸露端，以免将人体电阻并入而引起误差，两表笔也不能短接，以免表内电池消耗过快。

万用表使用完毕，应将切换开关旋至交流电压最高档，以免下次使用时不慎损坏。对较长时间不用的表，还应取出表内电池。

*第五节 单臂电桥及使用

单臂电桥又称惠斯登电桥，它是一种用比较法测量直流电阻的仪表。

一、单臂电桥的工作原理

单臂电桥的工作原理电路如图 8 - 9 所示。图中连成四边形的四条支路（ac、cb、ad、db）称电桥的四个臂，其中 a、c 间接被测的电阻 R_x，其余的三个电阻 R_2、R_3、R_4 为已知的可调标准电阻，在 a、b 间接有直流电源 E 和按钮 B，在 c、d 间接检流计按钮 G 和指零仪表检流计 G。

当按下按钮开关 B（接通电路）之后，调节桥臂电阻 R_2、R_3 和 R_4，使检流计指零（即 $I_G=0$），此时称为电桥平衡。电桥平衡时，c、d 两点电位相等，于是有

$$I_1R_x = I_4R_4 \tag{8 - 9}$$

$$I_2R_2 = I_3R_3 \tag{8 - 10}$$

将式（8 - 9）和式（8 - 10）相除，并因 $I_1=I_2$、$I_4=I_3$，则有

$$\left.\begin{aligned}\frac{R_x}{R_2}&=\frac{R_4}{R_3}\\ \text{或}\quad R_xR_3&=R_2R_4\end{aligned}\right\} \tag{8 - 11}$$

式（8 - 11）称为电桥的平衡条件。

图 8 - 9　单臂电桥的工作原理图

由电桥平衡条件可知

$$R_x=\frac{R_2}{R_3}R_4 \tag{8 - 12}$$

可见，由已知电阻 R_2、R_3、R_4 的值就可以算出待测电阻 R_x 的值。

二、单臂电桥的结构简介

为了调整方便，实用的单臂电桥中$\frac{R_2}{R_3}$常做成固定比例的形式，称为“倍率臂”（或比例率），而 R_4 制成数档可调形式，称为“比较臂”。在常用的 QJ-23 型直流电桥中，倍率臂分成 10^{-3}、10^{-2}、10^{-1}、1、10、10^2、10^3 等七档，而比较臂则分成数值依次相差 10 倍的四档，每档又由 9 个阻值相同的电阻组成，在电桥的面板上有四个与此四档相对应的读数盘，如图 8 - 10 所示。

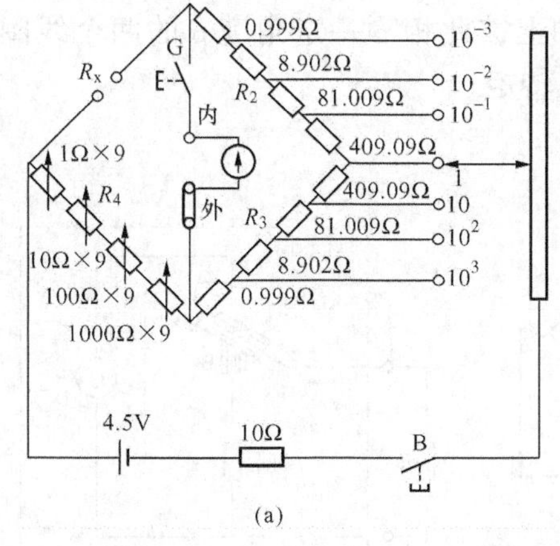

(a)

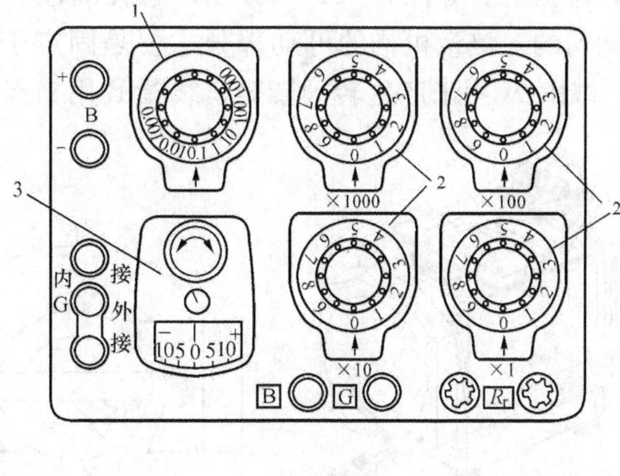

(b)

图 8 - 10　QJ-23 型单臂电桥

（a）原理电路；（b）面板图

1—倍率臂旋钮；2—比较臂旋钮；3—检流计

三、单臂电桥的使用方法

单臂电桥使用时，应先用万用表粗测待测电阻的阻值，根据粗测值选择适当的倍率臂，以使比较臂可调电阻的四档都充分利用而使结果足够精确。例如待测电阻约为5Ω，倍率臂应选 10^{-3}，这样可读出四位有效数，而如选1，则只能读出一位有效数。调整时，旋动电源按钮以接通电源，按动检流计按钮观察检流计指针偏转方向，再仔细调整比较臂电阻，如果检流计的指针向“+”的方向偏转，应加大比较臂电阻，反之则应减小比较臂电阻。如此反复调节，直到检流计指针指向中间零位为止，这时待测电阻 R_x 的阻值为

$$R_x = 倍率 \times 比较臂读数\ (\Omega)$$

单臂电桥中的检流计是灵敏的磁电式表头，通流能力很弱。因此，在测量时应先按下电源按钮B，后按检流计按钮G；测量结束时，应先松开检流计按钮G后释放电源按钮B，以免电源突然接通或断开时，在含电感的被测电阻的导体中产生感应电动势将检流计损坏，这一点在测量线圈电阻时要特别注意；最后还应该将检流计用锁扣锁住。

直流单臂电桥适宜被测电阻的阻值为 $1\sim10^6\Omega$，1Ω以下的电阻应选用双臂电桥测量。双臂电桥又称凯尔文电桥（本书略）。

*第六节 兆欧表及使用

兆欧表是测量电气设备绝缘电阻的仪表。它的标度尺以MΩ（兆欧）为单位。

一、兆欧表的结构及工作原理

按兆欧表试验电压来源的不同有晶体兆欧表和手摇发电机兆欧表，后者俗称摇表，本节仅介绍摇表的结构及工作原理。

兆欧表是由磁电式比率表（测量机构）及手摇发电机组成的，直流电源通过手摇发电机产生，其外形如图8-11（a）所示。磁电式比率表与普通磁电式仪表测量机构的区别，在于它用专门的动圈代替了螺旋式弹簧来产生阻转矩。由于没有螺旋弹簧，表的指针在非工作状态时的位置是不固定的，测量机构的固定部分仍由永久磁铁及圆柱形铁心组成，但气隙分布是不均匀的，如图8-11（b）所示，在圆柱形铁心上开有缺口C，故气隙中的磁通密度也是不均匀的。测量机构的可动部分主要是固定于转轴上彼此相隔一定角度 β 的两个线圈A与B。线圈A用来产生转动转矩，线圈B用来产生阻转矩。

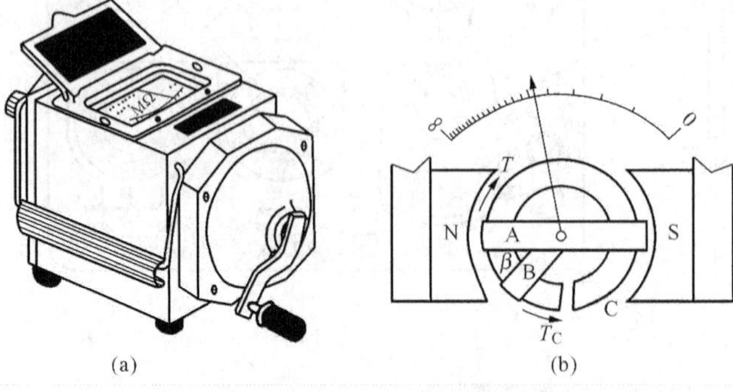

图8-11 兆欧表的外形及测量机构
（a）外形；（b）测量机构

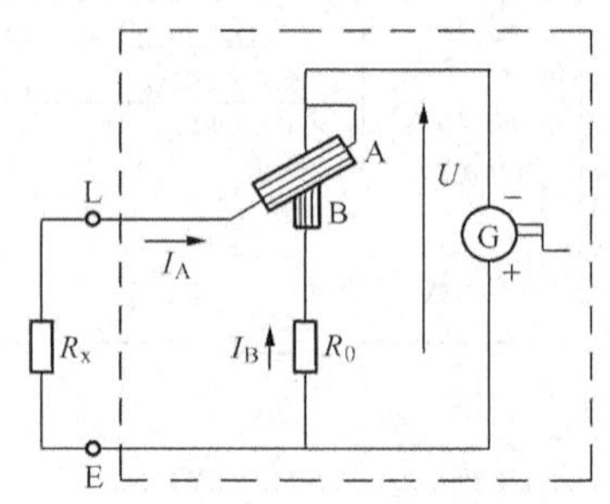

图8-12 兆欧表的工作原理接线图

图 8 - 12 所示为兆欧表的工作原理接线图。图中 R_x 是待测的绝缘电阻，它接在线路端钮 L 和接地端钮 E 之间。测量时，直流发电机产生的电压 U 加在线圈 A、B 所在的回路，由图8 - 12 可知，线圈 A、B 的电流分别为

$$\left.\begin{aligned} I_A &= \frac{U}{R_x + R_A} \\ I_B &= \frac{U}{R_0 + R_B} \end{aligned}\right\} \tag{8 - 13}$$

式中：R_A、R_B 分别为线圈 A、B 的电阻；R_0 为摇表内附加电阻。

由于转矩与两线圈所在处的磁感应强度及线圈内电流乘积成正比，故线圈 A 的转动转矩 T 和线圈 B 的阻转矩 T_C 可分别表示为

$$T = k_1 B_A(\alpha) I_A$$

$$T_C = k_2 B_B(\alpha) I_B$$

式中：k_1、k_2 为比例系数；B_A（α）为线圈 A 所在处的磁感应强度；B_B（α）为线圈 B 所在处的磁感应强度。

对于指针的某偏转角 α，由于线圈 A、B 间有一夹角 β，因而它们所在处的磁感应强度不同。当 $T = T_C$，即转动转矩与阻转矩平衡因而指针不动时，有

$$k_1 B_A(\alpha) I_A = k_2 B_B(\alpha) I_B$$

亦即有

$$\alpha = F'\left(\frac{I_A}{I_B}\right) \tag{8 - 14}$$

再将式（8 - 13）代入式（8 - 14），得

$$\alpha = F'\left(\frac{R_0 + R_B}{R_x + R_A}\right) = F(R_x) \tag{8 - 15}$$

可见，兆欧表可动部分的转角 α 取决于被测绝缘电阻 R_x 的大小。因此，兆欧表的标尺可直接用绝缘电阻值来表示。

二、兆欧表的使用方法

兆欧表（摇表）的手摇直流发电机能产生 500、1000、2500V 或 5000V 等的直流高压，以便与被测设备的工作电压相适应。用兆欧表来测量某个被试品的绝缘电阻时，应合理选择兆欧表的额定电压，兆欧表的额定电压过高，会造成被试品绝缘的人为击穿损坏，过低则不会发现绝缘的薄弱处。通常，低压电气设备多选用 500V 或 1000V 的兆欧表。

测试前，应先检查兆欧表是否完好。检查的方法是，摇动发电机的手柄，当 L、E 端钮未接测试线时，兆欧表指针应指在“∞”位置，这是由于表计中圆柱铁心上的缺口 C 有使指针指在“∞”位置的作用；如在此时，瞬间短接一下 L、E 端钮，指针应立即回零。之所以如此，原因可由图 7 - 12 说明，因为这两种情况下线圈 A 中的电流分别为零和极大值，所以指针必然偏向表盘的两端。

不允许在被试品带电情况下用兆欧表对其进行绝缘电阻的测量，因此，在接线前须将被试品断电并放电。测量时，兆欧表线路端钮 L 应接在电气设备的导电部分，接地端扭 E 应接电气设备的外壳（表计的屏蔽端钮 G，在一般测量时可不用）。注意 E 端钮上的测试用接线不能碰地，也不能和另一接线绞在一起，以免影响测量结果的准确性。接好线后，以

120r/min 的速率摇动摇表的手柄，等指针稳定后读取绝缘电阻 R_x 的值。对于大电容量的被试品，一般需经 1min 才能读数，且测量后必须先放电再拆除接线，以防操作者受到电击。

小 结

（1）生产中应用最多的电工仪表均采用直接测量法。它分为两类，一类是直读法，另一类是比较法。

（2）仪表误差的表示方法有绝对误差、相对误差和基准误差。确定或评价测量结果的准确度，采用相对误差。直读式电工仪表的准确度等级是以最大基准误差来划分的，若以 K 表示仪表的准确度等级，则 K 值越小，仪表的准确度等级越高。

（3）选择仪表时，应兼顾准确度等级和量程两个方面，而不能只看准确度等级。对准确度等级高的仪表只有当被测量值接近量程时，其测量的准确度才较高。为保证相对误差较小，应使被测量尽量接近仪表的满刻度，至少应超过满刻度的一半以上。

（4）直流电流表、电压表通常采用磁电式测量机构。交流电流表、电压表经常采用电磁式测量机构。电流表应与负载串联，电压表应与负载并联。直流电流表、电压表接线时应注意极性；交流电流表、电压表接线无极性要求。

（5）万用表是一种多功能的测量仪表，虽然准确度不高，但属于经常使用的必备仪表。应主要掌握其使用方法及注意事项。

（6）单臂电桥是测量 $1\sim10^6\Omega$ 电阻值的比较法仪表，应重点掌握其使用方法及注意事项。

（7）兆欧表是用来测量电气设备绝缘电阻的仪表，也应主要掌握其使用方法。

习 题 八

8-1 用 A、B 两只电流表分别测量实际值为 10.0A 的电流时，A 表的指示为 10.5A，B 表的指示为 9.5A，求它们的绝对误差和相对误差。

8-2 用准确度为 0.5 级、量程 150V 的电压表和 1.0 级、50V 的电压表测量 30V 的电压，哪一个表产生的误差小？（提示：计算各自可能的最大相对误差，然后再比较）

8-3 磁电式测量机构满刻度电流为 500μA，内阻为 45Ω，要将其改制成 0.5A、1A 两种电流表，应分别并多大电阻 R_A？改制后哪一块电流表的内阻小？

8-4 磁电式测量机构的量程为 50μA，额定电压为 75mV，要将其改制成量程为 250V 的电压表，应串接多大的分压电阻 R_V？

8-5 测量接线时，电流表应与负载______联，电压表应与负载______联。对于直流电流表，电流应从“+”接线柱流______，从“−”接线柱流______。对于直流电压表，应使“+”接线柱处于______电位，“−”接线柱处于______电位；交流电流表和电压表的接线柱______极性要求。

8-6 万用表的使用方法和注意事项有哪些？

8-7 单臂电桥准确测量直流电阻的阻值范围是多少？

8-8 单臂电桥的使用方法及注意事项有哪些？

8-9　伏安法测量电阻的方法是用电压表和电流表测出被测电阻 R_x 两端的电压 U_x 和通过的电流 I_x，然后根据欧姆定律（$R_x=U_x/I_x$）计算出被测电阻 R_x。测量时，无论电压表位于电流表前（即靠近电源侧）或后（即靠近待测电阻 R_x 侧），都将不可避免地产生误差。想想看，当被测电阻（值）很大或很小的两种情况下，电压表位于电流表的哪一边，才能获得较准确的测量结果?

8-10　一电动机对地绝缘损坏，但并未完全击穿，现要判断损坏程度，应用万用表、单臂电桥、兆欧表三者中的哪一种？为什么?

8-11　兆欧表的使用方法有哪些?

第九章　半导体二极管及整流电路

半导体器件是构成电子电路的基础元件，二极管是常用的半导体器件之一。构成半导体器件的物质基础是 PN 结。本章在介绍 PN 结的基础上，介绍普通半导体二极管、专用二极管，之后介绍整流电路。

第一节　半导体的基本知识

物质按导电能力的不同分为导体、绝缘体和半导体。半导体是导电能力介于导体和绝缘体之间的特殊物质。

一、本征半导体

常用的半导体材料有硅和锗。它们都是四价元素，原子最外层有四个价电子。

纯净的半导体叫本征半导体。本征半导体受外界能量的作用产生电子——空穴对，这一现象称为本征激发。

半导体因为本征激发存在两种载流子，即带负电的自由电子和带正电的空穴。这是在导电方面，半导体与导体最大的不同点（导体中只有自由电子一种载流子）。在常温下，因为本征半导体中的电子——空穴对很少，所以导电能力很弱。

此外，半导体还具有显著的光敏性、热敏性和杂敏性，即当受到外界光和热的刺激时，半导体中的电子——空穴对大量增加，使其导电能力显著增强；在本征半导体中有选择地掺入微量杂质，其导电能力也将大为提高而接近导体。

二、杂质半导体

掺入杂质的半导体称为杂质半导体。

如在硅中掺入少量的五价元素（如磷），就会多出现电子载流子，掺入的五价元素越多，产生的电子数量越多，电子成为多数载流子，简称多子；因为仍有电子——空穴对产生，这时空穴成为少数载流子，简称少子。这种半导体主要是电子导电，称为电子型半导体，简称 N 型半导体。

如在硅中掺入少量的三价元素（如硼），就会多出现空穴载流子，掺入的三价元素越多，产生的空穴数量越多，空穴成为多子，同理，电子成为少子。这种半导体主要是空穴导电，称为空穴型半导体，简称 P 型半导体。

三、PN 结及其单向导电性

1. PN 结的形成

在一块本征半导体上，通过特殊工艺，在它的一边掺入微量的三价元素（如硼）形成 P 型半导体，在它的另一边掺入微量的五价元素（如磷）形成 N 型半导体。这样，在两种半导体交界面的两侧存在着电子和空穴的浓度差，N 区的（多子）电子要向 P 区扩散与 P 区的空穴复合，同时，P 区的（多子）空穴要向 N 区扩散与 N 区的电子复合，如图 9 - 1（a）所示。多子向对方扩散的结果是，在交界面的两侧出现了数量相等的正、负离子，这些离子不能移动，因此形成了一个很薄的空间电荷区，这就是PN结，如图9-1（b）所示。在PN结产生内电场，其方向由N区指向P区。该内电场对（多子向对方的）继续扩散起阻碍作用，同时，有利于N区和P区中的少子向对方漂移，结果使PN结变窄，又使扩散容易进行，当多子的扩散运动和少子的漂移运动达到动态平衡时，就形成了一定厚度的PN结。

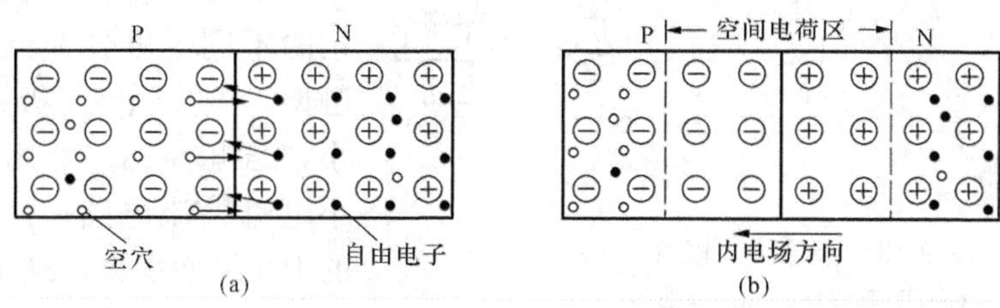

图9-1　PN结的形成
（a）多数载流子的扩散；（b）形成的PN结

2. PN结的单向导电性

PN结的外加电压称为偏压。

（1）PN结外加正偏压。这是指电源的正极接P端，负极接N端，如图9-2（a）所示。此时，外加电压在PN结上建立的外电场方向与内电场方向相反，使PN结变窄，有利于多子的扩散，不利于少子的漂移，多子的扩散运动大于少子的漂移运动，从而形成较大的正向电流。由于电源不断向半导体提供电荷，使电流得以维持，这时PN结处于（低阻的）导通状态。

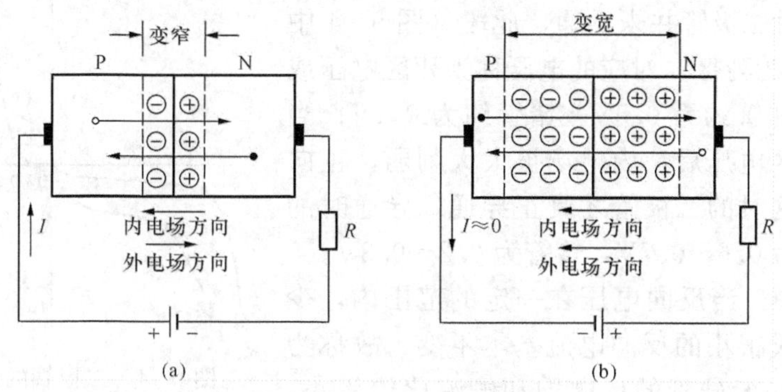

图9-2　PN结的单向导电性
（a）正偏压；（b）反偏压

（2）PN结外加反偏压。这是指电源正极接N端，负极接P端，如图9-2（b）所示。此时，外加电压在PN结上建立的外电场方向与内电场方向相同，使PN结变厚，多子的扩散难以进行，仅有少子漂移形成很小的电流，可以认为PN结基本不导通，这时PN结处于反向（高阻的）截止状态。

第二节　半导体二极管

一、二极管的结构、符号及类型

半导体二极管简称二极管。二极管是在一个PN结的两侧引出电极，然后用管壳封装而成。由 P 区引出的电极称为阳极或正极，由 N 区引出的电极称为阴极或负极。二极管的图形符号如图 9-3（a）所示，箭头为二极管导通时电流的方向，文字符号为 V。二极管的外形如图 9-3（b）所示。

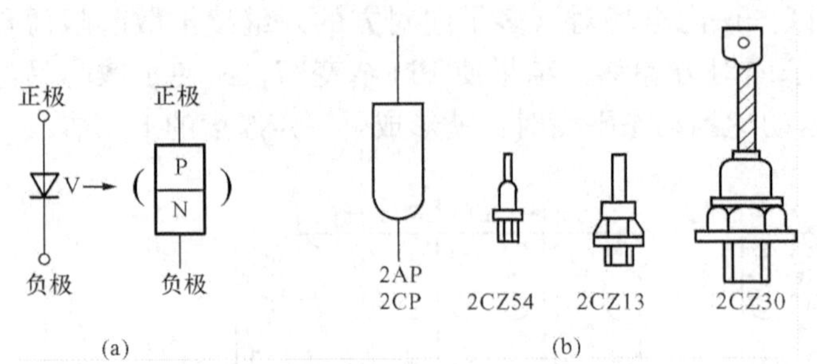

图 9-3 半导体二极管

（a）图形符号；（b）外形

二极管有各种类型。按管心结构的不同，可分为点接触型和面接触型。点接触型二极管的 PN 结面积小，结电容小，可用于高频电路和小电流整流电路；面接触型二极管的 PN 结面积大，结电容大，可用于低频电路和大电流整流电路。

二极管按材料的不同，可分为硅管（一般为面接触型）和锗管（一般为点接触型）；按用途的不同，可分为普通管、整流管和开关管等。

国产二极管的型号组成及其意义详见附录 A 中表 A-1。

二、二极管的伏安特性

二极管两端的电压与流过的电流之间的关系可用伏安特性曲线表示。伏安特性可通过实验得出，图 9-4 所示为二极管的伏安特性，它分为正向特性和反向特性两部分。

在正向特性中，当外加电压较小时，外电场不能克服内电场对多子扩散运动的阻碍作用，使得正向电流几乎为零，这时二极管并未导通，此段（图 9-4 中 OA′、OA 段）称为死区，对应的电压称为死区电压或门槛电压，通常硅管约为 0.5V，锗管约为 0.1V；当正向电压大于死区电压后，内电场被大大削弱，正向电流迅速增加，这时的二极管才真正导通。导通时的正向压降：硅管为 0.6～0.7V，锗管为 0.2～0.3V。

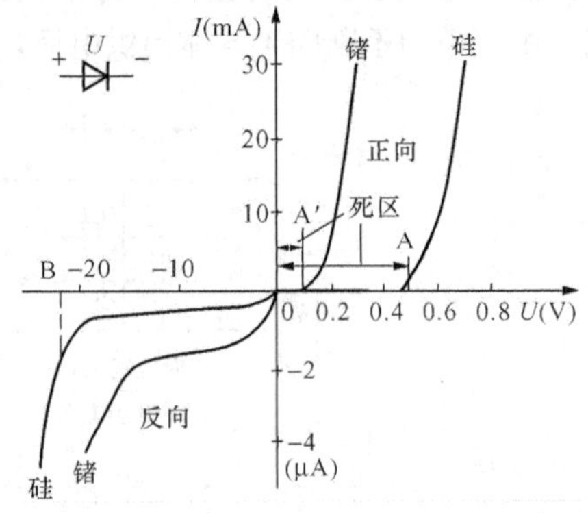

图 9-4 二极管的伏安特性曲线

在反向特性中，当反向电压在一定的范围内，少子的漂移运动形成很小的反向电流基本不变，故称为反向饱和电流。一般硅管的反向饱和电流比锗管小，在几微安以下，锗管则可达几百微安。反向饱和电流受温度的影响比较明显。当外加电压增加到一定的数值时，反向电流突然增大，反向电压几乎不变，这种现象称为反向击穿，此时的反向电压称为反向击穿电压 U_{BR}。普通二极管击穿后 PN 结被烧坏，造成二极管永久性损毁。

由伏安特性可知二极管是一个非线性电阻元件。在分析二极管电路时，常将二极管理想化，即把二极管正向导通时看成短路，反向截止时看成开路。

三、二极管的主要参数

二极管的参数是正确选择和使用的依据。

（1）最大整流电流 I_{FM}：指二极管长期工作，允许通过的最大正向平均电流。在规定的散热条件下工作时，若二极管正向平均电流超过此值，将因 PN 结的温升过高而烧坏。

（2）最高反向工作电压 U_{RM}：指二极管工作时允许承受的最高反向电压，一般取反向击

穿电压 U_{BR} 的一半。

（3）最大反向电流 I_{RM}：是指二极管在最高反向工作电压时的反向电流。I_{RM} 越小，说明二极管的单向导电性越好。

四、二极管的简易测试

二极管的简易测试是利用万用表的欧姆档进行的。万用表欧姆档测量电阻时的内部原理接线如图 9-5 所示。图中 E 为干电池，它与磁电式测量机构、固定电阻 R 串联后，再接到万用表的接线插孔（或柱）a、b 上。

对二极管简易测试的依据是二极管正、反向电阻大小不同。测试时，先将万用表的切换开关旋转到电阻档的 $R\times100$ 或 $R\times1k$ 档，而后用万用表的两个表笔分别接到二极管的两个管脚上，测其阻值，然后将表笔对换再测试。若前后两次测得的阻值差别大，则说明二极管是好的。其中测得阻值较小的那一次，红表笔接的一端为二极管的阴极，黑表笔接的另一端为二极管的阳极，若两次测得的阻值均为无限大，则表明二极管内部断路；若两次测得的阻值均为零，则表明二极管内部短路；若两次测得阻值接近，则表明二极管的性能变差。

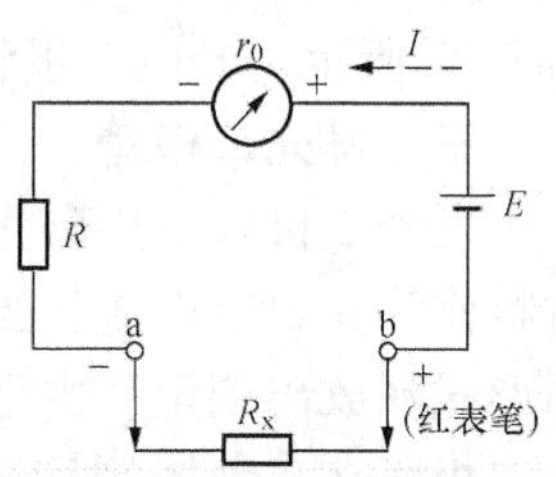

图 9-5　测量电阻时万用表内部原理接线

注意：测试时不能选择 $R\times1$ 档，否则，二极管可能因流过的电流过大而烧坏；也不能选择 $R\times10k$ 档（此档，表内由 1.5V 电池换接为 15V 电池），否则，二极管可能因电压过高而击穿。

第三节　专 用 二 极 管

除前述普通二极管外，还有一些特殊用途的二极管。

一、稳压二极管

稳压二极管简称稳压管，被广泛应用于稳压电源和限幅电路中。

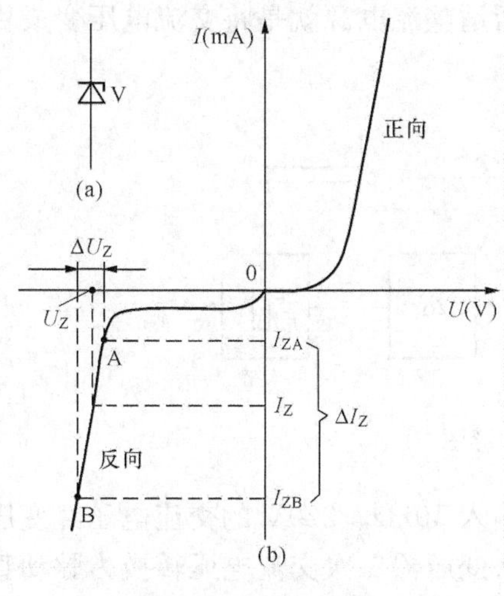

图 9-6　稳压管

（a）图形符号；（b）伏安特性

稳压管是面接触型硅二极管，因特殊的结构及良好的散热条件，能在规定的电流范围内工作在反向击穿区。其图形符号及伏安特性如图 9-6 所示，文字符号为 V。

稳压管反向接入电路，工作在稳压区 AB 段。可见，在工作电流很大的变化范围（$I_{ZA}\sim I_{ZB}$）内，电压变化量（ΔU_Z）却很小，这正体现了稳压管的稳压特性。

稳压管的主要参数如下：

（1）稳定电压 U_Z。它是稳压管的反向击穿电压。其值比普通二极管反向击穿电压低。同一型号的稳压管 U_Z 值不同，具有分散性。半导体器件手册中只给出 U_Z 的范围，使用前应测试。

（2）稳定电流 I_Z。它是稳压管稳定电压的工作电流。当电流小于 I_Z 时稳压效果很差，故也常将 I_Z 记为 I_{zmin}（最小值）。

（3）最大稳定电流 I_{ZM}。它是允许通过的最大反向电流，超过此值，管子会因过热而烧坏。

二、光电二极管

光电二极管又称为光敏管或光电管。它是将光信号转换成电信号的器件，因此在光控系统中广泛应用。光电二极管的 PN 结工作在反向偏置状态下，接收外部的光照时，其反向电流随光照强度的增大而上升，从而将光信号转换成相应的电信号，其原理结构及图形符号如图 9-7 所示。光电二极管在使用时，其反偏电压不能超过允许的最大反向电压。

三、发光二极管

发光二极管是用碳化硅、砷化镓、磷砷化镓等半导体材料制成的 PN 结作管心，用透光材料作管壳封装而成。当 PN 结加正向偏压时，电子和空穴在扩散的过程中复合，并以光能的形式释放出能量。由于 PN 结的材料不同，发光的颜色也不同，有红、黄、绿等颜色。发光二极管在自动控制和电子仪表中常作状态或数字的显示，其外形及图形符号如图 9-8（a）、（b）所示。为了显示多种状态，可做成数码管，见图 9-8（c）。

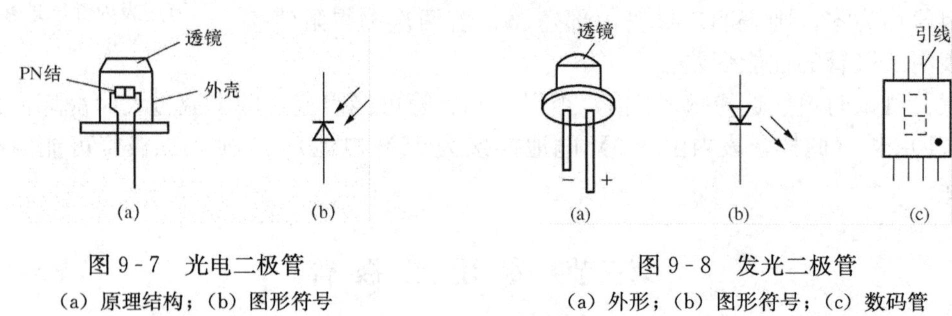

图 9-7 光电二极管
（a）原理结构；（b）图形符号

图 9-8 发光二极管
（a）外形；（b）图形符号；（c）数码管

第四节 二极管整流电路

绝大多数电子设备所用的直流电源都是整流电源。所谓整流电源就是将交流电压变成稳恒的直流电压的电源。图 9-9 为整流电源的框图及波形图。

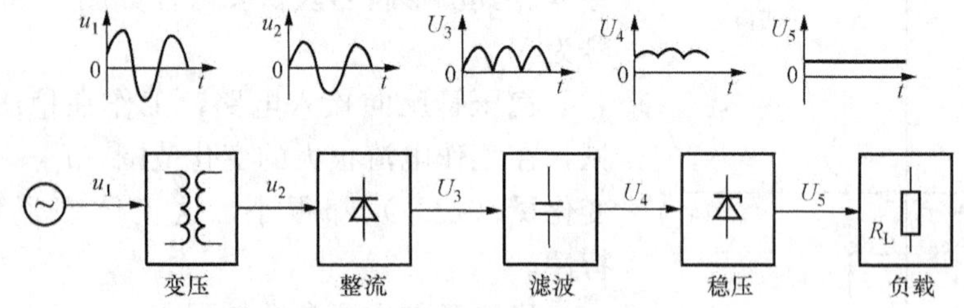

图 9-9 整流电源的框图及波形图

本节介绍的是单相小功率整流电源。一般情况下，输入 50Hz、220V 的交流电压经变压器降压，以接近所需要的直流电压的数值，由整流电路将变压器二次交流电压转换为脉动直流电压，经过滤波电路使电压平滑，再经过稳压电路，获得稳恒的直流电压。

为了简化，分析时将二极管理想化。

一、单相半波整流电路

1. 电路及工作原理

单相半波整流电路由变压器 T、二极管 V 及负载电阻 R_L 组成，如图 9-10（a）所示。

在 u_2 的正半波，二极管 V 因承受正向电压而导通，负载上的电压 $u_o=u_2$；在 u_2 的负半波，二极管因承受反向电压而截止，负载上的电压为 0。可见，负载 R_L 上得到的是单向脉动电压，如图 9-10（b）所示。

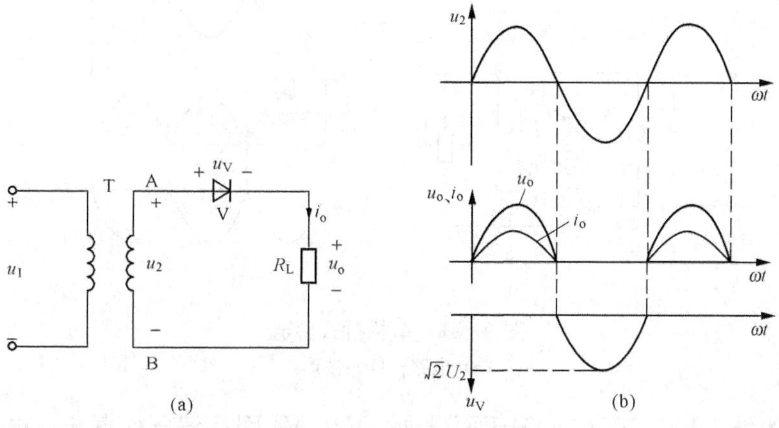

图 9-10　单相半波整流

（a）电路；（b）波形

2. 负载上的直流电压和直流电流

负载上的（即整流电路输出的）直流电压是指脉动的直流电压（u_o）在一个周期内的平均值 U_o。

$$U_o=\frac{1}{2\pi}\int_0^{2\pi}\sqrt{2}U_2\sin\omega t d(\omega t)$$

$$=\frac{1}{2\pi}\int_0^{\pi}\sqrt{2}U_2\sin\omega t d(\omega t)\approx 0.45U_2 \quad (9-1)$$

负载上的直流电流是指脉动的直流电流（i_o）在一个周期内的平均值 I_o，显然

$$I_o=\frac{U_o}{R_L}\approx 0.45\frac{U_2}{R_L} \quad (9-2)$$

3. 二极管的选择

（1）二极管的最大整流电流

$$I_{FM}\geqslant I_o \quad (9-3)$$

（2）二极管的最高反向工作电压。因为二极管截止时，承受的最大反向电压为变压器二次电压的幅值，即$\sqrt{2}U_2$，因此，二极管的最高反向工作电压应该是

$$U_{RM}\geqslant\sqrt{2}U_2 \quad (9-4)$$

单相半波整流电路是最简单的整流电路。由于只利用了交流电压的半波，所以输出电压低、脉动大、效率低，因此，只适用于允许直流电压脉动较大的场合。

二、单相桥式整流电路

单相桥式整流电路是应用最多的整流电路。

1. 电路及工作原理

单相桥式整流电路是由变压器 T 和四个接成电桥形式的二极管组成，如图 9-11（a）所示。应注意四个二极管的连接规律，其中整流桥的一对角接变压器二次绕组，另一对角接负载 R_L。

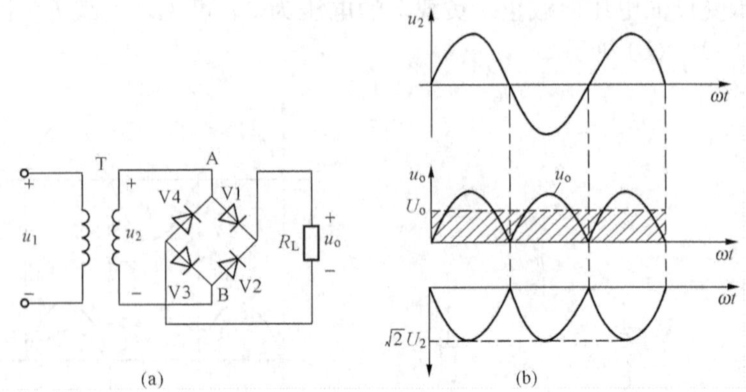

图 9-11 单相桥式整流

（a）电路；（b）波形

在 u_2 的正半波，V1、V3 因正偏压而导通，V2、V4 因反偏压而截止，电流回路为 A→V1→R_L→V3→B，负载 R_L 上为上正、下负的半波电压。

在 u_2 的负半波，V1、V3 截止，V2、V4 导通，电流回路为 B→V2→R_L→V4→A，负载上的电压仍是上正、下负的半波电压，波形如图 9-11（b）所示。

2. 负载上的直流电压和直流电流

在一个周期内，单相桥式整流电路负载上的电压波为两个半波，是单相半波整流电压波数的两倍，因此负载上的直流电压的平均值

$$U_o \approx 2 \times 0.45U_2 = 0.9U_2 \tag{9-5}$$

整流电流平均值

$$I_o \approx 0.9\frac{U_2}{R_L} \tag{9-6}$$

3. 整流二极管的选择

因为四个二极管在一个周期内轮流导通，流过每个二极管的平均电流仅为负载平均电流的一半，所以，二极管的最大整流电流应为

$$I_{FM} \geqslant \frac{1}{2}I_o = 0.45\frac{U_2}{R_L} \tag{9-7}$$

二极管的最高反向工作电压应为

$$U_{RM} \geqslant \sqrt{2}U_2 \approx \sqrt{2}\frac{U_o}{0.9} \approx 1.57U_o \tag{9-8}$$

【例 9-1】 某一负载需要 12V、20mA 直流电源供电，采用单相桥式整流电路。（1）试计算二极管的平均电流和承受的最高反向电压；（2）选择整流二极管。

解 （1）二极管的平均电流

$$I_{av} = \frac{1}{2}I_o = \frac{1}{2} \times 20 = 10(\text{mA})$$

二极管承受的最高反向电压为

$$U_{2m}=\sqrt{2}U_2\approx 1.57U_o=1.57\times 12\approx 18.9(\text{V})$$

（2）查附录A中表A-2，可选2CZ50A，$I_{FM}=30\text{mA}>10\text{mA}$，$U_{RM}=25\text{V}>18.9\text{V}$。

第五节　滤　波　电　路

整流电路输出的是脉动直流电，其中所含交流成分较大，不适应大多数电子设备的需要，所以还需要滤波电路去掉交流分量，保留直流分量。最常用、最简单的滤波电路是电容滤波和电感滤波电路。

一、电容滤波电路

1. 电路及工作原理

电容滤波是将电容（C）与负载（R_L）并联。单相桥式整流电容滤波电路如图9-12所示。

在 u_2 的正半波且其值大于 u_C 时，二极管V1、V3因正偏压而导通，V2、V4因反偏压而截止，此间，电源向负载 R_L 供电的同时还向电容 C 充电，$u_C=u_2$，如图9-12（b）曲线的ab段。当 u_2 上升到最大值后开始下降，$u_2<u_C$，二极管全部截止，此间，电容 C 对 R_L 放电，u_C 按指数规律下降，如曲线bc段。

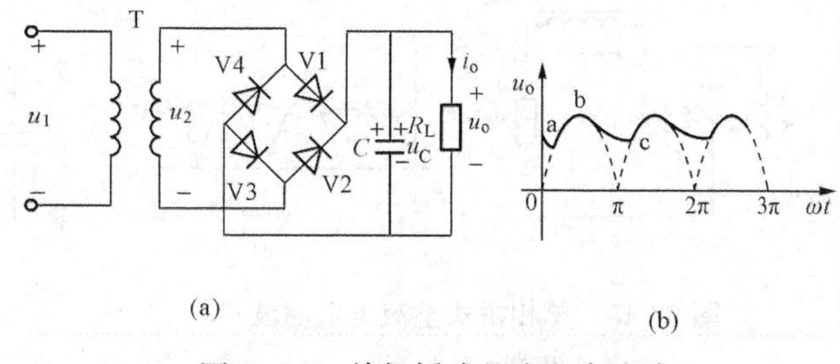

图9-12　单相桥式整流电容滤波
（a）电路；（b）波形

在 u_2 的负半波且绝对值大于 u_C 时（对应于C点），V2、V4因正偏压而导通，V1、V3因反偏压而截止，电源再次向 R_L 供电的同时向 C 充电，当 u_2 上升到（负的）峰值后开始下降，二极管又全部截止，此时，电容 C 对 R_L 再次放电，直到 u_2 的正半波再次到来后便不断重复上述过程。可见，经电容滤波后负载 R_L 上的直流电压波变得大为平滑。

电容滤波效果的好坏决定于电容放电的快慢。只有 R_L、C 较大，放电时间常数 $\tau(=R_LC)$ 较大，放电较慢，负载上的直流电压波形才较平滑，因此电容滤波只适用于小功率的负载（对应的 R_L 较大）。大功率负载 R_L 较小，所需的电容量（C）过大，所以不易采用电容滤波。

兼顾经济、技术（波形）两方面的要求，通常选择

$$\tau=R_LC=(3\sim 5)\frac{T}{2}\tag{9-9}$$

式中：T 为 u_2 的周期，我国工频电源的 $T=0.02\text{s}$。

2. 负载上的直流电压

当选择 $\tau=4\times T/2=4\times 0.02/2=0.04\text{s}$ 时，负载上的直流电压（证明略）

全波整流电容滤波时

$$U_0\approx 1.2U_2\tag{9-10}$$

半波整流电容滤波时

$$U_0\approx 1.0U_2\tag{9-11}$$

因为二极管导通后向负载供电的同时，还要向电容充电，流过的电流较大，所以选择二极管的 I_{FM}应比管子流过的平均电流大的多一些，一般按两倍计；此外，单相半波电容滤波电路中的二极管截止时，承受的最大反向电压近似为 u_2 幅值的两倍，所以选择的二极管的 U_{FM}应大于 $2\sqrt{2}U_2$。

二、电感滤波

对于直流大负载（R_L 较小），常采用电感滤波电路。此时，电感 L 与负载电阻 R_L 串联，单相桥式整流电感滤波电路如图 9-13（a）所示。当负载电流变化时，电感对电流的变化起阻碍作用，从而使负载上的电流、电压波形变得较为平滑，如图 9-13（b）所示。由于所需电感量 L 较大，通常电感采用铁心线圈。

此外，还可以利用电容、电感对交、直电流呈现不同电抗的特点，组成各种不同的复式滤波电路。图 9-14 中（a）为 LCΠ 型滤波电路；图（b）为 RCΠ 型滤波电路。由于电阻 R 上的直流压降大，发热严重，所以 RCΠ 型滤波电路只适用于直流小功率负载。

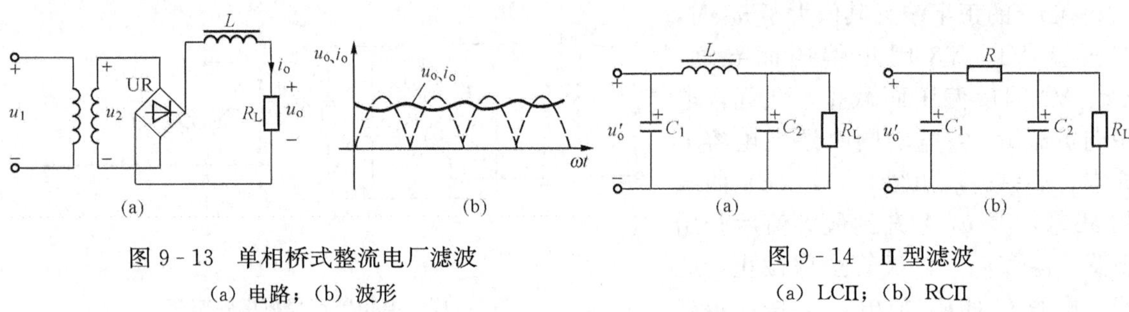

图 9-13 单相桥式整流电厂滤波

（a）电路；（b）波形

图 9-14 Π 型滤波

（a）LCΠ；（b）RCΠ

第六节 稳 压 电 路

整流滤波电路中，负载上的直流电压波虽然比较平滑，但由于交流电源电压的波动或负载电阻的变化，都会引起输出的直流电压的不稳定，为此，需要在滤波电路之后加上稳压电路。

一、稳压管稳压电路

利用硅稳压管 V 和调整电阻 R 组成的最简单的稳压电路如图 9-15 所示。（图中整流电路部分为简便画法）

当电网电压发生波动使输入电压 U_i 减小时，输出电压 U_o 也随之减小，导致稳压管电流 I_Z 大大减小，因而调整电阻 R 上的电流 $I_R=I_Z+I_o$ 也大大减小，从而使调整电阻上的压降下降，输出电压 U_o 基本保持不变。

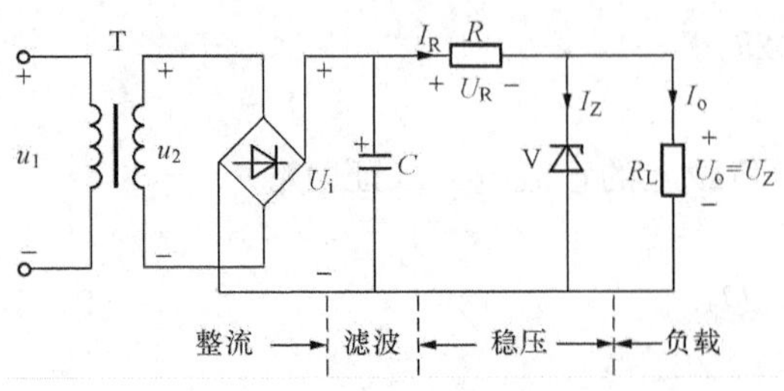

图 9-15 硅稳压管稳压电路

当电网电压稳定而 R_L 减小时，I_o 增大，调整电阻 R 上的电流（$I_R=I_Z+I_o$）及压降增加，进而使 U_o（即 U_Z）下降，U_Z 下降使 I_Z 减少许多。当 I_o 增加值等于 I_Z 的减小值时，总电流 I_R 不变，则 U_o 不变。

可见，调整电阻 R 的压降和稳压管的电流互相配合，自动调节，使负载的端电压

（U_o）保持稳定。

硅稳压管稳压电路简单，有一定的稳压效果，故有一定的应用，例如在 DD2-Ⅱ型仪表中便是应用的这种稳压电路。

二、集成稳压器

将具有独立功能的电子电路的各元件都集中制作在一小块硅片上，引出电极加以封装，这样的器件称为集成器件。集成稳压器就是集成器件的一种。

三端固定式集成稳压器是目前应用最广的产品。它具有体积小、价格低、使用灵活、可靠性高（内有保护电路）等优点。

国产三端稳压器有 CW7800 系列和 CW7900 系列两种，其外形及图形符号如图 9-16 所示。这种稳压器只有三个引出端（CW7800 系列的输入端 1、输出端 2、公共端 3；CW7900 系列的输入端 3、输出端 2、公共端 1），故称为三端固定集成稳压器。

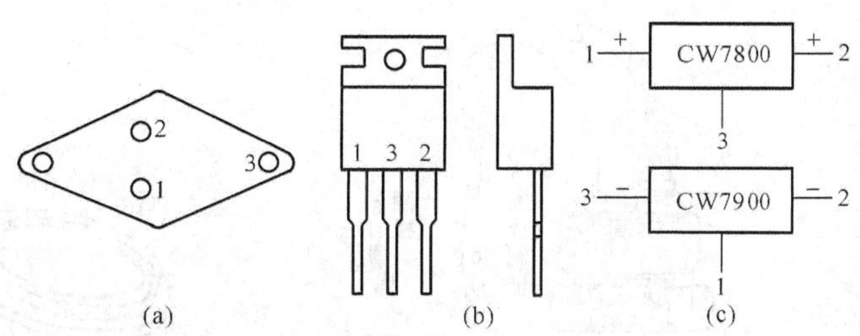

图 9-16　三端固定式集成稳压器

（a）金属封装；（b）塑料封装；（c）图形符号

CW7800 系列为正电压输出；CW7900 系列为负电压输出。输出电压各有 5V、6V、9V、12V、15V、18V、24V 七个电压规格，型号后面的“00”表示输出电压值。例如 CW7805 表示输出电压为＋5V。使用时，除输出电压值外，还要了解它们的输入电压和最大输出电流等数值，这些参数可查阅相关手册。本书部分三端固定集成稳压器的主要参数见附录 B 中表 B-4。

三端固定集成稳压器的接线如图 9-17 所示。

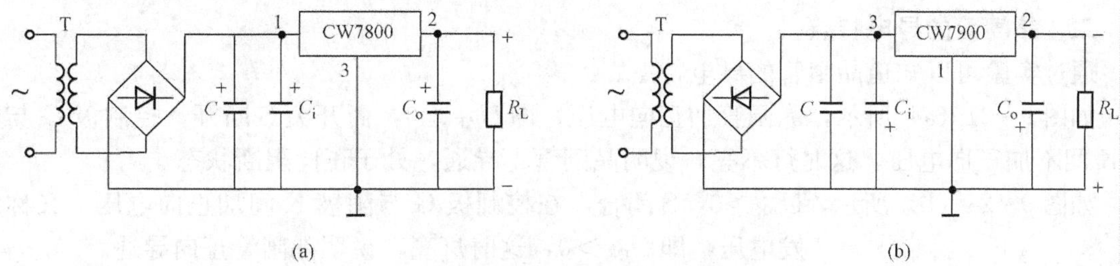

图 9-17　三端固定集成稳压器接线图

（a）W7800 系列；（b）W7900 系列

稳压器的输入和输出端分别接有 C_i 和 C_o。C_i 是用来抵消输入端较长接线的电感效应，防止产生自激振荡，接线不长时也可不用，一般为 0.1～1μF；C_o 是为避免瞬时增减负荷电流时引起输出电压较大的波动，一般为 1μF。

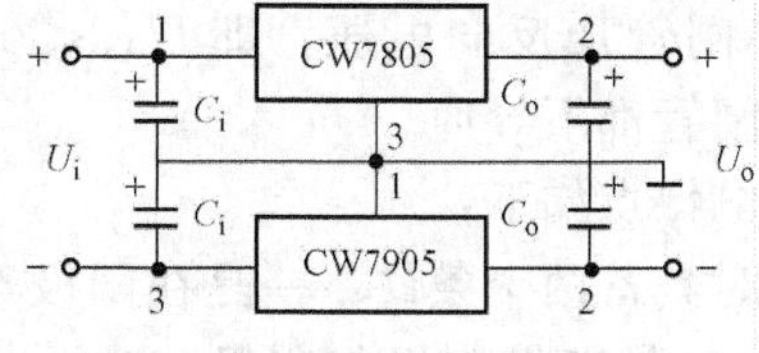

图 9-18　同时输出正负两组电压的接线

如果要求同时输出正、负两组电压，可选用正、负两块集成稳压器，按图 9-18 所示电路接线。

三端固定集成稳压器通过外接元件，可以得到可调的输出电压，也可以扩大输出电压。

*第七节 晶 闸 管

晶闸管是硅晶体闸流管的简称，常用于可控整流，故又称为可控硅。其特点是以弱控强。它只需要功率很小的信号，就可以控制大电流、高电压回路的通断。它在整流调压、变频、逆变（把直流电变为交流电）、开关等许多方面得到广泛的应用。

晶闸管有普通型、双向型、可关断型等多种类型，本书只介绍普通型晶闸管。

一、晶闸管的结构与符号

常见普通型晶闸管的外形有螺栓式、平板式和小型塑封式三种，如图 9-19 所示。

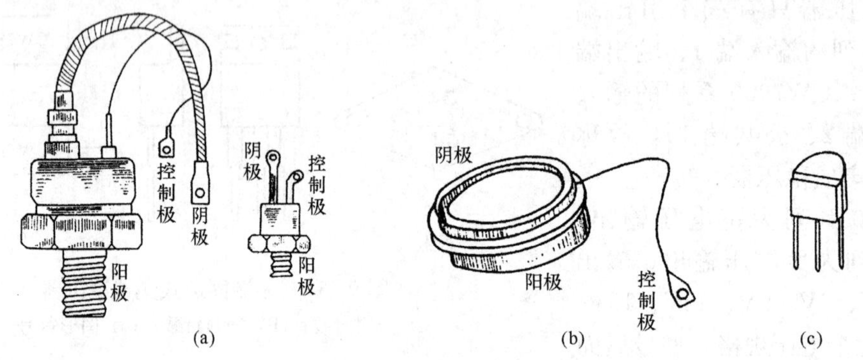

图 9-19 晶闸管外形

（a）螺栓式；（b）平板式；（c）小型塑封式

晶闸管是由四层半导体 PNPN、三个 PN 结和三个电极——阳极 A、阴极 K 及控制极 G 组成。其内部原理结构与图形符号如图 9-20 所示，文字符号为 VT。

二、晶闸管的导电特点

通过实验可以知道晶闸管的导电特点。

如图 9-21（a）所示，晶闸管加正向电压，即 $U_{AK}>0$，而开关 S 断开，控制极 G 与阴极 K 间不加正向电压，这时灯不亮，说明晶闸管不导通，处于正向阻断状态。

如图 9-21（b）所示，$U_{AK}>0$，S 闭合，在控制极 G 与阴极 K 间加正向电压，又称触发电压，即 $U_{GK}>0$，这时灯亮，说明晶闸管正向导通。

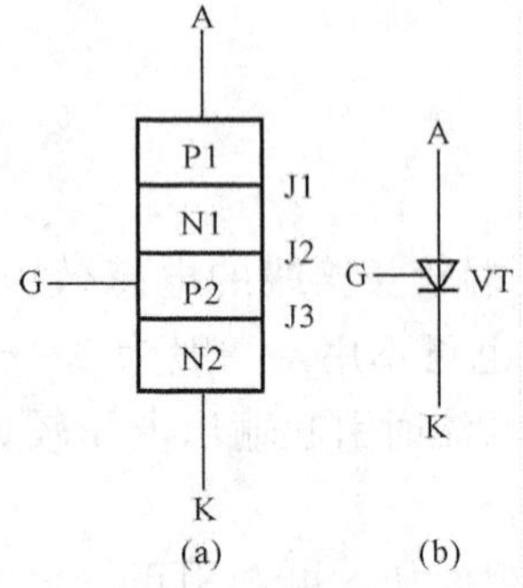

图 9-20 晶闸管内部原理结构及图形符号

（a）内部原理结构；（b）图形符号

如图 9-21（c）所示，晶闸管导通后，S 断开，即去掉触发电压，灯仍亮，这说明控制极已失去对晶闸管的控制作用。

如图 9-21（d）所示，将已导通的晶闸管的阳极电压（U_{AK}）减小到一定值或为零，灯灭，晶闸管被关断。

如图 9-21（e）所示，若晶闸管加反向电压，即 $U_{AK}<0$，无论控制极是否加触发电压，晶闸管都不导通。

由以上实验可知晶闸管的导电特点如下：

（1）晶闸管正向导通必须同时具备两个条件：一是在阳极与阴极间加正向电压，即 $U_{AK}>0$；二是在控制极与阴极间也要加正向电压（触发电压），即 $U_{GK}>0$。

（2）晶闸管一旦导通后，控制极便失去对晶闸管的控制作

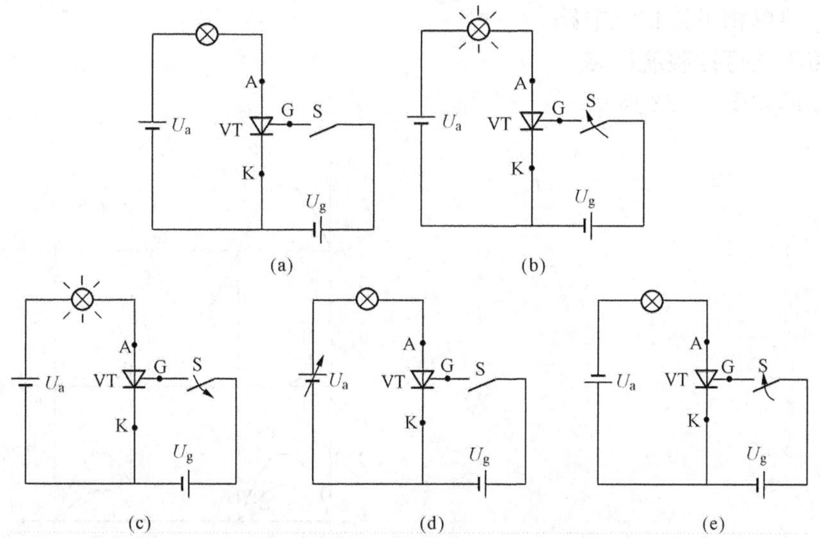

图 9-21　晶闸管实验电路

(a) $U_{AK}>0$，S断开；(b) $U_{AK}>0$，S闭合；(c) V导通后，S断开；
(d) 减小U_{AK}使灯灭；(e) $U_{AK}<0$，S闭合

用，即减小或取消触发电压，晶闸管仍导通。

(3) 晶闸管由导通变为阻断只需下列条件之一：一是减小阳极与阴极间的正向电压，使阳极电流（I_A）小于维持电流（它是重要参数）；二是在阳极与阴极间加反向电压，即$U_{AK}<0$。

三、晶闸管的主要参数

(1) 正向阻断峰值电压U_{DRM}：在控制极开路、正向阻断、额定结温下，允许加在阳极（与阴极间）的正向电压最大值。

(2) 反向阻断峰值电压U_{RRM}：在控制极开路、反向阻断、额定结温下，允许加在阳极的反向电压最大值。

(3) 额定电压U_N：通常取U_{DRM}和U_{RRM}中较小的一个作为晶闸管的额定电压。选用时U_N应为晶闸管实际峰值电压的2～3倍。

(4) 额定正向平均电流I_F：在额定的环境温度（40℃）和规定的散热条件下，允许通过正弦半波电流的平均值。

(5) 正向平均电压U_F：流过额定正向平均电流时，阳极与阴极间管压降的平均值，又称为管压降，一般为0.6～1.2V。

(6) 维持电流I_F：在额定的环境温度和控制极开路条件下，维持晶闸管导通状态所需的最小正向电流。一般在几十至一百多毫安。

此外，还有控制极触发电压和触发电流。

普通晶闸管主要参数参阅附录A中表A-8。

*第八节　可 控 整 流 电 路

所谓可控整流就是将交流电转换成大小可调的直流电。可控整流电路在大功率直流稳压电源、同步发电机励磁、直流电动机调速等方面有着广泛的应用。可控整流有单相和三相之

分。本书仅介绍单相可控整流电路。

一、单相半波可控整流电路

电路及波形如图 9-22 所示。

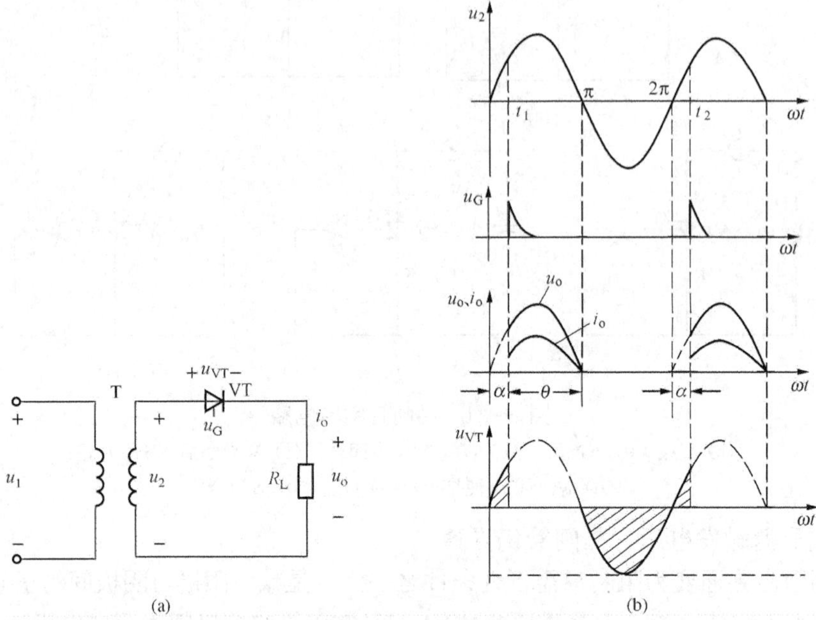

图 9-22 单相半波可控整流

(a) 电路；(b) 波形图

在 u_2 的正半波且晶闸管 VT 的触发脉冲电压 u_G 到来之前，VT 正向阻断，负载 R_L 上的电压为零。当 $\omega t_1=\alpha$ 时 u_G 到来，VT 导通，此时，u_2 几乎全部加在 R_L 上。当 u_2 下降到接近于零时，晶闸管因负载电流 i_o 小于维持电流而关断；在 u_2 的负半波，晶闸管因阳极承受反向电压而阻断，负载上的电压为零。当 u_2 为第二个正半波，当 $\omega t_2=2\pi+\alpha$ 时 u_G 到来，VT 再次导通，如此重复。负载 R_L 上得到脉动的直流电压 u_o 和直流电流 i_o 如图示。晶闸管承受的最大反向电压为$\sqrt{2}U_2$。

晶闸管在正向电压作用下不导通的角 α 称为控制角，又称为移相角。单相半波可控整流电阻性负载时，α 角的范围是 0～180°，晶闸管在正向电压作用下，导通的角 θ 称为导通角，$\theta=\pi-\alpha$。显然，α 越小，θ 越大，$\alpha=0$ 称为全导通，$\alpha=\pi$ 称为全关断，改变 α 的大小即能改变输出电压的大小。

负载直流电压的平均值

$$U_o=\frac{1}{2\pi}\int_{\alpha}^{\pi}\sqrt{2}U_2\sin\omega t\,d(\omega t)=0.45U_2\,\frac{1+\cos\alpha}{2} \tag{9-12}$$

可见，单相半波可控整流电路输出直流电压的可调范围为 (0～0.45)U_2，负载直流电流的平均值

$$I_o=\frac{U_o}{R_L}=0.45\,\frac{U_2}{R_L}\,\frac{1+\cos\alpha}{2} \tag{9-13}$$

二、单相半控桥式整流电路

电路及波形如图 9-23 所示，其中两个桥臂为晶闸管 VT1、VT2，另外两个桥臂为二极

管 V3、V4。

当 u_2 为正半波时，晶闸管 VT1 和二极管 V3 承受正向电压，当 $\omega t_1=\alpha$ 时 u_G 到来，VT1、V3 导通（同时，VT2、V4 因承受反向电压而截止）。电流的路径是：A→VT1→R_L→V3→B。

当 u_2 为负半波时，晶闸管 VT2 和二极管 V4 承受正向电压，当 $\omega t_2=\pi+\alpha$ 时 u_G 到来，VT2、V4 导通（同时，VT1、V3 因承受反向电压而截止）。电流路径是：B→VT2→R_L→V4→A。

由上可知，在晶闸管整流电路，一旦晶闸管导通，电路工作情况与二极管整流电路工作情况相同。

显然，单相桥式整流电路的负载上，直流电压和直流电流的平均值分别为

$$U_o = 0.9U_2\frac{1+\cos\alpha}{2} \tag{9-14}$$

$$I_o = 0.9\frac{U_2}{R_L}\frac{1+\cos\alpha}{2} \tag{9-15}$$

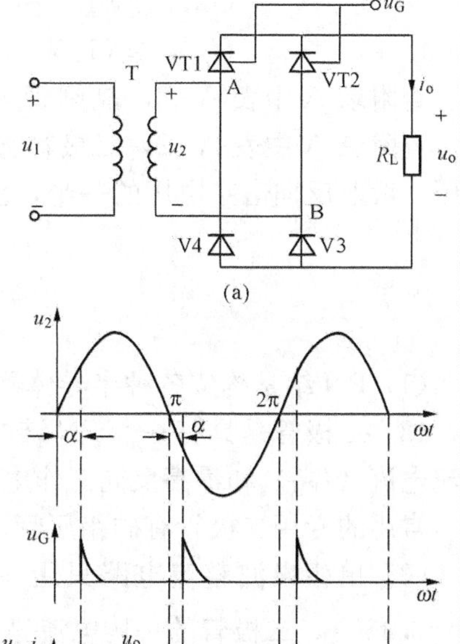

图 9-23　单相半控桥式整流
（a）主电路；（b）波形图

最后指出，晶闸管的触发电压（u_G）是由另外的触发电路产生的。晶闸管触发电路的种类很多，有分立元件组成的，也有专用的集成触发电路（本书不作具体介绍），但无论何种触发电路，都应满足如下要求：一是触发脉冲电压应有一定的幅度（大小）和宽度（作用时间），以保证对晶闸管的有效触发；二是脉冲电压对晶闸管的触发时间与整流电源电压同步，即控制角（α）应稳定，以保证可控整流电路输出电压（U_o）的稳定；三是控制角可调，以满足负载对不同电压的要求。

【例 9-2】 一电阻性负载，需可调直流电压 $U_o=0\sim180$V，电流 $I_o=0\sim10$A，现采用单相半控桥式整流电路，试求交流电压的有效值，并选择整流元件。

解　设导通角 $\theta=180°$（即 $\alpha=0°$）时，$U_o=180$V、$I_o=10$A，由式（9-14）有

$$U_2=\frac{U_o}{0.9}=\frac{180}{0.9}=200(\text{V})$$

实际上还要考虑电网电压波动、管压降，导通角 θ 达不到 180°（一般只有 160°～170°），故交流电压应比上述计算电压加大 10%左右，即 200×1.1=220（V），因此，本例可不用变压器，直接接到 220V 交流电源上。

晶闸管承受的最大正、反向电压 U_{FM} 和二极管承受的最大反向电压 U_{VM} 都等于交流电压的峰值，即

$$U_{FM}=U_{VM}=\sqrt{2}U_2=\sqrt{2}\times220\approx311\ (\text{V})$$

流过整流元件的平均电流

$$I_{av}=\frac{1}{2}I_o=\frac{10}{2}=5\ (\text{A})$$

为保证晶闸管出现瞬时过电压时不致损坏，通常按下式确定晶闸管的 U_{DRM}、U_{RRM}，即

$$U_{DRM} \geqslant (1.5 \sim 2)U_{FM} = (1.5 \sim 2) \times 311 \approx 600\ (V)$$
$$U_{RRM} \geqslant (1.5 \sim 2)U_{FM} = (1.5 \sim 2) \times 311 \approx 600\ (V)$$

查附录A中表A-8，晶闸管可选KP10—6（10A，600V），考虑留有余地，采用10A的。查附录A中表A-2，二极管选用2CZ58E（10A，300V），因为二极管的最高反向工作电压一般取反向击穿电压的一半，已有较大余量，故按U_{RM}=300V选择。

小 结

（1）PN结是构成各种半导体器件的物质基础。

（2）二极管是具有一个PN结的半导体器件，基本特性是单向导电性，主要参数是最大整流电流（I_{FM}）和最高反向工作电压（U_{RM}）。

常用的专用二极管有硅稳压管、光电管和发光二极管。

（3）单相半波整流电路只用一只二极管，负载上得到半波脉动直流电压，其平均值$U_o=0.45U_2$，二极管的平均电流等于负载的平均电流，承受的最高反向电压为$\sqrt{2}U_2$。

单相桥式整流电路用四个二极管，负载上得到全波脉动直流电压，其平均值$U_0=0.9U_2$，二极管中的平均电流等于负载的平均电流的一半，承受的反向电压为$\sqrt{2}U_2$。

（4）电容滤波是电容与负载并联，适用于小功率的负载；电感滤波是电感与负载串联，适用于大功率的负载。

（5）稳压二极管稳压电路是稳压管与负载并联。当负载上的电压波动时，引起稳压管中电流的显著变化，进而使串联的调整电阻上的压降变化，补偿负载端电压的波动，保持负载端电压的稳定。

集成稳压器可以很方便的构成稳压电路。

（6）晶闸管有它自己的导电特点。在可控整流电路中，利用这些特点可将整流、滤波后的直流电压转换成大小可调的直流电压。

单相半波可控整流电路中，负载上直流电压的平均值$U_o=0.45U_2(1+\cos\alpha)/2$；单相半控桥式整流电路中，负载上直流电压的平均值$U_o=0.9U_2(1+\cos\alpha)/2$。

习 题 九

9-1 N型半导体中的多数载流子是________，少数载流子是________；P型半导体中的多数载流子是________，少数载流子是________。

9-2 PN结正偏压是指P区接________电位，N区接________电位。

9-3 PN结具有________导电性，即外加正偏压时________，呈________阻态；外加反偏压时________，呈________阻态。

9-4 二极管有一个死区电压，锗管约为________V；硅管约为________V。

9-5 二极管（正向）导通时有一个管压降，锗管约为________V；硅管约为________V。

9-6 判断图9-24（a）、（b）两电路二极管V是导通还是截止？并求出电压U_{ab}。

9-7 当温度升高时，二极的反向饱和电流如何变化？为什么？

9-8 如何利用万用表的欧姆档对二极管进行简易测试，判断二极管的好坏和管脚的名称?

9-9　整流电源一般有哪几部分组成？各部分的作用是什么？

9-10　图 9-25 为一全波整流电路，(1) 指出交流电压 u_2 正、负半波内，变压器二次电流的路径；(2) 画出负载 R_L 上电压 u_o 的波形图。(选取 u_2 初相为零)

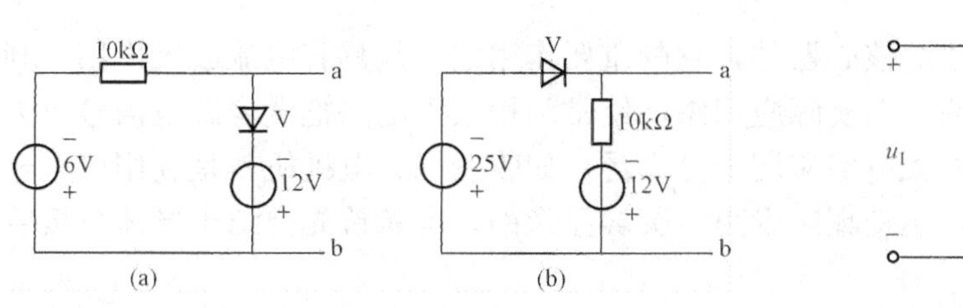

图 9-24　习题 9-6 图

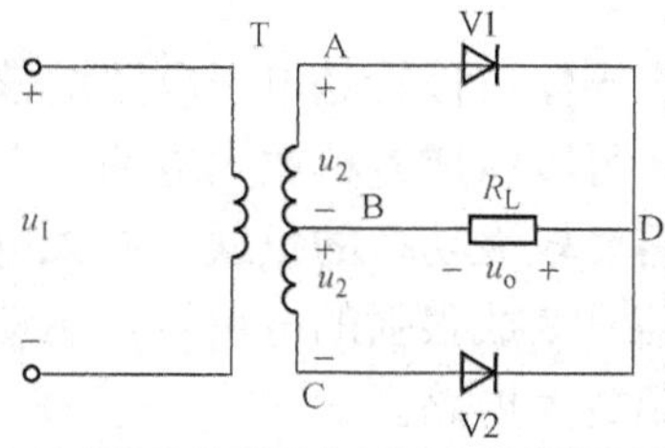

图 9-25　习题 9-10 图

9-11 画出单相桥式整流电路。若输出电压 $U_o=80V$，$I_o=3A$，求变压器二次电压，并选择二极管。

9-12 说明电容滤波的工作原理。

9-13 一单相桥式整流电容滤波电路，负载电阻 $R_L=40\Omega$，$C=1000\mu F$，用交流电压表测得变压器二次电压 $U_2=20V$，若用直流电压表测得负载上的电压为下列几种数值，判断电路是否正常？若不正常分析其原因。

(1) $U_o=28V$；(2) $U_o=18V$；(3) $U_o=24V$；(4) $U_o=9V$；(5) $U_o=20V$。

9-14　画出稳压管稳压电路，并叙述其工作原理。

9-15　普通晶闸管与二极管相比在导电特性方面有什么异同?

9-16　晶闸管由阻断变为导通或由导通变为阻断，各应满足的条件是什么?

9-17　图 9-26　所示电路是由四个整流二极管和一个晶闸管组成的单相可控整流电路，试分析其工作原理。

9-18　一单相半控桥式整流电路，电阻负载，交流电源电压为 220V，变压器变比 $K=4$，控制角 α 的调整范围为 20°～160°，试计算该可控整流电路输出电压 U_o 的调整范围。

9-19　一电阻负载，需要可调的直流电压 $U_o=0\sim60V$，电流 $I_o=0\sim10A$，现采用单相半控桥式整流电路，试计算变压器二次电压 U_2，并选择整流元件。

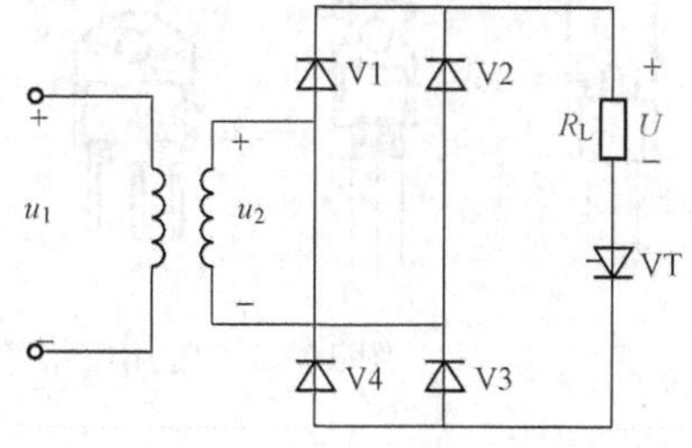

图 9-26　习题 9-17 图

第十章　半导体三极管及放大电路

半导体三极管是电子电路的核心器件，它的重要作用之一是具有电流放大作用，利用这一作用可以组成各种放大电路。在实际应用中，经常利用放大电路把微弱的电信号放大，去控制需要较大功率的负载。放大电路应用十分广泛，如收音机、电视机就是利用放大电路将微弱信号变成很强的电信号，驱动喇叭发声、荧屏显像的。本章首先介绍半导体三极管，之后介绍放大电路。

第一节　半导体三极管

一、半导体三极管的结构与符号

半导体三极管又称晶体管，简称三极管。它是由 P 型和 N 型半导体交错三层组成，每层分别引出电极而构成三端元件，其外形如图 10-1 所示。

根据排列方式不同，三极管可分为 PNP 型和 NPN 型两种类型，其结构示意图及图形符号如图 10-2 所示，文字符号为 V。

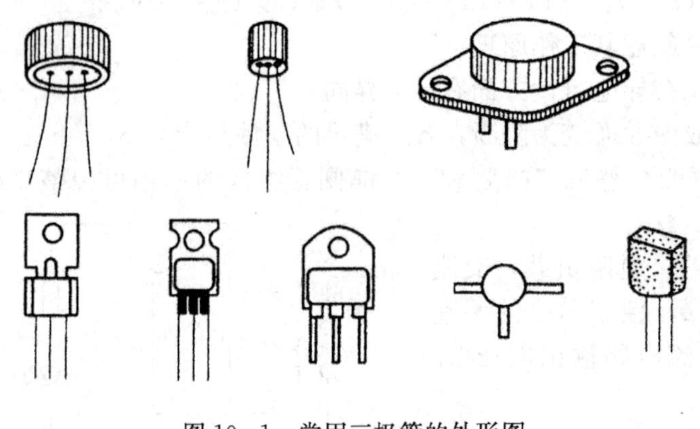

图 10-1　常用三极管的外形图

由图 10-2 可见，三极管具有两个 PN 结，它们把三极管管芯划分为发射区、基区和集电区，由三个区分别引出相应的电极为：发射极 e、基极 b 和集电极 c。发射区和基区之间的 PN 结称为发射结（图 10-2 中 J1）；集电区和基区之间的 PN 结称为集电结（图 10-2 中 J2）。在图形符号中，发射极的箭头方向表示三极管正常工作时发射极电流的方向。

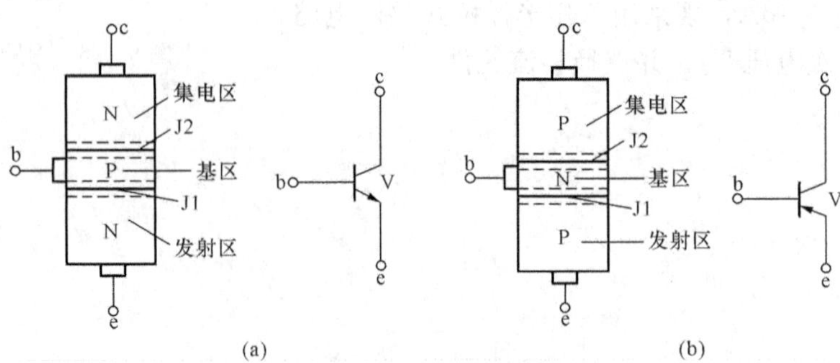

图 10-2　三极管的结构示意图及图形符号

（a）NPN 型；（b）PNP 型

三极管的结构特点是基区掺杂浓度很小且很薄；发射区掺杂浓度很高，远大于基区和集电区；集电结面积较大。

三极管除按排列方式分类外，还可以按材料分为硅管和锗管；按使用频率分为低频管和高频管；按管子功耗分为小、中、大功率管。国产三极管的型号组成及其意义见附录 A 中表 A-1。

二、三极管的电流放大作用

1. 三极管电流放大的电压条件

三极管具有电流放大作用的外部电压条件是发射结正偏（压），集电结反偏（压）。从三极管电极的电位来看，当管子处于电流放大状态时，对于 NPN 管，应是 $V_B>V_E$，$V_C>V_B$，即 $V_C>V_B>V_E$；对于 PNP 管，应是 $V_B<V_E$，$V_C<V_B$，即 $V_C<V_B<V_E$。

2. 三极管的电流放大原理

三极管的电流放大作用是由内部载流子的运动规律决定的。为了分析清晰，仅讨论管子内部三个区中起主要作用的多数载流子的运动规律。现以图 10-3 所示的 NPN 管子为例说明其电流放大作用。图中三极管已满足电流放大的电压条件。

因发射结为正偏，N 型发射区的电子（多子）大量扩散，越过发射结注入基区，形成发射极电流 I_E；注入到基区的大量电子由于浓度差继续向集电结扩散，途中部分扩散的电子与基区中的空穴（多子）复合。为了维持基区中原有的空穴数量，电源 U_{BB} 从基区拉走电子，形成基极电流 I_B，因为基区很薄且空穴浓度很低，继续扩散的电子与空穴复合的机会很少，所以 I_B 很小；由于集电结的反偏压较大，阻挡层较厚，不利于 N 型集电区的电子（多子）向基区扩散，而有利于收集从基区向集电结扩散来的电子，加之集电结的面积大，更有利于对电子的收集，因此，基区中扩散到集电结边缘的电子被集电结电场加速顺利越过集电结进入集电区，在电源 U_{CC} 的作用下，形成集电极电流 I_C。

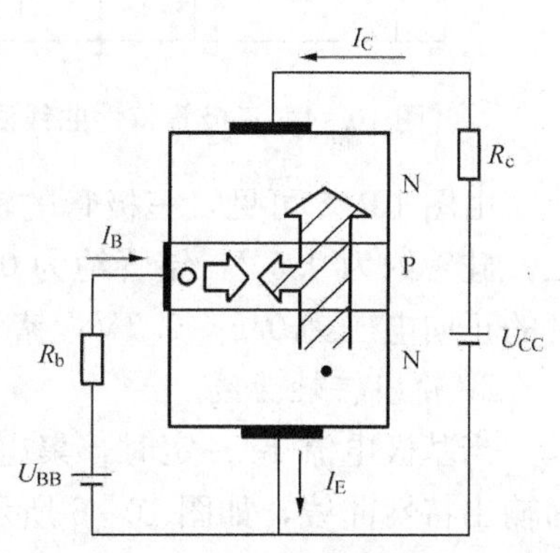

图 10-3　三极管电流放大时内载流子运动规律示意

显然，$I_C\gg I_B$，$\Delta I_C\gg\Delta I_B$，即一个很小的基极电流或增量对应着一个大的集电极电流或增量。这就是三极管的电流放大作用。

I_C 与 I_B 的比值称为三极管的直流电流放大系数，用 $\bar{\beta}$ 表示，即

$$\bar{\beta}=\frac{I_C}{I_B}$$

$\bar{\beta}$ 表明三极管的电流大能力。

根据 KCL，三极管三个电极间的电流关系为

$$I_E=I_B+I_C$$

三、三极管的伏安特性曲线

下面介绍常用的 NPN 型三极管共发射极电路的伏安特性曲线。

1. 输入特性曲线

NPN 型管共发射极特性测试电路如图 10-4 所示，其中发射极为输入和输出的公共端。当集电极和发射极之间的电压 U_{CE} 一定时，基极电流 I_B 与基极和发射极之间的电压 U_{BE} 的关

系曲线称为输入特性曲线，如图 10-5 所示。

当 $U_{CE}=0V$ 时，相当于 C 和 E 间短路，发射结和集电结均为正偏，三极管相当于两个二极管并联，此时的输入特性曲线相当于二极管的正向伏安特性曲线。

当 $U_{CE}>0V$ 时，随着 U_{CE} 的增大，输入特性曲线右移，但当 $U_{CE}\geqslant 1V$ 以后，曲线右移不明显，基本重合在一起。这是因为集电结反偏电压已足够强，足以使扩散到基区的绝大多数电子被吸收到集电区，即使再增大 U_{CE} 也不会引起 I_B 变化了，因此半导体手册一般只给出 $U_{CE}\geqslant 1V$ 的一条输入特性曲线。

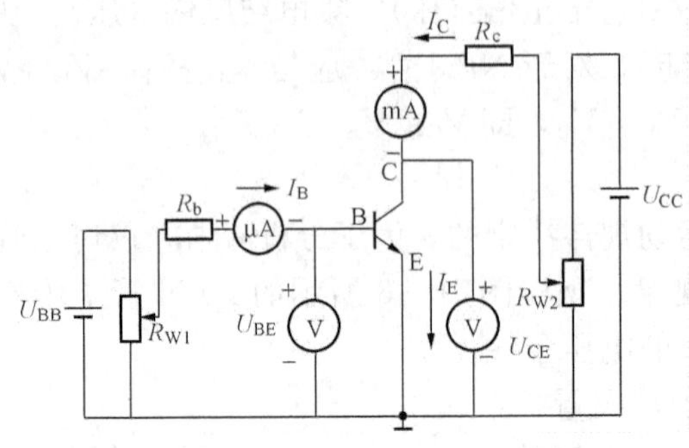

图 10-4 三极管特性曲线测试电路

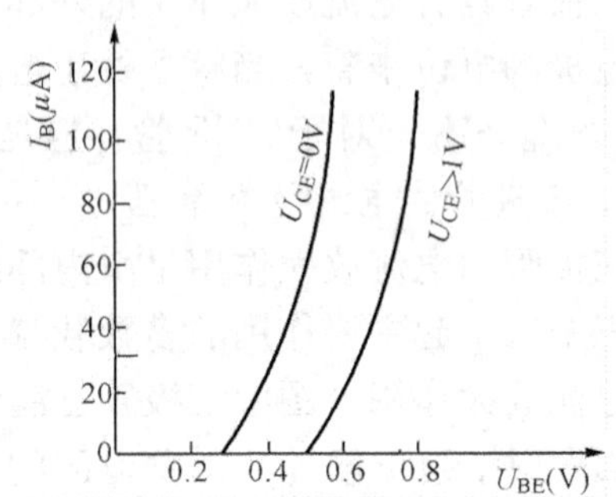

图 10-5 硅三极管的输入特性曲线

由图 10-5 可见，三极管的输入特性与二极管正向特性相似，是非线性的，也有一段死区，硅管约为 0.5V，锗管约为 0.1V。当三极管正常工作时，发射结电压 U_{BE} 变化不大，硅管的正向电压为 0.6～0.7V，锗管为 0.2～0.3V。

2. 输出特性曲线

当基极电流 I_B 一定时，集电极电流 I_C 与集电极和发射极之间的电压 U_{CE} 的关系曲线称为输出特性曲线，如图 10-6 所示。

在不同的 I_B 下，可得出不同的曲线，多条输出特性曲线是一组曲线，称为曲线簇。输出特性曲线表明：当 I_B 不变、U_{CE} 从零开始增大时，集电极电流 I_C 随 U_{CE} 增大而很快增大，使曲线起始部分较陡。但当 U_{CE} 较大（$\geqslant$1V）后，从发射区扩散到基区的电子中的绝大部分被收集到集电区而形成 I_C，以致 U_{CE} 继续增加时，I_C 也不再有明显的增加，因此曲线比较平坦，近似为一条水平直线。当 I_B 增大时，水平直线上移，而且 I_C 比 I_B 增加得多得多，这体现了三极管的电流放大作用。

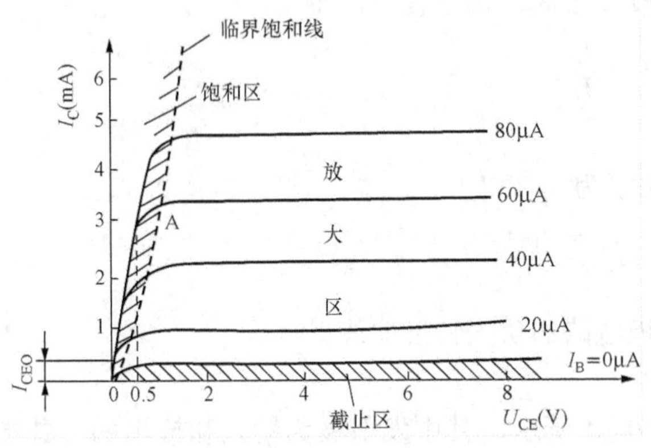

图 10-6 三极管的输出特性曲线

通常把三极管的输出特性曲线簇分为三个工作区：放大区、截止区和饱和区。

（1）放大区。输出特性曲线簇近于水平的部分就是放大区，也称线性区。三极管处于放大状态的条件是：发射结正偏压，集电结反偏压。当管子工作在放大区时，若 I_B 不变，则当 U_{CE} 变化时，I_C 基本不变，即具有恒流特性；当 I_B 改变，则 I_C 随之改变，即 I_C 受 I_B 控制，$I_C=\beta I_B$，具有电流放大作用。

（2）截止区。$I_B \leqslant 0$ 的区域就是截止区。三极管处于截止区的条件是：发射结和集电结均反偏压。在截止区，三极管各电极电流近似为零，各极间相当于断开的开关。

（3）饱和区。所有曲线拐点的连线与纵坐标轴之间所夹的区域称为饱和区。管子工作在饱和区的条件是：发射结和集电结均正偏压。工作在饱和区时，集电结收集电子的能力很弱，I_B 失去对 I_C 的控制作用，这时三极管失去电流放大作用，但 I_C 随 U_{CE} 的增大而急剧增大，这与放大区的特点有着显著的不同。三极管饱和时的集电极和发射极之间的电压称为“饱和压降”，用 U_{CES} 表示。小功率三极管 U_{CES} 很小（硅管约 0.3V，锗管约 0.1V），这时，三极管 C、E 之间相当于开关的闭合状态。

四、三极管的主要参数

三极管的参数是表示其特性和极限使用条件的重要数据，是正确选择和使用三极管的依据。

1. 共发射极电流放大系数 $\bar{\beta}$ 和 β

当接成共发射极电路的三极管工作在静态（无交流输入信号）时，集电极电流 I_C 与基极电流 I_B 的比值称为共发射极直流电流放大系数 $\bar{\beta}$，即 $\bar{\beta}=\frac{I_C}{I_B}$。

当三极管工作在动态（有输入交流信号）时，集电极电流的变化量 ΔI_C 与相应的基极电流变化量 ΔI_B 的比值称为共发射极交流电流放大系数 β，即 $\beta=\frac{\Delta I_C}{\Delta I_B}$。

$\beta \approx \bar{\beta}$，常用三极管的 β 值在 20～100 之间。

2. 集—射极反向饱和电流 I_{CEO}

I_{CEO} 是当 $I_B=0$（将基极开路），集电结处于反偏和发射结处于正偏时的集电极电流。它好像是从集电区直接穿过基区流入到发射区的电流，所以又称为穿透电流（见图 10-6）。

在分析电流放大作用时，若忽略 I_{CEO} 的影响时，按 $I_C=\beta I_B$ 计；当考虑 I_{CEO} 时，三极管的集电极电流应为

$$I_C = \beta I_B + I_{CEO}$$

I_{CEO} 不受 I_B 控制，但温度变化对 I_{CEO} 的影响很大，且 β 越大，I_{CEO} 受温度影响越大。选用三极管时，为了避免影响放大电路的稳定性，应选择 I_{CEO} 尽可能小些的三极管，同时 β 也不是越大越好，应兼顾考虑。

3. 集—射极反向击穿电压 $U_{(BR)CEO}$

集—射极反向击穿电压 $U_{(BR)CEO}$ 是指基极开路时，加于集电极与发射极间允许的最大反向电压值。使用三极管时，U_{CE} 不能超过此值，否则将使管子发生击穿而导致损坏。

4. 集电极最大允许电流 I_{CM}

当集电极电流 I_C 超过一定值时，三极管的 β 值要下降，为使三极管正常工作，就要限制 I_C。当 β 值下降到正常值 2/3 时的集电极电流，称为集电极最大允许电流 I_{CM}。因此，在使用三极管时，I_C 超过 I_{CM} 并不一定会使三极管损坏，但放大性能已很差而失去意义。

5. 集电极最大允许耗散功率 P_{CM}

三极管工作在放大状态时，集电结反偏，结电阻很大，过大的 I_C 通过集电结产生过大的热量，使结温严重升高，必将使管子的特性变坏甚至烧毁。因此，对集电结的耗散功率应有限制，集电结允许承受的最大功率称为最大允许耗散功率 P_{CM}，使用时应满足：$U_{CE}I_C < P_{CM}$。

五、三极管的简易测试

三极管的三个电极在外观排列上有一定规律和标识。在实际使用中，若遇到没有相关手册或标识不清时，为正确使用三极管，可用万用表进行简易测试。

1. 判断三极管的基极和管型

根据三极管的特点，首先判断基极比较容易。具体方法是，将万用表切换到电阻档的R×100 或 R×1k 档并调零。用黑表笔接三极管的任一管脚，用红表笔接触其余两个管脚，如果两次测得的电阻值都很大或都很小，则黑表笔所接触的管脚为基极。若测得的两电阻值都很小，说明该管为 NPN 管；若测得的两个电阻都很大，说明该管为 PNP 管。

2. 判断发射极和集电极

当基极和管型判断出来以后，就可判断三极管的发射极和集电极了。假定某个电极为集电极，在基极和集电极之间接上一个 100kΩ 的电阻。对于 NPN 管，用黑表笔接假定的集电极，红表笔接假定的发射极，记录阻值；再假定另一个电极为集电极，用上述同样的方法进行测量，记录阻值，阻值较小的那次，黑表笔所接的为集电极，红表笔所接的为发射极。对于 PNP 管，用红表笔接假定的集电极，黑表笔接假定的发射极，记录阻值；再假定另一个电极为集电极，用上述同样的方法进行测量，阻值较小的那次，红表笔所接的为集电极。在实际测量中，也可用手捏住集电极和基极，用接触电阻代替 100kΩ 电阻。

第二节 单管电压放大电路

一、共射基本电压放大电路的组成

图 10 - 7 所示为单管共射基本电压放大电路（又称为放大器）。需放大的交流信号电压 u_i 经电容 C_1 加在输入端 b、e 之间，放大后的信号电压 u_o 从 c、e 输出端经 C_2 输出，以驱动负载电阻 R_L。其输入回路和输出回路共用发射极，因此，这是一个共发射极放大电路。电路中各元件的作用如下：

（1）三极管 V。它是放大电路的核心元件，利用它的电流放大作用，使集电极电流随基极电流微小的变化而发生相应的较大变化。

（2）直流电源 U_{CC}。直流电源是为三极管发射结和集电结提供工作电压，保证发射结正偏和集电结反偏，以使三极管工作在放大区，并作为向负载输出功率的电源。U_{CC}一般为几伏到几十伏。

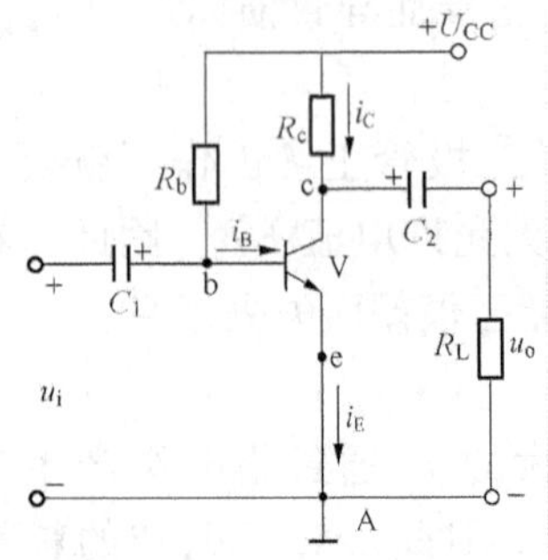

图 10 - 7 单管共射基本电压放大电路

（3）集电极电阻 R_c。它是将三极管的电流放大作用转换成电压放大作用。R_c 一般为几千欧到几十千欧。

（4）偏置电阻 R_b。它使 U_{CC}正极加到三极管的基极，保证发射结正偏，并提供适当大小的基极电流，又称偏置电流，使三极管工作在适当的放大状态。改变 R_b，可改变偏置电流的大小。R_b 一般为几十千欧到几百千欧。

（5）耦合电容 C_1 和 C_2。它们的作用是隔断直流，耦合交流，其值一般为几十微法。其中 C_1 用来隔断放大电路与信号源之间的直流通路，而 C_2 用来隔断放大电路与负载之间的直流通路，以保证三极管有一个合适的直流工作基础；另一方面保证交流信号通畅的经过放大电路，它们是放大电路前后级之间的耦合器件。

在放大电路中，既有直流量，又有交流量（信号），还有交直流叠加在一起的总量。为了弄清概念，便于分析，对表示符号作如下规定：直流量用大写字母大写右角标符号表示，如U_{CE}、I_B；交流分量瞬时值用小写字母小写右角标符号表示，如u_{ce}、i_b；交流分量有效值用大写字母小写右角标符号表示，如U_{ce}、I_b；总电流或总电压用小写字母大写右角标符号表示，如u_{CE}、i_B。

二、基本放大电路的工作情况

放大电路的工作状态有两种：静态和动态。

（1）静态。放大电路未加输入信号（$u_i=0$）时的工作状态称为静态。这时电路中没有交流量，只有直流量，如图10-8所示。此时电路中的直流量U_{BE}、I_B、I_C、U_{CE}在三极管特性曲线上所对应的点Q称为放大电路的静态工作点［见图10-10（a）］，简称Q点。Q点对应的直流量又常用U_{BEQ}、I_{BQ}、I_{CQ}、U_{CEQ}表示，通常把这组（4个）数据称为静态工作点。

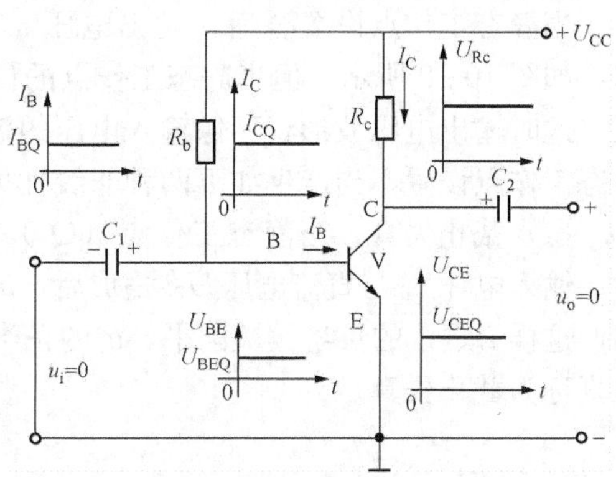

图10-8　放大电路的静态工作情况

（2）动态。放大电路输入端加交流输入信号（$u_i \neq 0$）时的工作状态称为动态。此时电路中各处的电流、电压既有直流分量又有交流分量，如图10-9所示。输入信号u_i经过耦合电容C_1与直流电压U_{BE}叠加，这样加在管子的发射结电压$u_{BE}=U_{BEQ}+u_i$，基极总电流为$i_B=I_{BQ}+i_b$，由于三极管的电流放大作用，使集电极电流出现一个交流分量i_c，集电极总电流变为$i_C=I_{CQ}+i_c$，并在集电极电阻R_c上产生压降u_{RC}（$=i_C R_c$），从而把集电极电流转变为电压的变化。这时三极管的集、射极间的电压为

$$u_{CE}=U_{CC}-i_C R_c=U_{CC}-I_{CQ}R_c-i_c R_c$$
$$=U_{CE}+u_{ce}$$

式中：U_{CEQ}为直流分量，$U_{CEQ}=U_{CC}-I_{CQ}R_c$；u_{ce}为交流分量，$u_{ce}=-i_c R_c$。

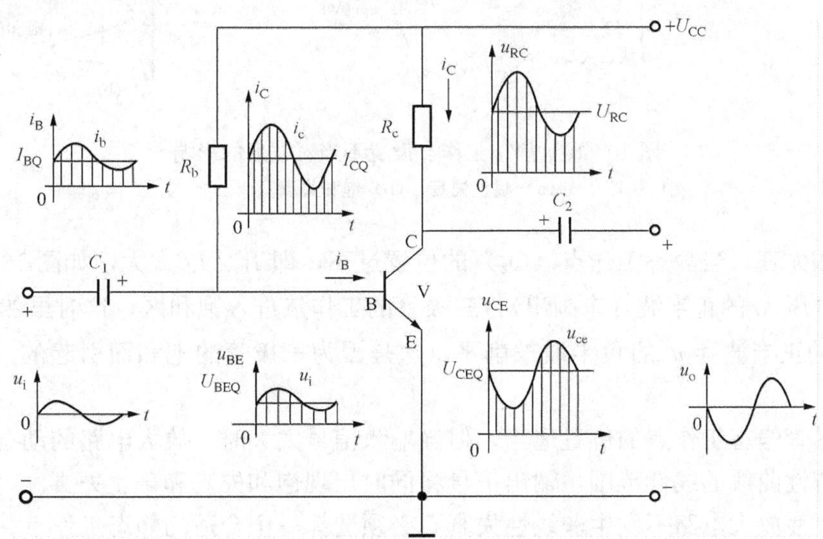

图10-9　放大电路的动态工作情况

由于电容 C_2 的隔直通交作用，输出电压中只有交流分量，即 $u_o = u_{ce} = -i_c R_c$。可见当 R_c 取值适当，就可使输出电压 u_o 的幅值比输入电压 u_i 的幅值大许多倍，从而实现电压放大作用。另由图 10-9 波形可见，输出电压 u_o 与输入电压 u_i 相位反相，即单管共射放大电路具有倒相作用。

综上所述，放大电路中的直流量即静态工作点是放大电路的工作基础，交流量是叠加在直流量的基础上放大的，因此静态工作点设置是否合理，将直接影响放大电路能否正常工作。

三、放大电路的非线性失真

因为基本共射放大电路的 U_{CC}、R_C 为定值，所以三极管的 U_{CE}、I_C 应满足的方程（$U_{CE} = U_{CC} - R_C I_C$）的图像为直线 MN，该直线称为直流负载线。静态工作点 Q 应是输出特性曲线与直流负载线的交点。一般情况下，静工作点应设置在直流负载线的中部，如图 10-10（a）所示。

当静态工作点设置合适，输出电压 u_o 的波形和输入电压 u_i 的波形相同，不会发生失真，如图 10-9 所示。但当静态工作点的位置设置得不当，使三极管工作范围超出线性放大区，这时输出电压波形将不像输入电压的波形，从而发生失真，这种失真称为非线性失真。静态工作点设置不当产生如下两种非线性失真：

（1）截止失真。当静态工作点（Q_1）位置过低，即 I_B、I_C 太小，如图 10-10（a）所示，输入电压 u_i 与直流电压 U_{BE} 叠加后，u_i 的负半波处在发射结的死区甚至使发射结处于反偏，这样 i_b、i_c 的负半波被削平，u_o 的正半波被削平，这种因三极管的发射结截止而引起的失真称为截止失真。

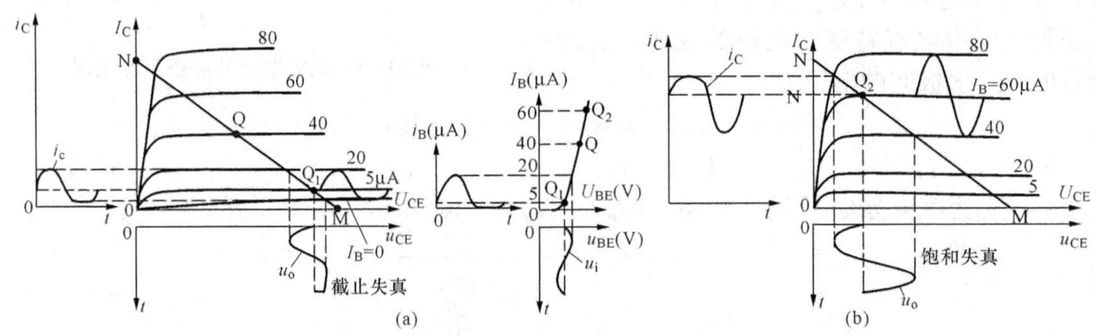

图 10-10 静态工作点设置不当对波形的影响

（a）截止失真；（b）饱和失真

（2）饱和失真。当静态工作点（Q_2）的位置过高，即 I_B、I_C 太大，如图 10-10（b）所示。在输入电压 u_i 的正半波（未画出），三极管的工作点进入饱和区，这时虽然 i_b 可以不失真，但是 i_c 的正半波和 u_o 的负半波被削平，这是因为三极管的饱和而引起的，故称为饱和失真。

有时，尽管静态工作点的位置适当，但当输入信号太大时，放大电路的动态工作范围超出了三极管特性曲线的线性范围，输出信号将同时出现饱和失真和截止失真。

因此，要使放大电路不发生非线性失真，必须选择一个合适的静态工作点。在实际应用中，通常通过调整 R_b 的方法来获得适当的静态工作点。

四、静态工作点的稳定

1. 影响静态工作点稳定的主要因素

所谓静态工作点的稳定，就是指当放大器的某些条件发生改变时，其静态工作点仍不变动。

然而当环境温度变化、三极管老化、电源电压波动、电路参数变化等，都会引起静态工作点的不稳定。在这些因素中，影响静态工作点稳定的主要因素是温度。当温度升高时，三极管的 I_{CEO} 和 β 等参数随着增大，这些都会使 I_C 随温度升高而增大，从而使三极管的整个输出特性曲线向上平移，静态工作点也随之上移，工作点进入饱和区而引起饱和失真。同时，由于 I_C 的增大，使集电结损耗增加，结温升高，进一步使输出特性曲线上移，管子无法工作，甚至烧坏管子。因此必须采取措施提高静态工作点的稳定性。

2. 稳定静态工作点的常用放大电路

稳定静态工作点的放大电路种类很多，其中应用最多的是分压式电流偏置放大电路，如图 10-11（a）所示。

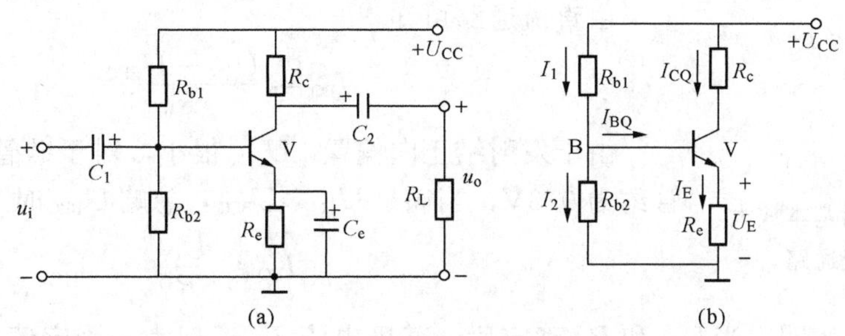

图 10-11　分压式电流偏置放大电路

（a）放大电路；（b）直流通路

图 10-11 中 R_{b1} 和 R_{b2} 组成分压式偏置电路，用来稳定三极管的基极电位；R_e 称为射极电阻，静态射极电流 I_E 从其上流过，起稳定静态工作点的作用。

由直流通路图 10-11（b）可得 $I_1=I_2+I_{BQ}$，适当选择 R_{b1} 和 R_{b2} 阻值，使 $I_1 \gg I_{BQ}$ 时，可以近似认为 $I_1 \approx I_2$，则基极电位

$$V_B \approx \frac{R_{b2}U_{CC}}{R_{b1}+R_{b2}} \tag{10-1}$$

由于 V_B 只由 R_{b2} 的分压比决定，而与温度无关，所以 V_B 不随温度变化而变化，使三极管的基极电位很稳定。

分压式电流偏置放大电路稳定静态工作点的过程如下：

$$\text{温度}\ t\uparrow \rightarrow I_{CQ}\uparrow \rightarrow U_E\uparrow \rightarrow U_{BEQ}(=V_B-U_E)\downarrow \rightarrow I_{BQ}\downarrow \rightarrow I_{CQ}\downarrow$$

即温度升高使静态工作点上移，I_{CQ} 增大，则 I_E 在 R_e 上的压降 $U_E=I_ER_e$ 也增大。由于 $V_B=U_{BEQ}+U_E$ 是固定的，所以 U_{BEQ} 下降，从而引起 I_{BQ} 下降而使 I_{CQ} 自动下降，静态工作点大致恢复到原来位置。

从上述过程可以看出，该放大电路能稳定静态工作点的实质是：当输出电流 I_{CQ} 的变化通过发射极电阻 R_e 上的压降变化反映出来后，再回送到输入回路，与 B 点电位（即对地电压）V_B 进行比较，来自动反向调节 U_{BEQ}，进而牵制 I_{CQ} 的变化。它实际上是一种直流电流

负反馈，在后面第五节将对负反馈作详细介绍。

第三节　放大电路的分析方法

放大电路的分析就是对静态和动态的分析，其中静态分析就是要确定放大电路的静态工作点；动态分析就是要确定放大电路的电压放大倍数 A_u、输入电阻 r_i 和输出电阻 r_o 等。

放大电路的分析方法有两种，即计算法和图解法，下面只讲计算法。

一、静态工作点的计算

由于静态值是直流，所以用放大电路的直流通路来分析，首先画出放大电路的直流通路，然后求解直流通路。图 10-7 所示的基本共射极放大电路的直流通路如图 10-12 所示。在直流通路中，由于电容的隔直作用，不会有直流电流通过耦合电容 C_1 和 C_2，C_1 和 C_2 对直流信相当于开路。

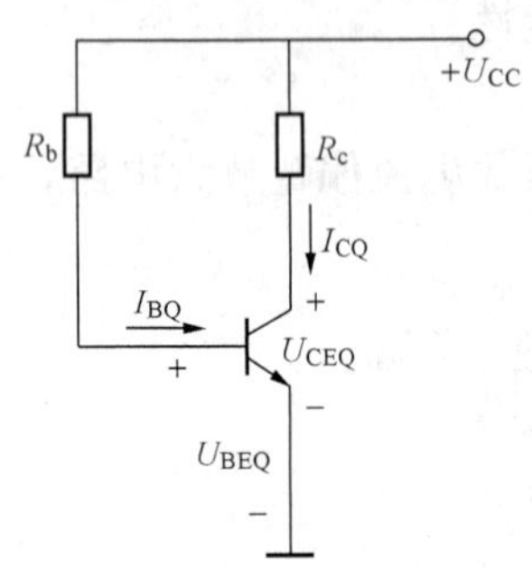

图 10-12　共射基本放大电路的直流通路

由直流通路可知

$$I_{BQ}=\frac{U_{CC}-U_{BEQ}}{R_b} \tag{10-2}$$

由于发射结正向偏置，U_{BEQ}很小，对于硅管约为 0.7V，锗管约为 0.3V，当满足 $U_{CC}\gg U_{BEQ}$，忽略 U_{BEQ}时

$$I_{BQ}\approx\frac{U_{CC}}{R_b} \tag{10-3}$$

式（10-3）表明，当 U_{CC}和 R_b 确定后，基极电流 I_{BQ}近似为一固定值，因此，把这种放大电路称为固定偏置放大电路。

由三极管的电流放大作用可知

$$I_{CQ}\approx\beta I_{BQ} \tag{10-4}$$

对于集电极射极回路，由 KVL 可得

$$U_{CEQ}=U_{CC}-I_{CQ}R_c \tag{10-5}$$

根据以上各式，就可以计算出固定偏置放大电路的静态工作点。因 U_{BEQ}近似为常数，所以一般常把 I_{BQ}、I_{CQ}、U_{CEQ}称为静态工作点。

【例 10-1】　在图 10-7 所示的放大电路中，已知 $U_{CC}=12$V，$R_c=3$kΩ，$R_b=240$kΩ，三极管为 NPN 型硅管，$\beta=40$。试求该放大电路的静态工作点。

解　$I_{BQ}=(U_{CC}-U_{BEQ})/R_b=(12-0.7)/240\approx0.047(\text{mA})=47\ (\mu\text{A})$

$$I_{CQ}\approx\beta I_{BQ}=40\times0.047=1.88\ (\text{mA})$$

$$U_{CEQ}=U_{CC}-I_{CQ}R_c=12-1.88\times3=6.36\ (\text{V})$$

二、动态分析

1. 放大电路的交流通路

由于放大器的输入电阻、输出电阻和电压放大倍数这些参数是用来衡量放大器动态性能的技术指标，因此必须在有输入交流信号的工作状态（动态）下分析，故应首先画出放大器的交流通路，如图 10-13 所示。画交流通路的方法是将电容短路、（根据叠加原理）将直流电源对地短接，其他元件的连接情况不变。

2. 放大电路的微变等效电路

三极管是个非线性元件，但对于小信号的交流放大电路，当静态工作点设置恰当，可将三极管线性化，即用微变等效电路代替三极管，然后画出放大电路的微变等效电路，再利用求解线性电路的方法求出放大器的电压放大倍数、输入电阻和输出电阻。

如图 10 - 14（a）所示的三极管，从输入回路看，当很小的输入交流信号电压加在发射结时，u_{be}和 i_b 的变化小，这时可认为 u_{be}与 i_b 呈线性关系，其比值近似为一个常数，称为三极管的输入电阻，用 r_{be}表示，$r_{be}=\dfrac{u_{be}}{i_b}$。三极管的输入回路相当于一个等效电阻 r_{be}。

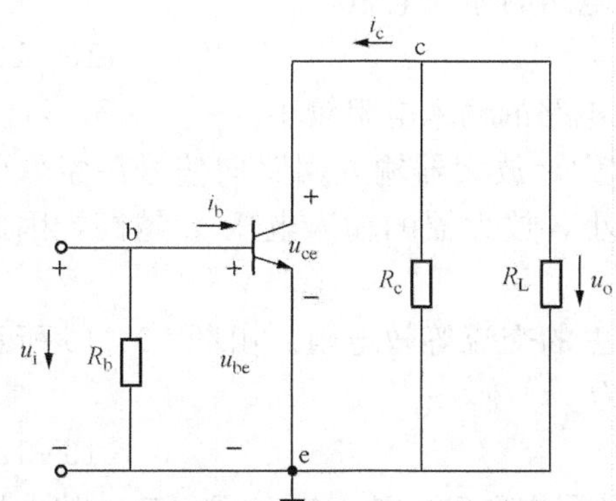

图 10 - 13 固定偏置放大电路的交流通路

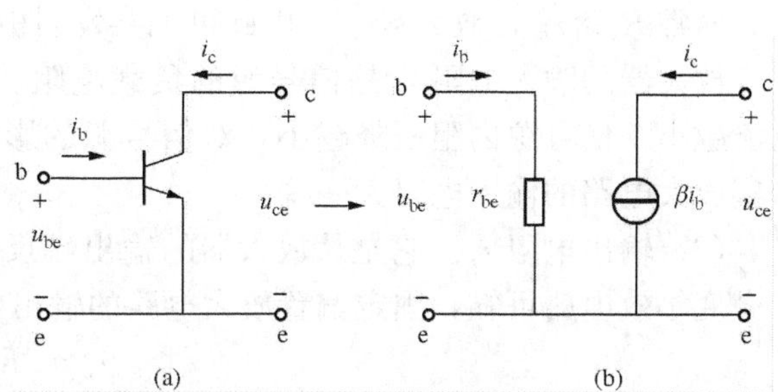

图 10 - 14 三极管的微变等效电路

（a）三极管；（b）三极管微变等效电路

常温下，低频小功率三极管的输入电阻可用下式估算

$$r_{be} \approx 300(\Omega) + (1+\beta)\frac{26(\text{mV})}{I_E(\text{mA})} \tag{10 - 6}$$

式（10 - 6）中 I_E为发射极电流的静态值。

从输出回路看，三极管具有恒流特性，i_c 只受 i_b 控制，而与 u_{ce}基本无关，因此三极管的输出回路可以等效为一个理想电流源，其输出电流 $i_c=\beta i_b$。

将三极管的输入回路和输出回路的等效电路结合起来，便得到如图 10 - 14（b）所示的三极管微变等效电路。将放大电路的交流通路中的三极管用其微变等效电路代替，便是放大电路的微变等效电路。固定偏置放大电路的微变等效电路如图 10 - 15 所示。

3. 放大器的电压放大倍数、输入电阻和输出电阻的计算

（1）电压放大倍数 A_u。它是放大器的输出电压 u_o 与输入电压 u_i 之比，即

$$A_u = \frac{u_o}{u_i} \tag{10 - 7}$$

对于固定偏置放大电路有

$$u_i = r_{be} i_b$$

$$u_o = -(R_c \,/\!/\, R_L) i_c = -\beta R'_L i_b$$

$$R'_L = (R_c \,/\!/\, R_L)$$

交流电压放大倍数为

$$A_u = \frac{u_o}{u_i} = -\beta \frac{R'_L}{r_{be}} \tag{10 - 8}$$

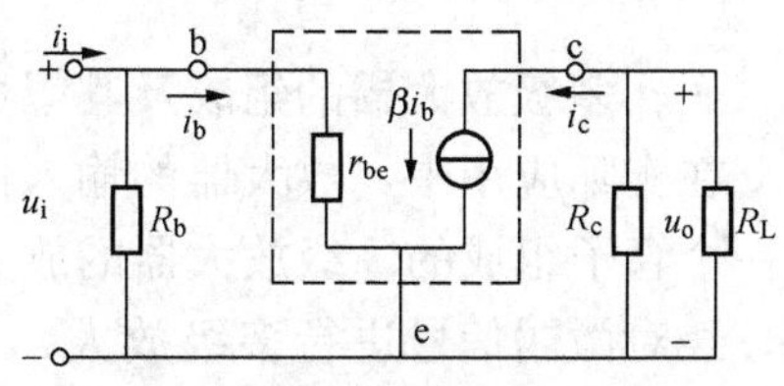

图 10 - 15 固定偏置放大电路的微变等效电路

式（10-8）中的负号表示输出电压与输入电压反相。

不接负载时，电压放大倍数为

$$A_u = -\beta \frac{R_C}{r_{be}} \tag{10-9}$$

显然 $R'_L < R_C$，可见，接上负载后放大倍数下降了，且负载 R_L 越小，电压放大倍数越小。

（2）输入电阻 r_i。它是从放大器的输入端看进去的交流等效电阻，即

$$r_i = \frac{u_i}{i_i} \tag{10-10}$$

图 10-15 所示微变等效电路对应的固定偏置放大电路的输入电阻

$$r_i = R_b \,/\!/\, r_{be} \tag{10-11}$$

通常 $R_b \gg r_{be}$，故 $r_i \approx r_{be}$，由此可见共发射极放大电路的输入电阻较小。

放大器的输入电阻 r_i 是信号源的负载电阻。r_i 越大，放大器输入回路向信号源索取的电流越小，信号源内阻压降越小，对信号源的影响越小，放大器的输入电压 u_i 越高，因此希望放大电路的输入电阻大一些。

（3）输出电阻 r_o。它是从放大器的输出端反看进去的交流等效电阻。由图 10-15 所示的微变等效电路可知，固定偏置放大电路的输出电阻为

$$r_o \approx R_c \tag{10-12}$$

当放大器输出端接上负载后，放大器向负载提供信号电压和电流。对负载而言，放大器相当于一个具有内阻的信号源，这个内阻就是输出电阻 r_o。输出电阻越大，当放大器带上负载时，内部压降越大，输出电压就越低，因此放大器带负载的能力越差。所以通常希望放大器的输出电阻小一些。

【例 10-2】 在图 10-7 所示的放大电路中，已知 $R_b=220\text{k}\Omega$，$R_c=3\text{k}\Omega$，$R_L=4\text{k}\Omega$，$U_{CC}=12\text{V}$，三极管的 $r_{be}=800\Omega$，$\beta=40$。求放大器的输入电阻 r_i、输出电阻 r_o 和电压放大倍数 A_u。

解 由图 10-7 放大电路的微变等效电路图 10-15 可得

$$r_i = R_b \,/\!/\, r_{be} = R_b \cdot r_{be}/(R_b + r_{be}) \approx r_{be} = 800(\Omega) = 0.8(\text{k}\Omega)$$

$$r_o = R_c = 3(\text{k}\Omega)$$

$$R'_L = R_L \,/\!/\, R_c = \frac{3\times 4}{3+4} = 1.71(\text{k}\Omega)$$

$$A_u = \frac{u_o}{u_i} = -\beta \frac{R'_L}{r_{be}} \approx -86$$

第四节 多 级 放 大 器

一、多级放大器的组成及其耦合方式

在实际应用中，放大器的输入信号都很微弱，一般为毫伏或微伏级。为推动负载工作，由一个管子组成的一级放大器的放大倍数往往不够，一般是由多个单级放大器组成多级放大器，经对微弱信号进行多级放大，才能以足够大的功率驱动负载（如喇叭、仪表、电动机等）。图 10-16 为多级放大器的组成框图。图中的前置级和中间级用作电压放大，将微弱的输入信号电压放大到足够的幅度；后面的末前级及末级用作功率放大，以推动负载。

在多级放大器中，每两个单级放大器之间的连接方式称为耦合方式。常用的级间耦合有：阻容耦合、变压器耦合和直接耦合三种方式。

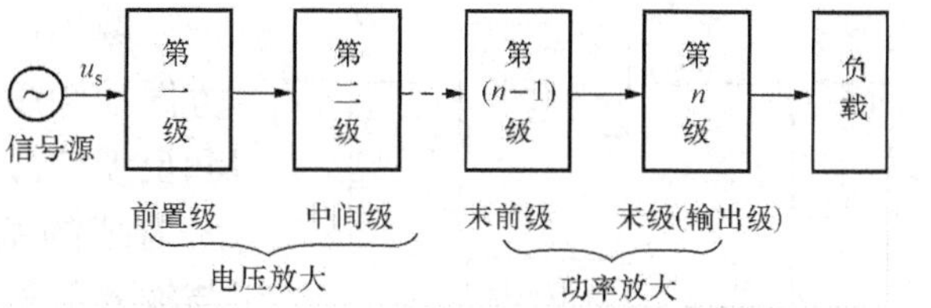

信号源　u_s　第一级　第二级　第(n−1)级　第n级　负载
前置级　中间级　末前级　末级(输出级)
电压放大　功率放大

图 10-16　多级放大器的框图

二、阻容耦合

图 10-17 为两级阻容耦合放大器，前一级通过耦合电容 C_2 与后一级输入电阻连接，故称为阻容耦合。由于电容有“通交流隔直流”的作用，因此前一级的输出信号可以通过耦合电容传送到后级的输入端，耦合电容量应足够大，以避免信号电压在耦合电容上的损失过大，一般为几微法到几十微法的电解电容，信号频率愈低，电容值愈大；电容的隔直作用使各级放大器的静态工作点相互独立，互不影响。每级放大器的分析方法与单级放大器相同。

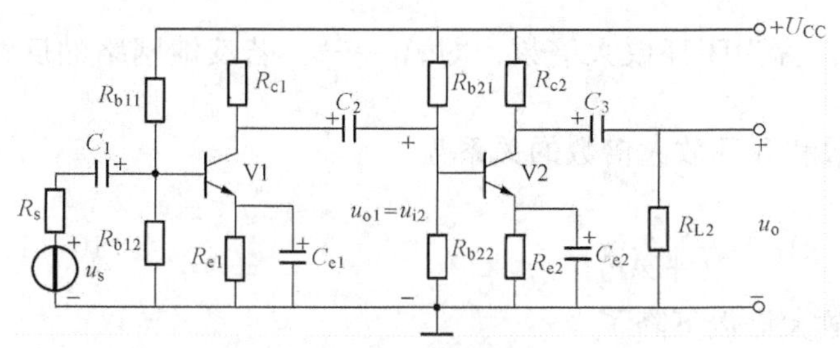

图 10-17　两级阻容耦合放大器

在多级放大器中，由于前一级的输出电压就是后一级的输入电压，因此，总电压放大倍数等于各级电压放大倍数的乘积。图 10-17 所示的两级放大器的电压放大倍数

$$A_u = \frac{u_o}{u_{i1}} = \frac{u_{o1}}{u_{i1}} \cdot \frac{u_o}{u_{i2}} = A_{u1}A_{u2} \tag{10-13}$$

阻容耦合具有体积小、重量轻、调试方便等优点，因而得到广泛的应用。然而，阻容耦合不能传递直流信号；在集成电路中，因难以制造容量较大的电容，也无法采用阻容耦合。

三、变压器耦合

前后级放大器间用变压器连接的方式称为变压器耦合。变压器同样具有“通交流、隔直流”的作用，但因其笨重、无法集成，所以，除特殊需要（如阻抗变换）外，一般不采用这种耦合方式。

四、直接耦合

用导线将放大器的前级输出端与后级的输入端直接相连的方式称为直接耦合。这种耦合方式适合传递直流信号（本章第七节专门介绍）。

第五节　放大器的负反馈

一、反馈的基本概念

将放大器输出信号（电流或电压）的一部分或全部通过一定形式的电路回送到输入回路的过程称为反馈。将输出端回送到输入端的信号称为反馈信号。因此如果放大电路中存在着将输出端和输入端联系起来的支路，则该放大电路中存在反馈电路。

反馈放大电路是一个闭环系统，其组成框图如图 10-18 所示。它包括两个部分：一个是不带反馈的基本放大电路 A，它可以是单级或多级放大器；另一个是反馈电路 F，它是联系放大电路的输出回路和输入回路的环节，多由电阻元件组成。

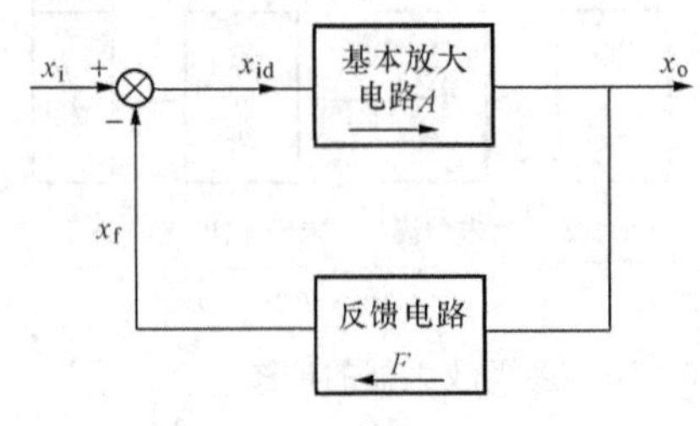

图 10-18 负反馈放大电路组成框图

图 10-18 中 x 表示电压或电流信号，信号的传递方向如图中箭头所示；x_i、x_o 和 x_f 分别为输入、输出和反馈信号；“⊗”符号表示比较环节；x_{id}表示由 x_i 与 x_f 合成的基本放大电路的净输入信号。如果反馈信号与输入信号合成使基本放大器的净输入信号减弱，即 $x_{id}=x_i-x_f$，则这种反馈称为负反馈；反之，若反馈信号与输入信号合成使基本放大器的净输入信号增强，即 $x_{id}=x_i+x_f$，则称为正反馈。

未引入负反馈时基本放大电路的放大倍数 A，称为基本放大倍数，又称开环放大倍数，它表示净输入信号经基本放大电路单方向的正向传输至输出端得到的放大倍数，即 $A=\frac{x_o}{x_{id}}$；引入负反馈后放大电路的放大倍数 A_f，称为闭环放大倍数，即 $A_f=\frac{x_o}{x_i}$。若反馈网络的反馈系数为 F，即 $F=\frac{x_f}{x_o}$，则闭环放大倍数和开环放大倍数的关系为

$$A_f=\frac{A}{1+AF} \tag{10-14}$$

可见，放大电路引入负反馈后的放大倍数下降了。

二、反馈放大器的类型

1. 反馈极性

如前所述，若反馈使放大器的净输入得到加强的是正反馈；反之，若反馈使放大器的净输入减弱的是负反馈。

2. 交流反馈和直流反馈

若反馈信号为交流量，称为交流反馈；若反馈量为直流量，则称为直流反馈（见图 10-11）；当反馈量中既有交流分量，又有直流分量时，则电路中同时存在交流反馈和直流反馈。

3. 电流反馈和电压反馈

反馈信号是在放大器的输出端取样，若反馈信号取自输出电流，并与之成正比的，称为电流反馈，如图 10-19（a）、（b）所示；若反馈信号取自输出电压，并与输出电压成正比的，称为电压反馈，如图 10-19（c）、（d）所示。

4. 串联反馈和并联反馈

根据反馈信号在输入端与输入信号叠加方式的不同，分为串联反馈和并联反馈。若反馈信号与外加的输入信号串联，称为串联反馈，如图 10-19（a）、（c）所示，它（反馈信号）在输入端总是以电压的形式出现的；若反馈信号与外加的输入信号并联，则称为并联反馈，如图 10-19（b）、（d）所示，它在输入端总是以电流的形式出现的。

综上所述，按照反馈信号在输出端的取样、在输入端连接方式的不同，负反馈共有四种组态，即电流串联负反馈［见图 10-19（a）］；电流并联负反馈［见图 10-19（b）］；电压串联负反馈［见图 10-19（c）］；电压并联负反馈［见图 10-19（d）］。

三、负反馈对放大器性能的改善

负反馈虽然使放大器的放大倍数降低了，但能够在很多方面改善放大器的性能。

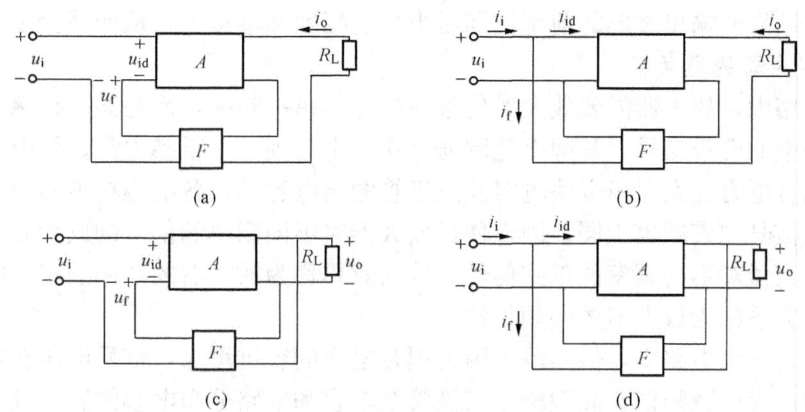

图 10-19　负反馈的类型

(a) 电流串联负反馈；(b) 电流并联负反馈；(c) 电压串联负反馈；(d) 电压并联负反馈

1. 提高放大倍数的稳定性

放大器的输入信号一定，当外界条件变化时，如三极管的老化、元件参数及环境温度的变化、电源电压波动、负载的改变等，使放大器的放大倍数变化，这种现象称为放大倍数的不稳定。在放大器中引入负反馈可提高其放大倍数的稳定性。

如图 10-18 所示的反馈放大电路方框图中，在输入信号 x_i 一定的情况下，若输出量 x_o 增加，反馈量 x_f 相应增加，则净输入量 $x_{id}=x_i-x_f$ 减小，则输出量 x_o 又减小而趋于稳定；反之，若输出量 x_o 减小，反馈量 x_f 相应减小，则净输入量 $x_{id}=x_i-x_f$ 增加，则输出量 x_o 又增加而趋于稳定。因此，引入负反馈后，虽然放大倍数降低了，但放大器的工作更加稳定，且负反馈越深，稳定性越好。

2. 减小非线性失真

三极管是非线性元件，由它构成的交流放大电路，总是或多或少的存在信号波形的非线性失真，在引入负反馈后可减小非线性失真。

如图 10-20 (a) 所示，若输入正弦信号经基本放大电路 A 放大后，产生了非线性失真，其输出波形的前半波幅度大，后半波幅度小。若引入负反馈后［见图 10-20 (b)］，由于反馈元件多为电阻元件，因而反馈信号 x_f 的波形与输出加波形相似，也是前半波幅度大，后半波幅度小；x_f 与输入信号 x_i 进行比较相减后，输入到放大器的净输入信号 x_{id}将是前半波幅度小，后半波幅度大的波形，给净输入信号造成一种“预失真”；再经基本放大器 A 的

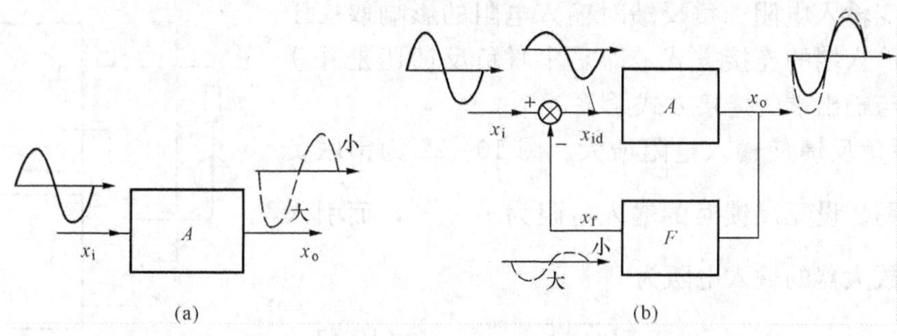

图 10-20　负反馈对非线性失真的改善

(a) 无反馈；(b) 引入负反馈

非线性放大，结果使输出波形的前半波和后半波的幅度基本接近，从而减少了非线性失真。

3. 展宽放大器的通频带

在实际应用中，放大器需要放大的信号往往并非单一频率，而是某一频率范围的交流信号。例如广播中的音乐信号，其频率范围通常在几十赫到二十千赫之间。但由于在放大电路中，存在着耦合电容、发射极旁路电容及三极管的结电容等，各电容在不同频率下的容抗值是不同的，对信号的衰减也不同，因而使得放大器对不同频率的信号的放大效果不同。

我们把放大器对不同频率的正弦信号的放大效果称为放大器的频率响应，电压放大倍数与频率之间的关系称为放大器的幅频特性。

在阻容耦合放大电路中，低频段，因为耦合电容的容抗增大，信号电压在耦合电容上的压降增大，使放大倍数降低；高频段，三极管结电容和电路分布电容的容抗较小，对信号的分流作用大，使放大倍数降低。可见，低频区和高频区的电压放大倍数都比中频区低，其幅频特性如图 10 - 21 曲线 1 所示。规定放大倍数下降到中频区放大倍数的 $1/\sqrt{2}=0.707$ 倍时所对应的两个频率，分别称为下限频率 f_L 和上限频率 f_H。将两个频率 f_L 和 f_H 之间的频率范围称为通频带（简称带宽）BW，即 $BW=f_H-f_L$，它是放大器频率响应的一个重要指标。通频带愈宽，表示放大器工作的频率范围愈宽，对信号频率的适应能力愈强。

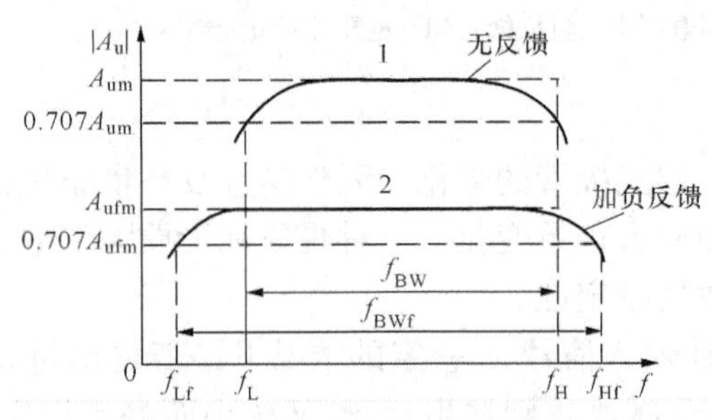

图 10 - 21 负反馈对通频带的影响

引入负反馈后，放大倍数受频率影响程度相对减小了。对同样大小的输入信号来说，在中频区，由于放大倍数大，输出信号大，反馈信号也大，使净输入信号减少得较多，输出也减少得多，即引入负反馈后，使中频区的放大倍数明显地降低了；但在低频区和高频区，由于放大倍数较小，输出信号较小，反馈信号也较小，使净输入信号减小的程度比中频区小，于是输出信号减少得也较小，这样在低频区和高频区，放大倍数降低的程度比中频区小。因此从总体上看，引入负反馈后，使通频带变宽，幅频特性变得比较平坦了，如图 10 - 21 曲线 2 所示。

4. 改变输入电阻和输出电阻

放大器引入负反馈后，会使它的输入电阻、输出电阻发生改变。在实际应用中，可通过不同的负反馈来改变它们的数值，以满足不同的要求。

（1）改变输入电阻。负反馈对输入电阻的影响取决于反馈信号在输入端的连接方式，即是串联负反馈还是并联负反馈，而与输出端的连接方式无关。

1）串联负反馈使输入电阻增大。图 10 - 22 为串联负反馈的方框图。设无反馈时的输入电阻为 $r_i=\dfrac{u_{id}}{i_i}$，而引入负反馈后，放大器的输入电阻为

$$r_{if}=\frac{u_i}{i_i}=\frac{u_{id}+u_f}{i_i} \qquad (10-15)$$

可见，$r_{if}>r_i$，即引入串联负反馈后，输入电阻增加了。

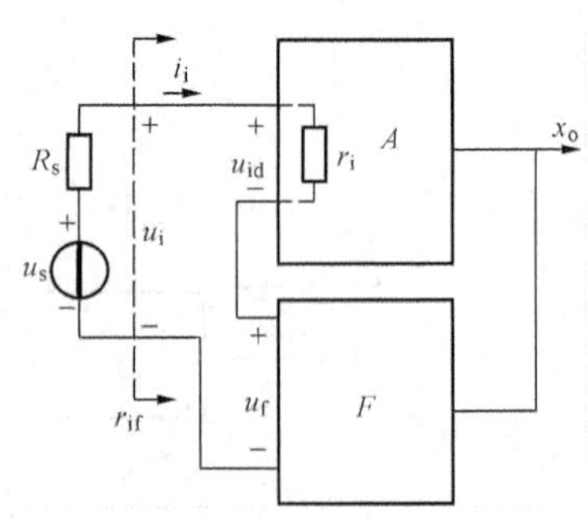

图 10 - 22 串联负反馈对输入电阻的影响

2）并联负反馈使输入电阻减小。图 10－23 为并联负反馈的方框图。由图可得无反馈时的输入电阻为 $r_i=\frac{u_i}{i_{id}}$，引入负反馈后的输入电阻为

$$r_{if}=\frac{u_i}{i_i}=\frac{u_i}{i_{id}+i_f} \quad (10-16)$$

可见，$r_{if}<r_i$，引入并联负反馈后，输入电阻减小了。

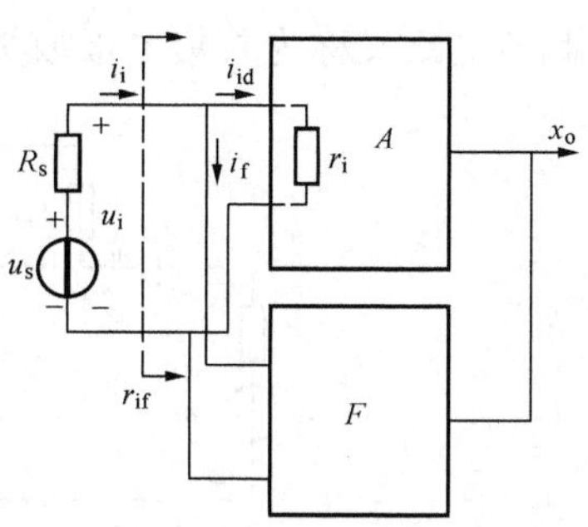

图 10－23　并联负反馈对输入电阻的影响

（2）改变输出电阻。负反馈对输出电阻的影响取决于反馈电路在输出端的连接方式，即是电流负反馈还是电压负反馈，而与输入端的连接方式无关。

1）电压负反馈使输出电阻降低。因电压负反馈可以使放大器的输出电压趋于稳定（从下面对射极输出器的分析可知），即具有恒压作用，而恒压源的内阻很小，所以电压负反馈使放大器的输出电阻降低。

2）电流负反馈使输出电阻提高。电流负反馈可以使放大器的输出电流趋于稳定（从下面对电流串联负反馈放大电路的分析可知），即具有恒流作用，对于恒流源，其内阻很大，所以电流负反馈使放大器的输出电阻提高了。

四、负反馈放大电路举例

1. 电流串联负反馈放大电路

典型的电流串联负反馈放大电路如图 10－24 所示。图中电阻 R_f 既属于输入回路又属于输出回路，是连接两个回路的中间环节，故电阻 R_f 是反馈元件；电路中各电流方向为实际方向，“＋”、“－”为实际电位极性。

从输入端来看，反馈电压 u_f 和输入电压 u_i 进行串联比较，然后作用于三极管的发射结，使净输入信号 $u_{be}=u_i-u_f$ 减小，所以是串联负反馈。

从输出端来看，反馈电压 $u_f=i_eR_f\approx i_cR_f$。与输出电流 i_c 成正比，所以它是电流反馈。

综上所述，该放大电路引入的是电流串联负反馈。图中射极旁路电容 C_e 对交流信号短路，R_e 仅起直流负反馈作用，用于稳定静态工作点。

电流负反馈的反馈信号取自于输出电流，因此，它可使输出电流趋于稳定，即具有稳定输出电流的作用。如当输入信号 u_i 一定时，若负载电阻 R_L 增大，使输出电流 i_o 减小，则反馈电路进行如下的自动调节过程：

$$R_L\uparrow\rightarrow i_o\downarrow\rightarrow u_f\downarrow\rightarrow u_{id}=u_{be}(=u_i-u_f)\uparrow\rightarrow i_o\uparrow$$

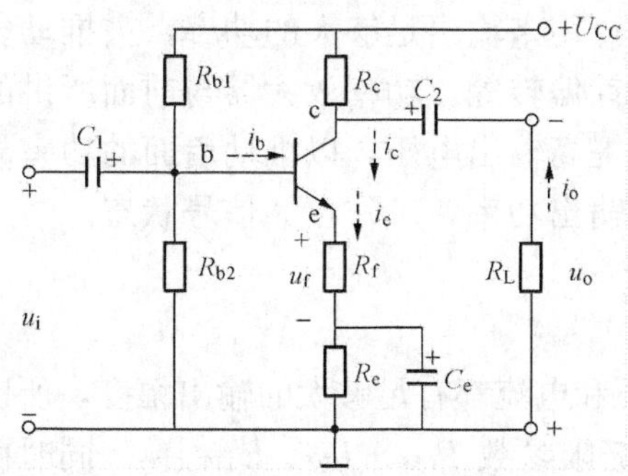

图 10－24　电流串联负反馈放大电路

由此可见，电流串联负反馈具有稳定输出电流的作用，能提高输出电阻。在实际应用中，它一般用来实现电压源与电流源的转换，用于电流变送器电路中。

2. 射极输出器

射极输出器的电路如图 10－25（a）所示，图中 R_b 为偏置电阻，R_L 为负载电阻，信号从基极输入，从发射极输出，故称为射极输出器。从其交流通路图 10－25（b）可见，输入端和输出端共用集电极，

因此该电路又称为共集电极放大电路。

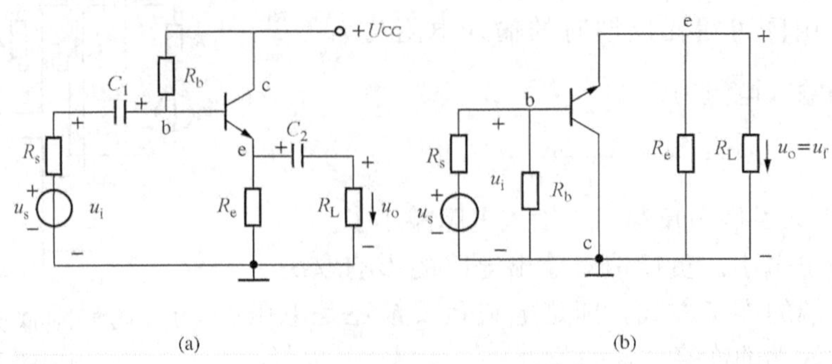

(a) (b)

图 10-25 射极输出器

(a) 射极输出器；(b) 交流通路

射极输出器是一种典型的电压串联负反馈放大电路。图 10-25 中 R_e 连接输入回路和输出回路，它是反馈元件，且输出电压 u_o 全部作为反馈电压 u_f，它串联接入输入回路，使净输入信号 $u_{be}=u_i-u_f$ 减小，所以该电路是一种串联电压负反馈电路。由于是电压负反馈，因此它具有稳定输出电压的作用。如当输入信号 u_i 一定时，若负载电阻减小使输出电压 u_o 减小，则反馈电路进行如下的自动调节过程：

$$R_L\downarrow \rightarrow u_o\downarrow \rightarrow u_f\downarrow \rightarrow u_{id}=u_{be}=(u_i-u_f)\uparrow \rightarrow u_o\uparrow$$

射极输出器的特点如下：

(1) 电压放大倍数小于 1，但近似等于 1，且输出电压与输入电压同相。由于输出电压全部反馈到输入回路，即 $u_f=u_o$，则 $u_{be}=u_i-u_f=u_i-u_o\approx 0$，即 $u_o\approx u_i$，所以其放大倍数接近于 1 但小于 1，且输出电压信号紧随输入电压信号而变化，故又称为射极跟随器。

(2) 输入电阻大。由于射极输出器是串联负反馈，故其输入电阻很大，常用作大内阻信号源的输入级。

(3) 输出电阻小。射极输出器因是电压负反馈，当输入电压一定时，输出电压基本保持不变，具有恒压输出特性，故其输出电阻很低，即带负载能力强，常用作带大电流负载的输出级。

第六节 功 率 放 大 器

多级放大电路的末级或末前级一般都是功率放大器，用来输出足够大的功率，去推动负载工作。例如使扬声器发声，使电动机旋转，使仪表指针偏转等。功率放大器与前面所讲的电压放大器的要求有所不同，电压放大器的主要任务是提高输出电压，以推动后面的功率放大器，工作在小信号状态；而功率放大器的任务是提高输出功率，工作在大信号状态。

一、对功率放大器的基本要求

1. 在不失真的情况下，输出功率尽可能大

为了获得足够大的输出功率，要求功率放大器的电压和电流都有足够大的输出幅度，所以三极管往往工作在极限状态，但要考虑不超过三极管的极限参数 P_{CM}、I_{CM}、$U_{(BR)CEO}$。同时由于信号大，功率放大器的动态工作范围大，容易产生非线性失真，所以更要考虑失真问题。

2. 能量转换的效率要高

实质上，所有放大器都是能量变换器，负载上所得到的信号功率都是由直流电源通过放大器转换而来的。在转换过程中，一部分能量会损耗在电路元件和三极管的集电结上。由于功率放大器输出功率大，损耗的能量和电源供给的能量也大，所以要考虑能量转换的效率。

功率放大器根据工作点的位置不同分为三种工作状态，即甲类、乙类和甲乙类。

甲类工作状态：放大器的静态工作点位于负载线的中间位置，集电极能输出完整的波形，失真小，如图 10-26（a）所示。由于在输入信号的整个周期内三极管始终导通，因此管耗较大，效率不高，在理想情况下效率也只能达到 50%。

乙类工作状态：放大器的工作点位于截止区边缘，即 $I_{BQ}=0$，$I_{CQ}=0$，输出约为半个波形，严重失真，如图 10-26（b）所示。由于管子只在半个周期内导通，因此管耗小、效率高。

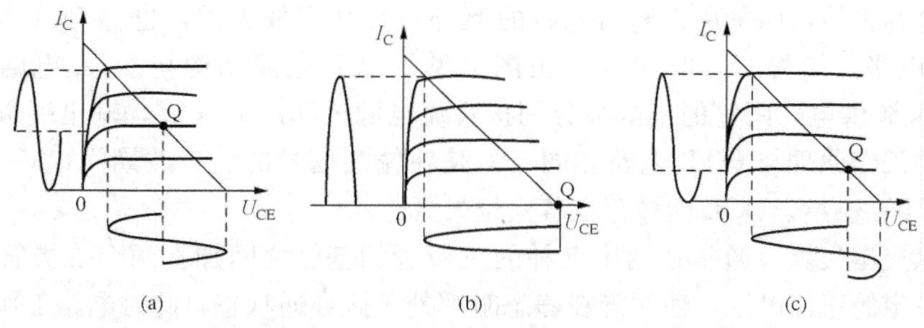

图 10-26　放大器的工作状态

（a）甲类；（b）乙类；（c）甲乙类

甲乙类工作状态：放大器的工作点位于放大区但靠近截止区，略高于乙类工作点，输出大于半个周期的波形，如图 10-26（c）所示。在甲乙类工作状态下，输出波形失真情况与乙类相比有所改善，效率也较高。

二、互补对称功率放大器

1. 单电源互补对称功率放大器（OTL）

图 10-27 是一种单电源供电的无输出耦合变压器的互补对称功率放大电路，简称 OTL（Output Transformerless）电路。图中，V1 和 V2 管分别为 NPN 型和 PNP 型管，但两管特性参数相同。V1 和 V2 的基极和发射极分别相连，分别接输入、输出信号，两管都连接成射极输出器电路。

静态时，输入端 $u_i=0$，两管基极都没有偏置电压，都处于截止状态。

假设输入为正弦交流电压信号，在输入信号的正半波，V1 因发射结正向偏压，而导通，形成集电极电流 i_{c1}，如图 10-27 实线所示，在负载上输出信号的正半波。此间，i_{c1} 对 C_L 充电，充电后 C_L 的两极极性如图所示，与此同时，V2 因发射结反偏而截止；在输入信号的负半周，V1 截止，V2 导通，电容上的电压

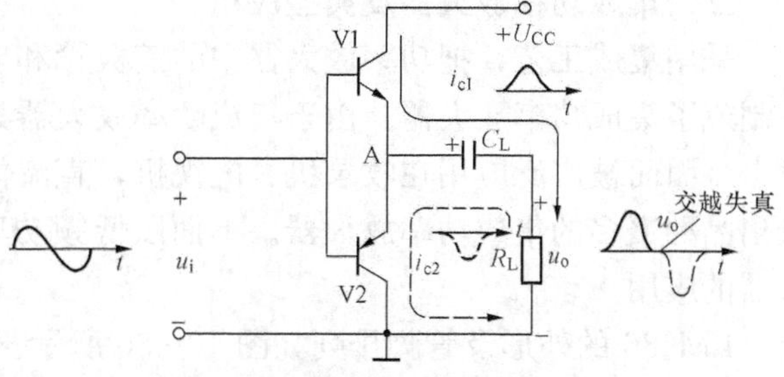

图 10-27　单电源互补对称功率放大器（OTL）

正好作为 V2 的集电极电源，形成集电极电流 i_{c2}，如图 10-27 虚线所示，在负载上输出信号的负半波。

由此可见，在输入信号 u_i 的一个周期内，两管交替导通，而电流 i_{c1} 和 i_{c2} 以正反不同的方向交替流过负载电阻 R_L，在负载上合成一个完整的输出电压波形。这种由两只特性相同的三极管交替工作，并相互弥补对方不足的电路称为互补对称放大电路。此外，由于该电路是两射极输出器组成的，所以它们还具有输入电阻高和输出电阻低的特点。

该电路的缺点是，输出电压有失真。因为三极管输入特性上有一段死区，而放大器工作于乙类状态，当输入电压小于死区电压时，两三极管均截止，负载上无电流流过，输出电压为零，在两只管子交接导通时，出现的这种失真称为交越失真（见图 10-27）。

2. 双电源互补对称功率放大器（OCL）

由于 OTL 电路采用大容量的电容 C_L 与负载耦合，因而影响低频性能且难以实现集成化。为此将电容去掉，而采用无输出电容的互补对称功率放大器，也称 OCL（Output Capacitorless）电路，如图 10-28 所示。由图可见，OCL 电路结构与 OTL 电路相似，只是 OCL 采用双电源供电，两管的集电极分别接直流电源 $+U_{CC}$ 和 $-U_{CC}$，输出端负载无电容耦合。因此它的工作原理与 OTL 电路相同，只是在输入信号的负半波期间，V2 导通后的集电极电流由 $-U_{CC}$ 供给。OCL 同样存在着交越失真。

为了消除交越失真，通常在两个互补的三极管的基极之间加上两个二极管（或电阻），以供给两管一定的正偏电压，使两管在静态时都处于微导通状态，此时电路工作在甲乙类状态，如图 10-29 所示。

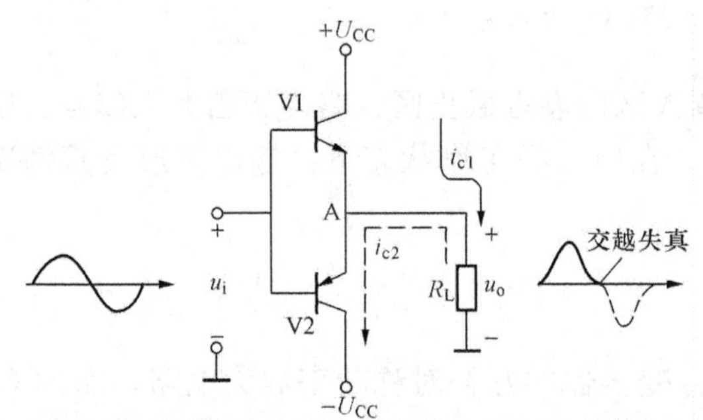

图 10-28 双电源互补对称功率放大器（OCL）

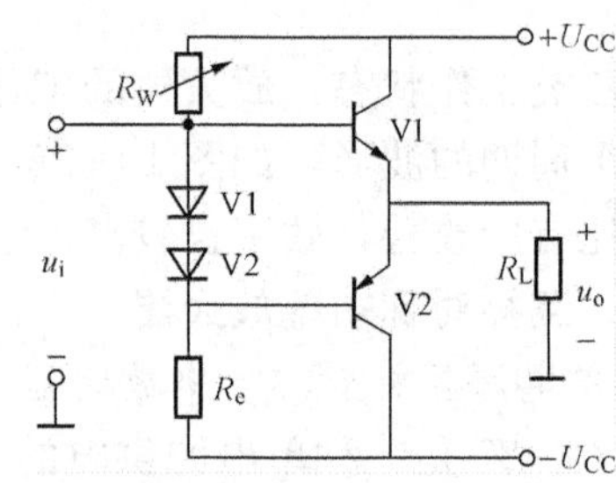

图 10-29 甲乙类 OCL 功率放大器

OCL 电路结构简单，效率高，低频响应好，但需要双电源供电，在某些场合使用不方便。

三、集成功率放大器及典型应用

采用集成工艺，把功率放大器中的三极管和电阻等元件组成的电路制作在一块硅片上，就制成了集成功率放大器。由于集成功率放大器具有使用方便、成本低、体积小、重量轻等优点，因而被广泛应用在收录机、电视机，直流伺服电路等功率放大中。目前，已经能够生产出品种繁多的集成功率放大器。下面以低频功率放大器 LM386 为例，来说明集成功率放大器的应用。

LM386 的外形及管脚排列如图 10-30 所示。LM386 的电路简单、通用性强，具有电源电压范围宽（4～16V）、功耗低（常温下为 660mW）、通频带宽（300kHz）等优点，输出功率为0.3～0.7W，最大可达2W。另外，电路外接元件少，不必外加散热片，使用方便，广泛应用于收录机和收音机中。

图10-31所示扬声器驱动电路是LM386的典型应用电路。图中，接于1、8两端的C_2、R_1用于调节电路的电压放大倍数。因LM386为OTL电路，所以需要在LM386的输出端接一个大电容C_4，$C_4=220\mu F$。C_5、R_2组成容性负载，以抵消扬声器电感的部分感性，防止信号突变时，音圈的反电动势击穿输出管，在小功率输出时C_5、R_2也可不接。C_3与内部电阻组成电源的去耦滤波电路。若电路的输出功率不大、电源的稳定性又好，则只需在输出端5外接一个耦合电容和在1、8两端外接放大倍数调节电路就可以使用。

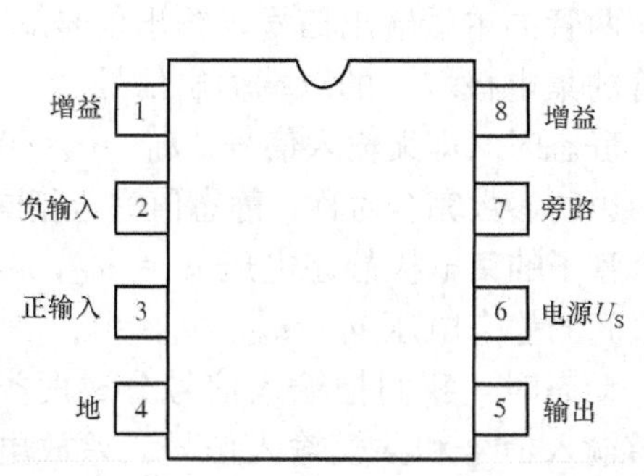

图10-30　LM386的外形及管脚端子排列

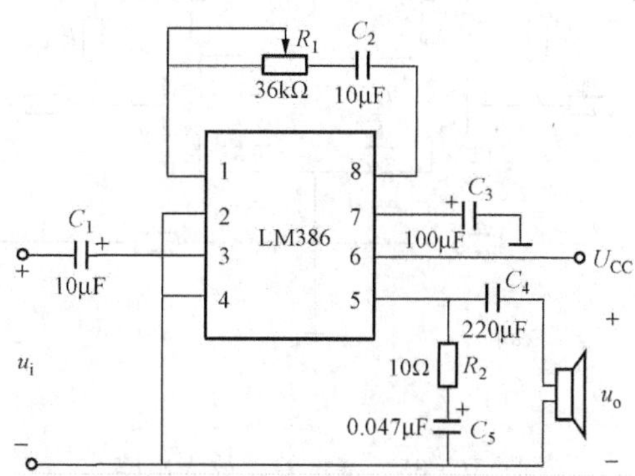

图10-31　LM386典型应用电路

第七节　集成运算放大器

一、直流放大器的零点漂移

交流放大器的信号是变化较快的交流信号，但在自动控制系统中，诸如温度、压力、流量等物理量转换的电信号，大多是频率极低的周期性的、或极性不变的非周期性信号，这类信号统称缓变信号或直流信号。

放大直流信号，各级放大器间不能采用阻容耦合或变压器耦合方式，因为电容器或变压器都具有隔直和隔断缓慢变化信号的作用。因此必须采用直接耦合方式，相应的这种直接耦合放大电路称为直流放大器。

图10-32所示为一最简单的两级直流放大器，V1管的输出端与V2管的输入端直接用导线相连。直流放大器与交流放大器相比存在的问题之一是零点漂移。

实验发现，在多级直流放大器中，将输入端短路，即输入信号电压为零（$u_i=0$）时，输出电压并不为零，而是在起始输出静态电压的基础上出现缓慢的、无规则的、持续变动的电压，这种现象称为零点漂移，简称零漂。零漂的实质就是直流放大器各级静态工作点的移动。

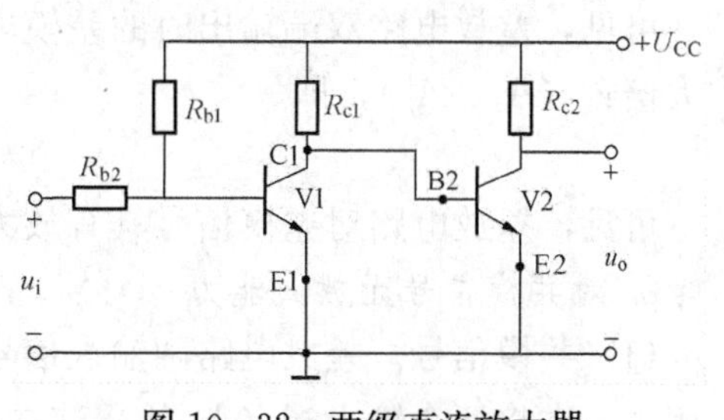

图10-32　两级直流放大器

产生零漂的内因是直流放大器级间采用直接耦合；外因主要是温度的变化。当温度变化时，放大器的静态工作点随之变动，由于是直接耦合，各级静态电位的变化都将传送到下一级并将其放大，尤其是第一级静态电位变化被逐级放大到末级输出，形成显著的零点漂移。

零漂使输出产生误差，分辨信号困难。抑制零漂最有效的电路是差动放大电路，它可以使零漂减小到最小（微伏级），因而应用最广。

二、差动放大电路的基本工作原理

差动放大电路简称差放电路。基本差放电路如图 10 - 33 所示。V1、V2 是两只特性完全相同的三极管。R_{b1}、R_{b2} 是基级偏流电阻，R_{b2} 也是输入回路电阻，R 是输入均压电阻。u_{i1}、u_{i2} 分别是两管的输入信号；u_{o1}、u_{o2} 分别是两管的单端输出信号，输出信号 u_o 是从两管的集电极取出的双端输出信号。

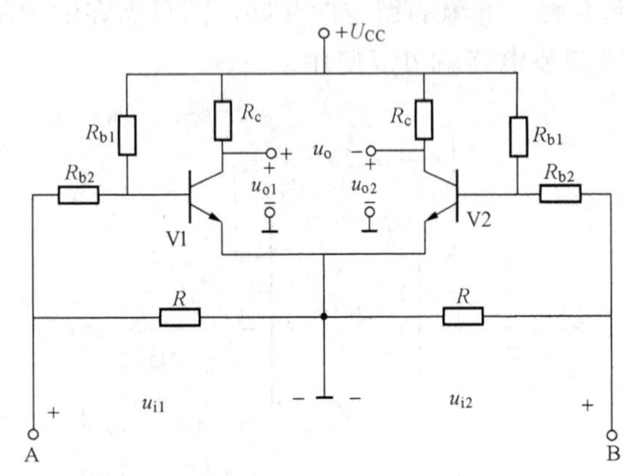

图 10 - 33 基本差动放大电路

静态时（即无输入信号，$u_{i1}=u_{i2}=0$ 时），因两边的参数完全对称，静态值完全相同，故每个管子的集电极静态电压 $u_{o1}=u_{o2}$，两管集电极间的静态电压 $u_o=u_{o1}-u_{o2}=0$。

动态时，我们把输入信号分成两类，即差模输入信号和共模输入信号。差放电路对这两类输入信号的放大能力是不同的。

1. 对差模信号有放大能力

（1）差模信号。差放电路两输入信号（u_{i1}、u_{i2}）大小相等、方向相反，即 $u_{i1}=-u_{i2}$，称为差模信号。在实用中，常将一个输入信号 u_{id} 加到差放的两个输入端（$u_{id}=u_{AB}$），由 R 的均压作用得到 $u_{i1}=1/2u_{id}$、$u_{i2}=-1/2u_{id}$ 的差模信号。

（2）对差模信号电压的放大倍数。当有差模信号输入时，因两管特性相同，两边参数对称，则每个管子（单端）输出电压（u_{o1d}、u_{o2d}）与差模（双端）输出电压（u_{od}）之间的关系为

$$u_{o1d}=-u_{o2d}=\frac{1}{2}u_{od}$$

差模双端输出电压 u_{od} 与差模输入电压 u_{id} 之比称为差放电路双端输出的差模电压放大倍数 A_d，即

$$A_d=\frac{u_{od}}{u_{id}}=\frac{u_{o1d}-u_{o2d}}{u_{i1}-u_{i2}}=\frac{u_{o1d}}{u_{i1}}=\frac{u_{o2d}}{u_{i2}}$$

式中：$u_{o1d}/u_{i1}=A_1$、$u_{o2d}/u_{i2}=A_2$ 分别为半边单管放大电路的电压放大倍数。

可见，差放电路双端输出时的差模电压放大倍数（A_d），等于半边单管放大电路的电压放大倍数（A_1、A_2），即

$$A_d=A_1=A_2 \tag{10 - 17}$$

可见，差放电路对差模信号具有放大能力，这正是“差放”名称的由来。

2. 对共模信号无放大能力

（1）共模信号。差放电路两输入信号大小相等，方向相同，即 $u_{i1}=u_{i2}$，称为共模信号。实用中，常将两个输入端（A、B）连在一起，接到同一信号电压 u_{ic} 上，此时，差放电路的

共模信号电压 $u_{i1}=u_{i2}=u_{ic}$。

（2）对共模信号的电压放大倍数为零。共模双端输出电压 u_{oc} 与共模输入电压 u_{ic} 之比，称为差放电路双端输出的共模信号电压放大倍数 A_c，即

$$A_c=\frac{u_{oc}}{u_{ic}} \tag{10-18}$$

当差放为共模输入时，两边的输出电压 $u_{oc1}=u_{oc2}$，双端输出电压 $u_{oc}=u_{oc1}-u_{oc2}=0$，所以，差放电路对共模信号无放大能力，即共模电压放大倍数（A_c）为零。

差放电路的两边参数完全对称，造成两边零漂的作用完全可以等效为在差放电路输入端加一共模信号。差放电路对共模信号放大倍数为零，也就表明差放双端输出是不存在零漂的。这里利用的是电路的对称性，使两个管子的输出端具有相同的漂移量而互相抵消，从根本上克服了双端输出的零漂。

一个良好的差放电路，应是对差模信号的放大能力很强，差模电压放大倍数（A_d）很大；对共模信号（或零漂）的放大作用很弱，共模电压放大倍数（A_c）很小。为了表征这种能力，引入共模抑制比 K_{CMR}，其定义为

$$K_{CMR}=\left|\frac{A_d}{A_c}\right| \tag{10-19}$$

K_{CMR} 越大，表明差放电路越能有效地放大差模信号，越能有效地抑制共模信号及零漂，差放电路的性能越好。

三、集成运算放大器简介

运算放大器是一种高放大倍数的直流放大器，简称运放。它因早期应用于电子技术中的各种数字运算而得名。目前运放的功能早已大大超出了计算机运算的应用范围。

集成运放具有体积小、重量轻、造价低、使用可靠、灵活方便、通用性强等优点。

1. 基本组成

集成运放的种类型号众多，电路的形式也不尽相同，但概括起来，通常由输入级、中间级、输出级和偏置电路四部分组成。其组成框图如图 10-34 所示。

输入级：为了提高输入电阻、减小零漂，输入级采用差放电路，它是运算放大器的关键部分。

中间级：承担着电压放大任务，由共射极电压放大电路构成，应具有足够的电压放大倍数。

输出级：一般由互补对称式电路构成，其输出电阻低，带负载能力强。

偏置电路。建立各级的静态工作点，通常由各种恒流源电路构成。

集成运放的内部电路很复杂，但从使用的角度来说，可将它看成一个独立的电子器件。应该掌握的是集成运放的主要性能及外部电路的正确接法。

2. 外形及符号

集成运放的外形有双列直插式、圆壳式和扁平式三种，如图 10-35 所示。集成运放图形符号如图 10-36 所示。其图形符号只画出集成运放的两个输入端、一个输出端，其他管脚不予画出。

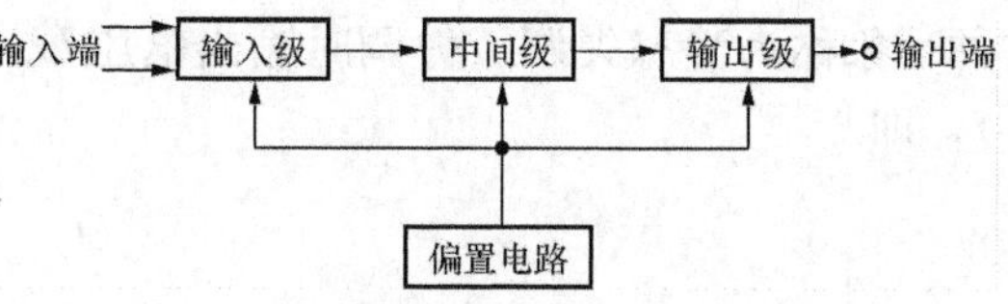

图 10-34　集成运算放大器的组成框图

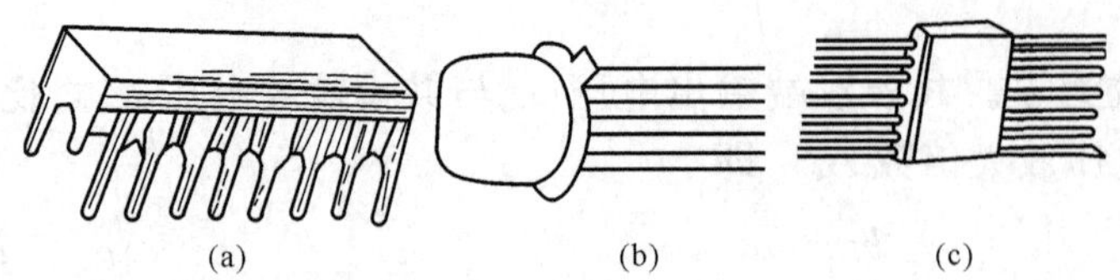

图 10-35 集成运放外形

（a）双列直插式；（b）圆壳式；（c）扁平式

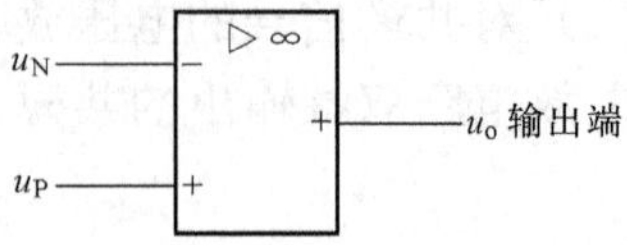

图 10-36 集成运放的图形符号

图 10-36 中，标"+"号的输入端称为同相输入端，信号 u_P 仅由此输入时，输出电压（即电位）u_o 与输入电压（即电位）u_P 相位（或说极性）相同，标"−"号的输入端称为反相输入端，信号 u_N 仅由此输入时，输出电压（即电位）u_o 与输入电压（即电位）u_N 相位（或说极性）相反（即反相）。

3. 管脚接线示例

国产 F007 型通用集成运算放大器的管脚排列和接线如图 10-37 所示。图 10-37（a）为管脚排列示意图；图 10-37（b）为管脚外部接线图，1、5 为外接调零电位器（有的新系列已无此电位器），2 为反相输入端，3 为同相输入端，4 为外接负电源；6 为输出端；7 为外接正电源；8 为空脚。集成运算放大器的型号不同，管脚排列及外部接线也不同，使用时应查专用手册。

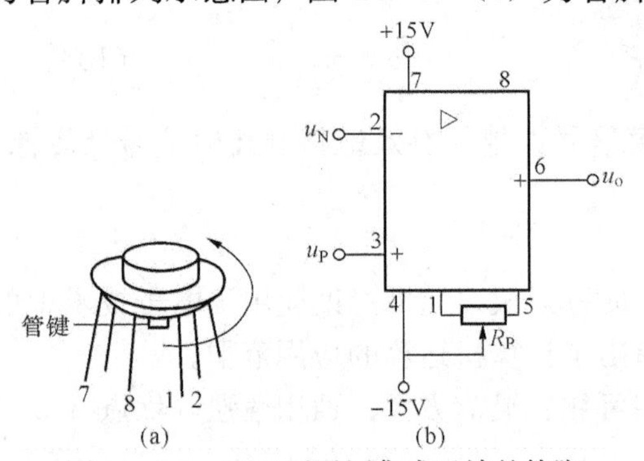

图 10-37 F007 型通用集成运放的管脚排列及接线图

（a）管脚排列；（b）接线图

4. 集成运放的主要参数

集成运放的参数是反映其性能优劣的指标，是正确选择和使用集成运放的依据。

（1）开环差模电压放大倍数 A_o。它是指集成运放在开环时，输出电压与输入差模信号电压之比。A_o 是决定运算精度的主要参数，其值越大越好，可达几万到几十万。

（2）开环差模输入电阻 r_i。它是指集成运放在开环运用情况下，输入差模信号时的输入电阻。r_i 越大，集成运放向差模输入信号源索取的电流就越小，运算精度越高。一般 r_i 为几十千欧以上。

（3）开环输出电阻 r_o。它是指集成运放在开环运用情况下的输出电阻。r_o 越小，集成运放带负载的能力越强。

（4）共模抑制比 K_{CMR}。它是开环差模电压放大倍数 A_o 与开环共模电压放大倍数 A_c 之比的绝对值。K_{CMR} 越大，表明集成运放对共模信号（也就是对零漂）的抑制能力越强。

（5）输入失调电压 U_{Io}。对于理想的集成运放，当输入电压为零时，输出电压也应为零，但由于制造工艺等原因，致使元件参数不完全对称，故当输入为零时，输出并不为零，这种现象称为静态失调。失调时输出电压 U_o 折合到输入端的值称为输入失调电压（取绝对值），即

$$U_{Io} = \frac{U_o}{A_o}$$

U_{Io} 一般为毫伏数量级，其值反映了运放输入级差放管的失配程度，U_{Io} 越小越好。

(6) 最大输出电压 U_{omax}。加标称电源电压、输出端开路时，运放能输出的基本不失真的最大电压。

国产半导体集成器件的型号组成及其意义见附录 B 中表 B-1；通用集成运算放大器型号及主要参数参阅附录 B 中表 B-3。

5. 理想集成运算放大器

为了简便，在分析集成运放电路时，常将集成运放理想化。理想集成运放应满足的条件是：

(1) 开环差模电压放大倍数 $A_o \to \infty$；

(2) 开环差模输入电阻 $r_i \to \infty$；

(3) 开环输出电阻 $r_o \to 0$；

(4) 零漂→0；

(5) 通频带→∞。

实际集成运放并不完全理想，有些相差甚大，但是只要型号选得合适，当作理想集成运放计算所得的误差，在工程上是允许的。

6. 集成运放的工作特点

在分析应用电路的工作原理时，必须分清集成运放是工作在线性区，还是非线性区，工作在不同区域，其工作特点不同。

(1) 线性区。当集成运放工作在线性区时，其输出信号随输入信号按正比变化，即

$$u_o = A_o(u_P - u_N) \tag{10-20}$$

由于一般 A_o 值很大，为了使其工作在线性区，集成运放大都接有深度负反馈，以减小其净输入电压，使其输出电压不超出线性范围。

理想运放工作在线性区有两条结论：

第一，同相输入端与反相输入端等电位。这是由于理想运放的 $A_o = \infty$，而 u_o 为有限值，所以由式（10-20）可得

$$u_P - u_N \approx 0$$

即

$$u_P = u_N \tag{10-21}$$

常把两个输入端等电位称为“虚短”。“虚短”就是同相输入端与反相输入端之间好像短路，但并非真的短路。

第二，由理想运放 $r_i \to \infty$ 可知，其输入电流等于零，即

$$i_P = i_N = 0 \tag{10-22}$$

这个结论也称为“虚断”。“虚断”只是指输入端电流趋近于零，而不是输入端真的断开。

上述两条结论是分析计算各种工作在线性区的集成运放电路的重要依据。

(2) 非线性区。因为集成运放的开环电压放大倍数 A_o 很大，所以，当它工作在开环状态或引入正反馈时，只要有差模输入信号（哪怕是微小的），集成运放都要进入非线性区，输出电压立即达到正向饱和电压或负向饱和电压。其值很接近正、负电源电压值。

第八节　集成运算放大器的应用

集成运放是一种用途广泛的器件，选用不同的输入和反馈方式，它就具有不同线性或非

线性的功能。例如对信号实现各种数字运算、放大、处理，或产生某种波形，或对波形加以变换等。

一、集成运放的线性应用

1. 比例运算

集成运放比例运算电路有反相输入比例、同相输入比例两种基本运算电路，它们是其他各种运算电路的基础。

（1）反相输入比例运算电路。图 10 - 38 所示是集成运放反相输入比例运算电路。输入 u_i 经输入电阻 R_1 加到反相输入端（N），在输出端与反相输入端接反馈电阻 R_f，构成深度电压并联负反馈电路，同相输入端（P）经平衡电阻 R_2 接地。R_2 的作用是使两输入端外接电阻相等。要求 $R_2=R_1//R_f$，从而使运放输入级的差放处于平衡工作状态。

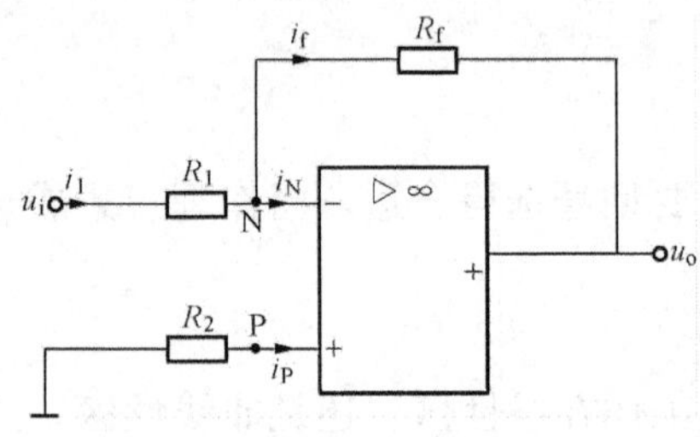

图 10 - 38 集成运放反相输入比例运算电路

图 10 - 38 所示电路中，因为 R_2 一端接地，由“虚断”可知 $i_p\approx0$，R_2 的电压降近似为零，即 $u_p\approx0$；由“虚短”可知，$u_N\approx u_p\approx0$，即反相输入端 N 为不直接接地的“地电位”点，称为“虚地”。“虚地”是反相输入运算电路的一个重要特点。运放的 A_o 越大，N 点越接近地电位。

因为 N 点为“虚地”，所以

$$i_1\approx\frac{u_i}{R}\qquad i_f=-\frac{u_o}{R_f}$$

又因为“虚断”，$i_1\approx i_f$，$u_i/R_1\approx-u_o/R_f$，所以

$$u_o=-\frac{R_f}{R_1}u_i \tag{10 - 23}$$

可见，输出电压 u_o 与输入电压 u_i 成比例关系，比值为 R_f/R_1。式（10 - 23）中的负号表明 u_o 与 u_i 反相。故把图 10 - 38 电路称为反相比例运算电路。

如果 $R_f=R_1$，则 $u_o\approx-u_i$，这时电路就成为一个反相器。

（2）同相输入比例运算电路。图 10 - 39 所示是同相输入比例运算电路，输入电压 u_i 经平衡电阻 R_2 接到同相输入端，反相输入端经 R_1 接地，输出电压 u_o 经 R_f 接回到反相端，构成深度电压串联负反馈电路。

图 10 - 39 中 N 点电位即为反馈电压

$$U_N=u_f=\frac{R_1}{R_1+R_f}u_o \tag{10 - 24}$$

可见，同相输入时，运放的反相输入端（N 点），不再是“虚地”电位。

由运放“虚短”可知，$u_p\approx u_N$；由“虚断”可知，R_2 上的压降近似为零，所以

$$u_i\approx u_P\approx u_N=\frac{R_1}{R_1+R_f}u_o$$

输出电压与输入电压关系为

$$u_o\approx u_i\frac{R_1+R_f}{R_1}=u_i\left(1+\frac{R_f}{R_1}\right) \tag{10 - 25}$$

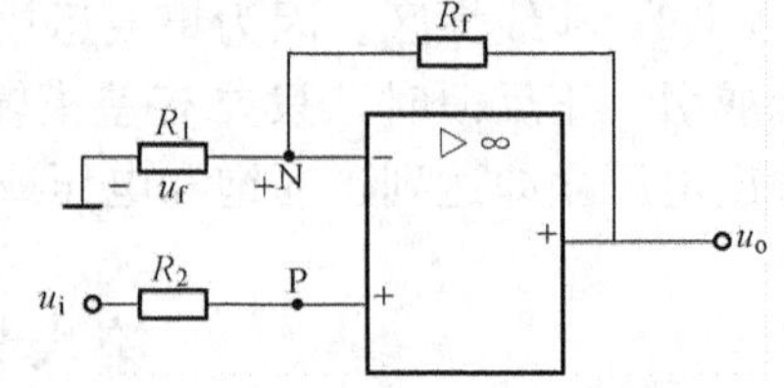

图 10 - 39 集成运放同相输入比例运算电路

可见，集成运放同相输入运算电路的输出电压（u_o）与输入电压（u_i）同相，且输出电压与输入电压成比例，故称同相比例运算电路。

同相输入时，若反馈电阻 R_f 为零，即将输出端直接与反相输入端点（N）相连，如图 10-40 所示，此时 $u_o \approx u_i$，即输出电压（u_o）等于输入电压（u_i），故称为电压跟随器，这是同相输入运算电路应用的一个特例。

2. 加减运算

（1）反相求和。如图 10-41 所示为集成运放反相求和电路，它是在反相输入电路中增加若干输入分支而构成的一个反相加法器。

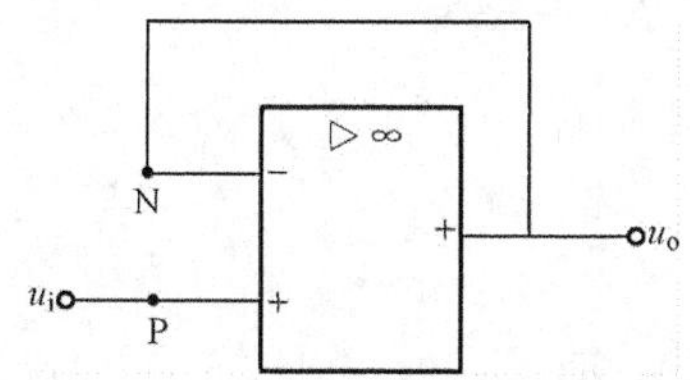

图10-40　集成运放电压跟随器

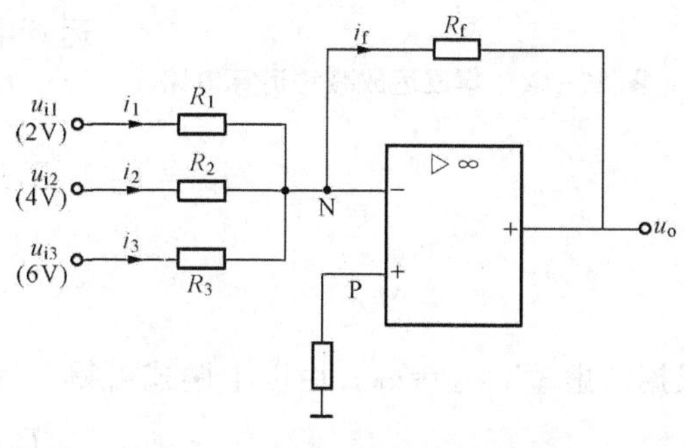

图 10-41　集成运放反相求和电路

图 10-41 电路中，N 点为“虚地”，所以

$$i_1 = \frac{u_{i1}}{R_1} \qquad i_2 = \frac{u_{i2}}{R_2} \qquad i_3 = \frac{u_{i3}}{R_3}$$

反馈电流为

$$i_f = i_1 + i_2 + i_3 = \frac{u_{i1}}{R_1} + \frac{u_{i2}}{R_2} + \frac{u_{i3}}{R_3}$$

于是，输出电压为

$$u_o = -R_f i_f = -R_f\left(\frac{u_{i1}}{R_1} + \frac{u_{i2}}{R_2} + \frac{u_{i3}}{R_3}\right) \tag{10-26}$$

当 $R_1 = R_2 = R_3$ 时，输出电压

$$u_o = -\frac{R_f}{R_1}(u_{i1} + u_{i2} + u_{i3}) \tag{10-27}$$

当 $R_1 = R_2 = R_3 = R_f$ 时，输出电压

$$u_o = -(u_{i1} + u_{i2} + u_{i3}) \tag{10-28}$$

由式（10-26）、式（10-27）、式（10-28）可知，图 10-41 电路的输出电压是输入电压的线性叠加，即求和；式中的负号表明是反相求和，该电路也称为反相加法器。

【例 10-3】　已知图 10-41 所示的反相求和电路中，集成运放的 $U_{omax} = \pm 13V$，$R_1 = R_2 = R_3 = R_f = 20k\Omega$，求该电路的输出电压 u_o。

解　由于 $R_1 = R_2 = R_3 = R_f$，所以

$$u_o = -(u_{i1} + u_{i2} + u_{i3}) = -(2+4+6) = -12(V)$$

因为 $|u_o| = 12V < |U_{omax}| = 13V$，所以运放工作在线性区，电路可以实现加法运算。

若在图 10-41 电路的输出端再接一个反相器，就可以取消负号，即

$$u_o = (u_{i1} + u_{i2} + u_{i3}) = 2+4+6 = 12(V)$$

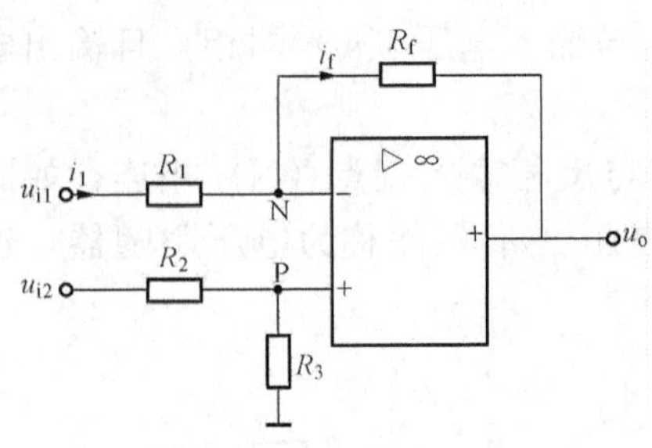

图 10 - 42 集成运放减法运算电路

（2）减法运算。前面所讲的运算电路都是反相输入或同相输入电路，都属于单端输入。由比例运算电路可知，反相输入比例运算的输出电压（u_o）与输入电压（u_i）极性相反，同相输入比例运算的输出电压（u_o）与输入电压（u_i）极性相同，因此由反相输入和同相输入同时作用的差动输入运算电路即可构成减法运算电路，如图 10 - 42 所示。

由图可知

$$u_N = u_{i1} - R_1 i_1 = u_{i1} - R_1 \frac{u_{i1} - u_o}{R_1 + R_f}$$

$$u_P = \frac{R_3}{R_2 + R_3} u_{i2}$$

根据“虚短”$u_N = u_P$，由以上两式可得

$$u_o \approx \left(1 + \frac{R_f}{R_1}\right)\frac{R_3}{R_2 + R_3} u_{i2} - \frac{R_f}{R_1} u_{i1} \tag{10 - 29}$$

式（10 - 29）中，取 $R_1 = R_2$、$R_f = R_3$ 时，输出电压

$$u_o \approx \frac{R_f}{R_1}(u_{i2} - u_{i1}) \tag{10 - 30}$$

由式（10 - 30）可见，差动输入运算电路的输出电压（u_o）与两输入端信号电压之差（$u_{i2} - u_{i1}$）成正比，其比例系数也是只与运放的外接电阻有关，与运放本身的参数无关。

若取 $R_f = R_1 = R_2 = R_3$ 时，则

$$u_o = u_{i2} - u_{i1} \tag{10 - 31}$$

此时电路成为一个减法器，能进行减法运算。

【例 10 - 4】 已知图 10 - 42 所示电路中，$R_1 = R_2 = R_3 = R_f$，$u_{i1} = 1\text{V}$，$u_{i2} = 3\text{V}$。求输出电压 u_o。

解 因外接各电阻均相等，该差动输入电路为一个减法器，按式（10 - 31）计算

$$u_o = u_{i2} - u_{i1} = 3 - 1 = 2(\text{V})$$

（3）应用举例。图 10 - 43 所示是一个应用反相输入运算电路构成扩大直流电压表量程的电路。接在运放输出端的电压表表头满量程电压为 5V，要求改成测量电压为 1、5、10、50V 四种量程。图中㊀、㊉号表示直流电压表表头两端极性为上负、下正。

该电路扩大电压表量程的原理如下：

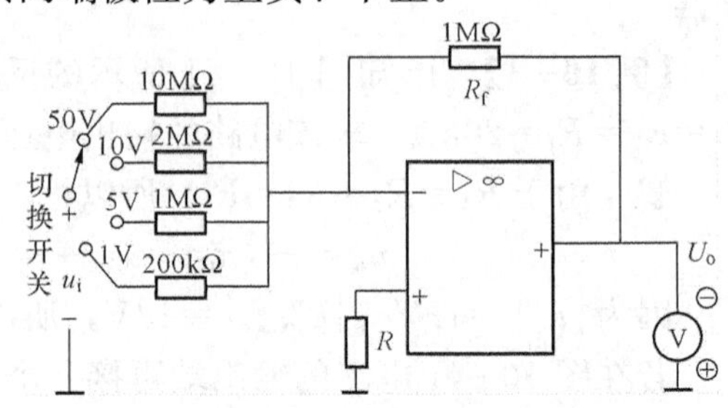

图 10 - 43 扩大电压表量程电路

设反相输入回路电阻为 R_x，由式（10 - 23）可知 U_o 与 u_i 的大小关系为

$$u_i = \frac{R_x}{R_f} U_o \tag{10 - 32}$$

式（10 - 32）中的电压表表头满量程值为 U_o（5V），R_f（1MΩ）为定值，只需通过切换开

关改变输入回路的电阻 R_x 值，就可以改变对应的量程电压 u_i。例如，将切换开关切换到 $R_x=2\text{M}\Omega$ 的档位，电压表的量程应为

$$u_i=\frac{R_x}{R_f}U_o=\frac{2}{1}\times5=10(\text{V})$$

这时，若被测电压 u_i 在 0～10V 间变化，相对应的电压表表头的实际电压在 0～5V 间变化，实现了电压表量程的扩大。这种电压测量电路的内阻高，从被测电路中吸取的电流小。

二、集成运放的非线性应用举例

电压比较器就是集成运放的一种非线性应用，电路如图 10 - 44（a）所示，它可以比较两个输入端输入电压的相对大小。

图 10 - 44（a）中，在反相输入端加上参考基准电压 U_R，而在同相输入端加上被比较的信号电压 u_i，由于这种情况属于差模输入，故输出电压 $U_o=A_o(u_i-U_R)$。当 $u_i>U_R$，即 $u_i-U_R>0$ 时，输出电压为正，由于运放开环电压放大倍数 A_o 很大，即使(u_i-U_R)的值很小，也足以使运放正向饱和，输出电压达到正极限值 U_{om}^+；若 $u_i-U_R<0$，运放负向饱和，输出电压达到负极限值 U_{om}^-。输出—输入关系曲线如图 10 - 44（b）所示。

利用比较器可设计出一种监控报警电路，如图 10 - 45 所示。在生产现场，若需要对某一参数（如压力、温度、液位等）进行监控，先由传感器将参数转换成电压信号 u_i 送入比较器，然后与参考基准电压 U_R 比较，若 $u_i<U_R$，比较器输出为负值电压，三极管 V1 截止，指示灯不亮，表明工作正常；若 $u_i>U_R$，表明被监控的参数超过正常值，这时比较器输出正电压，使三极管饱和导通，报警指示灯亮。

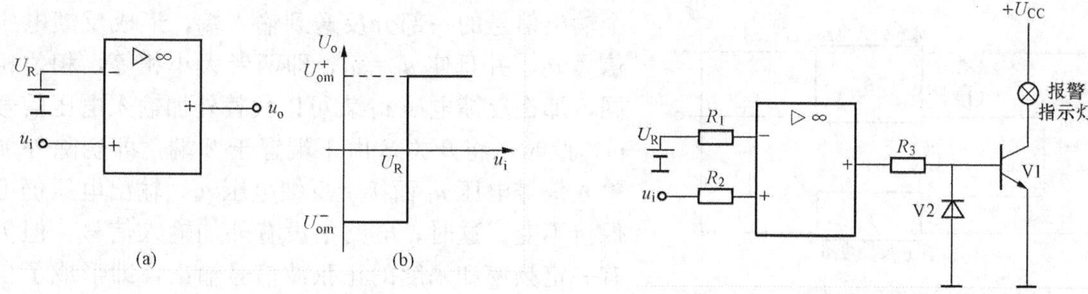

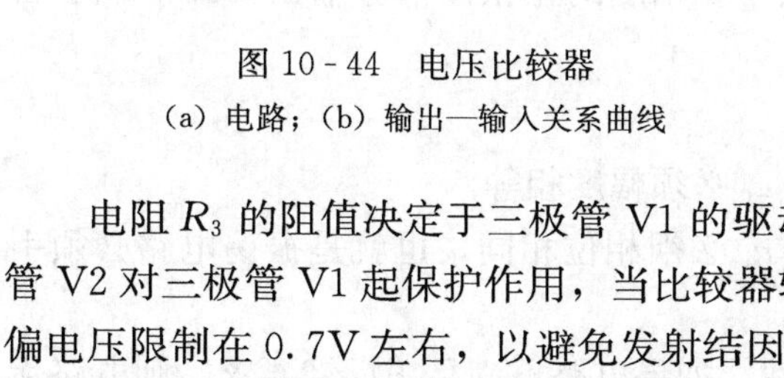

图 10 - 44　电压比较器
（a）电路；（b）输出—输入关系曲线

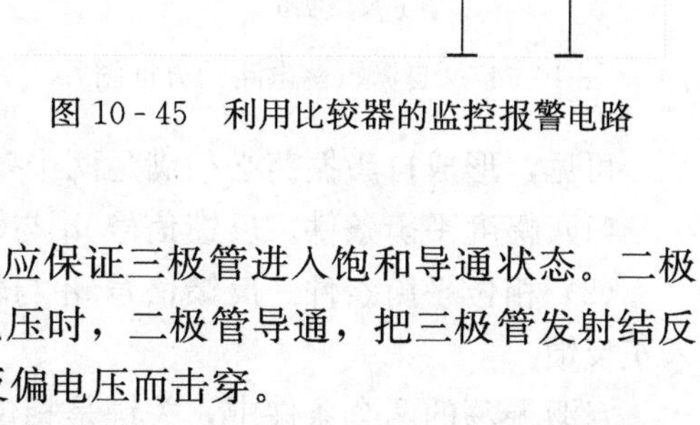

图 10 - 45　利用比较器的监控报警电路

电阻 R_3 的阻值决定于三极管 V1 的驱动程度，应保证三极管进入饱和导通状态。二极管 V2 对三极管 V1 起保护作用，当比较器输出负电压时，二极管导通，把三极管发射结反偏电压限制在 0.7V 左右，以避免发射结因过大的反偏电压而击穿。

当电压比较器的参考电压取为零时，即反相输入端接地，如图 10 - 46（a）所示。此时的比较器称为零比较器或检零器，其输出—输入关系曲线如图 10 - 46（b）所示。当检零器输入端输入正弦交流电压时，波形每次过零都使输出电压极性发生跳变，输出电压 u_o 为矩形脉冲波，如图 10 - 46（c）所示。

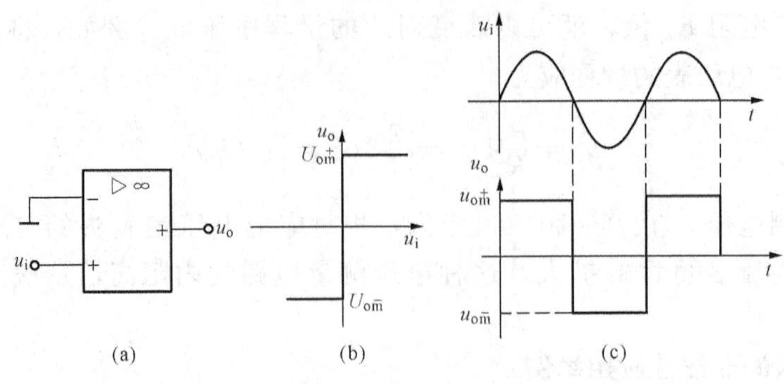

图 10-46 检零器

(a) 电路；(b) 输出—输入电压关系曲线；(c) 变正弦波为矩形脉冲波

*第九节 正弦波振荡器

在现代电子设备和工程实践中，常常需要正弦波信号源，而正弦波振荡器就是正弦波信号源的一种电路。该电路（在没有外接输入信号的情况下）通过自激振荡能稳定地输出某种频率、幅度的正弦波形。

一、自激振荡的条件

为使放大器产生自激振荡，必须在放大电路中引入正反馈，使反馈电压代替外加的输入信号电压，进行放大。图 10-47 所示是自激振荡放大电路的方框图。图中，A 是基本放大电路，F 是正反馈电路。当开关 S 置于 1 端时，放大电路的输入端接入外加正弦电压信号 u_i，经放大器 A 放大后，在输出端输出一个放大后的正弦电压 u_o。u_o 通过正反馈网络把这个输出信号的一部分反送到输入端，形成反馈电压信号 u_f，并且使 $u_f=u_i$，即两者大小相等，相位相同，那么反馈电压 u_f 就可以代替外加输入电压信号 u_i。此时，将开关 S 由 1 端置于 2 端，即切除外加输入信号电压 u_i 而接上反馈电压 u_f，输出电压仍可保持不变。这时，电路中没有外加输入信号，但仍有一定频率和幅度的正弦波信号输出，即形成了自激振荡。

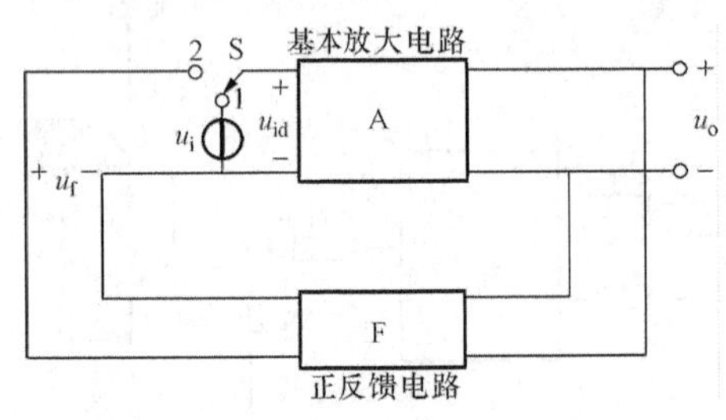

图 10-47 自激振荡电路的方框图

可见，形成自激振荡必须满足两个基本条件：

（1）幅度平衡条件。反馈信号 u_f 与输入信号 u_i 必须幅度相等。

（2）相位平衡条件。反馈信号 u_f 与输入信号 u_i 必须相位相同，也就是振荡电路必须引入正反馈。

自激振荡的两个条件中，关键是相位平衡条件，如果电路不满足正反馈要求，则电路无法振荡；至于幅度平衡条件，可以在满足相位平衡条件后，调节电路参数来达到。

在实际振荡电路中并没有预先设置的输入信号，而是靠电源瞬时接通或器件噪声，在输入端产生微弱的扰动电压信号，通过放大和正反馈，使输出量逐渐增大，电路便自行起振。

从振荡条件的分析中，可见自激振荡电路是由基本放大电路和反馈网络两大主要部分组成的一个闭环系统。为了获得单一频率的正弦波电压信号，在振荡器中，还必须设有选频网络。根据选频网络的不同，正弦波振荡器可分为LC振荡器、RC振荡器和石英晶体振荡器。

二、正弦波振荡器的典型电路

1. LC振荡器

LC正弦波振荡器可产生频率高达几十兆赫以上的正弦波信号，且输出功率大。它的选频网络是由LC并联网络组成。根据反馈方式的不同，LC正弦波振荡器有三种类型，即变压器反馈式、电感反馈式和电容反馈式。

变压器反馈式LC正弦波振荡器的电路如图10-48所示。电路中，电感线圈L和电容C构成并联谐振回路，作为放大器的集电极负载，使放大具有选频作用；而R_{b1}、R_{b2}和R_e组成放大器的偏置电路，使其有一个合适的静态工作点。C_b是输入耦合电容，C_e是发射极旁路电容；T为输出变压器，L两端的信号经变压器耦合到二次绕组输出给负载R_L；L'为反馈绕组，将输出信号反馈到输入回路。

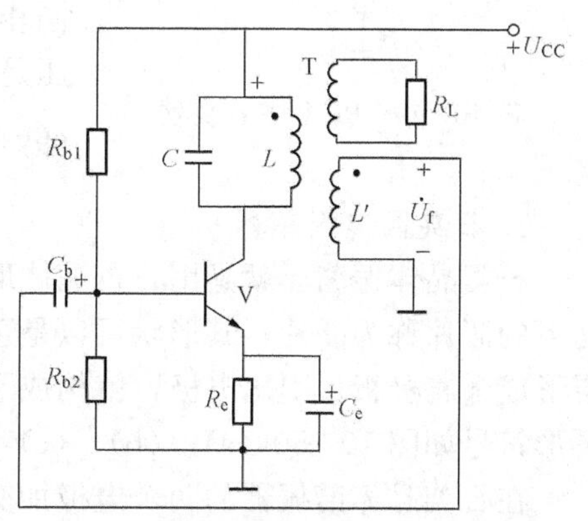

图10-48　变压器反馈式LC振荡器

对LC组成的并联谐振网络，其固有谐振频率$f_o=\dfrac{1}{2\pi\sqrt{LC}}$，当有许多不同频率的正弦信号通过网络时，网络只对频率等于谐振频率的正弦信号具有最大阻抗且为电阻性，放大器对于该信号的放大倍数最大，输出电压最高，且集电极输出电压与输入电压正好反相；而对其他偏离谐振频率（f_o）的正弦信号，网络呈现的阻抗小且为容性或感性，对应的放大倍数小，集电极输出电压与输入电压的相位不是刚好相反。可见，LC并联网络能把输入信号中频率为f_o的信号加以选择并放大，即具有选频作用。

由前面可知，共射单管电压放大器的集电极输出电压与输入电压相位相反，即如果三极管的基极电位为“+”，则其集电极电位应为“－”，同时因选频网络对频率为f_o的信号呈电阻性，不产生附加的相位移，所以在变压器一次侧L的“·”端电位与基极电位相同，即为“+”。由同名端概念可知，二次侧L′的“·”端也为“+”，该端接到三极管的基极，形成了正反馈。满足了相位平衡条件。

另外，只要选择合适的三极管，使基本放大器具有一定的电压放大倍数，并使变压器的变比恰当，其一、二次绕组之间的互感参数合适，一般都可满足幅度条件。

电感反馈式和电容反馈式LC振荡器的原理与变压器反馈式LC振荡器相似，在此就不介绍了。

2. RC振荡器

LC振荡器中，振荡频率决定于选频网络的电感和电容的大小。如要产生低频振荡，要求L和C值很大，这在结构和经济上不合适。所以在低频振荡器中，常采用RC振荡器。

图10-49是由集成运算放大器组成的RC桥式振荡器。图中，RC串并联电路作为选频网络，同时兼作正反馈网络。电阻R_f和R_1组成负反馈电路，形成电压串联负反馈，其作用是保证输出电压的稳定，并减小输出波形的失真。

可以证明（本书略），当$f=f_o=\dfrac{1}{2\pi RC}$时，RC串并联电路的输出电压u_i与输入电压u_o

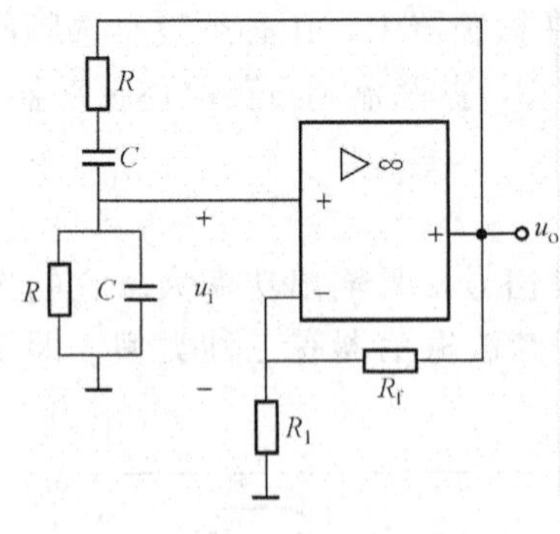

图 10-49 RC 桥式振荡器

同相，不产生相位移，并且 u_i 幅度最大；而其他频率的信号都将产生相位移、幅度变小，即 RC 串并联网络具有选频特性。

从图 10-49 中可以看出，集成运放接成同相比例放大电路，且因 RC 串并联电路的选频特性，将放大器输出电压中频率为 $f_o=\frac{1}{2\pi RC}$的信号选出来，反馈到集成运放的同相输入端，所以反馈到集成运放的输入端电压与输出电压是同相的，即满足振荡的相位平衡条件。所以振荡器只能对 $f_o=\frac{1}{2\pi RC}$的频率信号产生振荡，并输出正弦信号。

3. 石英晶体振荡器

石英晶体振荡器就是用石英晶体取代 LC 正弦波振荡器。从石英晶体上按一定的方位角切下的薄片称为晶片，其形状可以是正方形、矩形或圆形，然后在晶片的两个对应面喷涂银层形成金属极板，引出电极，就构成了石英晶体谐振器，简称石英晶体。它的外形、结构和图形符号如图 10-50（a）、（b）、（c）所示。

在石英晶体谐振器的两个电极加交变电压，晶体将产生机械形变振动，而这一振动又会产生交变电场，这种现象称为压电效应。通常它们的振幅都很小，但当外加交变电压的频率正好等于石英晶体的固有频率时，振幅突然增大，这种现象称为谐振。因此石英晶体谐振器可等效为一个 LC 谐振电路，与其他元件组合即可构成石英晶体振荡器，如图 10-51 所示。

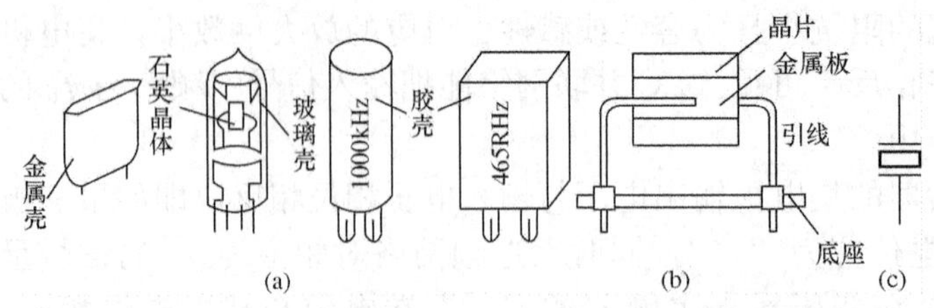

图 10-50 石英晶体谐振器的外形、结构和图形符号
（a）外形；（b）结构；（c）图形符号

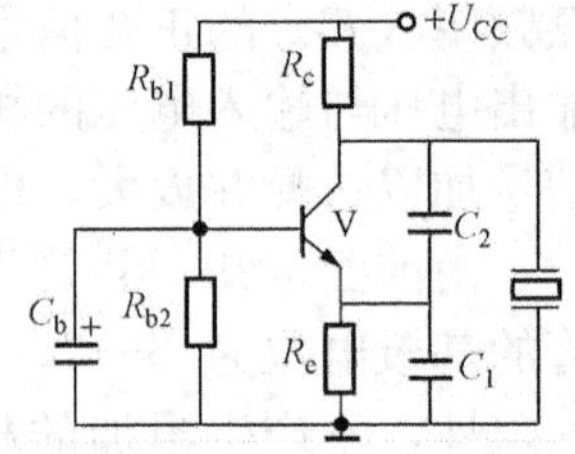

图 10-51 石英晶体振荡器

由于石英晶体振荡器的选频特性极好。因此石英晶体振荡器振荡频率非常稳定，常用于电子钟、精确计时仪器和通信设备上。

*第十节 场效应管及放大电路简介

场效应管同三极管一样，也是一种放大元件。但不同的是，三极管是一种电流控制元件，它是利用基极电流对集电极电流的控制作用来实现放大。三极管工作时，内部同时有两种载流子参与导电，所以称双极型晶体管；而场效应管则是一种电压控制元件，它是利用电场效应来控制其电流的大小，从而实现放大。场效应管工作时，内部只有一种载流子参与导电，因此又称为单极型晶体管。

场效管的最大优点是输入端的电流几乎为零，具有极高的输入电阻，能满足高内阻的微弱信号源对放大器输入电阻的要求，所以它是理想的前置输入级元件。同时，它还具有体积小、重量轻、噪声低、耗电省、热稳定性好和制造工艺简单等特点，所以容易实现集成化。

根据结构不同，场效应管分为结型场效应管和绝缘栅场效应管两类。绝缘栅场效应管又可分为增强型和耗尽型两种，每一种又有N沟道和P沟道之分。下面简介绝缘栅场效应管。

一、N沟道增强型绝缘栅场效应管的结构

绝缘栅场效应管是由金属（metal）、氧化物（oxide）和半导体（semiconductor）组成的，因此又称为金属氧化物半导体场效应管，简称MOS管。图10-52（a）是N沟道增强型绝缘栅场效应管的结构示意图。它是以一块杂质浓度较低的P^-型硅半导体作衬底，利用扩散的方法在其上面形成两个高掺杂的N^+区，并将硅片表面氧化，生成一层很薄的二氧化硅绝缘层。再在两个N^+区之间的二氧化硅表面及两个N^+区的表面分别安置三个铝电极：栅极G、源极S和漏极D，这就构成了N沟道增强型绝缘栅场效应管，其图形符号如图10-52（c）所示，图中箭头方向由P（衬底）指向N（沟道）。

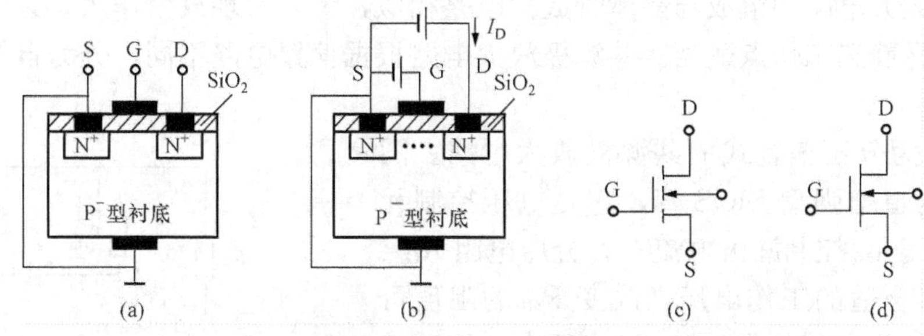

图10-52　N沟道绝缘栅场效应管结构、原理及符号

（a）结构示意；（b）导电原理；（c）增强型符号；（d）耗尽型符号

二、工作原理

在场效应管的栅、源之间加正向电压U_{GS}，漏、源之间加正向电压U_{DS}，如图10-52（b）所示。当栅极与源极之间的电压$U_{GS}=0$时，漏极和源极之间是两个反向连接的PN结，其中一个PN结是反向偏置的，所以漏极电流$I_D=0$。

当$U_{GS}>0$时，情况就不同了。因栅极与P^-型硅片的衬底构成了一个相当于以二氧化硅（SiO_2）薄层为介质的平板电容器，在U_{GS}作用下，介质中产生了一个垂直于衬底表面的电场，这个电场将P^-区的自由电子吸引到靠近栅极表面，与P^-区中的空穴复合，形成不导电的耗尽层。当U_{GS}足够大时，吸引的电子数足够多，在耗尽层与二氧化硅之间再形成一层可以导电的电子层，从而构成了漏极和源极之间的电子（N型）导电沟道。若在漏、源之间加上U_{DS}，就会产生漏极电流I_D，即场效应管导通。将开始形成导电沟道的栅源电压称为开启电压，用$U_{GS(th)}$表示。显然，U_{GS}越大，电子层的自由电子浓度越大，相应的导电沟道越厚，等效电阻越小，导电能力就越强，在同样的U_{DS}作用下，I_D也越大。因此改变栅源电压就可以有效地控制漏极电流的大小。可见场效应管是电压控制元件。

由于这种场效应管没有原始导电沟道，只有当$U_{GS}>U_{GS(th)}$时，才形成导电沟道，所以称为增强型场效应管。另一类场效应管在$U_{GS}=0$时，就存在导电沟道，被称为耗尽型场效应管。N型沟道耗尽型绝缘栅场效应管的图形符号如图10-52（d）所示。N型沟道绝缘栅场效应管简记为NMOS。

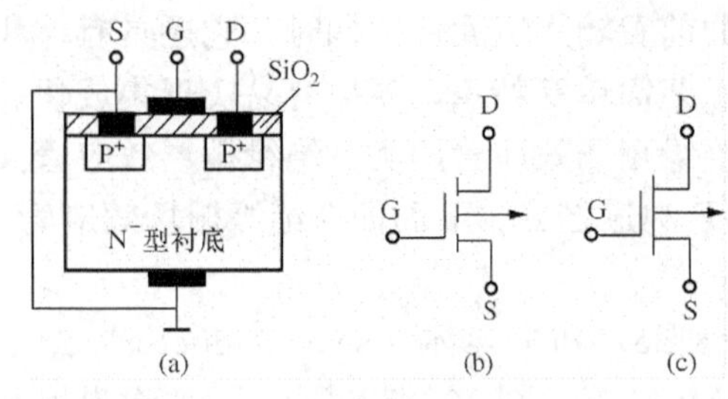

图 10-53 P 型沟道绝缘栅场效应管结构及图形符号

（a）结构示意；（b）增强型图形符号；（c）耗尽型图形符号

如果以一块杂质浓度较低的 N^- 型硅半导体作衬底，在衬底上形成两个 P^+ 区，由上述讨论可知，就会构成 P 型沟道增强型 MOS 管，如图 10-53（a）所示。图 10-53（b）、（c）分别是 P 型沟道增强型和耗尽型绝缘栅场效应管的图形符号。P 型沟道绝缘栅场效应管简记为 PMOS。

使用场效应管时，不要超过最大漏源电压、最大栅源电压、最大耗散功率等极限参数。不用时应将各电极全部短路，焊接时，应将电烙铁接地，以免在外电场作用下栅极感应高电压而击穿绝缘层，造成场效应管的损坏。

三、场效应管放大电路

场效应管放大电路的组成与晶体管放大电路相似，为了实现放大作用，必须建立合适的偏置电压，确保静态工作点适当。共源极放大电路根据偏置电路不同，分为自偏压和分压偏置式两种形式。

图 10-54 为分压偏置式的共源极放大电路。图中 V 为 N 型沟道增强型 MOS 管，它是电压控制元件，由栅源电压 u_{GS} 控制漏极电流 i_D；分压电阻 R_{G1}、R_{G2} 使栅极获得合适的工作电压，改变 R_{G1} 的阻值可调整放大电路的静态工作点；R_{G3} 阻值很大，用以减小 R_{G1}、R_{G2} 对交流信号的分流作用，以保持较高的输入电阻；漏极负载电阻 R_D 将漏极电流 i_D 转换为输出电压 u_o；源极电阻 R_S 不仅决定栅源电压 U_{GS}，同时稳定静态工作点；C_S 为源极旁路电容，消除 R_S 对交流信号的衰减作用；耦合电容 C_1、C_2 是起隔直流通交流的作用。

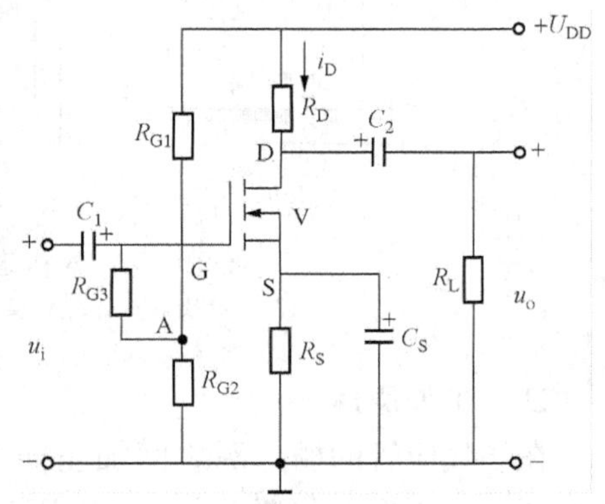

图 10-54 分压偏置式共源放大电路

当放大电路输入信号电压 u_i 时，场效应管 V 的栅源电压 u_{GS} 随之变化，引起漏电流 i_D 和漏极负载电阻 R_D 上压降的变化，进而引起漏、源极电压 u_{DS} 的变化，其中的交流成分就是负载 R_L 上的交流电压 u_o。

小 结

（1）半导体三极管是由两个 PN 结构成的，有 NPN 型和 PNP 型两类，它的基本特性是具有电流放大作用，它是一种电流控制元件。

（2）表明三极管工作特性的是它的输入特性和输出特性，其输入特性与二极管正向特性相似，其输出特性分为三个工作区：放大区、饱和区和截止区。三极管工作在放大状态时，集电极电流具有受（I_B）控特性和恒流特性，其外部的偏压条件是：发射结正偏，集电结反偏；工作在截止区时，各电极电流近似为零，各极间相当于开路。其外部的偏压条件是：发射结、集电结均反偏；工作在饱和区时，I_B 失去对 I_C 控制作用，随 I_B 增加 I_C 增加很少，三极管无放大作用，其外部的偏压条件是：发射结和集电结均正偏。

（3）交流放大电路有两种状态：静态和动态。静态工作点是放大电路的基础，交流量是叠加在直流量的基础上放大的。为了保证放大的信号不失真，必须合理设置静态工作点。利用直流通路可以计算放大器的静态工作点；在交流小信号情况下，可利用微变等效电路计算放大器的电压放大倍数、输入电阻和输出电阻。

（4）温度是影响静态工作点稳定的主要因素，为了避免因静态工作点的不稳定而引起放大信号的失真，经常采用分压式电流偏置电路来稳定静态工作点。

（5）多级放大器的耦合方式有阻容耦合、直接耦合和变压器耦合三种。阻容耦合方式的特点是各级放大器的静态工作点独立，互不影响，但不适合缓慢信号的传输。多级放大器的电压放大倍数等于各级电压放大倍数的乘积。

（6）放大器中的反馈有直流反馈和交流反馈之分，另有正反馈和负反馈之分。直流负反馈能稳定静态工作点；交流负反馈能改善放大器的性能，包括提高放大倍数的稳定性、减少非线性失真、展宽通频带和改变输入及输出电阻等，但它是以降低放大倍数为代价的。射极输出器是具有深度电压串联负反馈的电路，它的主要特点是：输入电阻大，输出电阻小；电压放大倍数小于 1，但接近于 1；输出电压和输入电压同相。

（7）功率放大器的任务是输出功率，要求它输出的功率尽可能大、效率高、非线性失真小，保证三极管可靠工作。互补对称功率放大器中 OTL 为单电源供电，OCL 为双电源供电。乙类互补对称功率放大器的效率高，但存在交越失真，因此在实际使用中，多采用甲乙类互补对称功率放大器。

（8）缓变信号也称直流信号，直流信号只能采用直接耦合的直流放大器放大。直流放大器因直接耦合，主要存在零漂的问题。抑制零漂的有效电路是差放电路。

（9）集成运放是一个包括输入级、中间级、输出级及偏置电路的高放大倍数的直接耦合集成放大器。集成运放的应用分为线性和非线性两类。实现线性应用的必要条件是采用深度负反馈。“虚短”和“虚断”这两个近似论点是线性应用的基本分析依据。典型线性应用有比例运算、加减运算等；集成运放作为非线性应用时，应工作在开环或正反馈状态，典型非线性应用有比较器、方波发生器等。

（10）正弦波振荡器实质上是一个满足相位平衡条件和幅度平衡条件的正反馈放大器。正弦波振荡器一般由放大器、正反馈网络和选频网络组成。按照选频网络的不同正弦波振荡器可分为 LC 振荡器、RC 振荡器和石英晶体振荡器。

（11）场效应管（MOS 管）是利用栅源电压来控制导电沟道的宽窄，从而达到控制漏极电流的目的，属电压控制元件。具有输入电阻高，热稳定性好，易集成等优点。

习　题　十

10-1　三极管由两个 PN 结组成，那么是否可用两个二极管反向串联起来当作一只三极管使用？

10-2　已知某三极管处在放大状态，电极管脚①、②、③的对地电位分别是 −6.3、−6、−9V。则管脚①是______极，管脚②是______极，管脚③是______极；此管为______型管，由______材料制成。

10 - 3　在电路中测得下列三极管各电极电位如图 10 - 55 所示，试判断三极管的工作状态（图中 PNP 管为锗材料，NPN 管为硅材料）。

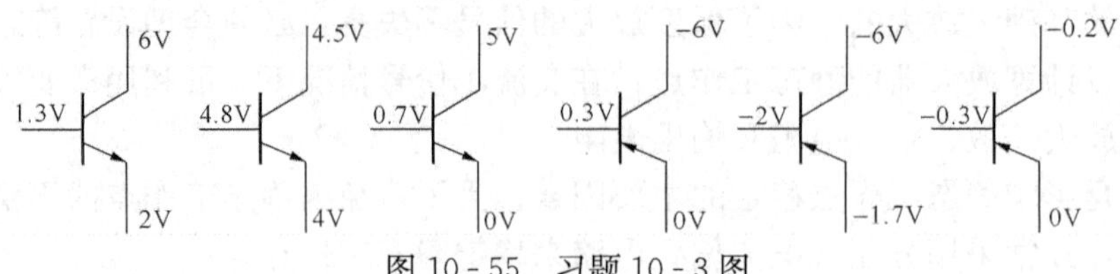

图 10 - 55　习题 10 - 3 图

10 - 4　有两个三极管，一只管子的 $\beta=250$、$I_{CEO}=200\mu A$，另一只管子的 $\beta=80$、$I_{CEO}=10\mu A$，其他参数相同，应选哪只管子？为什么？

10 - 5　在共射基本放大电路中，基极电阻 R_b 的作用是__________。

10 - 6　什么是静态工作点？在放大电路中为什么要设置静态工作点？

10 - 7　当放大电路的静态工作点的位置过低，会发生______失真，输出电压波形的______半波被削；当静态工作点的位置过高，会发生______失真，输出电压波形的______半波被削。

10 - 8　在图 10 - 56（a）所示的放大电路中，若输入、输出信号电压波形如图 10 - 56（b）所示，问：（1）输出电压发生了何种失真？（2）应如何调整 R_{b1} 来消除失真？

10 - 9　影响放大电路静态工作点稳定的原因有哪些？主要原因是什么？

10 - 10　当共发射极放大电路接上负载电阻 R_L 后，其电压放大倍数将______。

10 - 11　什么是放大电路的输入电阻和输出电阻？为什么关注它们的大小？

10 - 12　共射基本放大电路如图 10 - 7 所示，已知 $U_{CC}=18V$，$R_b=510k\Omega$，$R_c=3k\Omega$，$R_L=6k\Omega$，$\beta=80$。

（1）计算放大电路的静态工作点；

（2）计算三极管的输入电阻 r_{be}；

（3）计算负载电阻 R_L 接入前、后的电压放大倍数。

*10 - 13　分压式电流偏置放大电路如图 10 - 57 所示，已知三极管的 $\beta=50$，$r_{be}=1k\Omega$。

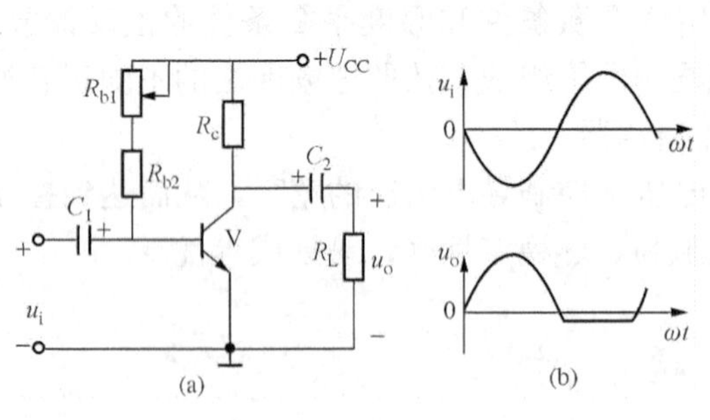

图 10 - 56　习题 10 - 8 图

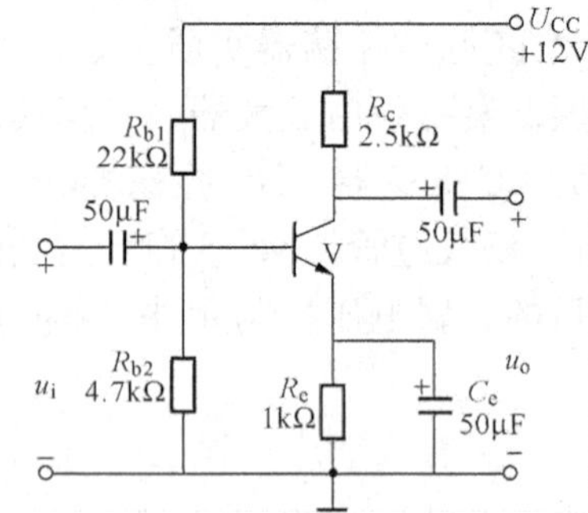

图 10 - 57　习题 10 - 13 图

（1）画出放大电路的直流通路，计算静态工作点（提示：先找出计算静工作点的公式）；

（2）画出放大电路的交流通路和微变等效电路；

（3）计算放大电路的电压放大倍数及输入电阻、输出电阻（分析可知计算公式与固定偏置放大电路相同）；

(4) 若接上 4.1kΩ 的负载电阻，此时放大电路的电压放大倍数下降到多少？

10-14 阻容耦合放大器中，耦合电容的作用是________和________。

10-15 阻容耦合放大器能放大________信号，不适合放大________信号。

10-16 已知某多级放大器的各级电压放大倍数分别是 100、1、10，试求：(1) 放大器总的电压放大倍数；(2) 若输入信号电压 5mV，则输出电压是多少？

10-17 为稳定放大器的静态工作点，应引入________负反馈；为稳定放大器的输出电压，应引入________负反馈；为稳定放大器的输出电流，应引入________负反馈；为提高放大器的输入电阻，应引入________负反馈。

10-18 简述射极输出器的特点。

10-19 在互补对称功率放大器中，要求 NPN 和 PNP 型两个三极管的参数________。

10-20 判断下列说法的正误，正确打“√”，错误打“×”。

(1) 功率放大器只放大功率，电压放大器只放大电压。(　　)

(2) 功率放大器与电压放大器的主要区别是：功率放大器的功率放大倍数大于 1，即 A_u 和 A_i 都大于 1；而电压放大器只是 A_u 大于 1。(　　)

(3) 在 OTL 电路中与负载串联的电容的作用只是耦合信号。(　　)

10-21 分析图 10-58 所示的 OCL 电路的工作原理，试回答：(1) 静态时，负载 R_L 中有无电流？(2) 若输出波形出现失真，应调整哪个电阻？如何调整？

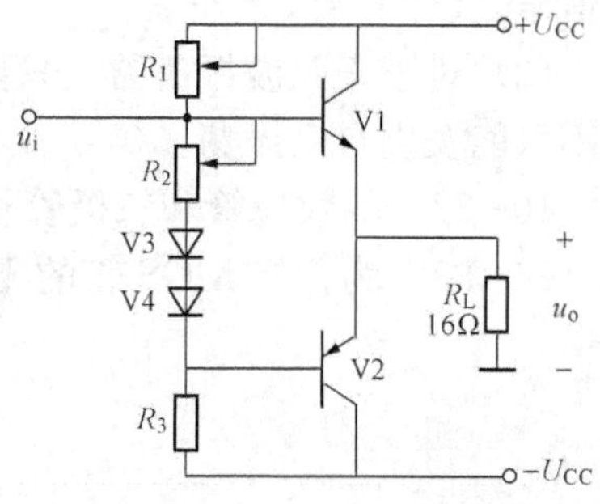

图 10-58 习题 10-21 图

10-22 什么是直流放大器？直流放大器能放大交流信号吗？为什么？

10-23 什么是直流放大器的“零漂”？它的危害是什么？

10-24 说明为什么差放具有放大差模信号和抑制共模信号的能力？

10-25 什么叫运算放大器的“虚短”和“虚断”？

10-26 图 10-59 所示电路中，集成运放 $U_{omax}=\pm 12V$，若 $u_{i1}=-2V$，$u_{i2}=-3V$，$u_{i3}=4V$，$u_{i4}=-5V$，求 u_o。

10-27 图 10-60 为由集成运放和电压表组成的欧姆表。设集成运放是理想的，电压表量程为 2V、内阻为 2kΩ，R_x 为待测电阻。

(1) 试证明 u_o 与 R_x 成正比，而且欧姆表是线性的。

(2) 当 R_x 范围为 0～10kΩ 时，R_1 的数值应为多少？

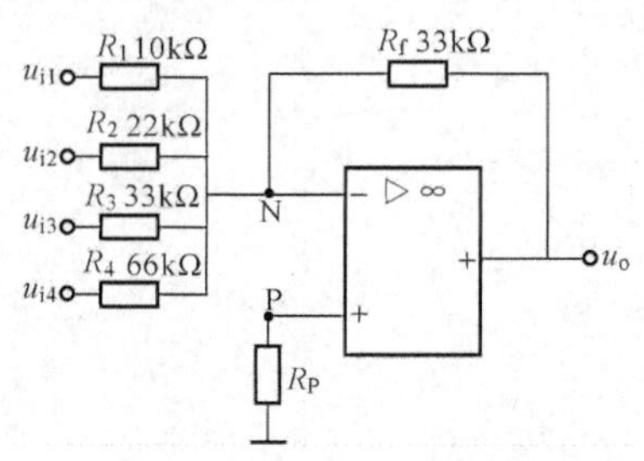

图 10-59 习题 10-26 图

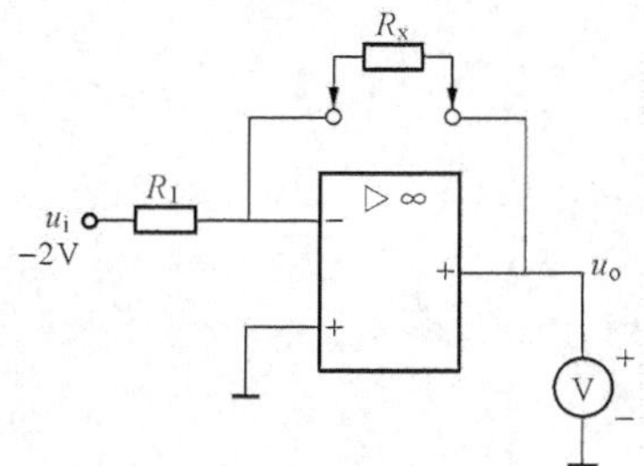

图 10-60 习题 10-27 图

10 - 28 在图 10 - 61 中，设运放最大输出电压 $U_{omax}=\pm 12V$，$R_2=R_1 // R_f$，求下列各种情况下的输出电压 u_o。

（1）正常；（2）R_1 开路；（3）R_1 短路；（4）R_f 开路；（5）R_f 短路

10 - 29 图 10 - 62 为一同相输入式电平检测器，它可以用来判断信号电压大于还是小于某定值 U_R。图中 R 和两个反向串联的稳压器为限幅电路，试画出其传输特性。如果 U_R 为负又如何？

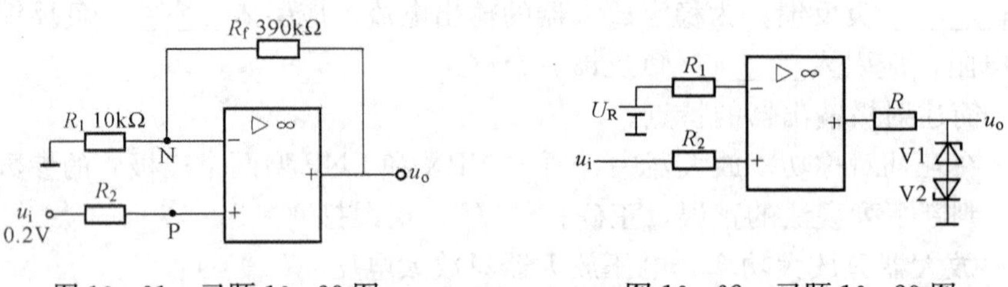

图 10 - 61 习题 10 - 28 图　　图 10 - 62 习题 10 - 29 图

10 - 30 产生自激振荡的条件有哪些？正弦波振荡器由哪几部分组成？

10 - 31 判断下列说法的正误，正确打“√”，错误打“×”。

（1）振荡电路与放大电路的主要区别是，放大电路应有输入信号，而振荡电路不需要输入信号。（ ）

（2）对于正弦波振荡器，只要相位平衡条件不能满足，即使放大器的放大倍数很大，它也不可能发生自激振荡。（ ）

10 - 32 场效应管和三极管相比有何特点？

10 - 33 为什么 MOS 管的栅极不能开路？

第十一章　数字电路基础

本章简介数字电路基础知识，包括数制和BCD码、基本逻辑门电路、集成逻辑门电路及逻辑代数与逻辑函数化简。

第一节　概　　述

电子电路中的信号分为模拟信号和数字信号两类。

用来模拟非电量，如压力、温度、声音等的电信号称为模拟信号。模拟信号具有变化连续、取值无穷多的特征。处理模拟信号的电路称为模拟电路（第九、十章的电子电路均属于此类）。

随时间不连续变化的突变信号称为脉冲信号，又称为数字信号。处理数字信号的电路称为数字电路。脉冲信号可以是周期的，也可以是非周期的。

图11-1（a）为周期性的矩形脉冲电压波。图中所示U_m为脉冲电压幅度，t_w为脉冲宽度，T称为脉冲周期，$f=1/T$称为脉冲频率。脉冲开始跃变的一边称为脉冲前沿，脉冲下降的一边称为脉冲后沿。若脉冲跃变后的幅值比起始值大，则为正脉冲，如图11-1（b）所示，反之若跃变后的幅值比起始值小，则为负脉冲，如图11-1（c）所示。

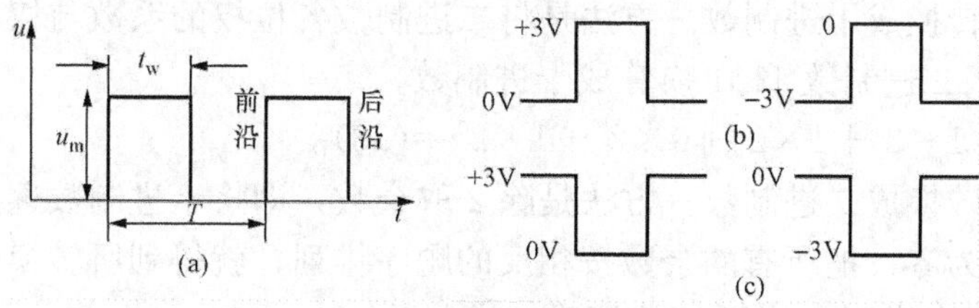

图11-1　矩形脉冲电压波

（a）波形；（b）正脉冲；（c）负脉冲

数字信号是靠脉冲的有无、宽度、频率来表示的，各种干扰与噪声只对脉冲幅度产生影响，不会影响脉冲的有无，这一特点使数字电路具有可靠性高，抗干扰能力强等优点。因而在工业自动控制、计算机技术、雷达、电视、遥测、遥控等许多领域得到日益广泛的应用。

在数字电路中，二极管、三极管均工作在开关状态，即饱和导通或截止关断状态。

第二节　数制和BCD码

在数字电路中直接应用的是二进制数，而不是人们所熟悉的十进制数。

一、二进制数

可以根据所熟知的十进制计数特点，对照找出二进制计数的特点。

1. 十进制数

十进制数有两个特点：

（1）有十个不同的数码，0、1、2、…、9。任何一个十进制数均由这十个数码组成。

（2）按“逢十进一”的规则计数。同一个数码在某个数中所处的位置不同，它所代表的数值也不同。例如，$(555)_D$（D表示十进制数）可表示为

$$(555)_D=5\times10^2+5\times10^1+5\times10^0$$

可见，数码所在的位置越高，它所代表的数值就越大。其中 10^2、10^1、10^0 称为十进制数各位的权。

2. 二进制数

在数字电路中，其输入与输出仅有两个状态，即高电平“1”和低电平“0”。而人们所熟悉的十进制数有十个数码，不便与数字电路中的这两个状态直接对应，因此，引出只有0和1两个数码的二进制数是非常必要的。

数字电路中广泛采用的二进制数具有以下两个特点：

（1）只有两个不同的数码：0和1。任何一个二进制数均由这两个数码组成。

（2）按“逢二进一”的规则计数。同一数码在某个数中所在的位置不同，它所代表的数值也不同。例如，$(111)_B$（B表示二进制数）可表示为

$$(111)_B=1\times2^2+1\times2^1+1\times2^0$$

同样，数码所在的位置越高，所代表的数值也越大。其中 2^2、2^1、2^0 是二进制数各位的权。

3. 二进制数与十进制数的换算

（1）二进制数转换成十进制数。方法是将二进制数各位权的系数与权相乘后求和。

【例 11-1】 将二进制数1101换算成十进制数。

解 $(1101)_B=1\times2^3+1\times2^2+0\times2^1+1\times2^0=(13)_D$

（2）十进制数转换成二进制数。方法是除2取余数，即将十进制数逐次用2除，并依次记下余数，直到商为零，把所有的余数按相反的顺序排列，就得到所转换的二进制数。

【例 11-2】 将十进制数 $(13)_D$ 换算成二进制数。

解

```
2∠13  ……………… 1   ↑
 2∠6  ……………… 0   |
 2∠3  ……………… 1   |
 2∠1  ……………… 1   |
   0
```

即 $(13)_D=(1101)_B$

表11-1为两种计数的对照示例。

表 11-1 **十进制与二进制计数的对照示例**

十进制	二进制	十进制	二进制	十进制	二进制
0	0	6	110	12	1100
1	1	7	111	13	1101
2	10	8	1000	14	1110

续表

十进制	二进制	十进制	二进制	十进制	二进制
3	11	9	1001	15	1111
4	100	10	1010	16	10000
5	101	11	1011	17	10001

二、码制

在数字电路中，常常用一定位数的二进制数码表示不同的事物或信息，这些数码称为代码。编制代码时要遵循一定的规则，这些规则叫码制。

最常用的码制是二一十进制码，即用 4 位二进制代码表示 1 位十进制数的方法，简称 BCD（Binary Coded Decimal）码。

由于 4 位二进制代码有 0000～1111 共十六种状态，可以在这十六种状态中任选十种组合来代表十进制数中的 0～9 十个数码，因而二一十进制码有很多种形式，但最常用的是 8421BCD 码，它从最高位到最低位的权依次分别为 8、4、2、1。因此，我们取 4 位二进制代码中的前十种（0000～1001）来表示十进制数中 0～9 十个数，其余六种状态无效。

此外，还有 2421 码、5421 码和循环码（格雷码）等。表 11 - 2 中是几种常见的 BCD 代码。其中，8421 码好记；2421 码的原码与其反码之和为 9，便于加减运算；循环码相邻两个码只有一位状态不同，不易出错，多用于数字通信。

表 11 - 2　　几种常用 BCD 编码表

序号	二进制代码	8421 码		2421 码		5421 码		循环码	
		二进制代码	十进制数	二进制代码	十进制数	二进制代码	十进制数	二进制代码	十进制数
0	0000	0000	0	0000	0	0000	0	0000	0
1	0001	0001	1	0001	1	0001	1	0001	1
2	0010	0010	2	0010	2	0010	2	0011	2
3	0011	0011	3	0011	3	0011	3	0010	3
4	0100	0100	4	0100	4	0100	4	0110	4
5	0101	0101	5		↓		↓	0111	5
6	0110	0110	6					0101	6
7	0111	0111	7					0100	7
8	1000	1000	8			1000	5	1100	8
9	1001	1001	9			1001	6	1101	9
10	1010		↓			1010	7	1111	10
11	1011			1011	5	1011	8	1110	11
12	1100			1100	6	1100	9	1010	12
13	1101			1101	7		↓	1011	13
14	1110			1110	8			1001	14
15	1111			1111	9			1000	15
16	0000	0000	0	0000	0	0000	0	0000	16
位权		8421		2421		5421		变权码	

【例 11 - 3】 将十进制数 $(829)_D$ 译成 8421BCD 码。

解 $(829)_D=(1000\ 0010\ 1001)_{8421BCD}$

第三节 基本逻辑门电路

所谓逻辑是指条件和结果之间的因果关系。在数字电路中，输入（条件）信号与输出（结果）信号之间也存在着一定的因果关系，因此，数字电路也称为逻辑电路。逻辑电路只有在满足一定条件时，才允许信号通过，否则不能通过，其作用类似于一扇门的“开”和“关”，故逻辑电路又称为逻辑门电路，简称门电路。

基本的逻辑关系有与、或、非三种，能实现基本逻辑关系的电路就是基本门电路。

门电路的输入、输出信号都是用高、低电平表示的。所谓电平，就是指两个电量相对大小的水平。若电平表示的是电位，则“高电平”相对于“低电平”就是高电位；反之，“低电平”相对于“高电平”就是低电位。

研究逻辑电路时，若用“1”代表高电平，用“0”代表低电平，这种规定称为正逻辑，反之称为负逻辑。本书若无特殊说明，均采用正逻辑。

一、与逻辑和与门电路

借助图 11 - 2（a）说明与逻辑关系。由图可见，只要有一个开关是断开的，灯就不亮，只有当开关 SA 与 SB 都接通时，灯才亮。该例说明的逻辑关系是：只有当决定某一事件（如灯亮）的全部条件（如 SA、SB 闭合）都具备时，该事件（灯亮）才发生，这种逻辑关系称为与逻辑，能够实现与逻辑关系的电路称为与门电路，简称为与门。图 11 - 1（b）为与门逻辑符号。在逻辑符号中，输入端可以有多个，但输出端只有一个。

若用“0”表示开关断开和灯灭，用“1”表示开关闭合和灯亮，将电路所有可能出现的条件与对应的结果排列在同一表格中，该表格称为真值表。与门真值表见表 11 - 3。

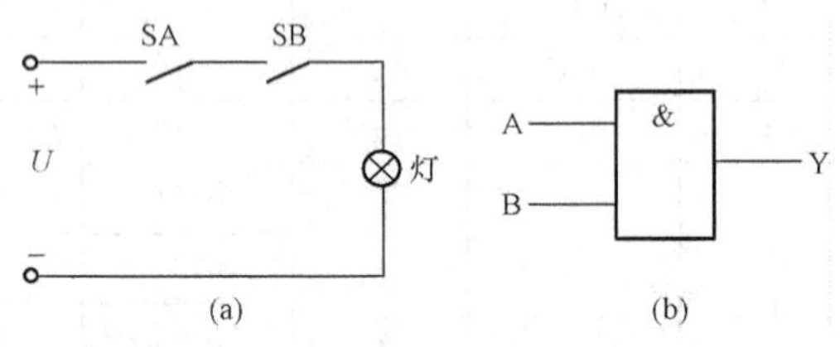

图 11 - 2 灯控制电路和与门逻辑符号

（a）电路；（b）与门逻辑符号

表 11 - 3 与门真值表

输入		输出
A	B	Y
0	0	0
0	1	0
1	0	0
1	1	1

从真值表可总结出与门的逻辑功能为：“见 0 为 0，全 1 为 1”；与逻辑表达式为 $Y=A\times B=A\cdot B=AB$，所以与逻辑关系也称为逻辑乘、逻辑积。其基本运算规则是

$$0\times0=0,\ 0\times1=0,\ 1\times0=0,\ 1\times1=1$$

图 11 - 3（a）所示为由二极管和电阻构成的双输入与门电路。当输入端 A 与 B 同时为高电平 1（+5V）时，二极管 VA、VB 均截止，R 中没有电流，其上的电压降为 0V，输出端 Y 为高电平 1（+5V）；当 A、B 中的任何一端或同时为低电平 0（0V）时，二极管的导通使输出端 Y 为低电平 0（+0.7V）。可见，只要输入端有低电平时，输出端 Y 就一定为低电平，只有当输入端均为高电平时，输出端 Y 才为高电平，即输入与输出信号状态满足

"与"逻辑关系。

图 11-3（b）为描述双输入与门的输入和输出信号间逻辑关系的波形图。

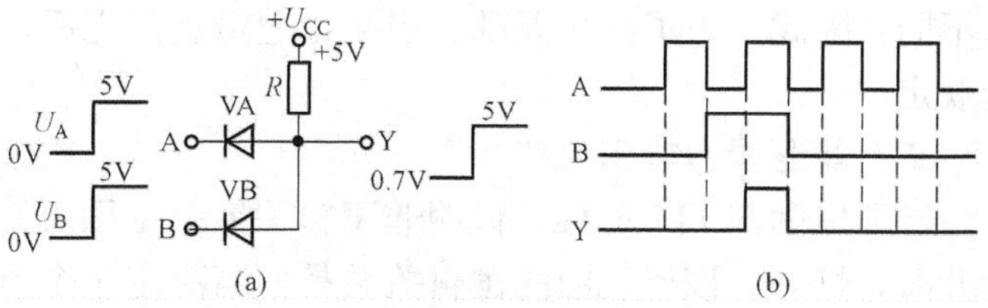

图 11-3 二极管与门电路

（a）电路图；（b）波形图

二、或逻辑和或门电路

借助图 11-4（a）说明或逻辑关系。由图可知，只要开关 SA、SB 中有一个（或同时）接通，灯就亮，只有所有的开关均断开时，灯才不亮。该例说明的逻辑关系是：只要决定某一事件（灯亮）的多个条件（SA 闭合、SB 闭合）中的任意一个（或几个）条件具备，该事件就会发生，这种逻辑关系称为或逻辑。能够实现或逻辑关系的电路称为或门电路，简称或门。图 11-4（b）为或门逻辑符号。

表 11-4 列出了或门的真值表，从真值表可总结出或门的逻辑功能为："见 1 为 1，全 0 得 0"。

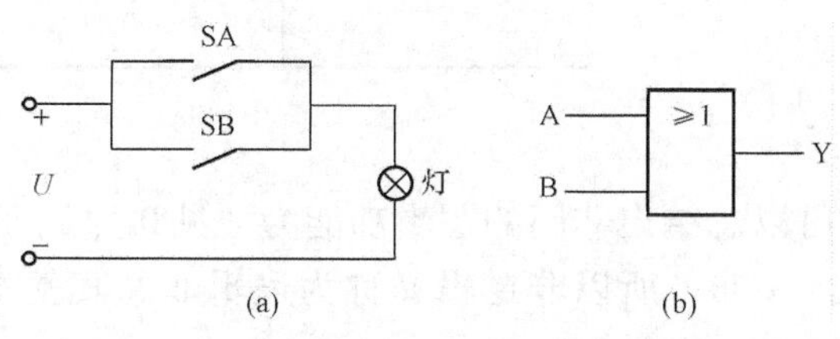

图 11-4 灯控制电路和或门逻辑符号

（a）电路；（b）或门逻辑符号

表 11-4 或门真值表

输入		输出
A	B	Y
0	0	0
0	1	1
1	0	1
1	1	1

或逻辑表达式为 Y＝A＋B，所以或逻辑关系也称为逻辑加、逻辑和。其基本运算规则是

$$0+0=0，0+1=1，1+0=1，1+1=1$$

图 11-5（a）所示为由二极管和电阻构成的双输入或门电路。当输入端 A 或 B 中的任何一端为高电平 1(＋5V)时，与之对应的二极管导通，输出端 Y 一定为高电平 1(＋4.3V)；当输入端同时为高电平 1 时，输出端 Y 也为高电平 1；只有当输入端 A 和 B 同时为低电平 0 (0V)时，输出端 Y 才为低电平 0(－0.7V)。可见，只要输入端中有高电平，输出端就一定为高电平，只有当输入端均为低电平时，输出端 Y 才为低电平，即输入与输出的信号状态满足"或"逻辑关系。

图 11-5（b）为描述双输入或门的输入和输出信号间逻辑关系的波形图。

应注意，按本节开始的约定，前面讨论的与门、或门电路，均是对正逻辑而言的，若采用负逻辑，上述电路反映的逻辑关系恰好相反，正与门就是负或门，正或门就是负与门。对于任何一个逻辑电路，既可采用正逻辑分析，也可采用负逻辑分析，但是对于同一电路，若采用不同的逻辑分析，得到的逻辑功能结

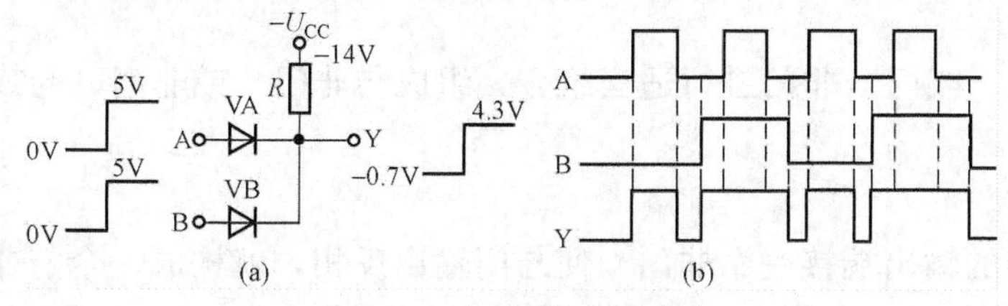

图 11-5 二极管或门电路

（a）电路图；（b）波形图

论不同，因此，为了防止混乱，当某种逻辑选定之后，所有电路的逻辑分析都应服从这种逻辑规定。

三、非逻辑和非门电路

下面借助图 11-6（a）说明非逻辑关系。由图可知，当开关 S 接通时，灯灭，当开关 S 断开时，灯亮。该例说明的逻辑关系是：当决定一个事件（灯亮）的条件（开关 S 闭合）被否决（即开关 S 断开）时，事件（灯亮）反而发生了，这种逻辑关系称为非逻辑。能够实现非逻辑关系的电路称为非门电路，简称非门。图 5-6（b）为非门的逻辑符号，其输入和输出端只有一个。

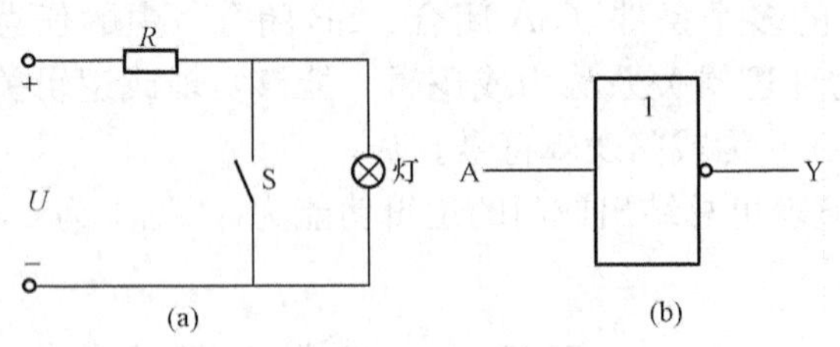

图 11-6 灯控制电路和非门逻辑符号
（a）电路；（b）非门逻辑符号

表 11-5 非 门 真 值 表

输 入	输 出
A	B
0	1
1	0

表 11-5 列出了非门的真值表，从真值表可以总结出非门的逻辑功能为“见 0 为 1，见 1 为 0”。非门逻辑表达式为 $Y=\overline{A}$ 读作 Y 等于 A 非，所以非逻辑又称为逻辑非。其基本运算规则是

$$\overline{0}=1,\ \overline{1}=0$$

图 11-7（a）所示为由三极管反相器构成的非门电路。在图中，当输入端 A 为高电平 1(+5V) 时，三极管饱和导通，Y 端输出 +0.3V 的饱和压降，属于低电平；当输入端为低电平 0(0V) 时，三极管截止，Y 端的电压近似等于电源电压 $+U_{CC}$，输出高电平。因此，该电路的输入与输出信号状态满足“非”逻辑关系。

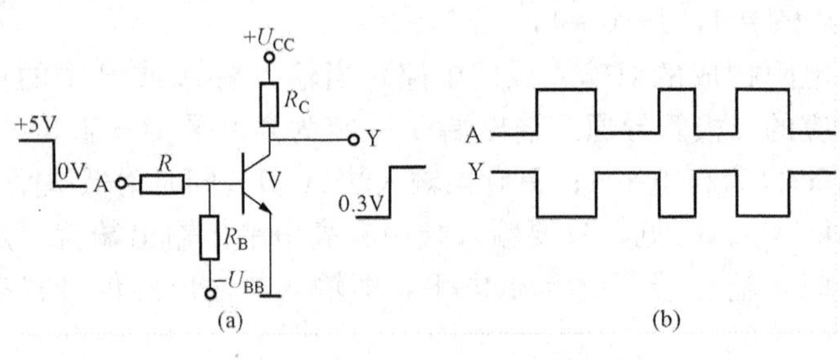

图 11-7 三极管非门电路
（a）电路图；（b）波形图

图 11-7（b）为描述非门输入和输出信号间逻辑关系的波形图。

注意：在非门电路的逻辑符号中，输出端加了一个小圆圈，表示输出状态与输入状态相反。

四、复合门电路

为了扩展逻辑功能，可将与门、或门、非门进行适当组合，组成与非门、或非门、与或非门等常用的复合逻辑门电路。

1. 与非门电路

如图 11-8（a）所示，在与门的输出端接一个非门，使与门输出反相，就构成一个与非门。两输入端的与非门逻辑符号见图 11-8（b），而其真值表见表 11-6。

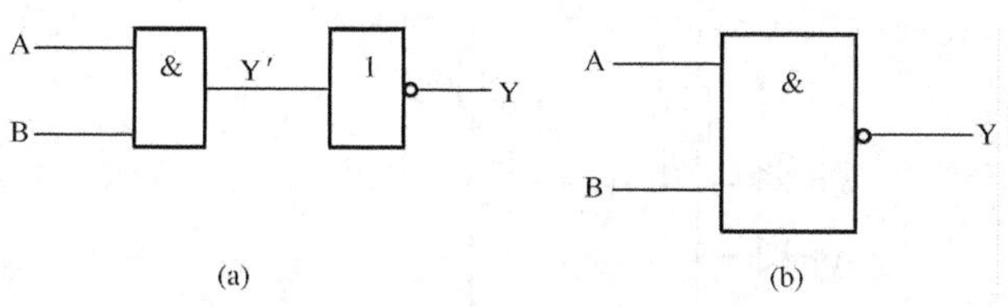

图 11-8 两输入端的与非门

(a) 与门和非门的组合；(b) 与非门逻辑符号

表 11-6 与非门真值表

输入		输出
A	B	Y
0	0	1
0	1	1
1	0	1
1	1	0

由与非门真值表可总结其逻辑功能为：“见 0 为 1，全 1 为 0”；与非门的逻辑表达式为：$Y=\overline{AB}$。

2. 或非门电路

如图 11-9 (a) 所示，在或门的输出端接一个非门，使或门输出反相，就构成一个或非门。两输入端的或非门逻辑符号见图 11-9 (b)。其真值表见表 11-7。

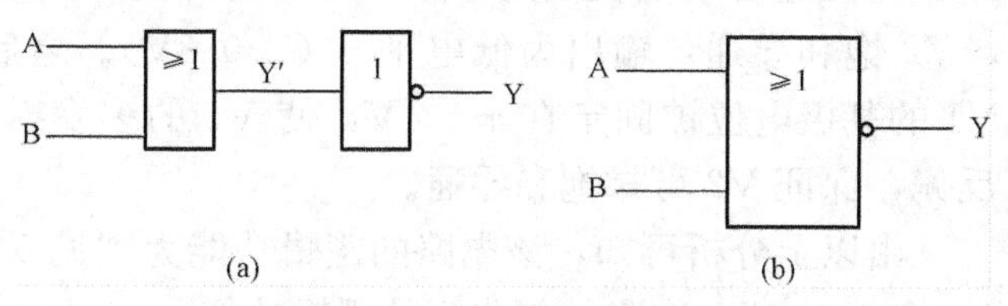

图 11-9 两输入端的或非门

(a) 或门和非门的组合；(b) 或非门逻辑符号

表 11-7 或非门真值表

输入		输出
A	B	Y
0	0	1
0	1	0
1	0	0
1	1	0

由或非门真值表可总结其逻辑功能为：“见 1 为 0，全 0 为 1”；或非门的逻辑表达式为：$Y=\overline{A+B}$。

第四节 集成逻辑门电路

上述的门电路都是由分立元件组成的，集成电路具有体积小、耗电省、速度快、工作可靠等优点。数字电路已普遍集成化，而分立元件门电路则逐渐被淘汰。

集成电路按集成度可分成四级，通常认为一个芯片上集成不足 10 个逻辑门是小规模集成电路（SSI）；10～100 个逻辑门是中规模集成电路（MSI）；100～1000 个逻辑门是大规模集成电路（LSI）；1000 个逻辑门以上是超大规模集成电路（VLSI）。

常用的中、小规模数字集成电路主要有 TTL 型和 CMOS 型电路。TTL（Transistor－Transistor Logic）与非门电路具有工作可靠、开关速度快和负载能力强等优点，是数字集成电路中最常用的单元电路。用它可以构成各种基本的或组合的逻辑电路，因此，是目前生产最多、应用最广泛的门电路之一。

数字集成器件常用系列品种代号见附录 B 中表 B-2。

一、TTL 与非门电路

图 11-10 (a) 是 TTL 与非门的简化电路，它由两个晶体管 V1 和 V2 组成。V1 具有四个发射极，故称为多发射极晶体管。可将它的集电结看成一个二极管，而多个发射结看成是与集电结背向连接的几个二极管，如图 11-10 (b) 所示。

当输入端有一个或一个以上为低电平 0(0V) 时，与输入低电平相对应的发射结导通，

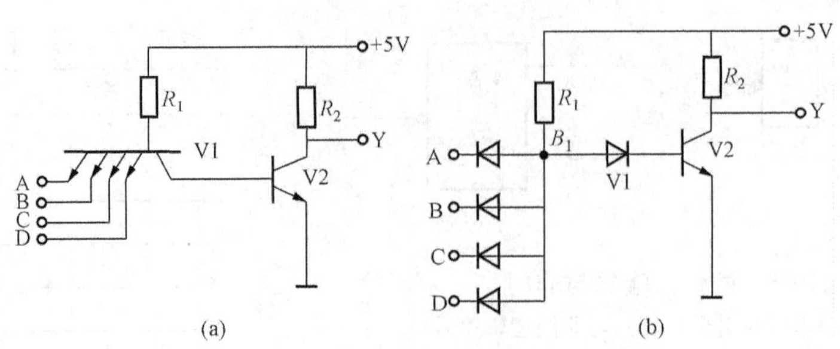

图 11-10 TTL 与非门简化电路

(a) 电路图；(b) 原理示意图

V_{B1}（V1 基极电位）钳位于 0.7V。这个 0.7V 电压作用于相串联的 V1 集电结、V2 发射结，因正偏压较小而不足以使它们导通，因此 V2 截止，输出为高电平 1(+5V)。

当输入全为高电平 1(+3V) 时，V1 的基极电位瞬间提高到 $V_{B1}=+3.7V$，使 V1 的集电结、V2 的发射结均为较高的正偏压，V2 饱和导通，输出为低电平 0（+0.3V）。之后，V1 的基极电位被固定在+1.4V，使 V1 的多发射结反偏，保证 V2 可靠饱和导通。

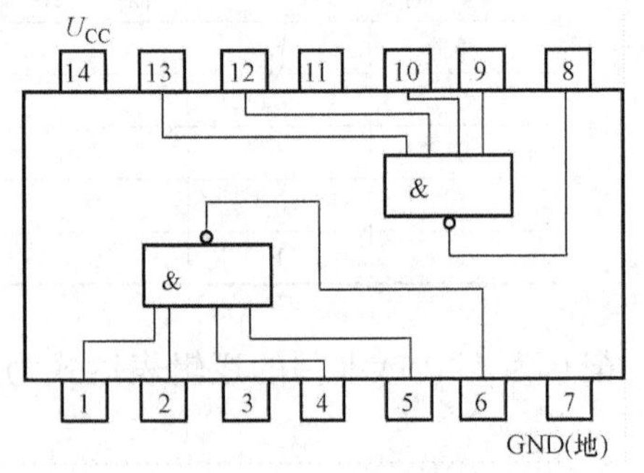

图 11-11 CT4020 四输入端双与非门的外引线排列图

由以上分析可知，该电路的逻辑功能为“见 0 为 1，全 1 为 0”，这正是与非门的逻辑功能。

集成 TTL 与非门的逻辑符号、真值表、逻辑表达式与前面的复合与非门完全相同，这里不再列出。

TTL 与非门的外形结构通常是双列直插式。图 11-11 是 CT4020 四输入端双与非门的外引线排列图，其中第 14 脚接电源+5V，第 7 脚接地。输出高电平大于+3.2V，输出低电平则小于+0.35V。

二、其他形式的 TTL 门电路

1. 集电极开路与非门

前面介绍的 TTL 与非门电路的输出端是不能并联使用的，如果并联使用，当两个与非门输出电平不同时，将有很大的电流自输出高电平的与非门流向输出低电平的与非门，这个电流可能远大于正常值，很容易烧毁器件。当需要门电路多个输出端直接并联时，可使用集电极开路与非门。

集电极开路（Open Collector Gate）门简称为 OC 门。图 11-12（a）是集电极开路与非门的电路结构，图 11-12（b）是其逻辑符号。图 11-12（a）与图 11-10（a）的主要区别是去掉了集电极电阻 R_2。这样集电极是开路的，故称为集电极开路与非门。

当多个 OC 门的输出端并联在一起时，共用一个外接电阻 R_L，如图 11-13 所示。只要有一个 OC 门的输出是低电平，Y 输出就是低电平；只有每一个 OC 门的输出都是高电平，输出 Y 才是高电平。Y 和各 OC 门输出之间是逻辑与关系，连接线就像是与门，故称为“线与”。Y 的逻辑表达式为

$$Y=\overline{A_1B_1}\cdot\overline{A_2B_2}\cdot\cdots\cdot\overline{A_nB_n}$$

2. 三态门

所谓三态门，是指该门输出除了有高、低两种电平状态外，还有高输出阻抗的第三种状

态，即高阻态。

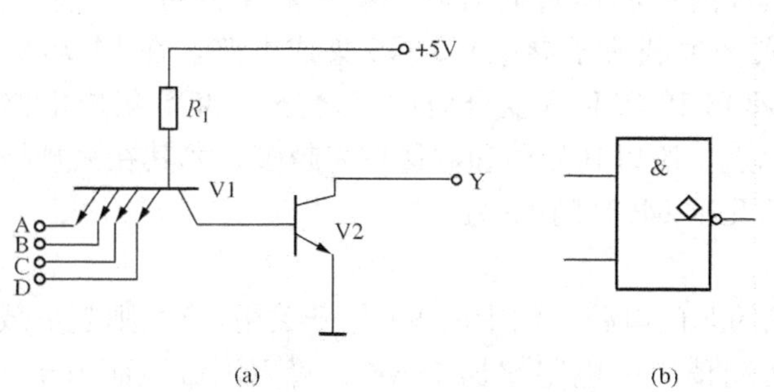

图 11-12 集电极开路与非门

（a）电路结构；（b）OC 门符号

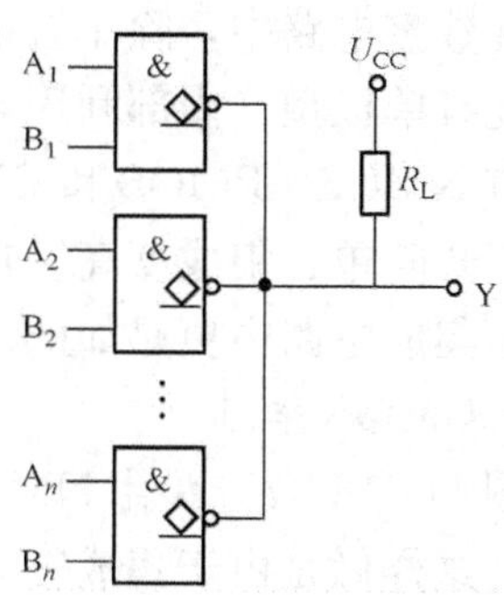

图 11-13 OC 门线与电路

三态门的原理电路如图 11-14（a）所示。A 为输入端，Y 为输出端，$\overline{E}$称为控制端或使能端。图 11-14（b）为控制端低电平有效的三态门逻辑符号，图 11-14（c）为控制端高电平有效的三态门逻辑符号，其中▽表示三态门输出。

注意：在门电路的逻辑符号中，若在输入端加小圆圈，则表示输入低电平信号有效；若在输出端加一个小圆圈，则表示输出信号要取反。

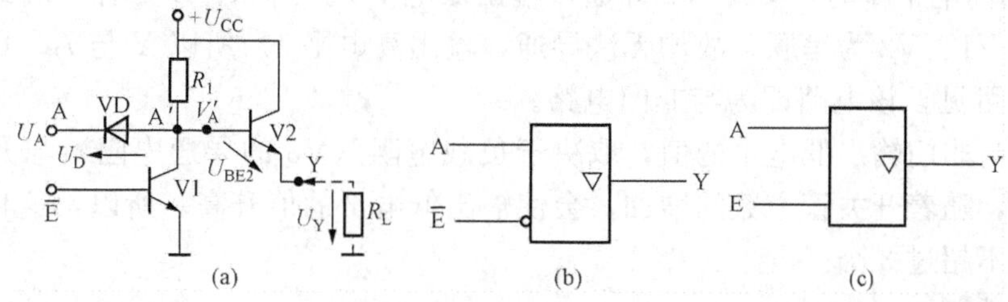

图 11-14 三态门

（a）原理电路；（b）逻辑符号（控制端低电平有效）；（c）逻辑符号（控制端高电平有效）

当控制端$\overline{E}$=0 时，三极管 V1 截止。显然，若输入端 A 为 0(0V) 时，$V_{A'}$=+0.7V，V2 截止，输出端 Y 为 0(0V)；而当输入端 A 为 1(+3V) 时，$V_{A'}$=+3.7V，V2 导通使输出端 Y 为 1(+3V)，因此当控制端$\overline{E}$=0 时，Y=A，A 端信号可以顺利地传输到 Y 端，门电路此时的状态称为选通状态。

当$\overline{E}$=1，V1 饱和导通，A′点电位 $V_{A'}\approx$0V，V2 截止，输出端 Y 与电源电压 U_{CC}、输入端 A 之间都隔绝，输入与输出间呈现高阻状态，故称为阻塞状态（或禁止状态、开路状态）。

三态门广泛应用于信号传输，即在一根导线上轮流传送多个不同数据或信号，如图 11-15 所示的两路数据选择器逻辑图。图中导线 L 称为总线，A、B 为两个数据或信号的输入端，$\overline{E}$为两个三态门的控制端。

当$\overline{E}$=1 时，G2 为高阻态，G1 打开，Y=A；$\overline{E}$=0，G1 为高阻态，G2 打开，Y=B。因此，改变控制端$\overline{E}$的电位，可在同一时间，选通一路，阻塞另一路。

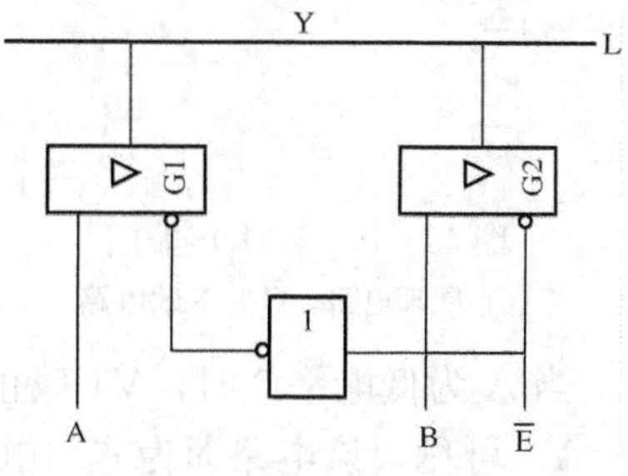

图 11-15 两路数据选择器逻辑图

＊三、MOS门电路

在数字电路中，除了TTL双极型（内部晶体管同时利用电子和空穴导电）集成电路外，还有单极型（内部利用电子或空穴一种载流子导电）MOS集成电路。在MOS集成电路中有NMOS、PMOS和CMOS（NMOS和PMOS复合而成）之分。MOS集成电路具有制造工艺简单、集成度高、功耗小等优点，所以其品种和数量越来越多，尤其在大规模和超大规模集成电路中更是如此。下面介绍几种MOS门电路。

1. NMOS非门

图11-16（a）为由NMOS管组成的非门电路。图中的V1作开关用，V2则起负载电阻作用，这样做是由于集成工艺中，加工阻值大的电阻比加工MOS管更困难。而由于V2的栅极和漏极同接在电源$+U_{DD}$上，恒处于导通状态，其伏安特性呈线性，故相当于一个电阻。所以在MOS集成电路中均用栅、漏极相连的MOS管代替电阻。图11-16（b）是NMOS非门的等效电路图。

图11-16（a）中，当A为高电平1时，V1导通，输出低电平0。当A为低电平0时，V1截止，输出高电平1。所以Y与A的逻辑关系为：$Y=\overline{A}$。可见，该电路即为非门电路。

2. NMOS与非门

图11-17所示是两个输入端的NMOS与非门。V1、V2用作开关，V3用作负载电阻。当A与B均为高电平1时，V1、V2导通，输出低电平0。当A、B中有一端或两端为低电平0时，由于V1、V2为串联，故均无法导通，输出高电平1。所以Y与A、B的逻辑关系为：$Y=\overline{AB}$。可见，该电路即为与非门电路。

由于这种与非门输出低电平的值，取决于负载电阻（V3的导通电阻）与开关管导通电阻之比。因此，随着开关管个数的增加，会使输出低电平的值升高。所以，这种与非门输入端的个数一般不超过3个。

3. CMOS非门

图11-18所示是由一个NMOS增强型场效应管V1和一个PMOS增强型场效应管V2互补而构成的CMOS非门电路，当A为高电平1时，V1导通，V2截止，输出低电平0。

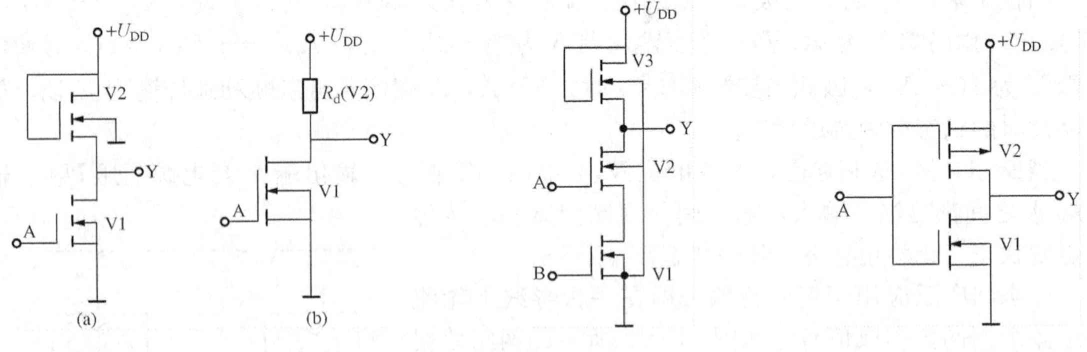

图11-16　NMOS非门
（a）原理电路；（b）等效电路

图11-17　NMOS与非门

图11-18　CMOS非门

当A为低电平0时，V1截止，V2导通，输出高电平1。所以，Y和A的逻辑关系为：$Y=\overline{A}$。可见，该电路即为非门电路。CMOS非门无论输入高电平或低电平，相串联的两个管子总有一个处于截止状态，使输出的高电平接近U_{DD}，输出的低电平接近0V。因而电路的功耗几乎为零。

4. CMOS 与非门

图 11-19 所示是 CMOS 与非门电路。它由两个 NMOS 增强型场效应管 V1、V2 串联和两个 PMOS 增强型场效应管 V3、V4 并联组成，每个输入端同时接一个 PMOS 管和一个 NMOS 管的栅极。当 A 与 B 均为高电平 1 时，V1 与 V2 导通，V3 与 V4 截止，输出低电平 0。当 A、B 中有一个或一个以上为低电平 0 时，使与之相对应的 PMOS 管导通，并使 V1 与 V2 截止，输出高电平 1。所以，Y 与 A、B 的逻辑关系为：$Y=\overline{AB}$。可见该电路即为与非门电路。

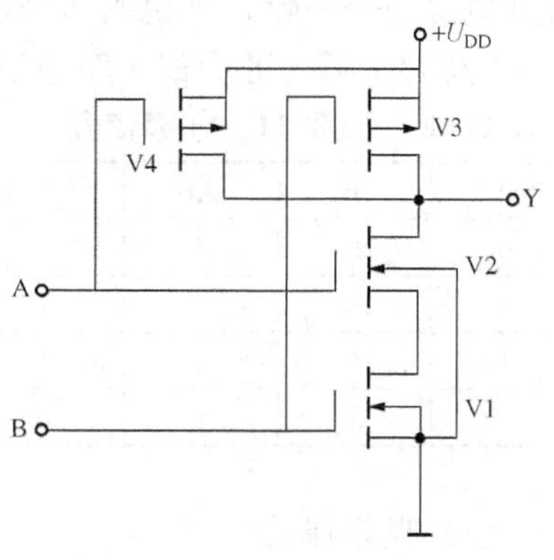

图 11-19 CMOS 与非门

MOS 集成门电路使用的注意事项与 MOS 管的使用注意事项（已在第十章第十节简介）相同。

*第五节 逻辑代数与逻辑函数化简

分析逻辑电路必须借助于逻辑代数这一数学工具。在逻辑代数中的变量称为逻辑变量，用字母 A、B、C、…表示，如本章第三节所述的照明灯控制开关等。逻辑变量只有两种取值：1 和 0，一般用“1”表示真，“0”表示假。将逻辑变量按照一定的逻辑运算组合在一起的表达式称为逻辑函数，掌握逻辑函数的运算规律是研究数字电路的基础。

一、逻辑代数的基本运算

熟悉和掌握逻辑函数的运算法则，将为分析和设计数字电路提供很多方便。逻辑函数的运算法则包括公理、基本定律和一些公式。

1. 公理

(1) $\overline{1}=0$，$\overline{0}=1$；

(2) $1\cdot1=1$，$0+0=0$；

(3) $1\cdot0=0\cdot1=0$，$1+0=0+1=1$；

(4) $0\cdot0=0$，$1+1=1$；

(5) 如果 $A\neq0$，则 $A=1$；如果 $A\neq1$，则 $A=0$。

这些公理符合逻辑推理，不证自明。

2. 基本定律

(1) 交换律：$A\cdot B=B\cdot A$，$A+B=B+A$；

(2) 结合律：$A(BC)=(AB)C$，$A+(B+C)=(A+B)+C$；

(3) 分配律：$A(B+C)=AB+AC$，$A+BC=(A+B)(A+C)$；

(4) 01 律：$1\cdot A=A$，$0+A=A$，$0\cdot A=0$，$1+A=1$；

(5) 互补律：$A\cdot\overline{A}=0$，$A+\overline{A}=1$；

(6) 重叠律：$A\cdot A=A$，$A+A=A$；

(7) 反演律（德·摩根定律）：$\overline{AB}=\overline{A}+\overline{B}$；$\overline{A+B}=\overline{A}\cdot\overline{B}$；

(8) 还原律：$\overline{\overline{A}}=A$。

证明以上定律的基本方法是真值表法，即分别列出等式两边逻辑表达式的真值表，若两边真值表完全一致，则说明两个逻辑表达式相等。

【例 11 - 4】 证明德·摩根定律，即$\overline{AB}=\overline{A}+\overline{B}$。

表 11 - 8 ［例 11 - 4］真值表

A	B	$\overline{AB}$	$\overline{A}+\overline{B}$
0	0	1	1
0	1	1	1
1	0	1	1
1	1	0	0

解 等式两边的真值表如表 11 - 8 所示。

从表中可以看出，$\overline{AB}$和 $\overline{A}+\overline{B}$ 在变量 A、B 的四种取值组合下结果完全一样，因此等式成立。

3. 常用公式

利用以上的公理、定律可以得到一些常用的公式。

（1）吸收律：

$$A+AB=A,\quad A(A+B)=A,\quad A+\overline{A}B=A+B,\quad A(\overline{A}+B)=AB$$

（2）还原律：

$$AB+A\overline{B}=A,\quad (A+B)(A+\overline{B})=A$$

（3）冗余律：

$$AB+\overline{A}C+BC=AB+\overline{A}C$$

证明：$AB+\overline{A}C+BC=AB+\overline{A}C+BC(A+\overline{A})=AB+\overline{A}C+ABC+\overline{A}BC$

$$=(AB+ABC)+(\overline{A}C+\overline{A}BC)=AB+\overline{A}C$$

推论：$AB+\overline{A}C+BCDE=AB+\overline{A}C$

上述其他公式请读者自己证明。

二、逻辑函数的公式化简法

根据实际问题的逻辑要求归纳的逻辑函数往往是比较复杂的，它含有较多的变量和运算符。同时，逻辑函数的表达式并不是唯一的，它可以写成各种不同的形式，因此实现同一逻辑关系的数字电路可以有多种。为了减少所用元器件数，简化电路，提高可靠性，希望得到最简逻辑函数式。例如，同一逻辑关系的两个不同表达式：$Y_1=\overline{A}B+B+A\overline{B}$ 和 $Y_2=A+B$，$Y_1=Y_2$，显然，Y_2 比 Y_1 简单得多。

在各种逻辑函数表达式中，最常用的是与或表达式。所谓化简，就是将一个逻辑函数式化为最简的与或表达式形式。

一般情况，判断与或表达式是否最简的条件是：

（1）逻辑乘积项数最少；

（2）每个乘积项中变量数最少。

化简逻辑函数的方法，最常用的有公式法和卡诺图法。所谓公式化简法，就是利用逻辑代数的公理、基本定律和常用公式，将复杂的逻辑函数进行化简的方法。常用的有并项法、吸收法、消去法和配项法等。

1. 并项法

利用公式 $A+\overline{A}=1$，将两项合并为一项，并消去一个变量，例如

$$\overline{A}\,\overline{B}C+\overline{A}\,\overline{B}\,\overline{C}=\overline{A}\,\overline{B}(C+\overline{C})=\overline{A}\,\overline{B}$$

$$A(BC+\overline{B}\,\overline{C})+A(\overline{B}C+B\overline{C})=ABC+A\overline{B}\,\overline{C}+A\overline{B}C+AB\overline{C}$$

$$=AB(C+\overline{C})+A\overline{B}(C+\overline{C})$$

$$=AB+A\overline{B}=A(B+\overline{B})=A$$

2. 吸收法

利用公式 A+AB=A，吸收掉多余的项，例如

$$\overline{A}+\overline{A}\overline{B}C=\overline{A}$$

$$\overline{A}B+\overline{A}B\overline{C}(D+\overline{E})=\overline{A}B$$

3. 消去法

利用公式 $A+\overline{A}B=A+B$，消去多余的因子，例如

$$AB+\overline{A}C+\overline{B}C=AB+(\overline{A}+\overline{B})C=AB+\overline{AB}C=AB+C$$

4. 配项法

利用公式 $A=A(B+\overline{B})$，先添上 $(B+\overline{B})$ 作配项用，以便消去更多的项。例如

$$AB+\overline{A}C+BC=AB+\overline{A}C+BC(A+\overline{A})=AB+ABC+\overline{A}C+\overline{A}BC=AB+\overline{A}C$$

图 11-20 为该逻辑函数化简前后的逻辑电路图。显然，化简后不仅使逻辑图得到了简化，而且使用的逻辑器件明显减少了。

采用公式法化简，目前尚无规律可循，对于繁杂的逻辑表达式，化简的速度与我们的经验和对公式掌握的熟练程度有关，要想比较方便和直观的化简逻辑函数式，需要进一步学习卡诺图化简法（因篇幅所限，本书不另介绍）。

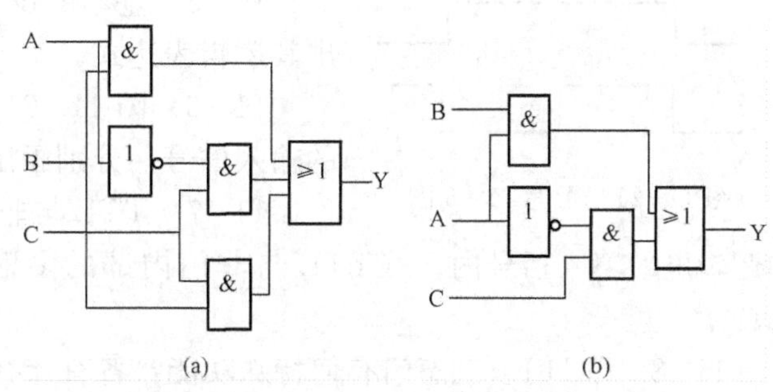

图 11-20 化简前后逻辑电路图

(a) 化简前的逻辑图；(b) 化简后的逻辑图

小 结

(1) 随时间不连续变化的突变信号称为脉冲信号，又称为数字信号。能够对数字信号进行处理的电路称为数字电路。

(2) 在数字电路中直接应用的是二进制数，因此掌握其计数特点是非常重要的。码制是指编制代码时所应遵循的规则。二—十进制代码简称为 BCD 码，在 BCD 代码中最常用的是 8421 代码。

(3) 数字电路又称为逻辑门电路，基本逻辑门电路是与门、或门和非门。由这些基本门电路可组成与非门、或非门等复合门电路。表达门电路逻辑关系的方法有逻辑图、真值表、逻辑表达式和波形图。

(4) 门电路可以由二极管、三极管和电阻等分立元件组成或采用集成电路。集成 TTL 与非门是目前应用最广泛的集成门电路，应着重掌握其外特性及逻辑功能。OC 门可以将多个输出端并联在一起，实现“线与”的逻辑功能，而三态门在数据传输电路中也有很广泛的应用。

(5) 逻辑代数是分析数字电路的一种数学工具。利用它可以把一个电路的逻辑关系抽象为数学表达式，并且可以利用逻辑运算的方法，解决逻辑电路的分析和设计问题。逻辑代数的基本运算包括公理、基本定律和常用公式。公式化简法就是利用逻辑代数中的公理、定律和常用公式对逻辑函数式进行化简的方法。这种方法的优点是没有局限性，缺点是需要一定的运算技巧。

习　题　十　一

11 - 1　什么是数字信号？什么是数字电路？为什么把数字电路又称为逻辑电路？

11 - 2　将下列二进制数按“权”展开，求出相应的十进制数。

(1) $(1001)_B$；　(2) $(10\,101)_B$；　(3) $(101)_B$；　(4) $(11\,001)_B$。

11 - 3　将下列十进制数换算成二进制数。

(1) $(27)_D$；　(2) $(85)_D$；　(3) $(127)_D$；　(4) $(368)_D$。

11 - 4　将下列十进制数译成 8421BCD 码：

(1) $(540)_D$；　(2) $(4283)_D$；　(3) $(56\,792)_D$；　(4) $(8321)_D$。

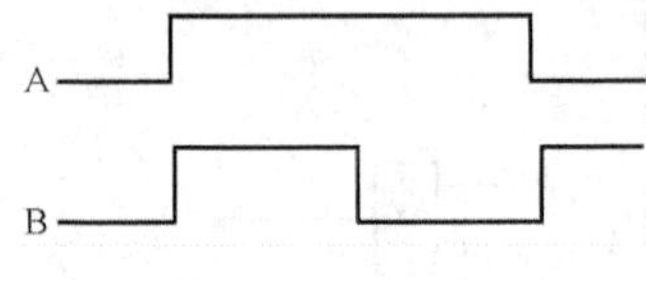

图 11 - 21　习题 11 - 6 图

11 - 5　基本的逻辑门电路和复合逻辑门电路有哪些？写出其逻辑表达式。

11 - 6　图 11 - 21 所示为两输入端的与门、或门、与非门的输入信号，分别画出这三种门电路的输出 Y 的波形。

11 - 7　TTL 与非门按图 11 - 22 方式连接，试将输出信号的逻辑电平填入括号内。（TTL 与非门内部的多射极晶体管基极与电源之间的电阻等于 4kΩ）。

11 - 8　OC 门、三态门有何特殊功能？各有什么用途？

11 - 9　图 11 - 23（a）为二输入端四与非门 T063 外引线排列图，试画出由该与非门构成的图 11 - 23（b）所示的逻辑电路实际连线图。

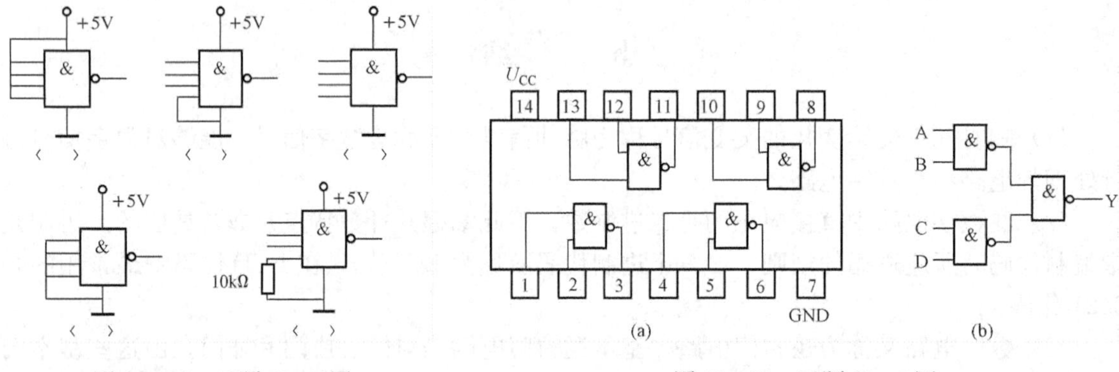

图 11 - 22　习题 11 - 7 图　　图 11 - 23　习题 11 - 9 图

11 - 10　用真值表证明下列各等式，并分别画出等号两边的逻辑图，你从中得到什么启示？

(1) $B(A+C)=AB+BC$；　(2) $\overline{A+B}=\overline{A}\cdot\overline{B}$。

11 - 11　用公式法化简下列逻辑函数式：

(1) $Y=A\overline{B}+B+\overline{A}B$；　(2) $Y=B+\overline{B}D$；

(3) $Y=A\overline{B}C+\overline{A}+B+C$；　(4) $Y=ABC+AB$；

(5) $Y=ABC+\overline{A}+\overline{B}+\overline{C}$；　(6) $Y=A\overline{B}\overline{C}+A\overline{B}C+AB\overline{C}+ABC$；

(7) $Y=A\overline{B}+B+BCD$。

第十二章 组 合 逻 辑 电 路

数字电路可分成组合逻辑电路和时序逻辑电路两大类，本章先介绍组合逻辑电路。组合逻辑电路简称组合电路，它是由门电路组成，其输出状态仅决定于该时刻各个输入信号的状态，而与电路原来的状态无关。组合逻辑电路没有存储和记忆功能。

第一节 组合逻辑电路的分析与设计

一、组合电路的分析

组合电路的分析就是根据给定的逻辑电路图，确定其逻辑功能的过程。对于比较简单的电路，其分析步骤为：

（1）根据逻辑图，从输入到输出逐级写出输出端的逻辑表达式。

（2）将输出端的逻辑表达式化为最简式。

（3）列真值表。

（4）根据最简式或真值表，描述电路逻辑功能。

下面对一些实际组合电路进行分析，进一步加深读者对分析方法的理解。

1. 异或门

图 12-1（a）所示的逻辑电路由四个与非门组合而成，有 A、B 两个输入端，Y 为输出端。通过化简可得其输出的逻辑表达式为：$Y=\overline{A}B+A\overline{B}$。

按两个输入变量的四种不同组合，列出真值表 12-1。由真值表可以看出：只有当 A、B 两个输入变量不同时，输出端 Y 才是高电平 1；而当两个输入变量相同时，输出端 Y 是低电平，这种逻辑关系称为异或逻辑。能够实现异或逻辑关系的电路称为异或门电路，简称异或门。图 12-1（b）是异或门的逻辑符号。

异或逻辑可以总结为“见同为 0，见异为 1”。其逻辑表达式为 $Y=\overline{A}B+A\overline{B}=A\oplus B$。

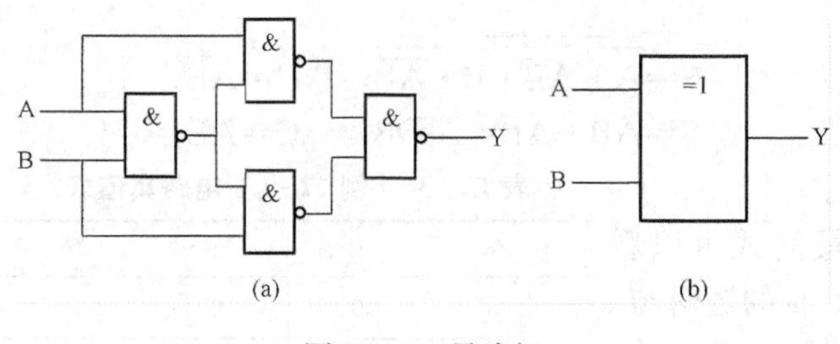

图 12-1 异或门

（a）电路；（b）逻辑符号

表 12-1 异 或 门 真 值 表

输入		输出
A	B	Y
0	0	0
0	1	1
1	0	1
1	1	0

2. 同或门

图 12-2（a）是由五个与非门组成的逻辑图，通过化简可得其输出逻辑表达式为：$Y=AB+\overline{A}\,\overline{B}$。

按两个输入变量的四种不同组合，列出真值表 12-2。由真值表可以看出：只有当 A、B 两个输入变量相同时，输出端 Y 才是高电平 1；而当两个输入变量不同时，输出端 Y 是低电平，这种逻辑关系称为同或逻辑关系。能够实现同或逻辑关系的电路称为同或门电路，简称同或门。图 11-2（b）是同或门的逻辑符号。

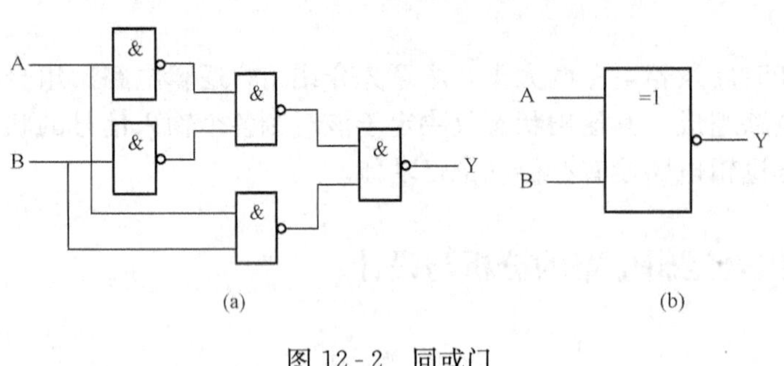

图 12-2 同或门
（a）电路；（b）逻辑符号

表 12-2 同或门真值表

输入		输出
A	B	Y
0	0	1
0	1	0
1	0	0
1	1	1

同或逻辑可总结为“见同为 1，见异为 0”。其逻辑表达式为

$$Y=AB+\overline{A}\overline{B}=A\odot B$$

由以上分析可以看出：异或逻辑式与同或逻辑式互为反函数，即 $A\odot B=\overline{A\oplus B}$。

【例 12-1】 试分析图 12-3 所示电路的逻辑功能。

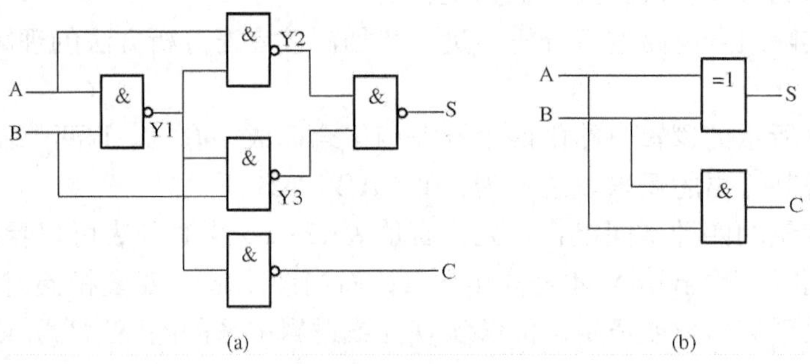

图 12-3 ［例 12-1］电路图
（a）电路；（b）简化电路

解 （1）写出输出逻辑表达式： $S=\overline{\overline{A\cdot\overline{AB}}\cdot\overline{B\cdot\overline{AB}}}$， $C=\overline{\overline{AB}}$。

（2）将表达式化简为最简式： $S=\overline{A}B+A\overline{B}=A\oplus B$， $C=AB$。

（3）列出真值表，如表 12-3 所示。

（4）确定逻辑功能。由真值表或最简式可以看出，S 和 A、B 是异或关系，C 则是 A、B 的逻辑与。若将 A、B 看作二进制加法运算中的被加数及加数，S 就是 A 加 B 所得的本位和数，C 就是 A 加 B 的进位数。所以，该电路能够完成两个 1 位二进制数的加法运算，称为半加器。

表 12-3 ［例 12-1］电路真值表

A	B	S	C
0	0	0	0
0	1	1	0
1	0	1	0
1	1	0	1

如果能够把本位的两个加数和来自低位的进位三者相加，并根据结果给出本位和与进位

信号，则这种加法器称为全加器。

根据全加器的逻辑功能，可给出其逻辑电路图、逻辑符号（见图 12-4）及真值表（见表 12-4），读者可以试着自己分析。

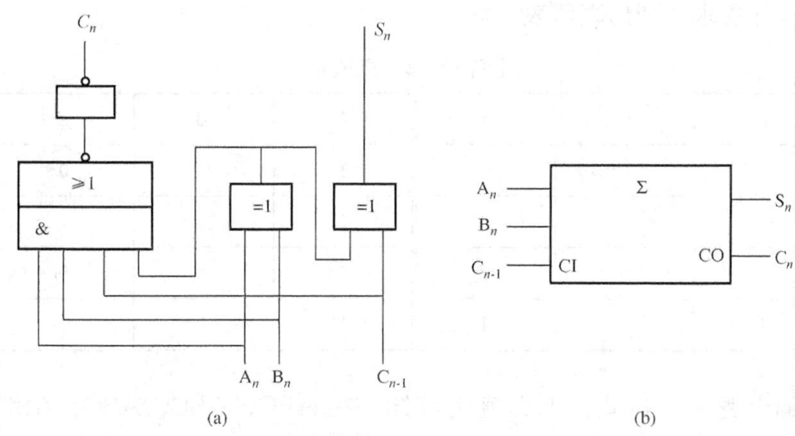

图 12-4　全加器
（a）逻辑电路图；（b）逻辑符号

表 12-4　　**全加器的真值表**

A_n	B_n	C_{n-1}	S_n	C_n	A_n	B_n	C_{n-1}	S_n	C_n
0	0	0	0	0	1	0	0	1	0
0	0	1	1	0	1	0	1	0	1
0	1	0	1	0	1	1	0	0	1
0	1	1	0	1	1	1	1	1	1

二、组合电路的设计

组合电路设计是根据实际的逻辑问题，选择合适的集成器件，设计出最简单的逻辑电路的过程。组合电路设计，大体上可按如下步骤进行：

（1）根据设计要求，设定输入变量和输出函数，弄清输出与输入之间的逻辑关系。

（2）在分析要求的基础上，根据输入与输出之间的逻辑关系，列出真值表。

（3）根据真值表写出与或逻辑关系的输出表达式。

（4）变换化简逻辑函数式。由真值表直接得到的逻辑函数式是原始的，若按它直接组接电路，往往比较复杂，所以一般都要变换化简。注意，化简后的逻辑函数的形式关系到组接出来的逻辑电路的形式。

（5）根据化简和变换后的逻辑函数式，画出实现这一要求的逻辑电路。

实现同一逻辑函数可以用不同的逻辑电路。可以用与非门、与或非门和其他半导体集成器件，究竟用哪种方案，要具体情况具体对待。

下面通过例题介绍组合电路的设计方法。

【例 12-2】 某厂有三台水泵，要求最少有两台正常运转，满足此要求则发出“正常”信号。试用与非门去组成发“正常”信号的逻辑电路。

解　（1）分析设计要求。用传感器件（如光电器件）从运转着的水泵取得信号，此信号就是该逻辑电路的输入信号，用逻辑电路的输出信号驱动“正常”显示器的输入端钮。

设三台水泵分别为 A、B、C，水泵运转时为 1，停止时为 0；电路输出为 Y，输出正常为 1，不正常为 0。

（2）根据设计要求，列出真值表 12 - 5。

表 12 - 5 **［例 12 - 2］真值表**

A	B	C	Y	A	B	C	Y
0	0	0	0	1	0	0	0
0	0	1	0	1	0	1	1
0	1	0	0	1	1	0	1
0	1	1	1	1	1	1	1

（3）写出输出逻辑表达式。由真值表可知，在 $\overline{A}BC$、$A\overline{B}C$、$AB\overline{C}$、ABC 这几种情况下，Y 端有正常信号输出，即

$$Y=\overline{A}BC+A\overline{B}C+AB\overline{C}+ABC$$

（4）变换化简逻辑函数式。用公式法化简为

$$\begin{aligned}Y&=\overline{A}BC+A\overline{B}C+AB\overline{C}+ABC\\&=AB(C+\overline{C})+AC(B+\overline{B})+BC(A+\overline{A})\\&=AB+AC+BC\end{aligned}$$

用上式组接起来的电路是用与门和或门两种器件组成的，如图 12 - 5（a）所示。但原题要求只用与非门组成，故还需将上式两次取反，再利用摩根定律变换成与非与非表达式，即

$$Y=\overline{\overline{AB+AC+BC}}=\overline{\overline{AB}\cdot\overline{AC}\cdot\overline{BC}}$$

（5）组接逻辑电路。用与非门实现 $Y=\overline{\overline{AB}\cdot\overline{AC}\cdot\overline{BC}}$的电路如图 12 - 5（b）所示。

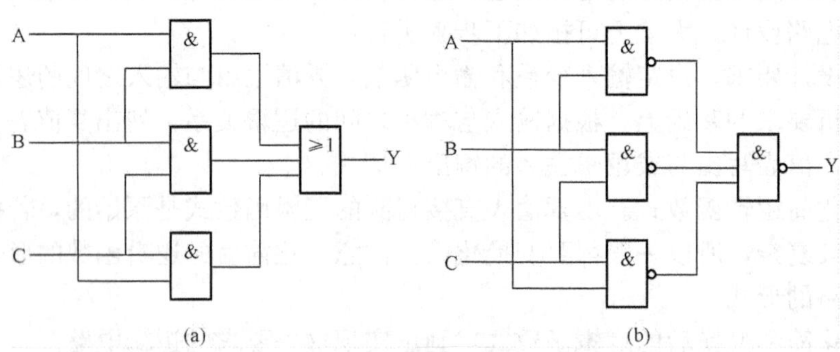

图 12 - 5 设计完成的逻辑电路图

（a）用与门和或门组成的逻辑电路；（b）用与非门组成的逻辑电路

通过以上分析可以看出，不同的逻辑电路可以实现相同的逻辑功能，但它们的繁简程度是不同的。一般说来，图 12 - 5（b）更好一些，因为它只用了一种与非门器件，而 12 - 5（a）用了与门和或非门两种器件。

第二节 编 码 器

编码就是将具有某种特定含义的信息（如数字、文字、符号等）用若干位二进制代码表示的过程。能实现编码操作的电路称为编码器。编码器在键盘编码系统中和计算机中断系统中得到广泛地应用。

一、二进制编码器

以三位二进制编码器为例，其编码器的示意图如图 12 - 6 所示。它有八个输入端 $I_0 \sim I_7$，可以理解为分别与 1 位八进制数的 0～7 对应；它有三个输出端：$Y_0 \sim Y_3$。因此，也称它为 8 线—3 线编码器。

正常情况下，某一时刻，编码器在八个输入中，总是只对一个输入为 1、其余输入为 0 的信号编码。例如当输入端 I_3 为 1，其余输入端均为 0 时，就是对八进制数 3 编码，对应输出端为 $Y_2Y_1Y_0=011$；若对八进制数 6 编码，对应输出端为 $Y_2Y_1Y_0=110$。表 12 - 6 所示的真值表列出了正常工作下的全部八种情况。

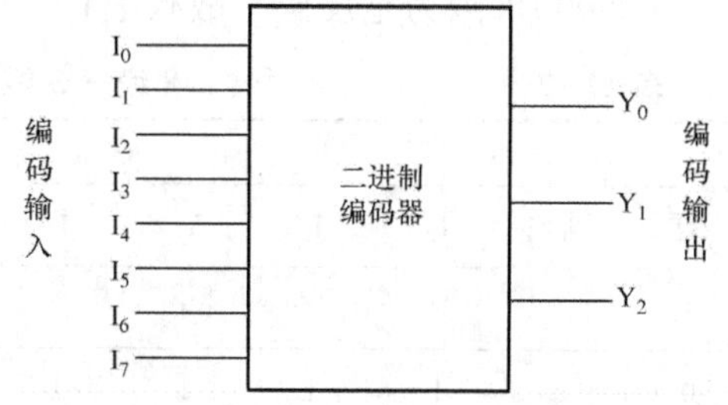

图 12 - 6 8 线—3 线二进制编码器示意图

表 12 - 6 8 线—3 线编码器真值表

输入								输出		
I_7	I_6	I_5	I_4	I_3	I_2	I_1	I_0	Y_2	Y_1	Y_0
1	0	0	0	0	0	0	0	1	1	1
0	1	0	0	0	0	0	0	1	1	0
0	0	1	0	0	0	0	0	1	0	1
0	0	0	1	0	0	0	0	1	0	0
0	0	0	0	1	0	0	0	0	1	1
0	0	0	0	0	1	0	0	0	1	0
0	0	0	0	0	0	1	0	0	0	1
0	0	0	0	0	0	0	1	0	0	0

由表 12 - 6 可写出编码器三个输出端的逻辑表达式为

$$Y_2 = I_4 + I_5 + I_6 + I_7$$

$$Y_1 = I_2 + I_3 + I_6 + I_7$$

$$Y_0 = I_1 + I_3 + I_5 + I_7$$

* 二、优先编码器 T4148

上面讨论的 8 线—3 线编码器中，在某一时刻，输入端只允许有一个输入为 1，否则将使编码输出发生混乱。为了解决这一问题，通常都把编码器设计成优先编码器。

在优先编码器中，允许同时向一个或多个编码输入端输入 1（即有效信号），由于在设计优先编码器时，预先对所有编码输入按优先顺序（即优先级）排队。因此，当多个编码输入同时为 1 时，编码器将只对其中优先级最高的有效输入信号进行编码，而忽略其他优先级低的输入信号。

在中规模集成优先编码器中，通常设定输入编号大的优先级高，输入编号低的优先级低。8 线—3 线优先编码器 T4148 的功能表见表 12-7。

由表 12-7 可见，T4148 有如下特点：

（1）编码输入$\bar{I}_7 \sim \bar{I}_0$ 低电平有效。

（2）编码输出$\overline{Y}_2 \sim \overline{Y}_0$ 采用反码形式（与原码状态相反的码称为反码）。

（3）编码输入$\bar{I}_7 \sim \bar{I}_0$ 中，$\bar{I}_7$ 优先级最高，其余依次降低，$\bar{I}_0$ 优先级最低。例如，编码器工作时，当$\bar{I}_7 = 0$ 时，不管其他编码输入为何值，编码器只对$\bar{I}_7$ 编码，输出相应的代码$\overline{Y}_2\,\overline{Y}_1\,\overline{Y}0 = 000$（因为是反码，故代表$\bar{I}_7$），依次类推。

表 12-7　8 线—3 线优先编码器 T4148 的功能

输入									输出				
$\overline{ST}$	$\bar{I}_0$	$\bar{I}_1$	$\bar{I}_2$	$\bar{I}_3$	$\bar{I}_4$	$\bar{I}_5$	$\bar{I}_6$	$\bar{I}_7$	$\overline{Y}_2$	$\overline{Y}_1$	$\overline{Y}_0$	$\overline{Y}_{EX}$	Y_S
1	×	×	×	×	×	×	×	×	1	1	1	1	1
0	1	1	1	1	1	1	1	1	1	1	1	1	0
0	×	×	×	×	×	×	×	0	0	0	0	0	1
0	×	×	×	×	×	×	0	1	0	0	1	0	1
0	×	×	×	×	×	0	1	1	0	1	0	0	1
0	×	×	×	×	0	1	1	1	0	1	1	0	1
0	×	×	×	0	1	1	1	1	1	0	0	0	1
0	×	×	0	1	1	1	1	1	1	0	1	0	1
0	×	0	1	1	1	1	1	1	1	1	0	0	1
0	0	1	1	1	1	1	1	1	1	1	1	0	1

（4）为了扩展编码器的功能，T4148 设置了控制输入端（也称选通输入端）$\overline{ST}$、选通输出端 Y_S 和扩展输出端$\overline{Y}_{EX}$。由表 12-7 可以看出，只有在$\overline{ST}=0$ 的条件下，才允许编码器工作；当$\overline{ST}=1$ 时，禁止编码器工作，编码输出$\overline{Y}_2\,\overline{Y}_1\,\overline{Y}_0$ 均为 1。

选通输出端 Y_S 和扩展输出端$\overline{Y}_{EX}$信号有这样的规律：

1）当$\overline{ST}=1$ 时，禁止编码器工作，不管编码输入$\bar{I}_7 \sim \bar{I}_0$ 为何值，$Y_S = \overline{Y}_{EX} = 1$。

2）当$\overline{ST}=0$ 时，若无编码输入信号（即$\bar{I}_7 \sim \bar{I}_0$ 均为 1），则有 $Y_S = 0$，$\overline{Y}_{EX} = 1$；若有编码输入信号（即$\bar{I}_7 \sim \bar{I}_0$ 不全为 1），则 $Y_S = 1$，$\overline{Y}_{EX} = 0$。所以当$\overline{ST}=0$ 时，Y_S 端和$\overline{Y}_{EX}$端的信号总是相反的。

第三节 译码器与数字显示

译码器是一种能把二进制代码转换成特定信息的电路系统。它将给定的代码“翻译”成相应的状态，并使相应的输出通道中有信号输出，用以控制其他部件或驱动数码显示器工作。

按输出端功能的不同，译码器可分为二进制译码器和显示译码器两种。

一、二进制译码器

二进制译码器输入的是二进制代码，输出的是表示代码特定含意的逻辑信号。

图 12 - 7 是中规模集成二进制译码器 T3139 的管脚分布和内部逻辑电路图。其内部有两个如图 12 - 7（b）所示的译码器。

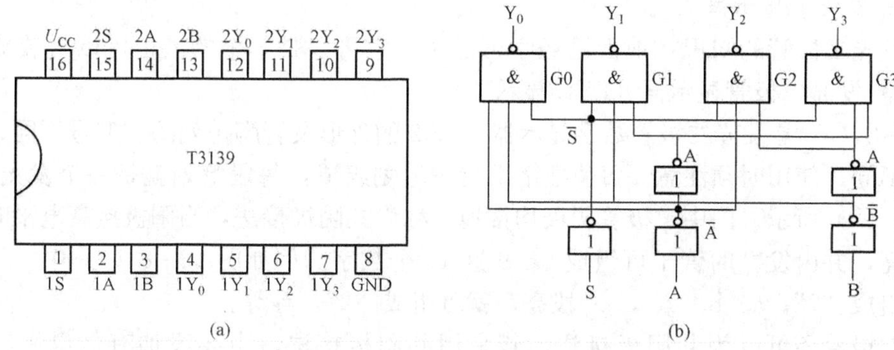

图 12 - 7 T3139 二进制译码器

（a）管脚分布；（b）内部逻辑电路图

图 12 - 7（b）中，S 端为选择控制输入端，当 S=1 时，不论 A、B 状态如何，4 个与非门 G3、G2、G1、G0 均输出高电平 1，即译码器关闭。当 S=0 时，译码器才工作。根据逻辑图，写出各输出端的逻辑表达式

$$Y_0=\overline{\overline{S}\overline{B}\overline{A}},\ Y_1=\overline{\overline{S}\overline{B}A},\ Y_2=\overline{\overline{S}B\overline{A}},\ Y_3=\overline{\overline{S}BA}$$

由逻辑表达式可列出表 12 - 8 所示的 T3139 真值表。

表 12 - 8　　T3139 真 值 表

输 入			输 出			
S	B	A	Y_3	Y_2	Y_1	Y_0
1	×	×	1	1	1	1
0	0	0	1	1	1	0
0	0	1	1	1	0	1
0	1	0	1	0	1	1
0	1	1	0	1	1	1

由真值表可见，对于 B、A 端 2 位二进制代码 00、01、10、11，输出 Y_3、Y_2、Y_1、Y_0 都有唯一的输出信号与其对应。例如对 B、A 代码 00，Y_0 输出低电平，其他输出为高电平；对于 B、A 代码 11，Y_3 输出低电平，其他输出为高电平 1。这样，就将输入的 00～11 四个代码，翻译成了相应的信号（T3139 输出为低电平有效）去控制执行机构。

译码器的输入、输出端的个数，常被用来作为其名称。例如输入端为二、输出端为四的

译码器称为2—4线译码器，还有3—8线译码器、4—16线译码器。

常用的TTL集成二进制译码器有T1155、T4139、T4138、T330、T1154、T4042等。

二、数字显示器

数字显示器又称为数码管。在数字系统中（如电子表、计数器、数字式仪表等），经常利用数字显示器把测量、处理的结果直接用数字显示出来。

数码管的种类很多，按发光物质种类的不同，可分为发光二极管数码管、液晶显示器等。

1. 发光二极管显示器

有关发光二极管的知识在前面已经学习过了。它可以是单个的，也可以封装成分段式（或点阵式）发光二极管显示器（LED显示器）。

图12-8（a）是发光二极管数字显示器BS202的外形及管脚排列图。型号不同，管脚排列也可能不同，使用时须注意。每位数字由七段笔划组成，每段笔划就是一个发光二极管，如图12-8（b）所示。图中二极管阴极均接地，称为共阴极接法，当阳极接高电平时，相应的管子就亮，并由发亮的管子可组成0～9这10个数字。例如图12-8（a）中a、b、c段亮，就可组成“7”；a、b、g、e、d段亮，就可组成“2”，等等。

发光二极管还可以为共阳极接法。若采用共阳极接法，当某段加有低电平时，该段就亮。

2. 液晶显示器

液晶是有机化合物，全称为液态晶体。它在电压作用下的笔划段，因光学特性与周围呈现明暗反差而显示出相应的数字，图12-9是液晶显示器笔划段及管脚排列。

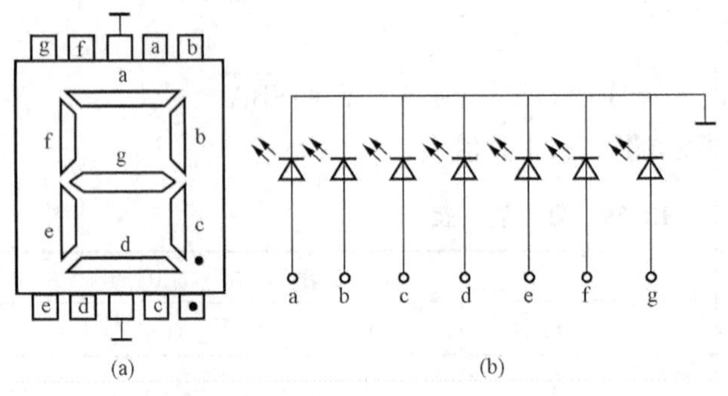

图12-8 发光二极管显示器

（a）BS202外形及管脚排列；（b）共阴极LED显示器电路

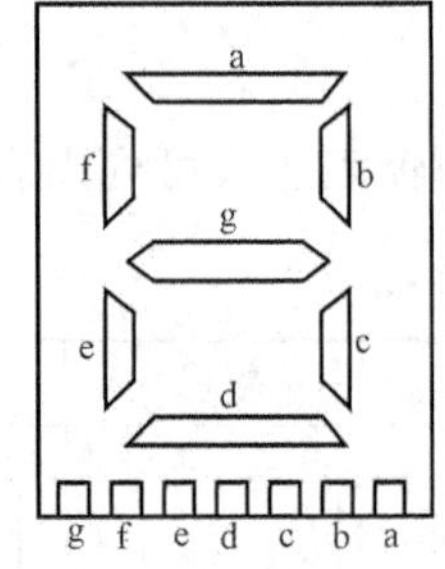

图12-9 液晶显示器

三、BCD七段译码器

为使数码管能显示所代表数码（BCD码）的数字，必须先将BCD码由二—十进制译码器译出，然后输出给数码管去点亮相应的发光段。

二—十进制译码器输入的是二—十进制代码（BCD码），输出的是与十进制数字0～9相对应的逻辑信号。二—十进制译码器有多种，为了与七段显示器相配合，在此，仅介绍二—十进制七段译码器（即BCD七段译码器）的应用。

根据前述七段显示器（见图12-8）组成的十进制数的规律，列出表12-9所示七段译码器的真值表。

由表可见，当输入代码 0000 时，译码器仅 g 端输出低电平 0，其他各端输出高电平 1，使显示器 g 不亮，其他各段亮，显示“0”字；当输入代码为 0001 时，a、d、e、f、g 端输出低电平 0，b、c 端输出高电平 1，使显示器 b、c 段亮，其他段不亮，显示 1 字；其余依次类推。

表 12 - 9　　BCD 七段译码器真值表

对应的十进制数	输入代码				输出代码							发光笔划段	字形
	Q3	Q2	Q1	Q0	a	b	c	d	e	f	g		
0	0	0	0	0	1	1	1	1	1	1	0	abcdef	0
1	0	0	0	1	0	1	1	0	0	0	0	bc	1
2	0	0	1	0	1	1	0	1	1	0	1	abdeg	2
3	0	0	1	1	1	1	1	1	0	0	1	abcdg	3
4	0	1	0	0	0	1	1	0	0	1	1	bcfg	4
5	0	1	0	1	1	0	1	1	0	1	1	acdfg	5
6	0	1	1	0	1	0	1	1	1	1	1	acdefg	6
7	0	1	1	1	1	1	1	0	0	0	0	abc	7
8	1	0	0	0	1	1	1	1	1	1	1	abcdefg	8
9	1	0	0	1	1	1	1	1	0	1	1	abcdfg	9

真值表所示的规律，适用于共阴极显示器，若显示器为共阳极，则要求译码输出的状态与该表所示的状态相反。

中规模集成 BCD 七段译码器的种类很多，如 T1047、T1048、T4048、T4028 等。图12 - 10是 T4048 管脚排列图。

T4048 的 a～g 为译码器的输出端，接显示器相应电极；Q_3、Q_2、Q_1、Q_0 端为代码输入端，接计数器输出端 Q_3、Q_2、Q_1、Q_0。T4048 的管脚排列图中的 $\overline{LT}$、$\overline{I}_B/\overline{Y}_{BR}$、$\overline{I}_{BR}$ 为辅助功能输入端（本书不作详细介绍）。

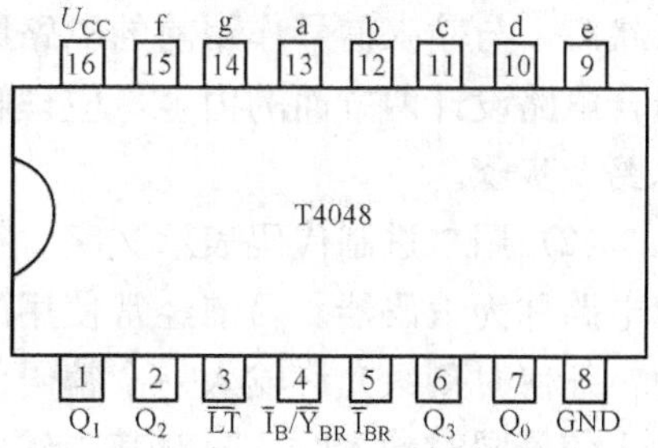

图 12 - 10　BCD 七段译码器 T4048 管脚排列图

四、计数译码显示电路

图 12 - 11 所示为计数译码显示电路。图中，T210 是异步 2—5—10 计数器（有关计数器的知识在下一章介绍），其 Q_0 端与 CP_1 接通，故为十进制加法计数器；T4048 是 BCD 七段译码器；BS202 是 LED 数字显示器。计数脉冲从 CP_0 端输入，经过 T210 计数，从 Q_3、Q_2、Q_1、Q_0 端输出 8421BCD 码，送至 T4048 译码器的代码输入端 Q_3、Q_2、Q_1、Q_0，经 T4048 的译码，从 a～g 端输出信号，使 LED 数字显示器随着计数脉冲的输入，显示出相应的十进制数字。

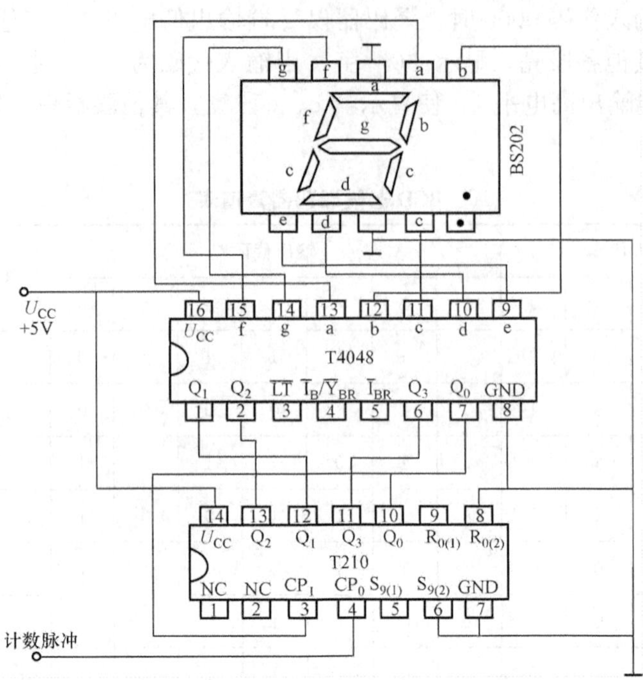

图 12-11 计数译码显示电路

小 结

本章介绍的是组合逻辑电路，主要内容概括如下：

（1）组合电路的特点是，若不考虑延时，电路任一时刻的输出状态仅取决于该时刻的输入状态，与输入信号作用前的电路原态无关，即无记忆功能。组合电路包括组合电路分析和组合电路设计两方面的内容，应理解组合电路分析的一般方法和步骤，掌握组合电路的设计思路及步骤。

（2）用二进制代码表示文字、符号或数码等特定对象的过程，称为编码。实现编码的逻辑电路称为编码器。目前经常使用的编码器有普通编码器和优先编码器两种。在普通编码器中，任何时刻只允许输入一个编码信号，否则输出将发生混乱。而在优先编码器中，当几个输入信号同时输入时，只对其中优先级别最高的一个进行编码。

（3）译码器是一种把二制代码转换成特定输出的逻辑部件。按输出功能的不同，译码器可分为二进制译码器和显示译码器两种。二进制译码器输入的是二进制代码，输出的是表示代码特定含义的逻辑信号；显示译码器输入的是 BCD 码，输出的是与十进制数的 0～9 数字相对应的逻辑信号，驱动数字显示器（即数码管）显示 BCD 码所代表的数字。

习 题 十 二

12-1 写出图 12-12 所示逻辑图的逻辑表达式，并分析其逻辑功能。

12-2 绘出用与非门连接而成、具有两个输入端的与门、或门、或非门的逻辑图（说明：与非门只留一个输入端、将其余的输入端悬空即为非门）。

12-3 分析图12-13所示各逻辑图的逻辑功能。

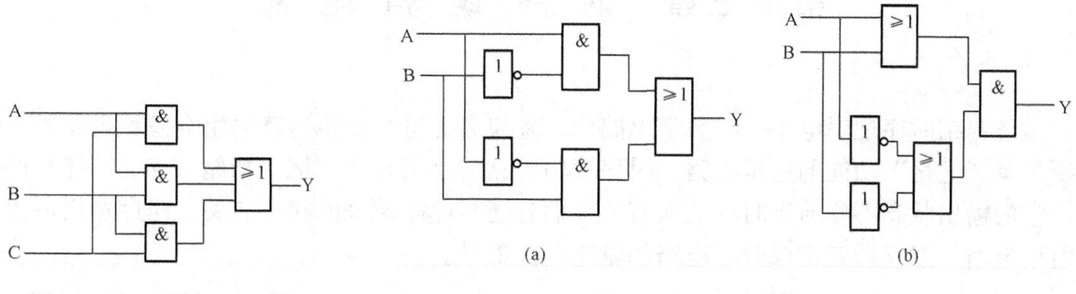

图12-12 习题12-1图

图12-13 习题12-3图

12-4 有三台电动机A、B、C，今要求：A机开，则B机必开；B机开，则C机必开，若不满足此要求则均应发出报警。试设计符合上述条件的组合逻辑电路。

12-5 在举重比赛中设A、B、C三名裁判员，其中A为主裁判。当包括主裁判在内的两名或两名以上裁判员认为运动员试举合格后，表明成功的信号灯Y才亮。试用与非门设计满足上述要求的逻辑电路。

12-6 三个工厂由甲、乙两个变电站供电。若一个工厂用电，由甲变电站供电；若两个工厂用电，由乙变电站供电；若三个工厂同时用电，则甲、乙两个变电站同时供电。试设计一个供电控制逻辑电路。

12-7 译码器的一般逻辑功能是什么？按输出端功能的不同可分为哪几类？它们的输出功能有什么不同？

第十三章 时序逻辑电路

本章介绍时序逻辑电路。在数字电路中，除应有能进行逻辑运算的组合逻辑电路外，还需要具有"记忆"功能的逻辑电路。时序逻辑电路就是具有"记忆"功能（存储功能）的电路，它的输出状态不仅与当时的输入有关，而且还与电路原来的状态有关。时序逻辑电路简称时序电路，触发器是构成时序电路的基本单元器件。

第一节 触 发 器

能够存储一位二值（逻辑 0 或 1）信号的基本单元器件称为触发器。为实现这一功能，触发器应具有两个稳定状态："0"状态和"1"状态，同时，它还须具有修改和保存功能，即在输入信号的作用下，电路可以置于"0"状态或置于"1"状态；当输入信号撤除后，触发器可以维持原状态不变，因此，它具有"记忆"（即存储）信息的功能。

按逻辑功能的不同，触发器可分为 RS、JK、D 触发器等多种，后面的每一种触发器都是在前面触发器的基础上演变而来的，应注意它们的联系和区别，特别是逻辑功能的不同。

一、基本 RS 触发器

图 13-1 是基本 RS 触发器的逻辑电路图和逻辑符号。基本 RS 触发器由两个与非门 G1、G2 交叉耦合而成，$\overline{R}_D$、$\overline{S}_D$ 是两个输入端，Q、$\overline{Q}$ 是两个输出端。正常条件下，输出端总是一个为 1，另一个为 0，保持相反状态。我们规定：输出端 Q 的状态代表触发器的状态。输入端 $\overline{R}_D$ 称为置 0 端或复位（reset）端，$\overline{S}_D$ 称为置 1 端或置位（set）端。

下面按 $\overline{R}_D$、$\overline{S}_D$ 的四种不同组合状态，分析基本 RS 触发器的逻辑功能。

（1）$\overline{R}_D=0$、$\overline{S}_D=1$ 时，G1 门的一个输入端为 0，故 $\overline{Q}=1$；而此时 G2 门的输入端全是 1，故 Q=0，即触发器处于 0 状态，这种状态称为置 0 或复位。

（2）$\overline{R}_D=1$、$\overline{S}_D=0$ 时，G2 门有一输入端为 0，故 Q=1；而此时 G1 门的输入端全是 1，故 $\overline{Q}=0$，即触发器处于 1 状态。这种状态称为置 1 或置位。

（3）$\overline{R}_D$、$\overline{S}_D$ 全为 1 时，输出端将与触发器初态有关，若初态 $Q^n=1$（$\overline{Q}^n=0$），则 G1 门输入全为 1，次态 $\overline{Q}^{n+1}=0$，使 $Q^{n+1}=1$；若初态 $Q^n=0$（$\overline{Q}^n=1$），则 G2 门输入全为 1，次态 $Q^{n+1}=0$，由此可见，这时触发器保持原有状态，体现了记忆功能。

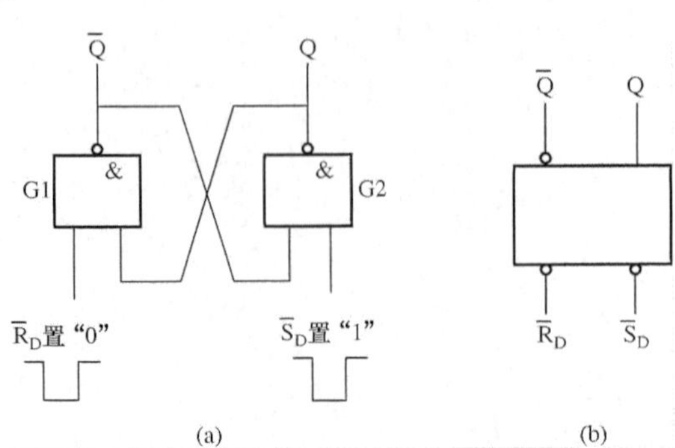

图 13-1 基本 RS 触发器的逻辑电路图和逻辑符号
（a）逻辑电路图；（b）逻辑符号

（4）$\overline{R}_D$、$\overline{S}_D$ 全为 0 时，G1、G2 的输出全为 1。当作用在 $\overline{R}_D$、$\overline{S}_D$ 端的负脉冲同时撤消后，由于外界干扰或电路参数的差异，总有一个门先导通输出为 0，此低电平加到另一个门的输入端使其输出为 1，而外界的干扰是随机的，故输入负脉冲消失后的触发器状态无法确定，称为不定态，所以，$\overline{R}_D=\overline{S}_D=0$ 的输入方式必须禁用。

基本 RS 触发器的真值表见表 13-1 所示。为了区别，把原来状态称为初态，用 Q^n 表示，把新的状态称为次态，用 Q^{n+1} 表示（上面已经这样用了）。

由真值表可知，基本 RS 触发器的逻辑功能可总结为："全 0 不定，全 1 不变；有 0 有 1，Q^{n+1} 同 $\overline{R}_D$"。

由真值表还可写出触发器的特性方程为

$$\left.\begin{array}{l} Q^{n+1}=S_D+\overline{R}_D\cdot Q^n \\ \overline{R}_D+\overline{S}_D=1 \qquad \text{（约束条件）} \end{array}\right\} \tag{13-1}$$

式（13-1）中 $\overline{R}_D+\overline{S}_D=1$ 为约束条件，表示 $\overline{R}_D$、$\overline{S}_D$ 不能同时为 0，由特性方程可以看出，触发器新的状态 Q^{n+1} 不仅与当时输入的信号有关，而且还与触发器原来的状态 Q^n 有关，这是触发器的一个重要特点。

要保持触发器状态不变时，$\overline{R}_D$、$\overline{S}_D$ 都应接在高电平上。实际上，输入端 $\overline{R}_D$、$\overline{S}_D$ 在器件内部已接电源，输入端不接地（即悬空）就相当于接高电平。要改变触发器状态时，输入端应采用负脉冲触发，即当 $\overline{R}_D$ 端输入负脉冲时，触发器置 0，当 $\overline{S}_D$ 端输入负脉冲时，触发器置 1。为表明这一特点，在逻辑符号图中，靠输入端方框处画一小圈（表示负脉冲触发有效），又因为 $\overline{Q}$ 与 Q 状态相反，故在逻辑符号的 $\overline{Q}$ 端画一小圈。

根据基本 RS 触发器的逻辑功能而画出的工作波形图如图 13-2 所示。

表 13-1 基本 RS 触发器真值表

$\overline{R}_D$	$\overline{S}_D$	Q^{n+1}	逻辑功能
0	0	不定	不允许
0	1	0	置 0
1	0	1	置 1
1	1	Q^n	保持

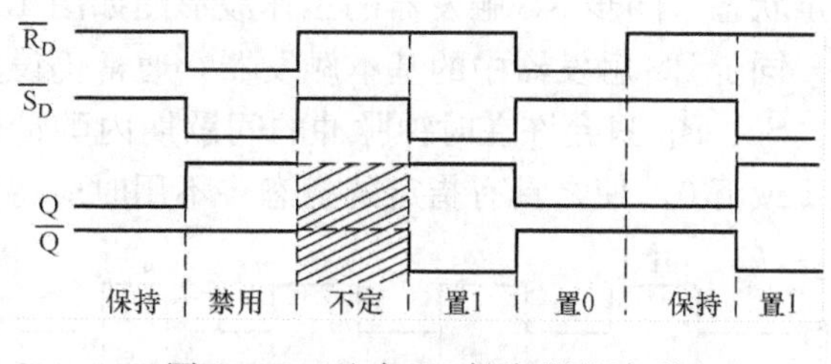

图 13-2 基本 RS 触发器的波形

二、同步 RS 触发器

基本 RS 触发器的输出状态直接受输入信号的控制，而在数字电路中，为了使电路各部分协调一致地工作，常要求某些触发器的状态不仅受输入信号的控制，还要受另一指令信号的控制。当这一指令信号出现时，触发器的输出状态才允许改变，至于变成何种状态，仍应由输入信号和触发器的原状态决定，这种具有指令性质的信号称为时钟脉冲，用 CP 表示。由时钟脉冲控制的 RS 触发器称为同步 RS 触发器，又称为钟控 RS 触发器。

图 13-3 是同步 RS 触发器的逻辑电路图和逻辑符号。同步 RS 触发器是在基本 RS 触发器的基础上又增加了 G3、G4 两个引导门（又称控制门），CP 同时加在 G3、G4 的输入端。信号输入端 R、S 称为同步输入端。

时钟脉冲一般采用正脉冲。当 CP=0 时，G3、G4 的输出都为 1，基本 RS 触发器不受 R、S 的影响，保持初态不变。这时 R、S 输入信号进不去，引导门被 CP 封锁。

当 CP=1，即在时钟脉冲作用期间，引导门开通，将 R、S 状态引至基本 RS 触发器输入端，这时，触发器的状态由 R、S 决定。若 R=0、S=1，触发器置 1；若 R=1、S=0，触发器置 0；若 R=S=0，触发器状态不变；若 R=S=1，则触发器状态不定。由与非门构成的同步 RS 触发器的真值表见表 13-2。

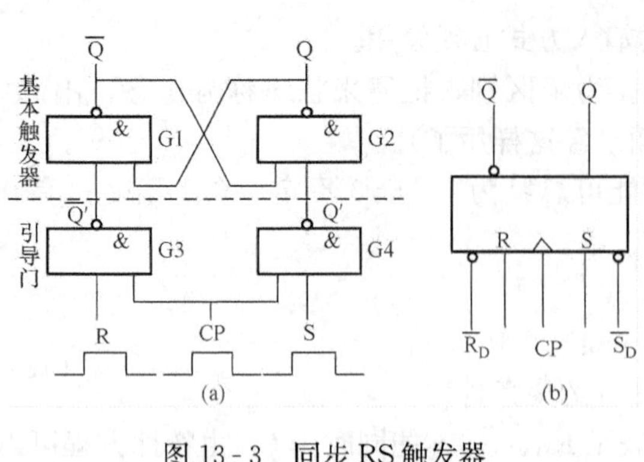

图 13-3 同步 RS 触发器

(a) 逻辑电路图；(b) 逻辑符号

表 13-2 同步 RS 触发器真值表

CP	R	S	Q^{n+1}	逻辑功能
0	×	×	Q^n	保持
1	0	0	Q^n	保持
1	0	1	1	置 1
1	1	0	0	置 0
1	1	1	不定	禁用

由真值表可知，同步 RS 触发器的逻辑功能可总结为："全 0 不变，全 1 不定；有 0 有 1，Q^{n+1}同 S"。

由真值表可写出触发器的特性方程为

$$\left.\begin{aligned} &Q^{n+1}=S+\overline{R}\cdot Q^n \\ &R\cdot S=0 \qquad (\text{约束条件}) \end{aligned}\right\} \qquad (13-2)$$

式（13-2）中 R · S=0 为约束条件，表示 R、S 端不能同时为 1，否则，触发器将出现不定状态。同步 RS 触发器的工作波形图如图 13-4 所示。

同步 RS 触发器中的基本触发器，通常仍设直接置位端 $\overline{S}_D$（置 1）和直接复位端 $\overline{R}_D$（置 0）。$\overline{S}_D$、$\overline{R}_D$ 只允许在时钟脉冲的间歇期内酌情使用，采用负脉冲置 1 或置 0，以实现预先置 1 或清 0，使之具有指定的初态。不用时应将它们接高电平（即悬空）。

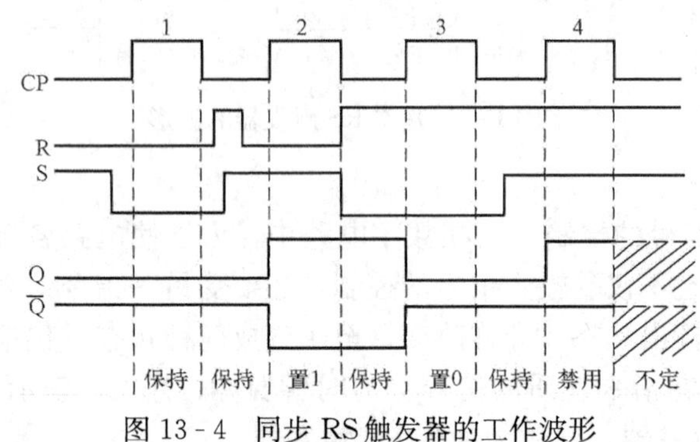

图 13-4 同步 RS 触发器的工作波形

RS 触发器结构简单，但存在两个问题：一是存在不确定态易引起逻辑的混乱；二是在 CP=1 期间，若触发器输入端因受干扰而引起 R、S 多次改变，导致触发器输出状态多次改变（称空翻现象），致使触发器的状态无法确定，克服上述两个缺点的办法在于改进引导电路。最常用的主从 JK 触发器、D 触发器就是改进后的双稳态触发器。

三、主从 JK 触发器

主从触发器是保证输出状态的变化与时钟脉冲严格同步的触发器，从而有效地防止触发器的空翻现象。下面先介绍主从 RS 触发器。

图 13-5（a）是主从 RS 触发器的逻辑电路图，图 13-5（b）为其逻辑符号。由图 13-5（a）可知，它是由两个同步 RS 触发器组成，下面一个叫主触发器，用 FF1 表示，上面一个叫从触发器，用 FF2 表示。CP 经非门 G 变成时钟脉冲$\overline{CP}$，两个时钟脉冲分别控制 FF1、FF2 两个触发器。触发器的输出状态为从触发器的状态。

当 CP=1 时，FF1 处于工作状态并接收 R、S 信号，即主触发器的输出 Q_M 具有同步 RS 触发器的逻辑功能。但在 CP=1 期间，$\overline{CP}=0$，FF2 被封锁，从触发器不受主触发器的控制而维持原状态不变。

当 CP 由 1 变 0 时，FF1 被封锁，即使 R、S 信号有变化，也不会改变 Q^n 的状态。同时，由于$\overline{CP}$由 0 变 1，FF2 将开启并接收主触发器的状态，即 $Q=Q_M$，$\overline{Q}=\overline{Q}_M$。

综上所述，主从 RS 触发器的工作是分两步进行的：第一步，当 CP 由 0 变 1 时，主触发器接收 R、S 信号，从触发器维持原状态不变；第二步，当 CP 由 1 变 0（即下降沿）时。主触发器维持原状态不变，从触发器按主触发器的状态更新状态。可见，R、S 端的信号任何时候都不会直接影响输出端 Q 和 $\overline{Q}$ 的状态，这样便有效地避免了触发器的空翻现象。

主从 RS 触发器的真值表和特性方程与同步 RS 触发器的相同，但它是用 CP 下降沿触发的，即 CP 下降沿对电路有效，图 13-5（b）所示的主从 JK 触发器的逻辑符号中，CP 输入端小圆圈的含义就在于此。

由于主从 RS 触发器的逻辑功能与同步 RS 触发器相同，因此，在 R=S=1 时仍会出现不定状态。如果把触发器输出端 $\overline{Q}$ 和 Q 分别用反馈线引回并分别和 J、K 两个输入端相与作为 R 和 S 端，便构成了主从 JK 触发器，如图 13-6（a）所示。

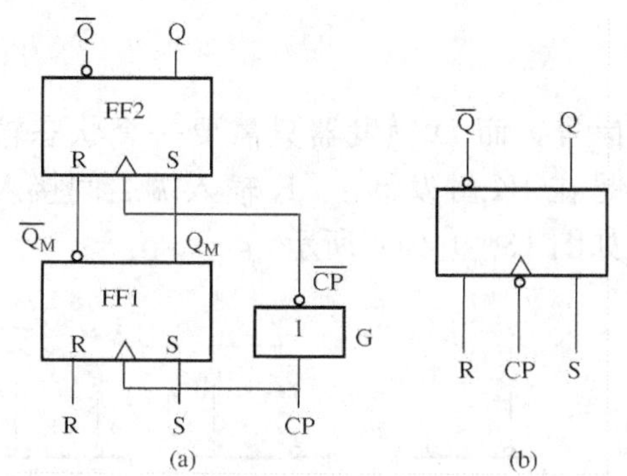

图 13-5　主从 RS 触发器
（a）逻辑电路图；（b）逻辑符号

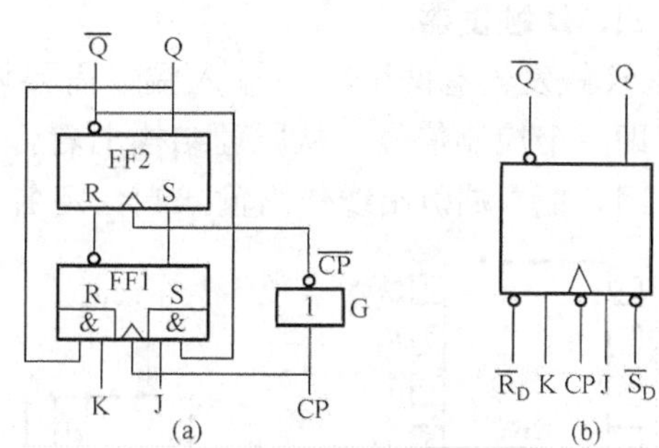

图 13-6　主从 JK 触发器
（a）逻辑电路图；（b）逻辑符号

对照所示电路，可写出主触发器 S、R 端的逻辑表达式为

$$S=J\overline{Q}^n$$

$$R=KQ^n$$

代入同步 RS 触发器的特性方程，便可得主从 JK 触发器的特性方程为

$$Q^{n+1}=S+\overline{R}\cdot Q^n=J\overline{Q}^n+\overline{KQ^n}\cdot Q^n=J\overline{Q}^n+\overline{K}Q^n \qquad (13-3)$$

由式（13-3）可知，当 J=1、K=0 时，$Q^{n+1}=1$；当 J=0、K=1 时，$Q^{n+1}=0$；当 J=K=0时，$Q^{n+1}=Q^n$；当 J=K=1 时，$Q^{n+1}=\overline{Q}^n$。其真值表如表 13-3 所示。

由真值表可看出，主从 JK 触发器没有约束条件，在 J=K=1 时，每输入一个时钟脉冲，触发器的状态将改变一次，即触发器处于所谓的计数状态，只具有计数功能的触发器称 T′触发器。

主从 JK 触发器的逻辑功能可简述为：“全 0 不变，全 1 必翻；有 0 有 1，Q^{n+1}同 J”。其工作波形如图 13-7 所示。

注意：图 13-6（b）JK 触发器逻辑符号中的 CP 上的“∧”表示边沿触发方式，再加一小圆圈则表示下降沿触发有效。

表 13-3　JK 触发器真值表

输入			输出	逻辑功能
CP	J	K	Q^{n+1}	
↓	0	0	Q^n	保持
↓	0	1	0	置 0
↓	1	0	1	置 1
↓	1	1	$\overline{Q^n}$	翻转

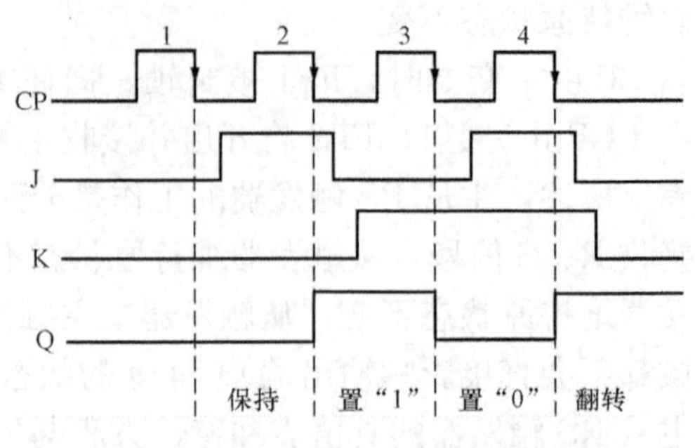

图 13-7　主从 JK 触发器的工作波形

由以上分析可知：JK 触发器具有置 0、置 1、保持、翻转四种逻辑功能。在数字电路中也只需要这四种功能。因此，JK 触发器是一种全功能触发器。用它可以组成各种各样功能的触发器和数字器件。

JK 触发器有各种型号和规格，常用的 TTL 集成触发器有 CT4112、CT3112 等。图 13-8 是双 JK 触发器 CT3112 的管脚分布及逻辑符号。

四、D 触发器

JK 触发器有两个状态输入端，需要两个控制信号，而 D 触发器只需要一个状态输入端，即一个控制信号。从原理结构上看，D 触发器是在 JK 触发器 J、K 输入端之间接入一个非门，把 J 端引出线作为输入端，定名为 D 端，如图 13-9（a）所示。

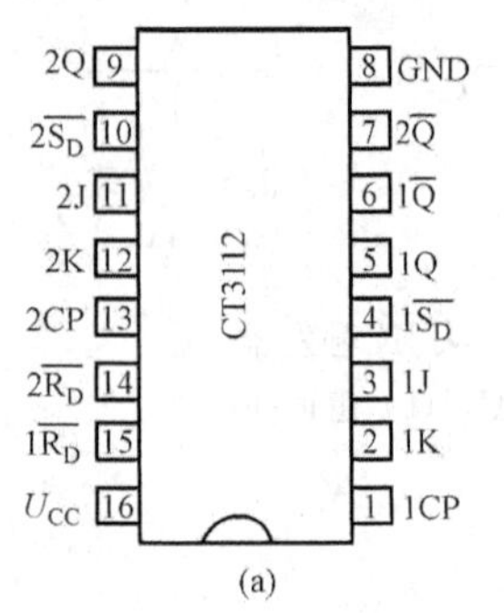

图 13-8　CT3112JK 触发器

（a）管脚分布；（b）逻辑符号

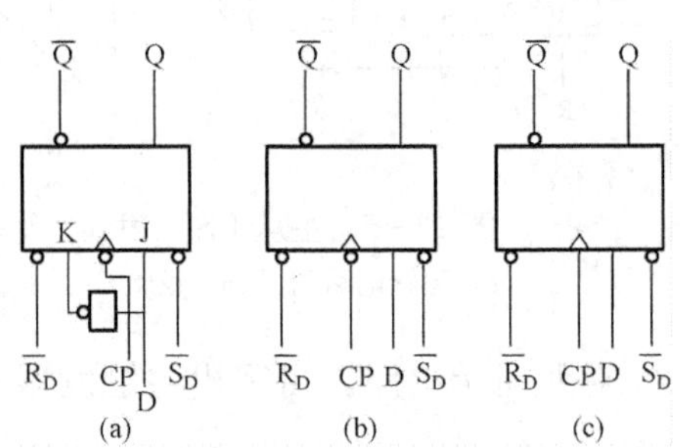

图 13-9　D 触发器

（a）逻辑电路图；（b）、（c）逻辑符号

图 13-9（b）是下降沿触发的 D 触发器，图 13-9（c）是上升沿触发的 D 触发器。

由图 13-9（a）可知，无论 D 端的状态如何，J、K 的状态总是相反，即 J=0、K=1 或 J=1、K=0，这样 D 触发器也就只具有置 0、置 1 的功能。其真值表如表 13-4 所示。

D 触发器的特性方程为

$$Q^{n+1}=D^n \tag{13-4}$$

式（13-4）说明，D 触发器触发后的状态等于 CP 到来前的 D 端输入状态，而 D 端的输入新状态必须等到下一个 CP 到来时，才能传递到触发器的输出端。这表明 D 触发器有延迟（delay）作用，它能提供一个 CP 脉冲周期的延时。因此，D 触发器又称为延迟触发器，下降沿触发的 D 触发器的工作波形图如图 13-10 所示。

表 13-4 D触发器的真值表

D	Q^{n+1}
0	0
1	1

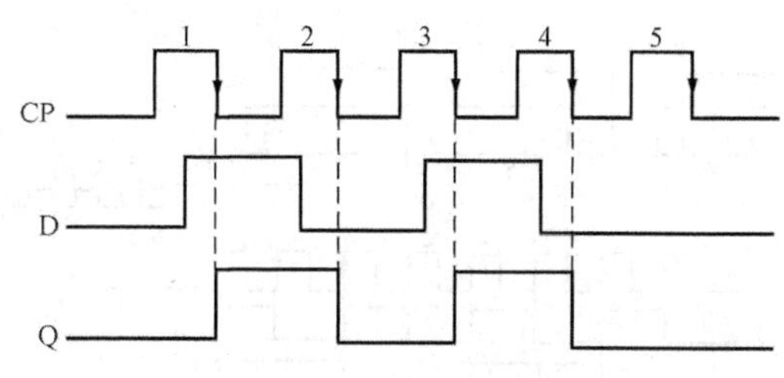

图 13-10 下降沿触发的D触发器工作波形

常用的 TTL 型集成D触发器有 CT4074、CT4175、CT4174 等型号。

第二节 寄存器和计数器

一、寄存器

寄存器是用来存放二进制数码的逻辑部件。

一个触发器具有两种状态 0 和 1，1 位二进制数有两个数码 0 和 1，因此，一个触发器能存放 1 位二进制的数码。如果要存放 N 位二进制数，则需要 N 个触发器。寄存器可以由具有记忆功能的 RS 触发器、JK 触发器或D触发器等构成，因为D触发器只有一个输入端。所以用D触发器组成的寄存器最简单。

1. 数码寄存器的原理

图 13-11 所示是用四个D触发器组成的数码寄存器的逻辑图。它可以存放 4 位二进制数码。

该寄存器是利用D触发器的逻辑功能 $Q^{n+1}=D^n$ 来工作的，所以，它不需置 0 就能在 CP 控制下，将输入的数码无误地寄存下来。图中置 0 端 $\overline{R}_D$ 的设置，仅在要清除寄存器数码时，才加入负跳变信号，行使其清 0 的功能。

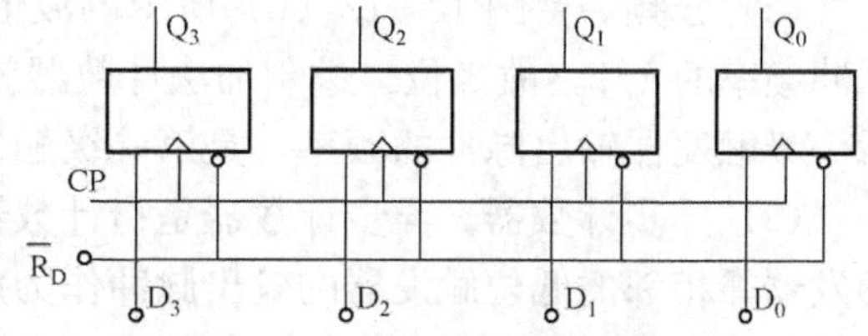

图 13-11 D触发器组成的数码寄存器

如将 1101 存入寄存器，将 1101 分别加到 D_3、D_2、D_1、D_0 端上，当接收命令 CP 正跳变到来时，$Q^{n+1}=D^n$，即 $Q_3=D_3=1$、$Q_2=D_2=1$、$Q_1=D_1=0$、$Q_0=D_0=1$，这样 1101 就存入了寄存器。需要时，可以从寄存器的输出端 Q_3、Q_2、Q_1、Q_0 取出这组数据。

2. 移位寄存器简介

数字电路中，除了要求寄存器能接收、存放和传送数码外，有时还需要数码移位，如数字电路中的乘除法运算，就是对数码按一定的规律移位后再进行加、减运算的。另外，有时还需要将数码一位一位的按顺序传送。这些都是移位寄存器所应完成的逻辑功能。

二、计数器

计数器是用来对输入脉冲个数进行累计的逻辑部件。按其工作方式可分为同步计数器和异步计数器。按计数功能可分为加法计数器、减法计数器和可逆计数器，按数制可分为二进制、十进制和任意进制计数器。计数器不仅用于计数、还广泛用于定时、分频和程序控制。

1. 二进制加法计数器

(1) 计数。图 13-12 (a) 是一个异步 3 位二进制加法计数器的逻辑电路图（它的置 0 端未画出）。

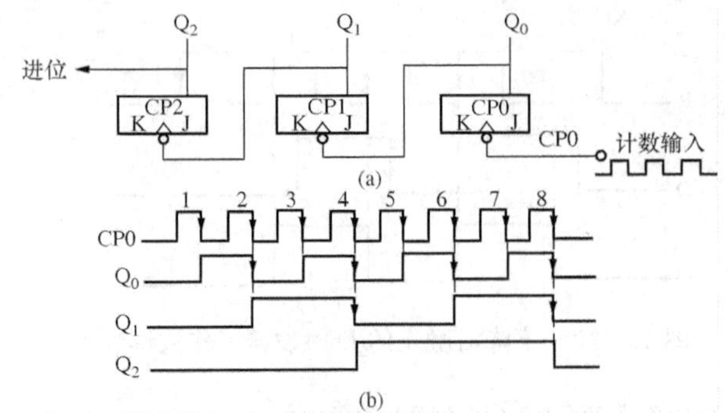

图 13-12 异步 3 位二进制加法计数器
(a) 逻辑电路图；(b) 工作波形图

它由三个 JK 触发器串联组成，前一级输出端接后一级的 CP 输入端，三个触发器 J、K 端悬空，相当于接高电平 1。由于 JK 触发器的“全 1 必翻”，所以对应于 CP0 的负跳变，Q_0 的状态即改变；对应于 Q_0（CP1）的负跳变，Q_1 的状态即改变；对应于 Q_1（CP2）的负跳变，Q_2 的状态即改变。图 13-12（b）为其工作波形图（又称时序图），表 13-5 为其真值表。

表 13-5　　　　3 位二进制加法计数器真值表

CP0	Q_2	Q_1	Q_0	CP0	Q_2	Q_1	Q_0
0	0	0	0	4	1	0	0
1	0	0	1	5	1	0	1
2	0	1	0	6	1	1	0
3	0	1	1	7	1	1	1

3 位二进制计数器能累计 7 个脉冲，若是 4 位二进制计数器，则可累计 15 个脉冲，若是 n 位计数器，则可累计 2^n-1 个脉冲。

（2）分频。由图 13-12（b）所示的波形图可见：第一级触发器的输出脉冲频率为输入脉冲频率的 1/2，故 1 位二进制加法计数器就是一个二分频器，n 位二进制加法计数器的最后一级触发器输出脉冲的频率，是第一级触发器输入脉冲频率的 $1/2^n$。

（3）异步计数器。异步计数器是指计数器的脉冲只加到最低一级触发器的输入端，其他触发器靠相邻的低位触发器的输出脉冲作为触发脉冲来工作的计数器。其特点是电路简单，但计数速度低，因为每一个触发器都有一定的延迟时间，而且，若是在前一级触发器状态未稳定时译码，还会出现错误。图 13-12 所示计数器即属于异步计数器。

2. 十进制加法计数器

人们日常生活中，习惯于十进制计数和运算，在数字式仪表中也必须采用十进制计数；在一些定时系统中也常需用十进制计数。

图 13-13 是由 JK 触发器构成的 8421 码异步十进制加法计数器的逻辑图。

该计数器电路的特点是：它包括四个 JK 触发器，其中 F1 的 $J_1=\overline{Q}_3$，即 F1 的翻转受 F3 的控制；F3 的 $J_3=Q_1\cdot Q_2$，$CP3=Q_0$，因此，当 $Q_1=Q_2=1$ 且 Q_0 由 1→0 时，F3 才翻转。

计数器的工作原理如下：

先给 $\overline{R}_D$ 端加一负脉冲，对触发器清 0 后再开始计数。

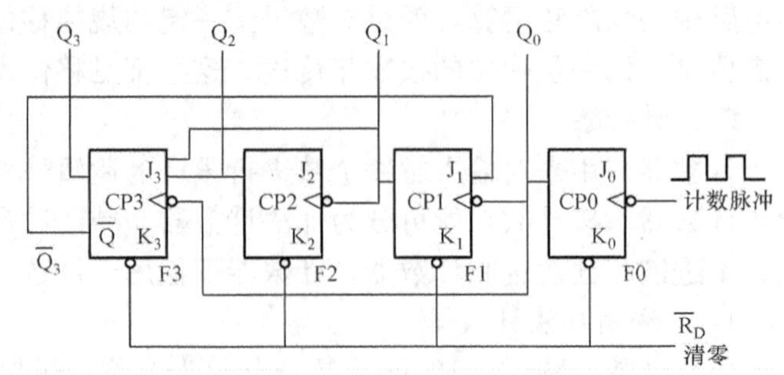

图 13-13 异步十进制加法计数器逻辑图

在 F3 翻转之前，即计数到 8 以前，前三级触发器（F0、F1、F2）都处于计数触发状态。其工作情况与图 13 - 12 所示的二进制计数器工作情况完全相同。

对照表 11 - 2 可知，当第 8 个脉冲下降沿到来时，F0 的输出 Q_0 由 1 变为 0；Q_0 的负跳变使得 F1 的输出 Q_1 由 1 变为 0；Q_1 的负跳变使得 F2 的输出 Q_2 由 1 变为 0；同时，由于第 7 个脉冲已经使得 $J_3=Q_1\cdot Q_2=1$，故 Q_0 的负跳变也使 F3 翻转，Q_3 由 0 变 1，这时计数器变成 1000 状态。第 9 个脉冲使 F0 翻转，计数器为 1001。第 10 个脉冲输入后，F0 翻回 0 状态，并送给 F1、F3 的 CP 端一个负跳变，F_1 因 $J_1=\overline{Q}_3=0$，维持 0 状态不变，F3 则因 $K_3=1$，$J_3=Q_1\cdot Q_2=0$ 而翻回到 0 状态。于是计数器由 1001 回到 0000 状态，实现了十进制计数。其工作波形如图 13 - 14 所示。

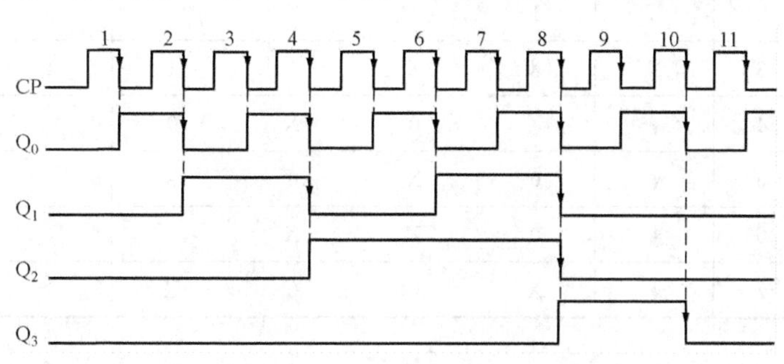

图 13 - 14　异步十进制加法计数器波形

由此可以看出：Q_3 波形的频率是 CP 频率的十分之一，这样，一个十进制的计数器就是一个十分频器，不过计数器的输出端为 Q_3、Q_2、Q_1、Q_0，而十分频器的输出端仅为 Q_3。

由以上分析可知，电路的状态与十进制数一一对应，故为十进制加法计数器。如果用两组同样的电路，把第一组的 Q_3 接到第二组 CP 输入端，就可以计 0～99 个脉冲；如果用三组就可以计 0～999 个脉冲，依此类推。

常用的中规模集成 TTL 型十进制计数器有 T4290 和 T210 等。

三、T210 简介

第十二章已经用到了 T210 集成计数器，在此介绍它的逻辑功能。

图 13 - 15 所示是 T210 的管脚分布及逻辑符号。T210 除设有两个置 0 端 $R_{0(1)}$、$R_{0(2)}$外，还设有两个置 9 端 $S_{9(1)}$、$S_{9(2)}$，Q_3、Q_2、Q_1 和 Q_0 为输出端，CP0 和 CP1 为两个计数脉冲输入端。

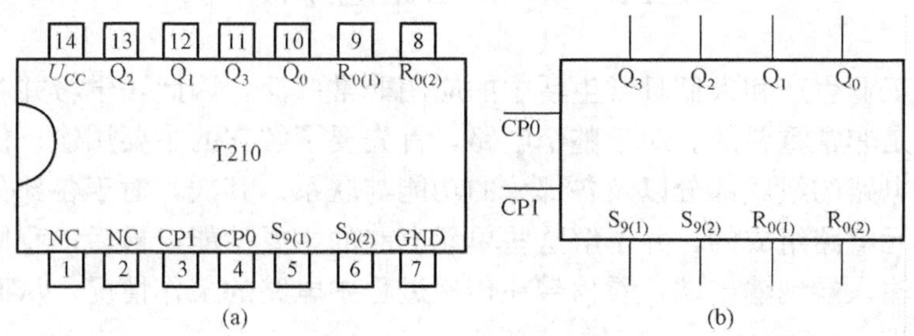

图 13 - 15　T210 集成计数器

（a）管脚分步；（b）逻辑符号

整个电路由两个计数单元组成，一个是 1 位二进制加法计数器，由 CP0 输入计数脉冲；另一个是五进制加法计数器（本书未介绍五进制计数），由 CP1 输入计数脉冲。将 Q_0 与 CP1 连接后，由 CP0 输入脉冲，电路即为一个十进制加法计数器，所以 T210 称为 2—5—

10计数器。

表13-6为T210真值表，表中X表示其状态可任意，即可为1也可为0。

表13-6 **T210 真 值 表**

栏目	输入					输出				逻辑功能
	CP	$R_{0(1)}$	$R_{0(2)}$	$S_{9(1)}$	$S_{9(2)}$	Q_3	Q_2	Q_1	Q_0	
1	X	1	1	0	X	0	0	0	0	置0
2	X	1	1	X	0	0	0	0	0	置0
3	X	X	X	1	1	1	0	0	1	置9
4	↓	X	0	X	0					计数
5	↓	0	X	0	X					计数
6	↓	0	X	X	0					计数
7	↓	X	0	0	X					计数

T210置0：见表13-6第1、2栏所示，$R_{0(1)}$、$R_{0(2)}$接高电平1，$S_{9(1)}$、$S_{9(2)}$中至少一端接低电平，计数器被置0（复位），即$Q_3Q_2Q_1Q_0=0000$。

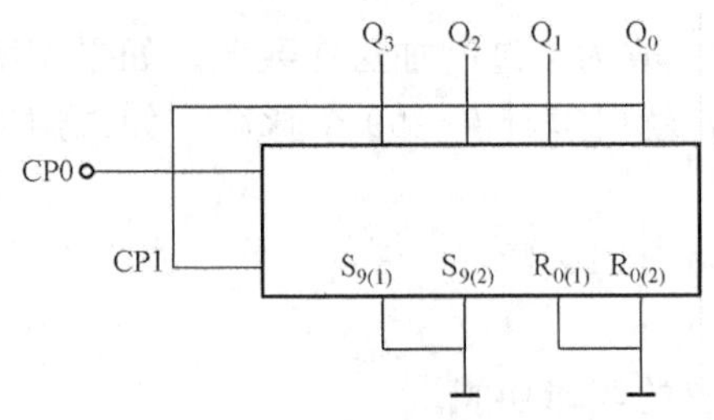

图13-16 T210十进制计数接法

T210计数：见表13-6第4、5、6、7栏所示，将$R_{0(1)}$、$R_{0(2)}$和$S_{9(1)}$、$S_{9(2)}$中各至少一端接低电平，T210便可计数。T210的外部接线形式不同，其计数的功能也相应而异。

十进制计数：如图13-16所示，将Q_0端与CP1端连接，计数脉冲从CP0端输入，Q_3、Q_2、Q_1、Q_0取出信号，则T210即为一个1位十进制加法计数器。若从Q_3取出信号，则为一个十分频电路。

*第三节 数字电路应用举例

数字电路在工业生产和人们日常生活中的应用非常广泛，因此，学习并掌握有关数字电路图的阅读方法是非常重要的。对于整个电路，首先要了解它的主要用途、信号的种类、输入和输出途径、电路的组成部分以及各部分的功能与联系；其次，对于各部分电路要分析它是由哪些基本单元电路组成的，并了解这些单元电路的主要功能；最后，我们把各部分电路联系起来看，从输入端到输出端，看信号在传递过程中电路的工作情况，从而对整个电路获得一个完整的认识。

下面结合两个应用电路来具体说明这些电路的分析方法。

一、音响报警及试、消音装置

在发电厂大型机组中，一般都设有监控系统，它能发出声光报警信号，具体指出故障地点。图13-17为某电厂一种音响报警及试消音装置逻辑电路图。

1. 电路组成

图13-17中的非门均由TTL与非门改为单端输入而成，Y为电路的输出端，与音响装

置相接；门 G5 是共用的音响信号与非门，任何输入端为 0 时都发出音响信号 1，门 G1 和 G2 组成基本 RS 触发器。

被监测的设备工作正常时，S 端为 0，有故障时，S 端为 1。需要消音时，按下“消”字按钮，C 端为 1；试音时，按下“试”字按钮，G3 输出为 0。

2. 电路的工作过程

设备工作正常时：S=0，使 Q=1、A=1。A=1 时，起两个作用：一是使 Y=0，不报警，二是使 R=1。此时，若按下试音按钮，G3 输出为 0，直接使 Y=1，发出报警信号，松开按钮，报警信号消除。有故障时：S=1，Q 仍然为 1，使 A=0；A=0 时，Y=1，因而发出报警信号。另一方面，A=0 时，使 B=1，但由于 C=0，故 R 仍为 1，RS 触发器状态不变。此时，若按下消音按钮，使 C=B=1，则 R=0、$\overline{Q}$=1，G2 三个输入端此时全为 1，故 Q=0；因 Q=0，使 A=1、Y=0，报警信号消除。若故障未消除，S 仍为 1，则松开消音按钮后，因 Q=0，触发器状态不变，故报警音响仍消除。若故障已消除，S=0，使 Q=1、A=1，又恢复正常状态，因 A=1 又使 R=1，触发器维持 Q=1 的状态。

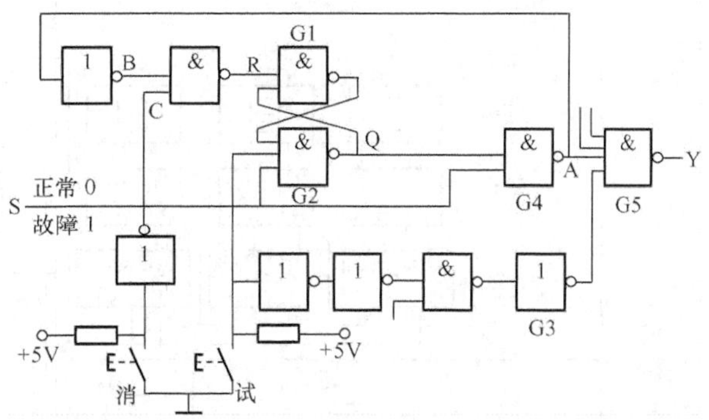

图 13 - 17 音响报警及试消音装置逻辑电路图

因此，总结该电路的功能为：当 Q=S=1 时，发出报警信号；Q 与 S 有一端为 0 时，不发报警信号；按下“试”字按钮，直接发出报警信号。

二、数字转速计

转速计是测量物体旋转速度的仪器。

图 13 - 18 是用数字转速计测量电机转速的原理示意框图及波形图。

如图 13 - 18 所示，当电机旋转时，由于圆盘与电机同轴转动，当电机每转一周，红外发光管就可透过圆盘上的小孔照射光电管一次，发出一个计数脉冲，经放大整形后通过主控门送入计数器，再经译码以十进制数显示出来。

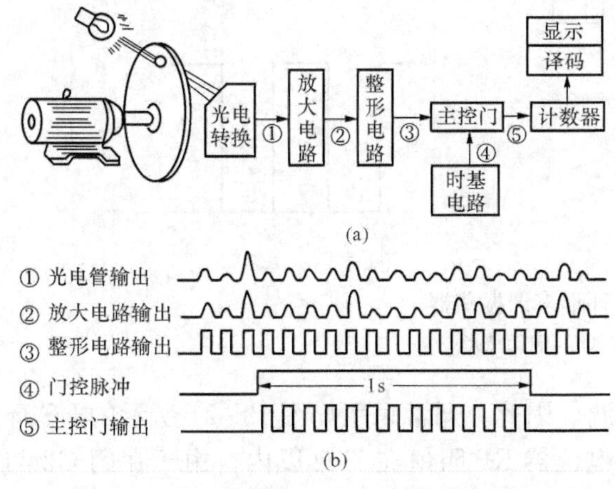

图 13 - 18 数字转速计原理框图及波形图

(a) 原理框图；(b) 波形图

测量电机转速应选用 1s 为时间基准，时基电路就是用来产生门控秒脉冲的。门控秒脉冲控制主控门的开启时间。在主控门开启时间内，被测信号（即计数脉冲）通过主控门，被计数、译码、显示出来。框图中各点的波形如图 13 - 21（b）所示。

图 13 - 19 是数字转速计的基本原理电路图。它由检测头、主控门、门控电路、时基电路和计数译码显示电路等部分组成。因为在时基电路中应用了多谐振荡器，所以先简单介绍多谐振荡器。

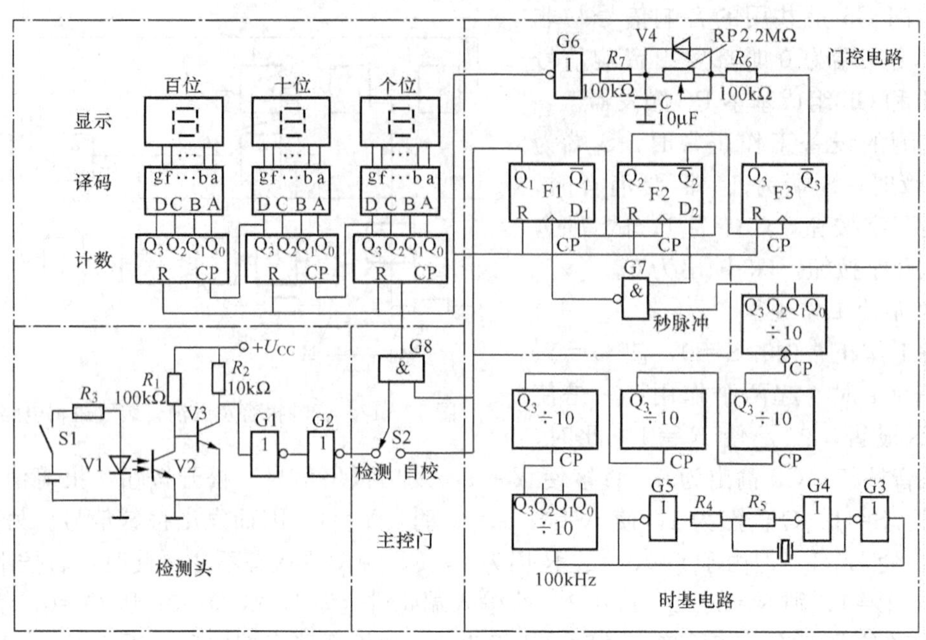

图 13-19　数字转速计原理电路图

1. 多谐振荡器

与非门导通时输出低电平，截止时输出高电平，因此，使用三个与非门周期性地交替导通和截止，便能输出一系列矩形波。图 13-20（a）就是根据这个原理组成的环形多谐振荡器电路。

振荡原理：由于门电路的输出信号比输入信号有一个平均传输延迟时间 t_d，若设 $t=0$ 时，$u_1=0$，则经过 $3t_d$ 的延时后，u_1 就由 0 变为 1。同理，再经过 $3t_d$ 后，u_1 又由 1 变为 0。如此循环，便形成了矩形波。与非门 G4 作整形用，输出波形 u_o 与 u_1 反相，u_o 的振荡波形如图 13-20（b）所示。

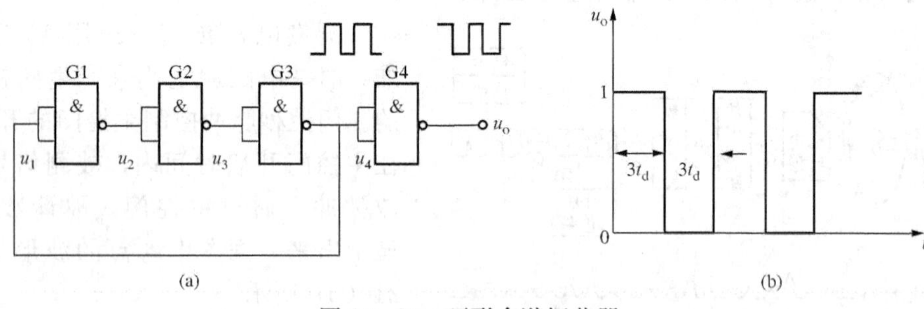

图 13-20　环形多谐振荡器

（a）电路；（b）输出波形

这种简单的振荡器，频率太高而且不可调，因此，通常采用如图 13-21 所示的 RC 环形多谐振荡器。图中，保护电阻 R_1 约 100Ω，电位器 RP 阻值在 1kΩ 以内。由于在门 G2 与门 G3 之间插入 RC 延时环节，既可降低振荡频率，又可通过调节 RP 使得振荡频率可调，这样，相对于 RC 的延时来说，门电路的延时可略而不计，振荡频率由 RC 值决定。

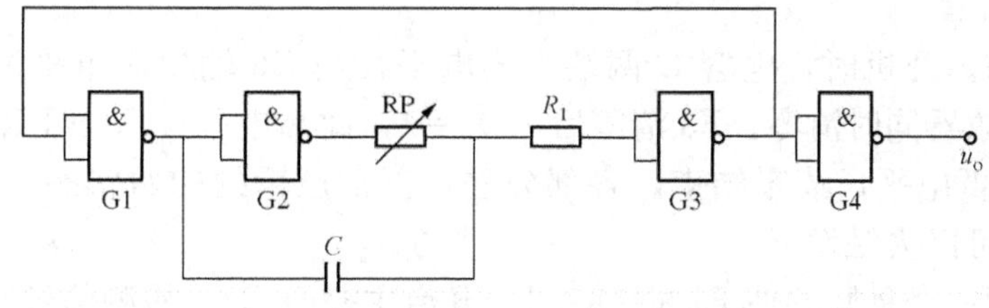

图 13-21 RC环形振荡器

为了提高振荡频率的稳定性，可用石英晶体代替上述电路中的电容。如图 13-19 中的时基电路单元内所示。

2. 单元电路

(1) 检测头。检测头由光电检测电路和整形电路组成。光电检测电路主要有红外发光管 V1 和光电管 V2，两管之间隔有开孔的测速圆盘。光线穿过盘上小孔照射 V2，使 V2 饱和导通，V3 截止，V3 的集电极变为高电平，输出一个正脉冲，经 G1、G2 整形后，通过主控门送入计数器。

(2) 时基电路。时基电路由石英晶体振荡器和分频器组成。G3、G4、G5、R_4、R_5 与石英晶体组成多谐振荡器，产生 100kHz 的脉冲，经 5 级 10 分频器分频后，产生 1Hz 的秒脉冲，送至控制门 G7 的输入端，经门控触发器 F1 产生宽度为 1s 的门控脉冲，以控制主控门的开启时间。

(3) 门控电路。门控电路由门控脉冲形成电路和清零延时电路组成。D 触发器 F1、F2 及门 G7 组成门控脉冲形成电路。现将门控电路部分重画，如图 13-22 所示。

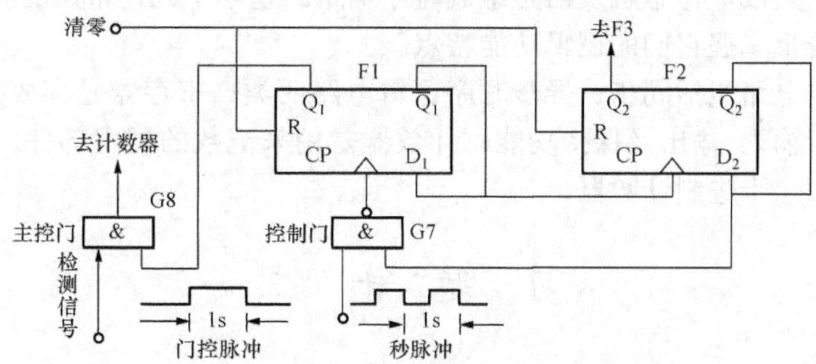

图 13-22 门控脉冲形成电路

清零后，$Q_1=Q_2=0$，$D_1=D_2=1$，G7 打开，秒脉冲经 G7 加到 F1 的 CP 端，使 F1 翻转，$Q_1=1$，将主控门 G8 打开，检测信号经 G8 进入计数器计数。1s 后，第二个秒脉冲使 F1 翻回 0，$Q_1=0$，将主控门关闭，停止计数。同时 $\overline{Q}_1$ 由 0 变 1，产生一个脉冲上升沿，使 F2 翻转为 1，$\overline{Q}_2=0$，将控制门 G7 关闭，禁止秒脉冲去触发 F1，直到下一次触发器清零后，G7 再开启。F1 称为门控触发器，产生宽 1s 的门控脉冲使主控门开启 1s。F2 称为锁闭触发器，它锁闭 G7，每次只允许通过两个秒脉冲。

延时清零电路由 D 触发器 F3、积分电路（R_6、R_7、C 组成）和反相器 G6 组成。

(4) 计数译码显示电路。有百、十、个 3 位，每位均由十进制计数器、七段译码驱动器及显示器组成。可测量的转速范围是 0～999r/s。

3. 整机工作过程

（1）初始状态。开机时，电容 C 两端为零电平，经 G6 输出高电平清零信号，使 F1、F2、F3 及各位计数器同时清零。F3 清零后，$\overline{Q}_3=1$，此高电平经 R_6、DX 对 C 充电，C 充电后，使 G6 输出低电平，清零结束。各部分进入正常逻辑的初始状态。F2 的 $\overline{Q}_2=1$，将 G7 打开，秒脉冲可以去触发 F1。

（2）取样。第一个秒脉冲使 F1 的 $Q_1=1$，开启主控门 G8，检测信号开始通过主控门输入计数器。第二个脉冲到来时，使 $Q_1=0$，关闭主控门，停止计数。同时，当 Q_1 由 1 变 0 时，$\overline{Q}_1$ 由 0 变 1，使 F2 翻转，$\overline{Q}_2$ 由 1 变 0，将 G7 关闭。至此，取样过程结束。

（3）显示和清除。取样结束时，显示器上显示出取样的结果，这就是测出的每秒转数。显示时间的长短，由延时清零电路决定。

取样结束时，F2 翻转，Q_2 由 0 变 1，这个上升沿使 F3 翻转，$\overline{Q}_3$ 由 1 变 0，于是电容 C 开始经 R_6、RP 放电，最终使 G6 翻转，输出高电平清零信号将全机清零，显示结束并开始下次取样。

电容 C 放电延时，使显示清晰、便于读出所需的延时时间。调节电位器 RP，可在较大范围内调节延时清零的时间。

清零后，电路回复初始状态，开始下一次取样。如此循环不已，不断显示出检测的结果。

小 结

本章介绍的是时序逻辑电路，主要内容概括如下：

（1）时序电路的特点是，电路任一时刻的输出状态，不仅取决于当时的输入状态，还与电路的原态有关。集成双稳态触发器是组成时序电路的基本单元，常用的有 RS、JK 和 D 触发器，学习时要着重掌握它们的逻辑功能特点。

（2）时序逻辑电路包括同步、异步时序逻辑电路两类。寄存器是存放数码的逻辑部件，它具有清零、并行输入/输出及保持功能；计数器是用来记数的逻辑部件，计数器有二进制计数器和常用的二—十进制计数器。

习 题 十 三

13-1 根据图 13-23 所示的同步 RS 触发器的输入 CP、R、S 波形，画出输出端 Q 的波形。（触发器的初态 Q=0）

13-2 CP 下降沿触发的 JK 触发器的输入 CP、J、K 波形如图 13-24 所示，试画出输出端 Q 的波形。（触发器初态 Q=0）

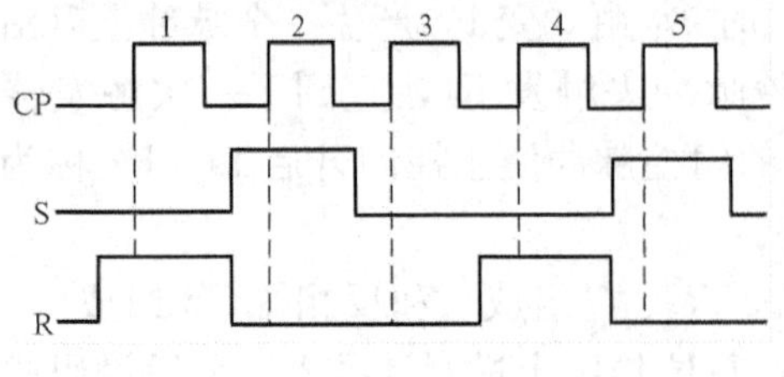

图 13-23 习题 13-1 图

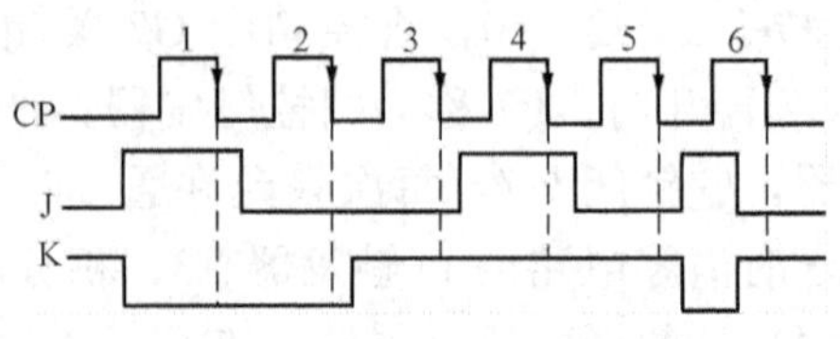

图 13-24 习题 13-2 图

13-3　图 13-25 是 D 触发器输入端 CP、D 的波形，试画出输出端 Q 的波形。（CP 负跳变有效，触发器初态 Q=0）

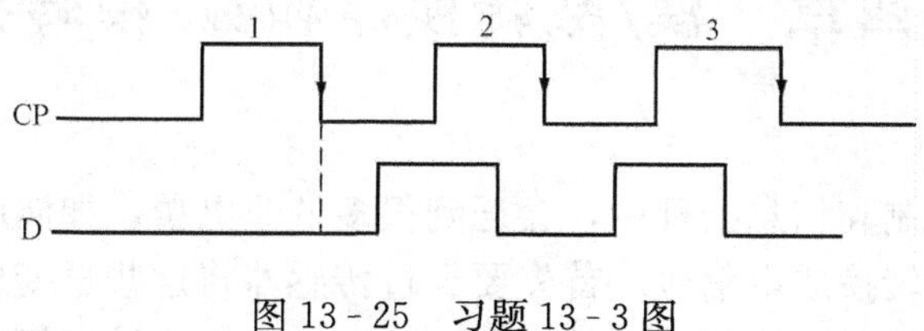

图 13-25　习题 13-3 图

13-4　图 13-26 中将 D 触发器的 $\overline{Q}$ 端与 D 端接在一起，根据 CP 端的波形，试画出 Q 端的波形（CP 正跳变有效，触发器的初态 Q=0）。

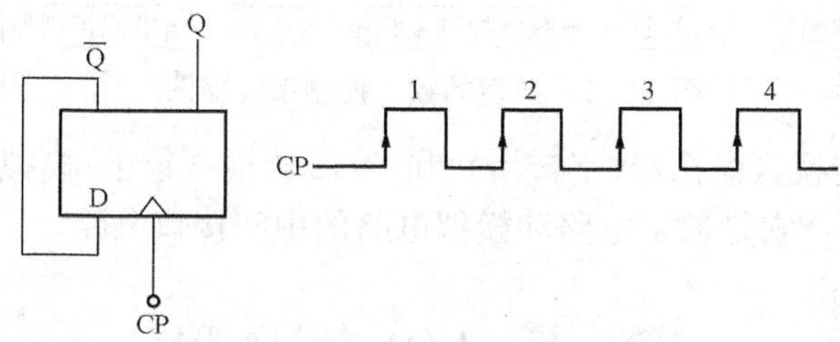

图 13-26　习题 13-4 图

13-5　画出图 13-27 中 Q_1 和 Q_0 端的波形，并说明该电路是几进制计数器，Q_1 对 CP 是几分频？（设初始态 Q_1Q_0=00）

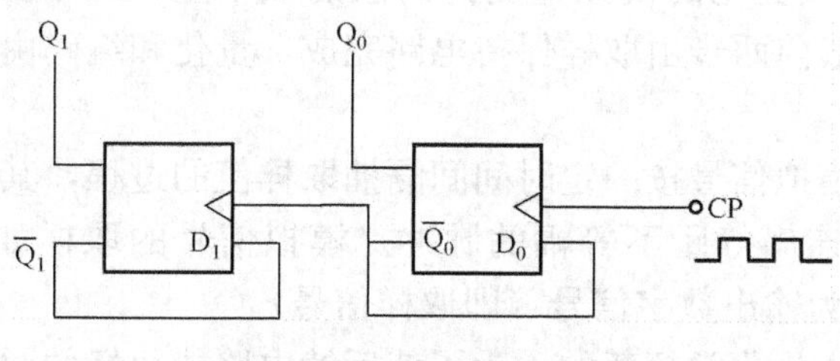

图 13-27　习题 13-5 图

13-6　图 13-28 是由 D 触发器（CP 上升沿触发）组成的 4 位异步二进制加法计数器，试用波形图或真值表分析其计数的工作原理。（设初始态 $Q_3Q_2Q_1Q_0$=0000）

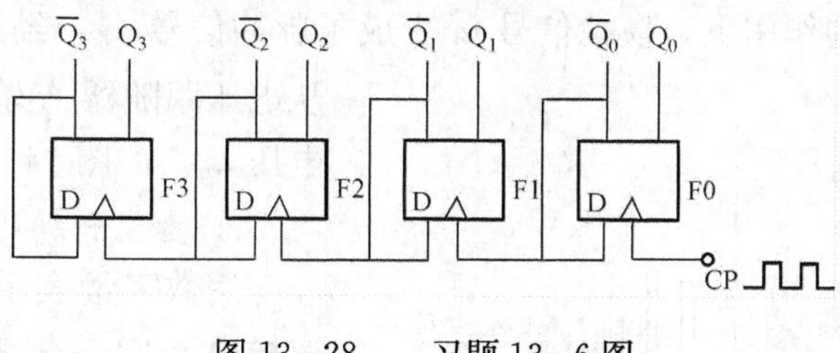

图 13-28　习题 13-6 图

13-7　试用 JK 触发器组成一个 3 位二进制数码寄存器。

第十四章　模/数转换器和数/模转换器

在工业生产过程控制和信息处理中，会遇到很多的非电量，如温度、压力、流量、话音等，要想将这些物理量转换成电信号，首先要经过传感器将这些量变成电压、电流等电信号的模拟量，再经模拟一数字转换器变成数字量，然后才能送给计算机或数字控制电路进行处理。处理的结果，又需要经过数字一模拟转换器变成电压、电流等模拟量实现自动控制。图14-1所示为一个典型的数字控制系统框图。

传感器 → A/D → 数字控制系统 → D/A → 模拟控制器

图14-1　典型的数字控制系统框图

可以看出，A/D转换（模拟/数字转换）和D/A转换（数字/模拟转换）是现代数字化设备中不可缺少的部分，它是数字电路和模拟电路的中间接口电路。

*第一节　A/D 转 换 器

一、A/D转换的基本原理

A/D转换器是一种将输入的模拟量转换为数字量的转换器，简称ADC（Analog to Digital Converter）。要将连续变化的模拟量变为离散的数字量，通常要经过四个步骤：采样、保持、量化和编码。一般前两步由取样保持电路完成，量化和编码由A/D转换电路来完成。

1. 采样与保持

所谓采样，就是将模拟信号按一定时间间隔抽取样值的过程，其过程的实质就是将连续变化的模拟信号变成一连串等距不等幅的脉冲。模拟信号的取样如图14-2所示。图中，u_i 为输入模拟信号，u_o 为输出数字信号（即取样信号）。

信号的取样过程往往是非常短暂的，为了使后续电路能很好的对取样结果进行处理，通常要将结果存储起来，直到下次取样，这个过程称为保持。

实际上，取样和保持是一次完成的，通常称为取样一保持电路。图14-3（a）给出的是一个简单的取样一保持示意性电路。电路由取样开关V、存储电容 C 和缓冲电压跟随器A组成。在采样脉冲 u_S 的作用下，模拟信号 u_i 变成了脉冲信号 u_X，经过电容 C 的存储作用，从电压跟随器A输出的是阶梯形的取样电压 u_o。如图14-3（b）所示。

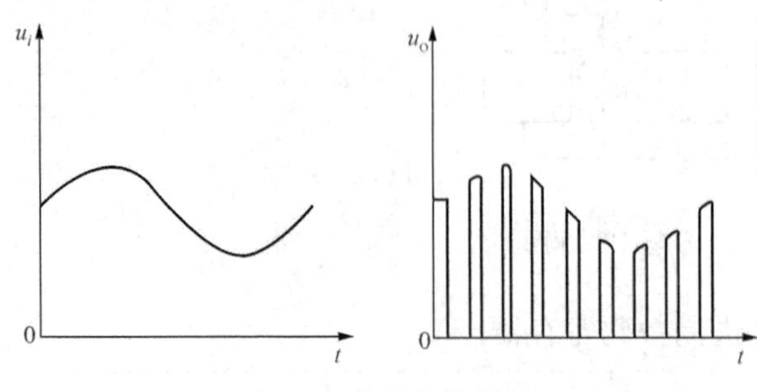

图14-2　信号的取样过程

2. 量化和编码

用数字量表示模拟量时，需要先将取样电平归一化为与之接近的基准值，这个过程称为量化。把量化的数值用二进制数码来表示称为编码。例如，如果要把变化范围在0～7V间的模拟电压转

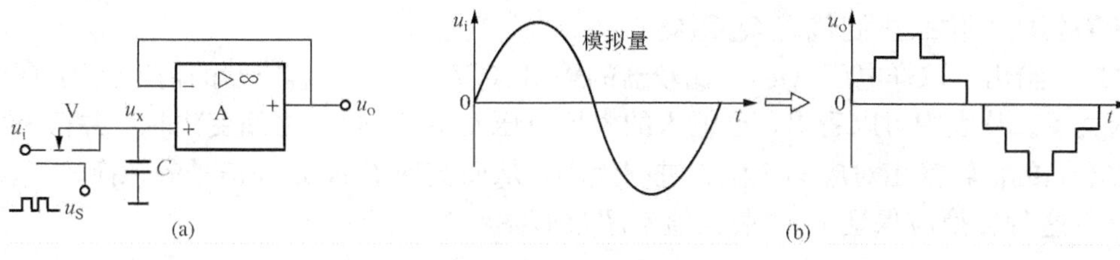

图 14-3　取样—保持电路示意

(a) 电路图；(b) 波形图

换为 3 位二进制代码的数字信号，由于 3 位二进制代码只有 2^3 即 8 个数值，因而必须将模拟电压按变化范围分成八个等级，如图 14-4 所示。每个等级规定为一个基准值，例如 0～0.5V 为一个等级，基准值为 0V，二进制代码为 000；6.5～7V 也是一个等级，基准值为 7V，二进制代码为 111；其他各等级分别以该级的中间值为基准。凡属于某一级范围内的模拟电压值，都取整用该级的基准值表示。例如 3.3V，它在（2.5～3.5)V 之间，就用该级的基准值 3V 来表示，它的代码为 011。显然，相邻两级间的差值 Δ＝1V，而各级基准值是 Δ 的整数倍。模拟信号经过以上的处理，就转换成以 Δ 为单位对应的数字量了。

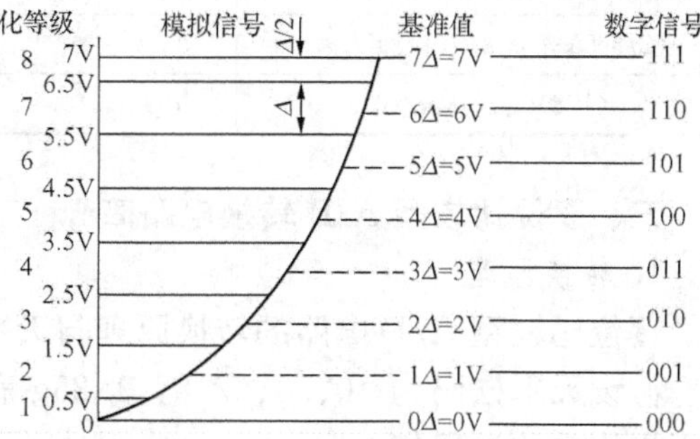

图 14-4　量化与编码方法

取样后得到的样值不可能刚好是某个量化基准值，总会有一定的误差，这个误差称为量化误差。显然，量化级越细，量化误差就越小，但是，所用的二进制代码的位数就越多，电路也将越复杂。具体的 A/D 转换电路种类很多，以下只介绍常用的两种。

二、并行比较型 A/D 转换电路

1. 电路组成

3 位并行比较型 A/D 转换电路如图 14-5 所示。它由电阻分压器、电压比较器及编码器组成。电阻分压器用以确定量化电压，电压比较器（C1～C7）用来确定取样电压的量化，编码器对比较器的输出进行编码，然后输出二进制代码 $Q_2Q_1Q_0$。此处略去了取样—保持电路，假定输入的模拟电压已经是取样—保持电路的输出电压了。

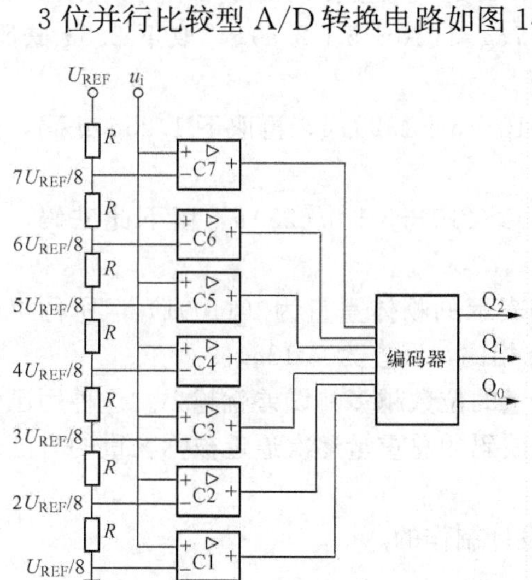

图 14-5　3 位并行比较型 A/D 转换电路

2. 工作原理

如图 14-5 所示，参考电压 U_{REF} 经过电阻分压器分压，形成七个比较电平：(7/8) U_{REF}、(6/8) U_{REF}、…、(1/8) U_{REF}。它们分别接到电压比较器 C7～C1 的反相输入端。当输入电压 u_i 大于比较器的某一比较电平时，该比较器输出高电平 1，反之则输出低电平 0。编码器的作用是将比较器输出的代表模拟电压的 7 位二进制代码转换成所需要的 3 位二进制代码 $Q_2Q_1Q_0$。

表 14 - 1 给出了取样电压（u_i）、比较器的输出（C7～C1）和编码器的输出代码（Q_2～Q_0）三者间的关系。从表中可以看出，当输入的模拟电压 u_i 在 0～U_{REF}之间变化时，并行 A/D 转换电路将按不同的值转换出对应的 3 位二进制代码，从而实现了 A/D 间信号的转换。

注意：这种转换应保证 u_i 的最大值不超过 U_{REF}。

表 14 - 1　　并行 ADC 输入、输出状态表

取样电压	比较器输出							编　码		
u_i	C7	C6	C5	C4	C3	C2	C1	Q_2	Q_1	Q_0
$U_{REF}\geqslant u_i>(7/8)U_{REF}$	1	1	1	1	1	1	1	1	1	1
$(7/8)U_{REF}\geqslant u_i>(6/8)U_{REF}$	0	1	1	1	1	1	1	1	1	0
$(6/8)U_{REF}\geqslant u_i>(5/8)U_{REF}$	0	0	1	1	1	1	1	1	0	1
$(5/8)U_{REF}\geqslant u_i>(4/8)U_{REF}$	0	0	0	1	1	1	1	1	0	0
$(4/8)U_{REF}\geqslant u_i>(3/8)U_{REF}$	0	0	0	0	1	1	1	0	1	1
$(3/8)U_{REF}\geqslant u_i>(2/8)U_{REF}$	0	0	0	0	0	1	1	0	1	0
$(2/8)U_{REF}\geqslant u_i>(1/8)U_{REF}$	0	0	0	0	0	0	1	0	0	1
$(1/8)U_{REF}\geqslant u_i>0$	0	0	0	0	0	0	0	0	0	0

三、逐位比较型 A/D 转换电路简介

1. 转换原理

逐位比较型 A/D 电路的转换原理与天平称物的原理十分相似。

假设天平砝码为 10、5、2.5、1.25g 和 0.625g 五种，欲称重量为 15.76g 的物体 W，用天平称重的过程如下：

第一次用 10g 砝码与 W 比较，因为 15.76g>10g，保留此砝码，记作 1；

第二次添加 5g 砝码与 W 比较，因 15.76g>(10+5)g，于是这二个砝码都留下，记作 11；

第三次再添加 2.5g 砝码与 W 比较，因为 15.76g<(10+5+2.5)g，取下 2.5g 砝码，记作 110；

第四次换加 1.25g 砝码与 W 比较，15.76g<(10+5+1.25)g，再取下 1.25g 砝码，记作 1100；

第五次再换上 0.625g 砝码与 W 比较，15.76g>(10+5+0.625)g，留下此砝码，记作 11001。

这样，所有砝码都比较了，得到用二进制代码表示的物体重量为 $(11001)_B$，所称得的物体重量为 15.625g，它与实际的物体重量 15.76g 相比，误差为 0.135g。

显而易见，砝码越多，用二进制数表示物体重量的位数越多，误差就越小。这种用已知砝码重量逐次与未知物重进行比较，使天平上累加砝码的总重量逐次逼近被称物重的方法也称为逐次逼近法。

逐位比较型 A/D 转换电路就是根据这个原理设计制作的。

2. 电路框图与工作原理

逐位比较型 A/D 转换电路框图如图 14 - 6 所示。它是由控制电路、数码寄存器、D/A 转换器及电压比较器 C 等四部分电路组成。

下面以3位A/D转换为例，说明其工作过程。

首先，控制电路使数码寄存器的输出为100，经D/A转换器变为相应的电压u_f，送入比较器C与取样电压u_i比较。若$u_i>u_f$，则将最高位的1保留；反之就清除，使最高位为0。

接着控制器将次高位置1，再经D/A转换器变为相应电压u_f，送到比较器C与取样电压u_i再比较，同样方法来决定该位为1还是为0。最后比较到最低位为止。这样，数码寄存器中保存的数码就是A/D转换后的数码了。

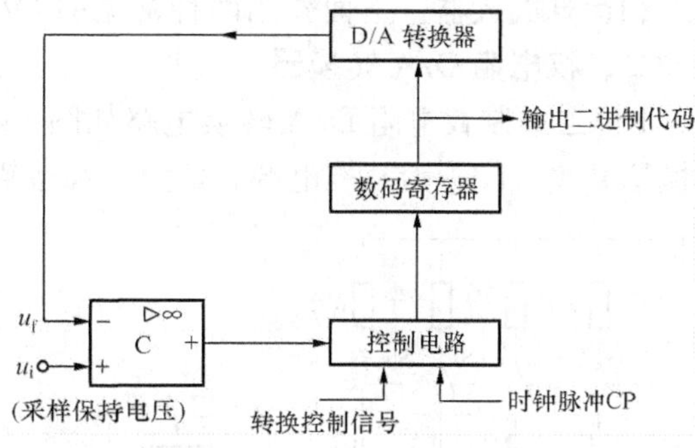

图14-6　逐位比较型A/D转换电路框图

*第二节　D/A 转 换 器

一、D/A转换的基本原理

D/A转换器就是一种将离散的数字量转换为连续变化的模拟量的电路，简称DAC (Digital to Analog Converter)。数字量是用按数位组合起来的二进制代码表示的，每位代码都有一定的权。为了将数字量转换为模拟量，必须将每一位的代码按其权的大小转换成相应的模拟量，然后将代表每位的模拟量相加，所得的总模拟量就与数字量成正比。这就是D/A转换器的基本指导思想。

图14-7为D/A转换的示意图。D/A转换器将输入的二进制数字量转换成相应的模拟电压，经运算放大器C的缓冲，输出模拟电压u_o。

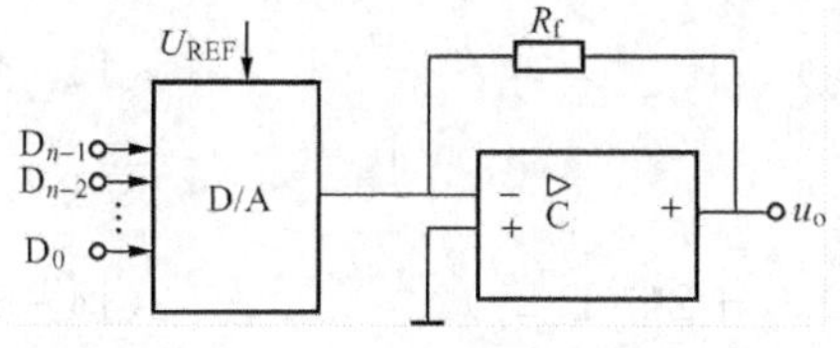

图14-7　D/A转换示意图

图中，$D_0\sim D_{n-1}$为输入的n位二进制数字量（其十进制最大值为2^{n-1}），D_0为最低位（LSB），D_{n-1}为最高位（MSB），u_o为输出模拟量，U_{REF}为实现转换所需的基准电压，三者应满足下列关系式

$$u_o = X \cdot \frac{U_{REF}}{2^n} \tag{14-1}$$

$$X = D_{n-1}2^{n-1} + D_{n-2}2^{n-2} + \cdots + D_1 2^1 + D_0 2^0$$

式中，X为二进制数字量所代表的十进制数。所以有

$$u_o = \frac{U_{REF}}{2^n}(D_{n-1}2^{n-1} + D_{n-2}2^{n-2} + \cdots + D_1 2^1 + D_0 2^0) \tag{14-2}$$

例如，当$n=3$、参考电压为10V时，D/A转换器输入二进制数和转换后的输出模拟电压量如表14-2所示。

表14-2　　输入数字量与输出模拟量对照表

输入	000	001	010	011	100	101	110	111
u_o(V)	0	1.25	2.5	3.75	5	6.25	7.5	8.75

一般来说，D/A 转换器的基本组成有四部分，即电阻译码网络、模拟开关、基准电源及求和运算放大器。下面介绍两种常见的 D/A 转换电路。

二、权电阻 D/A 转换器

4 位二进制权电阻 D/A 转换电路如图 14-8 所示。图中权电阻为电阻译码网络，S0～S3 为模拟开关，U_{REF}为基准电源，C 为求和运算放大器。电阻网络的各电阻的值呈二进制权的关系，并与输入二进制数字量对应的位权成比例关系。

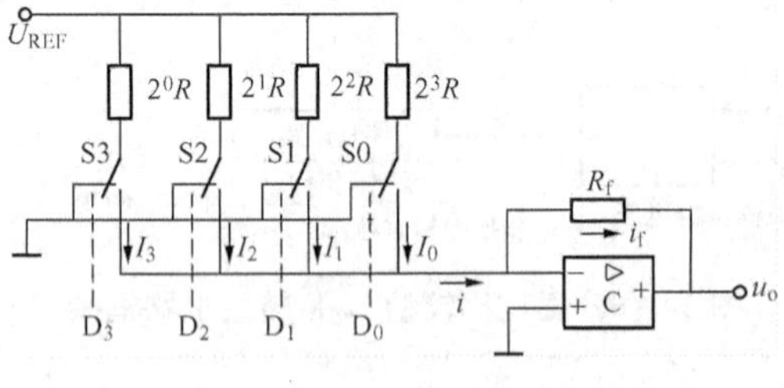

图 14-8　权电阻 D/A 转换器原理图

输入数字量 D_3、D_2、D_1 和 D_0 分别控制模拟电子开关 S3、S2、S1 和 S0 的工作状态。当 D_i 为“1”时，开关 Si 接通参考电压 U_{REF}，相应支路电流流入运算放大器。反之，当 D_i 为“0”时，开关 Si 接通左边，相应的支路电流流入地。这样流过所有电阻的电流之和 i 就与输入的数字量成正比。求和运算放大器总的输入电流

$$i = I_0 + I_1 + I_2 + I_3 = \frac{U_{REF}D_0}{2^3R} + \frac{U_{REF}D_1}{2^2R} + \frac{U_{REF}D_2}{2^1R} + \frac{U_{REF}D_3}{2^0R}$$

$$= \frac{U_{REF}}{2^3R}(2^0D_0 + 2^1D_1 + 2^2D_2 + 2^3D_3) \tag{14-3}$$

若运算放大器的反馈电阻 $R_f = R/2$，由于运算放大器的输入电阻无穷大，所以 $i_F = i$，则运算放大器的输出电压

$$u_o = -i_fR_f = -\frac{R}{2} \times \frac{U_{REF}}{2^3R} \times (2^0D_0 + 2^1D_1 + 2^2D_2 + 2^3D_3)$$

$$= -\frac{U_{REF}}{2^4}(2^0D_0 + 2^1D_1 + 2^2D_2 + 2^3D_3) \tag{14-4}$$

对于 n 位的权电阻 D/A 转换器，其输出电压

$$u_o = -\frac{U_{REF}}{2^n}(2^0D_0 + 2^1D_1 + \cdots + 2^{n-2}D_{n-2} + 2^{n-1}D_{n-1}) \tag{14-5}$$

由式（14-5）可以看出，二进制权电阻 D/A 转换器的模拟输出电压与输入的数字量成正比关系。当输入数字量全为 0 时，D/A 输出电压为 0V；当输入数字量全为 1 时，D/A 输出电压为$-U_{REF}[1-(1/2^n)]$。权电阻网络 D/A 转换器的优点是电路结构简单，适用于各种权码；其主要缺点是构成网络电阻的阻值范围较宽，品种较多。为保证 D/A 转换的精度，要求电阻的阻值很精确，这给生产带来了一定的困难，因此在集成电路中很少采用这种 D/A 转换器。

三、倒 T 型 D/A 转换器

图 14-9 为 4 位 R—2R 倒 T 型 D/A 转换器。该电路与图 14-8 所示电路不同之处仅在于电阻译码网络，此网络称为倒 T 型电阻译码网络。它是由 R、$2R$ 两种阻值的电阻构成。其他与权电阻 D/A 转换器相同。

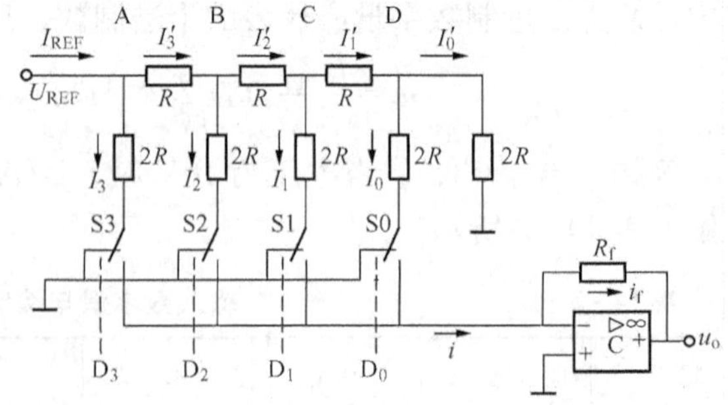

图 14-9　4 位 R—2R 倒 T 型 D/A 转换器

根据运算放大器虚短的概念不难看出，分别从 A、B、C、D 向右看的二端网络等效电阻都是 $2R$，所以有

$$I_3 = I_3' = I_{REF}/2,\ I_2 = I_2' = I_3'/2 = I_{REF}/4,$$

$$I_1 = I_1' = \frac{I_2'}{2} = \frac{I_{REF}}{8},\ I_0 = I_0' = \frac{I_1'}{2} = \frac{I_{REF}}{16}$$

其中，I_{REF} 为基准电压 U_{REF} 端输出的总电流，即 $I_{REF} = \frac{U_{REF}}{R}$。假设所有开关都接右边，则有

$$i = I_0 + I_1 + I_2 + I_3 = \frac{U_{REF}}{R}\left(\frac{1}{16} + \frac{1}{8} + \frac{1}{4} + \frac{1}{2}\right)$$

由于输入的二进制数控制模拟开关，$D_i = 1$ 表示开关接通右边，故有

$$i = \frac{U_{REF}}{R}\left(\frac{D_0}{2^4} + \frac{D_1}{2^3} + \frac{D_2}{2^2} + \frac{D_3}{2^1}\right) \tag{14-6}$$

推广到 n 位，则有

$$\begin{aligned} i &= \frac{U_{REF}}{R}\left(\frac{D_0}{2^n} + \frac{D_1}{2^{n-1}} + \cdots + \frac{D_{n-2}}{2^2} + \frac{D_{n-1}}{2^1}\right) \\ &= \frac{U_{REF}}{2^n R}(D_0 2^0 + D_1 2^1 + \cdots + D_{n-2} 2^{n-2} + D_{n-1} 2^{n-1}) \end{aligned} \tag{14-7}$$

若 $R_f = R$，因为 $i_f = i$，所以运算放大器的输出为

$$\begin{aligned} u_o &= -R_f \cdot i_f = -\frac{U_{REF} R_f}{2^n R}(D_0 2^0 + D_1 2^1 + \cdots + D_{n-2} 2^{n-2} + D_{n-1} 2^{n-1}) \\ &= -\frac{U_{REF}}{2^n}(D_0 2^0 + D_1 2^1 + \cdots + D_{n-2} 2^{n-2} + D_{n-1} 2^{n-1}) \end{aligned} \tag{14-8}$$

由于倒 T 型 D/A 转换器只采用 R 和 $2R$ 两种电阻，容易保证 D/A 的准确度，故在集成芯片中应用非常广泛，是目前 D/A 转换器中速度最快的一种。

小　　结

本章所学主要内容概括如下：

A/D 转换器和 D/A 转换器是计算机参与自动控制系统的重要部件。掌握其基本原理，可为今后应用打下一个良好的基础。A/D 转换按工作原理主要分为并行比较型 A/D、逐位比较型 A/D 等。不同的转换方式具有各自的特点，在要求速度高的情况下，可采用并行比较型 A/D；在要求精度较高的情况下，可采用逐位比较型 A/D。D/A 转换器按工作原理可分为权电阻网络 D/A 和倒 T 型电阻网络 D/A。由于倒 T 型电阻网络转换电路只要求两种阻值的电阻，因此在集成 D/A 转换器中得到广泛的应用。

习　题　十　四

14 - 1　试说明在 A/D 转换过程中产生量化误差的原因及减小量化误差的方法。

14 - 2　试述逐位比较型 A/D 电路的转换工作原理。

14 - 3　若一理想的三位 A/D 满刻度模拟输入为 10V，当输入为 7V 时，求此 A/D 采用二进制编码时的数字输出量。

14-4　若一理想 6 位 D/A 具有 10V 的满刻度模拟输出，当输入为二进制码 100100 时，此 D/A 的模拟输出为多少？

14-5　在图 14-9 电路中，当 $U_{REF}=10V$，$R_f=R$ 时，若输入数字量 $D_3=0$、$D_2=1$、$D_1=1$、$D_0=0$，问各模拟开关的位置和输出 u_o 为多少？

实　验

实验基本要求

实验的目的是验证所学理论，掌握仪器、仪表的使用方法，提高动手能力，为此，学生必须明确如下实验的基本要求。

一、实验前的准备

预习与本次实验相关理论知识；熟悉实验线路；掌握所用仪器、仪表的使用方法；备好实验记录表格。

二、接线、读数与记录

(1) 接线前应适当摆放仪器、仪表的位置。原则是：接线、调节、操作、读数方便，有利于安全。

(2) 按实验电路接线。接线应清楚、牢靠，尽量避免交叉，长度适当，不可过长过短。为了接线正确、迅速，一般应按先串后并、先负载回路后测量回路的原则接线。

(3) 正确选择仪表量程。待测量应为仪表量程的 2/3 左右。

(4) 正确读表。对于指针式仪表，以眼睛看不到指针在反光镜中的影子为原则。实测值计算式为

$$\text{实测值} = \text{直读格数} \times \frac{\text{量程}}{\text{满刻度格数}}$$

(5) 将测量值及时记入表格中。

(6) 待指导教师检查实验数据合格后，方可拆除电路。

三、安全注意事项

(1) 接线必须在断电的情况下进行，接好线必须经教师检查同意后，方可通电实验。

(2) 如实验中发现异常现象（如冒烟、冒火、异味、异声等）应立刻切断电源，请指导教师检查处理。

(3) 在非安全电压下实验，人体不得触及带电的金属部分。

四、实验报告

每次实验之后，都应写出实验报告。为了简明，在本书后面每个实验项目的最后，未单独列出本次实验报告所要求的内容。在此仅提出实验报告的共性要求：

(1) 写明班级、组别、学号、姓名；

(2) 写出实验名称；

(3) 写出实验目的；

(4) 画出实验电路；

(5) 画出表格，填写实验数据，有的实验还要画出特性曲线；

(6) 分析实验结果，看与所学理论是否相符；

(7) 总结在仪器、仪表使用方法方面的突出体会；

(8) 分析误差产生的原因；

五、说明

（1）此处所列各项实验，仅供使用本教材的专业选用。

（2）考虑到各校实验设备的差异性，对各实验项目使用的仪器、仪表的要求尽量宽泛。

（3）指导教师应根据需要，对实验报告中学生应回答的问题给以增补。

实验一　电位的测量及基尔霍夫定律的验证

一、目的

（1）学习电位、电压的测量方法，验证电压与电位的关系。

（2）验证基尔霍夫定律。

（3）学习直流电压表、电流表的正确使用方法。

二、仪器与设备

（1）直流稳压电源一台，双路输出。

（2）电阻器五只，510 Ω 三只、1kΩ 一只、330Ω 一只。

（3）直流电压表一块，0～20V。

（4）直流电流表一块，0～50mA（多量程）。

（5）三孔电流插座一个，电流插头一个。

三、内容与方法步骤

1. 电位、电压的测量

（1）按图 1 接好电路，调整电源电压为图示值。

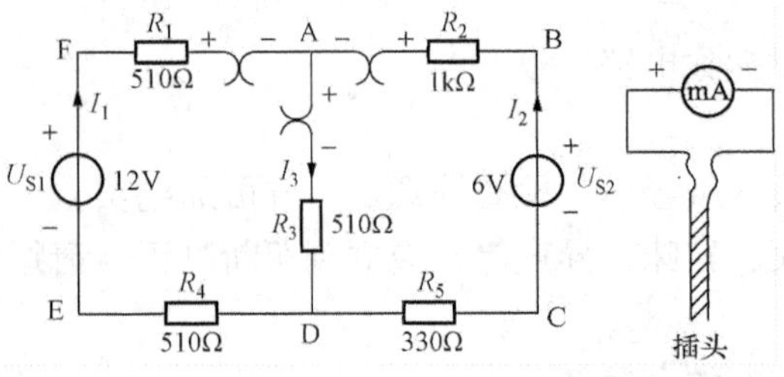

图 1　电位测量及基尔霍夫定律验证电路

（2）以 A 点为参考点，用电压表测量各点电位。测量时，电压表负表笔搭接参考点，正表笔搭接被测点，若指针正偏，该点电位记为正值，若指针反偏，对调表笔，该点电位记为负值。将测值记入表 1 中。

（3）以 D 为参考点测量各点电位，将测值记入表 1 中。

（4）用电压表分别测量表 1 中各电压。电压表正表笔置于电压下角标前点，负表笔置于后点，若指针正偏，电压记为正值，若指针反偏，对调表笔，电压记为负值。

表 1　　**电位、电压测量值**　　（V）

参考点 \ 电位电压值	V_A	V_B	V_C	V_D	V_E	V_F	U_{AB}	U_{BC}	U_{CD}	U_{DE}	U_{EF}	U_{FA}	U_{AD}
A													
D													

（5）利用测得的电位值，应用如 $U_{AB}=V_A-V_B$ 公式计算各电压，将计算值填入表 2 中，与表 1 中实测电压对照，看是否相同。

表 2　**计 算 各 电 压 值**　(V)

电压（V） 参考点	U_{AB}	U_{BC}	U_{CD}	U_{DE}	U_{EF}	U_{FA}	U_{AD}
A							
D							

2. 验证基尔霍夫电流定律

将电流表插头分别插入各电流插座，测得各支路电流。若电流表指针正偏，测值记为正；若指针反偏，将接在电流表的两个接线片对调重测，但测值记为负，填入表 3 中，并计算$\sum I$，看是否为零。

表 3　(mA)

实测电流			计算$\sum I=?$
I_1	I_2	I_3	

3. 验证基尔霍夫电压定律

将表 1 中的实测电压填入表 4 中，并计算$\sum U$，看是否为零。

表 4　(V)

回　路	各测量电压						计算$\sum U$
ADEFA	$U_{AD}=$	$U_{DE}=$	$U_{EF}=$	$U_{FA}=$			
ABCDA	$U_{AB}=$	$U_{BC}=$	$U_{CD}=$	$U_{DA}=$			
ABCDEFA	$U_{AB}=$	$U_{BC}=$	$U_{CD}=$	$U_{DE}=$	$U_{EF}=$	$U_{FA}=$	

实验二　验证叠加定理和戴维南定理

一、目的

(1) 验证叠加定理。

(2) 验证戴维南定理。

二、仪器与设备

与实验一相比，新增双刀双投开关两个、单刀开关一个。

三、内容与方法步骤

1. 验证叠加定理

(1) 按图 2 接好电路。(每个电源单独作用时，各电流分量的参考方向与图中电流参考方向相同)

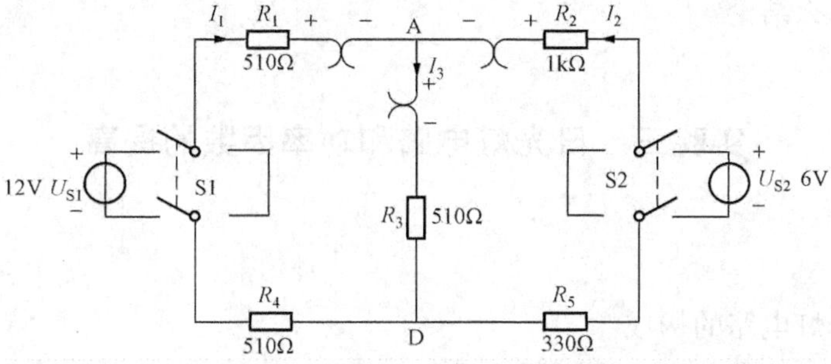

图 2　验证叠加定理实验电路

（2）将 S2 合向短路侧，S1 合向 U_{S1} 侧，电路仅在 U_{S1} 单独作用下，分别测量 I'_1、I'_2、I'_3、U'_{AD}，测值填入表 5 中。

（3）得 S1 合向短路侧，S2 合向 U_{S2} 侧，电路仅在 U_{S2} 单独作用下，分别测量 I''_1、I''_2、I''_3、U''_{AD}，测值填入表 5 中。

（4）将 S1 合向 U_{S1}、S2 合向 U_{S2}，电路同时在 U_{S1}、U_{S2} 共同作用下，分别测量 I_1、I_2、I_3、U_{AD}，测值填入表 5 中。

（5）按表 5 中最后一栏进行计算，看计算值与两个电源共同作用时各支路电流是否相同。

表 5 （V，mA）

U_{S1}单独作用时	U_{S2}单独作用时	U_{S1}、U_{S2}共同作用时	计 算
$I'_1=$	$I''_1=$	$I_1=$	$I'_1+I''_1=$
$I'_2=$	$I''_2=$	$I_2=$	$I'_2+I''_2=$
$I'_3=$	$I''_3=$	$I_3=$	$I'_3+I''_3=$
$U'_{AD}=$	$U''_{AD}=$	$U_{AD}=$	$U'_{AD}+U'_{AD}=$

2. 验证戴维南定理

（1）将图 2 所示电路改接成图 3 电路。

（2）断开 S，电压表测得电压则为有源二端网络的开路电压 U_{OC}，测值填入表 6 中。

（3）合上 S，将电压表测得的电压记为 U_{AD}，电流表测得 I_3，测值记入表 6 中。

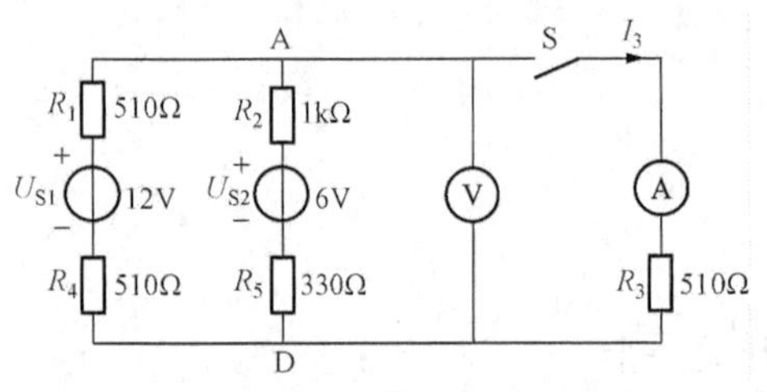

图 3 验证戴维南定理电路

表 6

测量值			计算值	
S断	S闭合			
U_{OC}(V)	U_{AD}(V)	I_3(mA)	R_0(kΩ)	I_3(mA)

（4）按 $R_0=(U_{OC}-U_{AD})/I_3$ 计算有源二端网络的等效电压源的内阻 R_0，并填入表 6 中。

（5）按 $I_3=U_{OC}/(R_0+R_3)$ 计算 I_3，将计算值填入表 6 中，比较计算值和实测值是否相等，从中可得出什么结论？

实验三 日光灯电路和功率因数的提高

一、目的

（1）掌握日光灯电路的构成。

（2）熟悉正弦交流电路中各量间的关系。

(3) 验证感性负载并联电容后可提高线路的功率因数。

(4) 熟悉交流电压表、电流表、功率表的接线。

二、仪器与设备

(1) 日光灯一套，20W。

(2) 电容器一只，2.5μF（日光灯专用）。

(3) 交流电压表一块，0～250V；交流电流表一块，0～0.5A。

(4) 两孔电流表插座一个，电流表插头一个。

三、日光灯工作原理

日光灯电路如图 4 所示。日光灯正常工作时，灯管近似为一纯电阻，镇流器近似为一纯电感，整体等效为电阻、电感串联电路。电路的工作原理是：刚接通电源时，灯管两端电压较低，不能使管内气体导通，启辉器则先闭合，镇流器和灯丝通过电流；经过短暂时间，启辉器自动断开；启辉器在断开的瞬间，由于电流减小的速率很大，镇流器产生较高的自感电动势和电源电压一起加在灯管的两端，使管内气体导通而发光。灯管导通后，镇流器起限流作用，使管内电流不超过额定值。

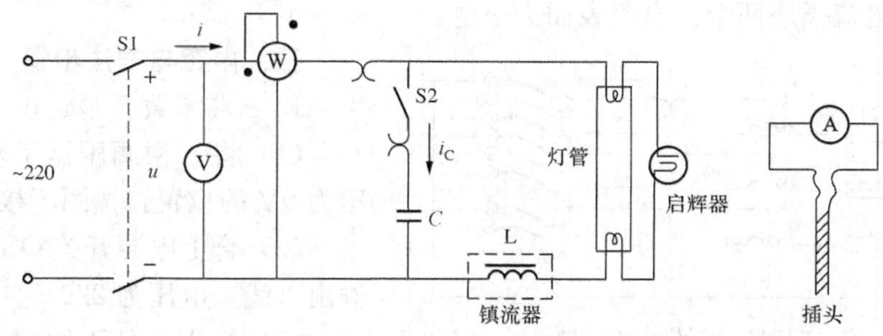

图 4 日光灯实验电路

四、内容与方法步骤

(1) 按图 4 接好电路，仅闭合电源开关 S1，观察日光灯的起动过程。（交流电压表、电流表接线柱无极性要求；功率表有两个线圈，即电压线圈和电流线圈，每个线圈都有一端打 * 号，该端称为“发电机端”，正确的接线应是将两 * 端接在一起）。

(2) 在 S2 断开未并电容 C 前，测量表 7 中各值，并填入表中。

(3) 闭合 S2 并联电容后，测量表 7 中各值，并填入表中。

(4) 按 $\cos\varphi = P/UI$ 式计算并联电容 C 前、后线路的 $\cos\varphi$，可以看到并联电容后的 $\cos\varphi$ 会得到提高。

表 7

各量测值 / 电路状态	测 量 值				计算值
	U(V)	I(A)	I_C(A)	P(W)	$\cos\varphi$
并电容 C 前					
并电容 C 后					

实验四　三相交流电路的负载连接

一、目的

（1）学习三相负载的星形、三角形连接方法。

（2）了解不同的三相负载的线、相电压及线、相电流的数量关系。

（3）了解不对称星形负载的中性线作用。

二、仪器与设备

（1）三相交流电压源一组，电压 220/127V（由三相自耦调压器将三相四线制的 380/220V 电压调至 220/127V）。

（2）三相闸刀开关（带熔丝）一个。

（3）三相灯组一个，每相有 220V、15W 白炽灯三盏，每盏灯有控制开关。

（4）交流电压表一块，0～250V；交流电流表一块，0～1A。

（5）四孔电流插座两个，电流表插头一个。

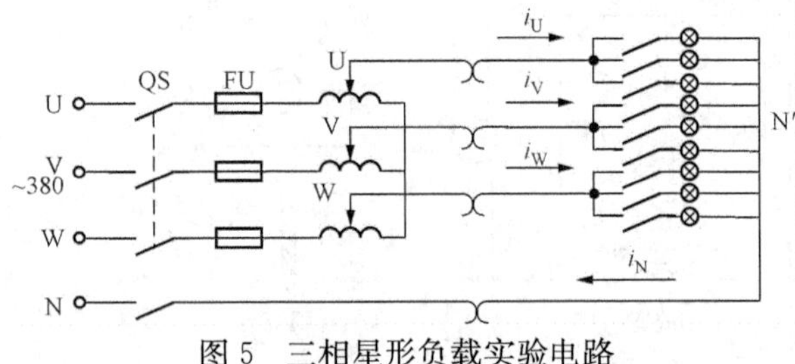

图 5　三相星形负载实验电路

三、内容与方法步骤

1. 三相负载星形连接

（1）将三相调压器手轮旋至输出电压为 0V 的位置，按图 5 接好电路。

（2）合上电源开关 QS，调节调压器输出（线）电压为 220V。

（3）按表 8 的不同情况，调整开灯盏数。在每一种情况下，测量各量值并填入表中，同时观察灯泡的亮度。

（4）分析实验结果，从中得出结论。

表 8　　星 形 负 载 数 据

负载情况＼测值		开灯盏数			线（相）电流（A）			线电压（V）			相电压（V）			中性线电流	中性点电压
		U 相	V 相	W 相	I_U	I_V	I_W	U_{UV}	U_{VW}	U_{WU}	U_U	U_V	U_W	I_N(A)	$U_{N'N}$(V)
负载对称	无中性线	3	3	3											
	有中性线	3	3	3											
负载不对	无中性线	1	2	3											
	有中性线	1	2	3											

（5）实验结束，将调压器输出电压调为零，拉开电源开关 QS。

2. 三相负载三角形连接

（1）按图 6 接好电路。（图中每相仍为三盏灯，用一盏灯代表）

（2）合上电源开关 QS，调节三相调压器使其输出线电压为 220V。

（3）按表 9 中负载各种情况调整开灯盏数。在每一种情况下，分别测量各值，并填入表 9 中，同时观察灯的亮度。

（4）分析实验结果，从中得出结论。

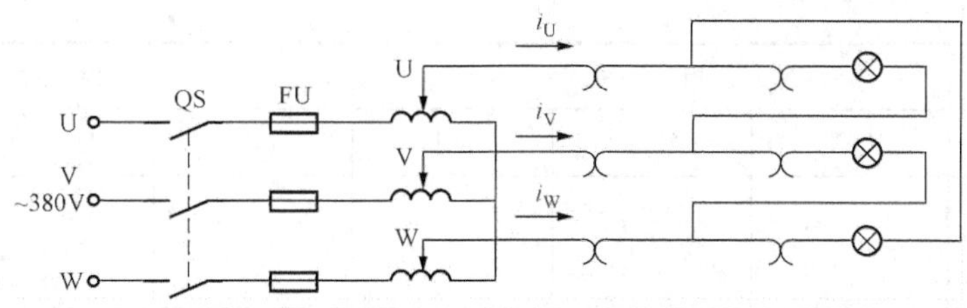

图 6　三相三角形负载实验电路

表 9

负载情况 \ 测值	开灯盏数			线（相）电压（V）			相电流（A）			线电流（A）		
	U 相	V 相	W 相	U_{UV}	U_{VW}	U_{WU}	I_{UV}	I_{VW}	I_{WU}	I_U	I_V	I_W
对称	3	3	3									
不对称	1	2	3									
V 相负载断	3	0	3									

实验五　电动机的简易测试及控制电路的练习

一、目的

（1）了解三相感应电动机的简易测试方法。

（2）学习兆欧表的使用方法。

（3）练习电动机自锁正转控制电路的接线。

二、仪器与设备

（1）三相感应电动机一台，星形连接，2kW 以下。

（2）兆欧表一块，1000V；万用表一块；转速表一个。

（3）交流接触器一个，热继电器一个。

（4）闸刀开关（带熔丝）一个，动合、动断按钮各一个。

三、内容与方法步骤

1. 电动机使用前的简易测试

（1）用手转动电动机转轴，看转动是否灵活，有无摩擦声或其他异常声，观察润滑油有无泄漏。

（2）用万用表欧姆档（$R\times1$）测量三相绕组的直流电阻，将结果记入表 10 中，目的是检查各相绕组有无断线，正常情况下，三相绕组的直流电阻应相等。

表 10

测量部位	U 相	V 相	W 相
阻值（Ω）			

（3）用兆欧表测量绕组相间及相对地（外壳）的绝缘电阻，将测试结果记入表 11 中。正常情况下各绝缘电阻应不低于 0.5MΩ。

表 11

<table>
<tr><td rowspan="2">部　位</td><td colspan="3">相　间</td><td colspan="3">相 对 地</td></tr>
<tr><td>U-V</td><td>V-W</td><td>W-U</td><td>U</td><td>V</td><td>W</td></tr>
<tr><td>绝缘电阻
（MΩ）</td><td></td><td></td><td></td><td></td><td></td><td></td></tr>
</table>

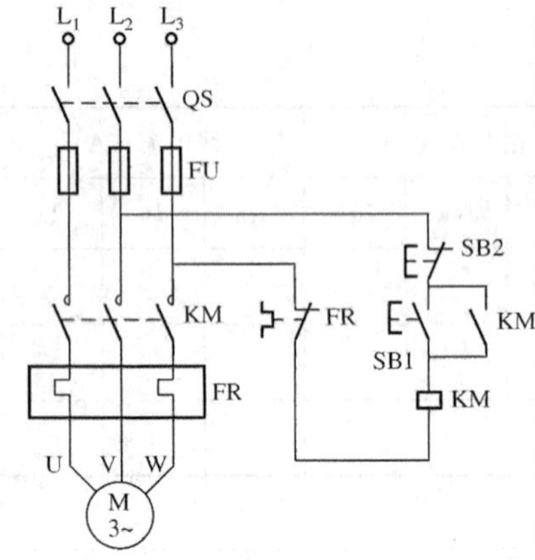

图 7　电动机自锁正转控制电路

2. 电动机自锁正转控制电路接线练习

（1）按图 7 接好电路。注意接线应符合电动机铭牌要求。

（2）进行起动和停止操作，看电路能否正常工作。

（3）查铭牌，找出磁极对数 p，填入表 12 中。

（4）用转速表测转子空载转速 n_0，并记入表 12 中。

（5）按式 $n_1=\frac{60f}{p}$ 计算定子合成旋转磁场的同步转速 n_1，并填入表 12 中。

（6）按式 $s_0=(n_1-n_0)/n_1$ 计算空载转差率 s_0，并填入表 12 中。

表 12

磁极对数 p	空载转速 n_0	同步转速 n_1	空载转差率 s_0

实验六　整流、滤波及稳压电路

一、目的

（1）观察整流波形。

（2）验证电容滤波作用。

（3）验证稳压电路的稳压作用。

（4）学习示波器的使用方法。

二、仪器与设备

（1）单相调压器一台，500VA，220/0～250V。

（2）整流变压器一台，10VA，220/25V。

（3）硅整流二极管四只，2CZ53B。

（4）硅稳压管一只，2CW19。

（5）电解电容一只，25μF，30V。

（6）电阻两只，2kΩ，0.25W（R_L），1.25kΩ，0.5W（R）。

（7）示波器一台。

三、内容与方法步骤

（1）按图 8 接好电路。

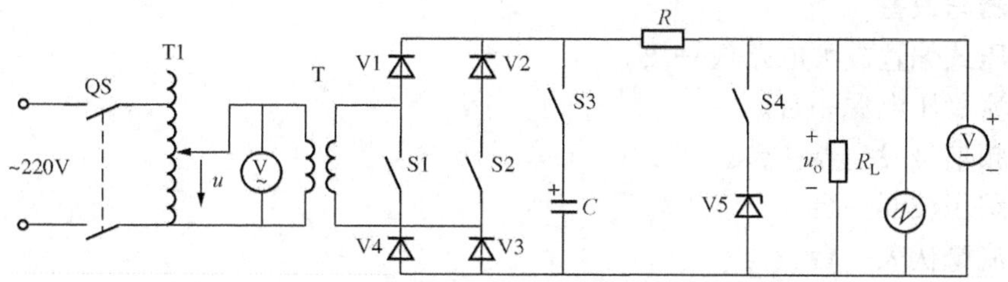

图 8　整流、滤波及稳压电路

（2）观察整流波形。

1）将电源开关 QS 闭合，示波器显示半波整流的 u_o 波形，将波形画在表 13 中；

2）合上 S1、S2，示波器显示全波整流的 u_o 波形，将波形画在表 13 中。

3）合上 S3，加上滤波电容，观察 u_o 波形，将波形画在表 13 中。

表 13

	半波整流波形（S1、S2 断）	全波整流波形（S1、S2 合）	全波整流加滤波电容后（合上 S1、S2、S3）
波形图	u_o — t	u_o — t	u_o — t

（3）验证稳压电路的稳压作用。

利用调压器将变压器（T）的输入电压分别调成 198、220、242V，在 S4 断开（未投入稳压电路）和 S4 闭合（投入稳压电路）两种情况下，用万用表的直流电压档测量 R_L 上的直流电压，数值填入表 14 中。观察结果，从中得出什么结论？

表 14

T 输入电压 / U_o 值 / 电路状态	198（V）（比额定值小 10%）	220（V）（额定值）	242（V）（比额定值高 10%）
未投入稳压电路（S4 断）			
投入稳压电路（S4 合）			

实验七　单管电压放大电路

一、目的

（1）熟悉分压式电流偏置放大电路的构成。

（2）掌握静态工作点的调整方法。

（3）掌握电压放大倍数的测量方法。

（4）学习信号发生器、交流电压毫伏表的使用方法。

二、仪器与设备

（1）分压式偏置放大电路板一块。

（2）直流稳压电源一台。

（3）低频信号发生器一台。

（4）双踪示波器一台。

（5）交流毫伏表一台。

（6）直流电压表、直流毫安表、万用表各一块。

（7）小开关两个，电流表插头一个。

三、实验电路

实验电路如图 9 所示。

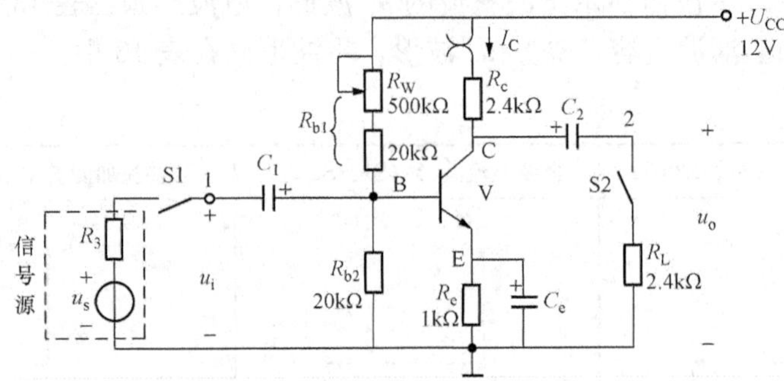

图 9 分压式电流偏置放大电路

已知静态工作点满足：

$$\left(V_{\mathrm{B}}=\frac{R_{\mathrm{b2}}}{R_{\mathrm{b1}}+R_{\mathrm{b2}}}U_{\mathrm{CC}}\right)$$

$$I_{\mathrm{EQ}}\approx\frac{V_{\mathrm{B}}-U_{\mathrm{BEQ}}}{R_{\mathrm{e}}}=\frac{V_{\mathrm{B}}-0.7}{R_{\mathrm{e}}}\approx I_{\mathrm{CQ}}$$

$$I_{\mathrm{BQ}}=\frac{I_{\mathrm{CQ}}}{\beta}$$

$$U_{\mathrm{CEQ}}=U_{\mathrm{CC}}-I_{\mathrm{CQ}}(R_{\mathrm{c}}+R_{\mathrm{e}})$$

四、内容与方法步骤

1. 调整并测量静态工作点

将直流稳压电源接到放大电路的电源端（$+U_{\mathrm{CC}}$），信号发生器经开关 S1 接到放大电路的输入端，示波器的输入端 Y_1、Y_2 分别接到放大电路的输入端 1、输出端 2 上，如图 10 所示。

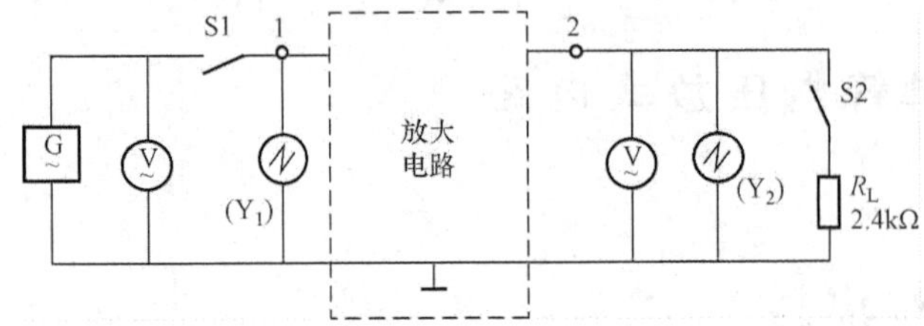

图 10 测量信号电压、观察信号波形电路

（1）调节信号发生器的频率为某一值（如 1kHz），使输出的正弦电压具有一定的幅值。合上开关 S1，从示波器上观察放大电路的输出电压波形。

(2) 调整 R_{b1} 和输入电压 U_i 的大小，使输出电压波形刚好同时接近截止失真和饱和失真但不失真，此时的静态工作点大致位于直流负载线的中间位置。

(3) 断开 S1，用直流电压表测量 U_{BEQ}、U_{CEQ}；用直流毫安表测 I_{CQ}，用万用表欧姆档测 R_{b1}，将各测值填入表 15 中。

(4) 根据图 9 电路中各电阻、电源电压，按计算静态工作点的公式计算 V_B、I_{CQ}、U_{CEQ}，填入表 15 中，并与测值比较，看是否一致。

表 15

测量值				计算值		
U_{BEQ} (V)	I_{CQ} (mA)	U_{CEQ} (V)	R_{b1} (kΩ)	V_B (V)	I_{CQ} (mA)	U_{CEQ} (V)

2. 测量电压放大倍数 A_u

(1) 调节信号发生器的输出电压为某一数值。合上 S1，在放大器输出电压不失真的情况下，用交流毫伏表分别测量不接 R_L（S2 断）和接 R_L（S2 合）时的输入、输出电压 U_i、U_o，测值填入表 16 中。

(2) 观察 u_o 和 u_i 的波形，看 u_o 与 u_i 波形是否反相，将波形画在表 16 中。

(3) 利用测值，按 $A_u=\dfrac{U_o}{U_i}$ 式，分别计算不接负载和接负载 (R_L) 时的电压放大倍数 A_u 填入表 16 中。看接负载后的 A_u 是否减小了。

表 16

	U_i (mV)	U_o (mV)	计算 $A_u\left(=\dfrac{U_o}{U_i}\right)$	u_i、u_o 波形
不接 R_L (S2 断)				u_i / t
接 R_L (S2 合)				u_o / t

3. 观察静态工作点对输出电压波形的影响

(1) 在第 2 步接负载、信号发生器输出电压不变的基础上，增大 R_{b1}，当输出电压 u_o 正半波被削时，放大电路为截止失真，此时，测量 I_{CQ}、U_{CEQ}，将测值及 u_o 波形填（画）入表 17 中。

(2) 减小 R_{b1}，使 I_c 恢复原来值，在此基础上，继续减小 R_{b1}，当输出电压 u_o 负半波被削时，放大电路为饱和失真，此时，测量 I_{CQ}、U_{CEQ}，将测值及 u_o 波形填（画）入表 17 中。

(3) 分析实验结果。

表 17

R_{b1}变化	失真情况	I_{CQ}（mA）	U_{CEQ}（V）	输出电压 u_o 波形
R_{b1}增大	截止失真			
R_{b1}减小	饱和失真			

实验八 集成运算放大器性能的验证

一、目的

（1）熟悉集成运算放大器的使用方法。

（2）验证集成运放在深度负反馈条件下的线性放大性能和电压负反馈能稳定输出电压的特性。

二、仪器与设备

（1）集成运算放大器一个（F007）。

（2）直流稳压电源一台，双路，＋15V 和－15V。

（3）交流毫伏表一台。

（4）低频信号发生器一台。

（5）万用表一块。

（6）见图 11 和图 12 中的各电阻。

三、内容和方法步骤

1. 集成运放调零

按图 11 电路所示，将集成运放的两输入端接地，接通直流电源，用万用表直流电压档测输出电压 U_o，若不为零，调节电位器 RP 至 U_o 为零。

2. 验证电压放大倍数

（1）将集成运放接成反相输入比例运算电路，如图 12 所示。

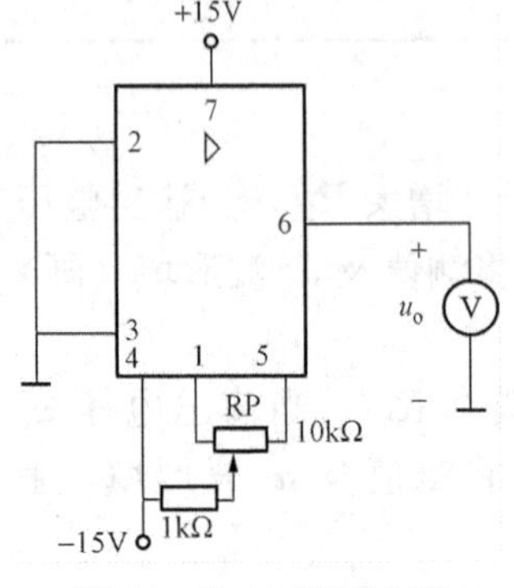

图 11 F007 调零电路

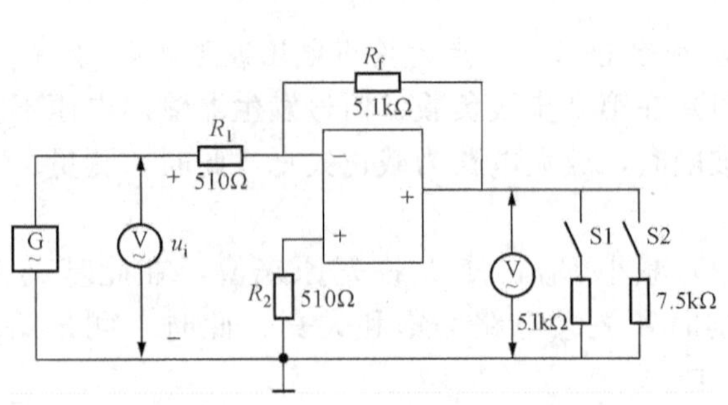

图 12 F007 测试电路

（2）调整信号发生器为某一频率的输出电压 U_i，用交流毫伏表分别测量 U_i、U_o，按 $U_o/U_i=A_{uf}$ 计算 A_{uf}，将测值和计算值填入表 18 中。

（3）将 R_f 换成 20kΩ，重复步骤（2）的过程。

（4）按 $R_f/R_1=A_{uf}$ 式计算两次的 A_{uf} 并填入表 18 中，与按测值计算出的 A_{uf} 比较，看两者是否相同。

表 18

R_f（kΩ）	R_1（kΩ）	U_i（mV）	U_o（mV）	$\frac{U_o}{U_i}=A_{uf}$	$\frac{R_f}{R_1}=A_{uf}$
5.1	0.51				
20	0.51				

3. 验证集成运放深度电压负反馈时稳定输出电压

图 12 集成运放电路为深度电压并联负反馈，电压负反馈能稳定输出电压，即能增强带负载能力，可以看到当负载电阻（R_L）变化时，运放的输出电压很稳定。

保持 R_f、R_1、U_i 不变，通过开关 S1、S2 的不同组合操作，使负载电阻 $R_L=5.1$kΩ（仅 S1 合）、$R_L=7.5$kΩ（仅 S2 合）、$R_L=5.1//7.5=3.04$（kΩ）（S1、S2 同时合），分别测量 U_o，按 $U_o/U_i=A_{uf}$ 计算各 A_{uf}，将测值和 A_{uf} 填入表 19 中，比较三种负载情况下的电压 U_o、A_{uf}，看是否不变。

表 19

R_f（kΩ）	R_1（kΩ）	R_L（kΩ）	U_i（mV）	U_o（mV）	A_{uf}
5.1	0.51	5.1			
		7.5			
		3.04			

实验九　与非门、J-K 触发器的逻辑功能验证

一、目的

（1）了解集成与非门的外形结构、引线排列，验证逻辑功能。

（2）了解集成 J-K 触发器的外形结构、引线排列，验证逻辑功能。

二、仪器与设备

（1）数字电路实验装置一台。该装置应包括：稳压电源、实验多孔插接板（面包板）、时钟脉冲信号源（可手动）、逻辑电平选择开关（可以手动控制输出“1”或“0”）、输出逻辑电平显示器。

（2）集成 TTL（或 CMOS）与非门一块，型号任选。

（3）集成 J-K 触发器一块，型号任选。

三、内容与方法步骤

（1）验证与非门的逻辑功能。两输入端的与非门逻辑图如图 13（a）所示。将与非门的输入端 A、B 接逻辑电平选择开关输出插口，输出端 Y 接逻辑电平显示器的输入插口，按表

19 的顺序改变 A、B 的输入电平，观察 Y 的逻辑电平，将结果填入表 20 中，看 Y 与 A、B 间是否满足与非逻辑关系（$Y=\overline{AB}$）。

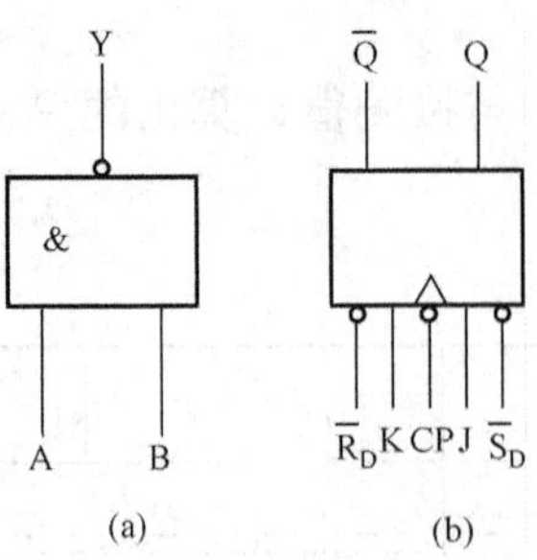

图 13 与非门和 J-K 触发器逻辑符号

（a）与非门；（b）J-K 触发器

表 20

输 入		输出
A	B	Y
0	0	
0	1	
1	0	
1	1	

（2）验证 J-K 触发器的逻辑功能。J-K 触发器的逻辑符号如图 13（b）所示。将 $\overline{S}_D$、$\overline{R}_D$ 端接高电平，J、K 端接逻辑电平选择开关输出插口，CP 端接时钟脉冲信号源，Q 端接逻辑电平显示器输入插口。按表 21 顺序改变 J、K 的输入电平，然后在 CP 端输入单个正脉冲，观察输出 Q^{n+1} 的状态，填入表 21 中，并将 J、K 四种输入组合情况的逻辑功能评价填入表 21 中。

表 21

输 入			输 出		逻辑功能
			Q^{n+1}		
J	K	CP	$Q^n=0$	$Q^n=1$	
0	0	0→1			
		1→0			
0	1	0→1			
		1→0			
1	0	0→1			
		1→0			
1	1	0→1			
		1→0			

表 22

$Q^n=0$	$\overline{S}_D$ 端加负脉冲	$Q^{n+1}=$
$Q^n=1$	$\overline{R}_D$ 端加负脉冲	$Q^{n+1}=$

（3）验证 $\overline{R}_D$、$\overline{S}_D$ 的功能。在输出端 Q 为 0 的情况下，从 $\overline{S}_0$ 端手动输入一个负脉冲，验证其置 1 功能；在输出端 Q 为 1 的情况下，从 $\overline{R}_D$ 端手动输入一个负脉冲，验证其置 0 功能。将结果填入表 22 中。

实验十 计数、译码显示电路功能的验证

一、目的

（1）学习用 J-K 触发器组成计数器，并验证其功能。

（2）验证计数译码显示电路的功能。

二、仪器与设备

(1) 数字电路实验装置一台。

(2) 集成 J-K 触发器四块。

(3) 中规模 BCD 七段译码器（如 T4048）一块。

(4) 共阴极 LED 数字显示器一个。

三、内容及方法步骤

(1) 二进制计数器电路搭接与实验。用四块 J-K 触发器组成二进制加法计数器电路如图 14 所示。计数输入端接时钟脉冲信号源，四个触发器输出端接逻辑电平显示器。实验前将电路清零（从 $\bar{R}_D$ 端手动输入一个负脉冲）。

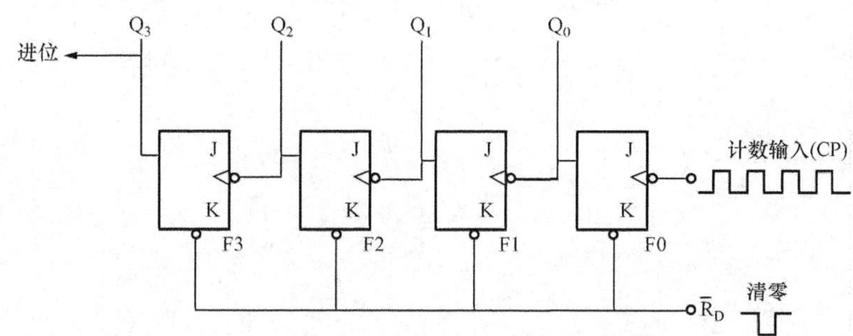

图 14 异步 4 位二进制加法计数器

手动逐一输入计数脉冲，观察 Q_3、Q_2、Q_1、Q_0 四个输出端的状态，记入表 23 中。

表 23

CP	Q_3	Q_2	Q_1	Q_0	CP	Q_3	Q_2	Q_1	Q_0
0					8				
1					9				
2					10				
3					11				
4					12				
5					13				
6					14				
7					15				

(2) 十进制计数器电路搭接与实验。将图 14 改接成图 15 所示的十进制计数器电路。手动逐一输入计数脉冲，看第十个 CP 解除时，$Q_3Q_2Q_1Q_0$ 是否由 1001 回到 0000。

(3) 计数、译码显示实验。在实验多孔插接板上，事先将译码器与数字显示器连接好（连接情况参阅图 12 - 11）。将图 14 所示的十进制计数器电路的四个输出端接到译码器的 Q_3、Q_2、Q_1、Q_0，手动输入计数脉冲，观察 LED 数码管的显示数字与输入脉冲的个数是否相符。

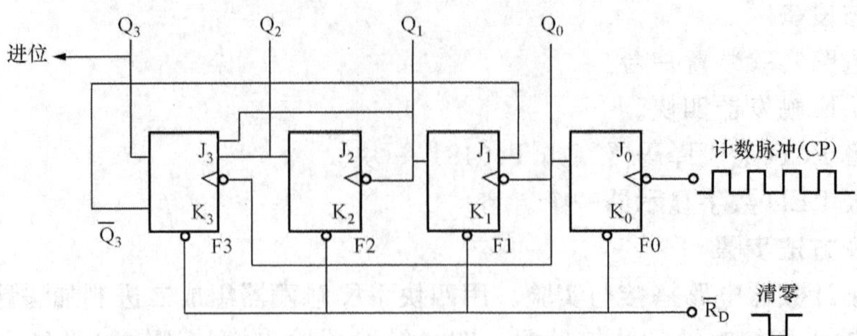

图 15　异步十进制加法计数器

附　录

A　半导体器件型号命名和主要参数

一、国产半导体二极管、三极管的型号组成及其意义（GB—249—1974）

表 A-1　国产半导体二极管、三极管的型号组成及其意义（GB—249—1974）

第一部分		第二部分		第三部分		第四部分	第五部分
用数字表示器件的电极数目		用汉语拼音字母表示器件的材料和极性		用汉语拼音字母表示器件的类型		用数字表示器件的序号	用汉语拼音字母表示规格号
符号	意义	符号	意义	符号	意义	不同序号与规格号是用来区别同一类型但规格不同的产品，表示它们之间在某些性能参数上的差别	
2	二极管	A	N 型锗	P	普通管		
		B	P 型锗	Z	整流管		
		C	N 型硅	W	稳压管		
		D	P 型硅	U	光电管		
3	三极管	A	PNP 型、锗材料	K	开关管		
		B	NPN 型、锗材料	X	低频小功率管		
		C	PNP 型、硅材料	G	高频小功率管		
		D	NPN 型、硅材料	D	低频大功率管		
				A	高频大功率管		

注　截止频率 f_a<3MHz 为低频管，f_a>3MHz 为高频管；耗散功率 P_c<1W 为小功率管，P_c>1W 为大功率管。

示例：

N 型硅整流二极管

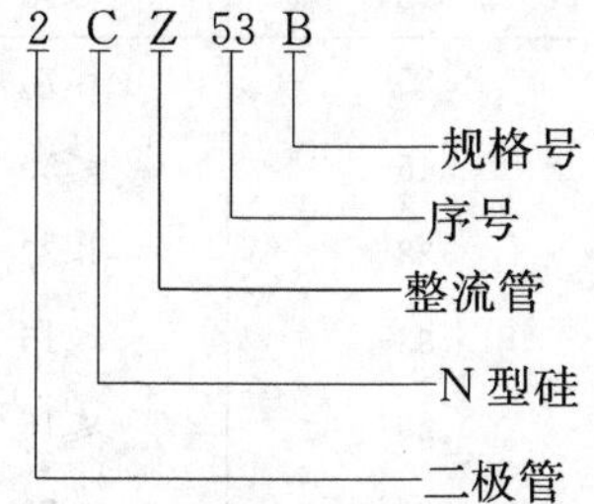

NPN 型硅高频小功率三极管

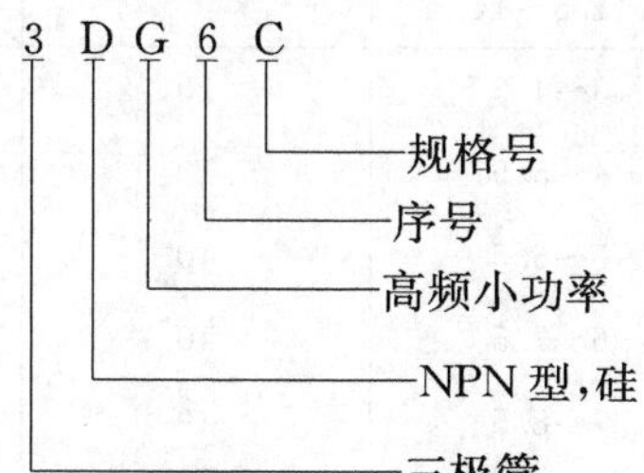

二、半导体二极管主要参数（见表 A-2～表 A-3）

表 A-2　N 型硅整流二极管参数

参数 型号	最大整流电流 I_{FM}（A）	最高反向工作电压 U_{RM}（V）	正向压降 U_F（V）	反向电流 I_R（μA）	额定结温 T_N（℃）
2CZ50A～X	0.03	25～3000	≤1.2	5	150
2CZ51A～X	0.05	（查本表中“按规格	≤1.2	5	150
2CZ52A～X	0.1	号分档”栏）	≤1.0	5	150
2CZ53A～X	0.3		≤1.0	5	150

续表

型号 \ 参数	最大整流电流 I_{FM}（A）	最高反向工作电压 U_{RM}（V）	正向压降 U_F（V）	反向电流 I_R（μA）	额定结温 T_N（℃）
2CZ54A～X	0.5		≤1.0	10	150
2CZ55A～X	1		≤1.0	10	150
2CZ56A～X	3		≤0.8	20	140
2CZ57A～X	5		≤0.8	20	140
2CZ58A～X	10		≤0.8	30	140
2CZ59A～X	20		≤0.8	40	140
2CZ60A～X	50		≤0.8	50	140

最高反向工作电压按规格号分档												
最高反向工作电压	规格号	A	B	C	D	E	F	G	H	J	K	L
	电压（V）	25	50	100	200	300	400	500	600	700	800	900
按规格号分档	规格号	M	N	P	Q	R	S	T	U	V	W	X
	电压（V）	1000	1200	1400	1600	1800	2000	2200	2400	2600	2800	3000

注 整流电流在 0.5A 以上者需安装相应的散热片。

表 A-3 **硅稳压二极管参数**

型号 \ 参数	稳定电压 U_Z（V）	稳定电流 I_Z（mA）	耗散功率 P_Z（W）	最大稳定电流 I_{ZM}（mA）	动态电阻 r_Z（Ω）
2CW6A	7～8.5			29	≤6
2CW6B	8～9.5			26	≤10
2CW6C	9～10.5	5	0.25	23	≤12
2CW6D	10～12			20	≤15
2CW6E	11.5～14			18	≤18
2CW11	3～4.5	10		55	≤70
2CW12	4～5.5	10		45	≤50
2CW13	5～6.5	10		38	≤30
2CW14	6～7.5	10		33	≤15
2CW15	7～8.5	10	0.25	29	≤15
2CW16	8～9.5	10		26	≤20
2CW17	9～10.5	5		23	≤25
2CW18	10～12	5		20	≤30
2CW19	11.5～14	5		17	≤40
2CW20	13.5～17	5		14	≤50
2DW7A	5.8～6.6	10	0.2	30	≤25
2DW7B	5.8～6.6				≤15
2DW7C	6.1～6.3				≤10

注 最高结温为 150℃。

三、半导体三极管主要参数（见表 A-4～表 A-7）

表 A-4　锗低频小功率管参数

型号 新型号	型号 原型号	集电极最大允许电流 I_{CM}（mA）	集电极最大耗散功率 P_{CM}（mW）	集—射极反向击穿电压 $U_{(BR)CEO}$（V）	集—基极反向饱和电流 I_{CBO}（μA）	共射极电流放大系数 h_{fe}（β）
3AX51A	3AX17	100	100	12	≤12	40～150
3AX51B	3AX31			12		40～150
3AX51C				18		30～100
3AX51D				24		25～70
3AX52A	3AX1～14	150	150	12	≤12	40～150
3AX52B	3AX18～23			12		40～150
3AX52C	3AX34			18		30～100
3AX52D				24		25～70
3AX53A	3AX81	200	200	12	≤20	30～200
3AX53B	3AX45	300		18		
3AX53C		300		24		
3AX54A	3AX25	160	200	35	≤100	20～110
3AX54B				40	≤100	
3AX54C				60	≤50	
3AX54D				70	≤50	
3AX55A	3AX61～63	500	500	20	≤80	30～150
3AX55B				30		
3AX55C				45		
	3BX31A	125	125	≥10	≤20	30～200
	3BX31B			≥15	≤15	50～150
	3BX31C			≥20	≤10	
	3BX81A	200	200	10	≤30	30～250
	3BX81B			20	≤15	30～200
	3BX81C			10	≤30	30～250

表 A-5　硅高频小功率管参数

型号	集电极最大允许电流 I_{CM}（mA）	集电极最大耗散功率 P_{CM}（mW）	集—射极反向击穿电压 $U_{(BR)CEO}$（V）	集—基极反向饱和电流 I_{CBO}（μA）	共射极电流放大系数 h_{fe}（β）	特征频率 f_T（MHz）
3DG4A	30	300	≥30	≤1	20～180	≥200
3DG4B			≥15		20～180	≥200

续表

型号 \ 参数	集电极最大允许电流 I_{CM}（mA）	集电极最大耗散功率 P_{CM}（mW）	集—射极反向击穿电压 $U_{(BR)CEO}$（V）	集—基极反向饱和电流 I_{CBO}（μA）	共射极电流放大系数 h_{fe}（β）	特征频率 f_T（MHz）
3DG4C	30	300	⩾30	⩽1	20～180	⩾200
3DG4D			⩾15		20～180	⩾300
3DG4E			⩾30		20～180	⩾300
3DG4F			⩾15		20～250	⩾150
3DG6A	20	100	15	⩽0.1	10～200	⩾100
3DG6B			20	⩽0.01	20～200	⩾150
3DG6C			20	⩽0.01	20～200	⩾250
3DG6D			30	⩽0.01	20～200	⩾150
3DG12	300	700	15	⩽10	20～200	100
3DG12A			30	⩽1		100
3DG12B			45	⩽1		200
3DG12C			30	⩽1		300
3DG27A	300	1000	75	⩽1	⩾10	⩾100
3DG27B			100			
3DG27C			150			

表 A-6 低频大功率管参数

型号（新型号）	型号（原型号）	集电极最大允许电流 I_{CM}（A）	集电极最大耗散功率 P_{CM}（W）	集—射极反向击穿电压 $U_{(BR)CEO}$（V）	集—基极反向饱和电流 I_{CBO}（mA）	共射极电流放大系数 h_{fe}（β）
3AD50A	3AD6A	3	10	⩾18	⩽0.3	20～140
3AD50B	3AD6B			⩾24		
3AD50C	3AD6C			⩾30		
3AD53A	3AD30A	6	20	⩾12	⩽0.5	20～140
3AD53B	3AD30B			⩾18		
3AD53C	3AD30C			⩾24		
3DD64A	3DD6A	5	50	⩾30	⩽0.5	⩾10
3DD64B	3DD6B			⩾50		
3DD64C	3DD6C			⩾80		
3DD64D	3DD6D			⩾100		
3DD64E	3DD6E			⩾150		

表 A-7　**开关三极管参数**

型号＼参数	集电极最大允许电流 I_{CM}(mA)	集电极最大耗散功率 P_{CM}(mW)	集—射极反向击穿电压 $U_{(BR)CEO}$(V)	集—基极反向饱和电流 I_{CBO}(A)	饱和电压 集—射 U_{CES}(V)	饱和电压 基—射 U_{BES}(V)	开关参数 开启时间 t_{on}(ns)	开关参数 关闭时间 t_{off}(ns)	共射极电流放大系数 $h_{fe}(\beta)$	特征频率 f_T(MHz)
3DK2A		200	20				30	60	≥20	150
3DK2B		200	20				20	40	≥20	200
3DK2C	30	200	15	≤0.1	≤0.35	≤1	15	30	≥20	150
3DK3A		100	6				≤20	≤30	10～200	200
3DK3B		100	9				≤15	≤20	20～200	300
3DK4			15					100		
3DK4A	800	700	30	≤1	≤1	≤1.5	50	100	20～200	100
3DK4B			45					100		
3DK4C			30					50		

四、晶闸管主要参数（见表 A-8）

表 A-8　**晶闸管主要参数**

型号＼参数	平均电流 I_F(A)	重复峰值电压 U_{DRM}、U_{RRM}(V)	额定结温 T_j(℃)	门极触发电流 I_{GT}(mA)	门极触发电压 U_{GT}(V)	浪涌电流 I_{FSH}(A)
KP1	1			3～30		20
KP5	5			5～70		90
KP10	10		100	5～100	≤3.5	190
KP20	20			5～100		380
KP30	30			8～150		560
KP50	50			8～150		940
KP100	100	100～3000		10～250	≤4	1880
KP200	200			10～250		3770
KP300	300			20～300		5650
KP400	400		115	20～300		7540
KP500	500			20～300	≤5	9420
KP600	600			30～350		11 160
KP800	800			30～350		14 920
KP1000	1000			40～400		18 600

注　电压分级为：100、200、300、400、500、600、700、800、900、1000、1200、1400、1600、1800、2000、2200、2400、2600、2800、3000V，共 20 级。型号中的重复峰值电压等级用百伏数标注，如 KP300-16 为 1600V 级。

B　集成器件型号命名和主要参数

一、国产半导体集成器件的型号组成及其意义（GB—3430—1982）

表 B-1　　国产半导体集成器件的型号组成及其意义（GB—3430—1982）

第 0 部分		第 1 部分		第 2 部分	第 3 部分		第 4 部分	
用字母表示器件符合国家标准		用字母表示器件的类型		用阿拉伯数字表示器件的系列和品种代号	用字母表示器件的工作温度范围		用字母表示器件的封装	
符号	意义	符号	意义		符号	意义	符号	意义
C	中国制造	T	TTL		C	0～70℃	W	陶瓷扁平
		H	HTL		E	−40～85℃	B	塑料扁平
		E	ECL		R	−55～85℃	F	全密封扁平
		C	CMOS		M	−55～125℃	D	陶瓷直插
		F	线性放大器		⋮	⋮	P	塑料直插
		D	音响、电视电路				J	黑陶瓷直插
		W	稳压器				K	金属菱形
		J	接口电路				T	金属圆形
		B	非线性电路				⋮	⋮
		M	存储器					
		μ	微型机电路					
		⋮	⋮					

示例：肖特基 TTL4 输入双与非门

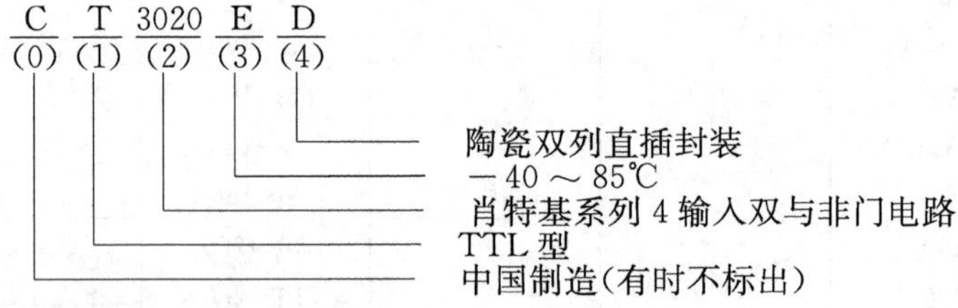

二、国产 TTL 集成器件型号命名规则

1. T000 系列（1976 年四机部颁布）

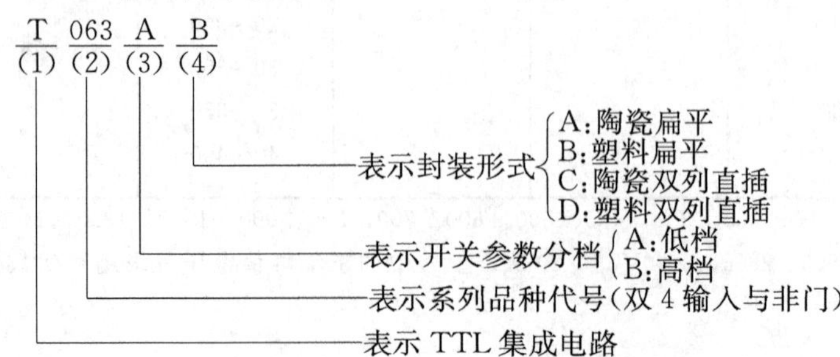

2. T0000系列（1997年颁布，采用与国际54/74TTL系列一致的品种作为优选系列品种，并统一了型号）

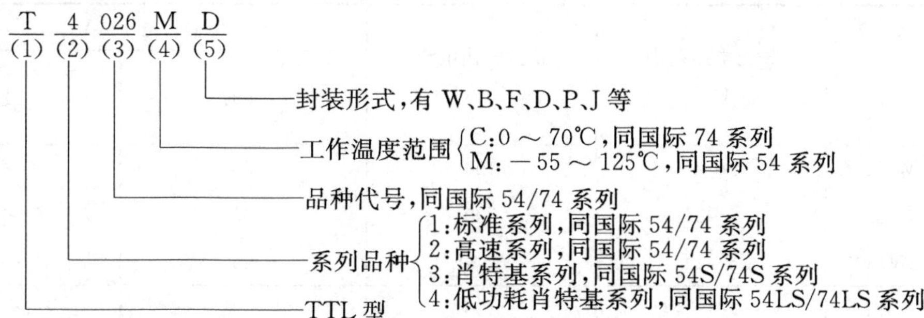

三、数字集成器件常用系列品种代号摘录（见表B-2）

表B-2　数字集成器件常用系列品种代号摘录

器件名称	T000系列	T0000系列	C000系列	CC4000系列
4输入双与门	T069	T4021	C031	CC4082
4输入双或门		T4032	C032	CC4075
2输入四与非门	T065	T4000	C036	CC4011
4输入双与非门	T063	T4020	C034	CC4012
4输入双或非门		T1025	C037	CC4002
六非门	T082	T4004	C033	CC4069
双与或非门	T087 （3—2输入）	T4051 （3—3、2—2输入）	C040 （4—3—3输入）	CC4085 （2—2输入）
异或门	T075（双）	T4086（四）	C660（四）	CC4070（四）
全加器	T692	T4283	C661	CC4008
双JK触发器	T079	T4112	C044	CC4027
双D触发器	T077	T4074	C043	CC4013
十进制计数器	T210	T4290	C180	CC4518
3线—8线译码器	T330	T4138		
4线—10线译码器	T331	T4042	C301	CC4028
七段字形译码器	T339	T4248	C306	CC4543

四、通用集成运算放大器主要参数（见表B-3）

表B-3　通用集成运算放大器主要参数

参数 型号	开环电压增益 A_0 (dB)	输入失调电压 U_{IO} (mV)	输入失调电流 I_{IO} (μA)	输入基极电流 I_{IB} (μA)	最大输出电压 U_{omax} (V)	共模抑制比 K_{CMR} (dB)	静态功耗 P_C (mW)	输入电阻 r_i (kΩ)
F004	≥86	≤5	≤0.5	≤2	±12	≥80	≤200	100
F007	≥100	≤5	≤0.2	≤0.5	±12	86	≤120	500

五、三端固定集成稳压器主要参数（见表 B-4）

表 B-4　　三端集成稳压器主要参数

<table>
<tr><th colspan="2" rowspan="2">主要参数 / 系列</th><th rowspan="2">输出电压范围（V）</th><th rowspan="2">最大输出电流（mA）</th><th colspan="2">输入电压（V）</th></tr>
<tr><th>最大</th><th>最小</th></tr>
<tr><td rowspan="3">正压稳压器</td><td>CW78L00</td><td>5～24</td><td>100</td><td>35</td><td>7～27</td></tr>
<tr><td>CW78M00</td><td>5～24</td><td>500</td><td>35</td><td>7～27</td></tr>
<tr><td>CW7800</td><td>5～24</td><td>1500</td><td>35</td><td>7～27</td></tr>
<tr><td rowspan="3">负压稳压器</td><td>CW79L00</td><td>−5～−24</td><td>100</td><td>−35</td><td>−7～−27</td></tr>
<tr><td>CW79M00</td><td>−5～−24</td><td>500</td><td>−35</td><td>−7～−27</td></tr>
<tr><td>CW7900</td><td>−5～−24</td><td>1500</td><td>−35</td><td>−7～−26</td></tr>
</table>

注　电压等级有：5、6、9、12、15、18、24V。

示例：CW78M18 为三端正压稳压器，输出电压为 18V。最大输出电流为 0.5A，最小输入电压比输出电压大 1～3.5V。

C　部分习题参考答案

习　题　一

1-8　0 点为参考，$V_a=15V$，$V_b=5V$，$V_c=-5V$，$V_o=0V$；$V_{ac}=20V$

1-9　$P_A=6W$，接受；$P_B=-6W$，发出；$P_C=6W$，接受；$P_D=-6W$，发出

1-11　（a）20V，（b）−0.4A；（c）−20V；（d）0.4A

1-12　$P_A=5W$，$P_B=15W$，$P_C=2W$，$P_D=-5W$，$P_E=3W$，$P_F=-20W$

1-13　允许最大电流 0.0316A；“220V、100W”灯泡　$R=484\Omega$，$I_N=0.455A$，
“220V、25W”灯　$R=1929\Omega$，$I_N=0.114A$

1-14　12V，2A

1-15　$I_2=0.4A$，$I_3=-1A$，$I_4=1.6A$，$I_5=0.6A$　$U_{cd}=-12V$

1-16　$U_s=10V$，$I_1=1A$，$I_2=2A$

1-17　16V

1-18　$I=1.5A$，12V 支路　1.17A，6V 支路 0.333A

1-21　（a）3Ω；（b）2Ω

1-22　$I_1=0.8A$，$I_2=1.2A$

1-27　$U_{ab}=12V$，$I_1=0A$，$I_2=2A$，$I_3=2A$

1-30　0.9A

1-31　$U_{oc}=33V$，$R_o=3.6\Omega$

1-32　$R_L=1.5\Omega$，$I=3A$　$P_{max}=13.5W$

习　题　二

2-2　0.2A，−0.2A，0.05J

2-4　C_1 承受电压 500V，大于耐压（450V）
2-5　（1）$3\mu F$；（2）$2.67\mu F$
2-7　2500V，0V，−2500V，25J
2-8　$10\ (1-e^{-20t})$ V，$2e^{-20t}$mA
2-9　$4e^{-200t}$V，$-8e^{-200t}$mA；3.47ms

习　题　三

3-2　i（0.1s）=4.33A
3-4　$\varphi_{iu}=-150°$，i 滞后于 u
3-10　$u=200\sqrt{2}\sin(314t+23.1°)$ V
3-11　$u=82.5\sqrt{2}\sin(314t+122°)$ V
3-14　$i=0.455\sqrt{2}\sin(314t+60°)$ A，12kW·h
3-16　$i=1.17\sqrt{2}\sin(314t-150°)$ A，257var，0.816J
3-18　$i=2.2\sqrt{2}\sin(314t+150°)$ A，484var，1.54J
3-19　7A，7A，5A，1A
3-20　140V，140V，100V，20V
3-22　设 $\psi_u=0$，$i=4.4\angle -53.1°$A，581W，774var，感性
3-23　$22\angle -53.1°$A，2904W，3872var
3-24　$2.2\angle 53.1°$A，290W，−387var
3-27　822kHz，$0.5\mu A$，0.645mV
3-28　796kHz，200kΩ，$50\mu A$，5mA
3-31　$\dot{I}_U=8.8\angle 53.1°$A，4633W，3475var
3-32　$\dot{I}_{UV}=15.2\angle -36.9°$A，$\dot{I}_U=26.3\angle -66.9°$A，13 847W，10 385var
3-33　$I_U=I_V=I_W=44$A，$I_N=43.4$A，21 304W，0var

习　题　四

4-5　$I_{直空}=I_{直铁}>I_{交空}>I_{交铁}$

习　题　五

5-1　12.2，18V；1.04T
5-2　8.33A
5-3　$N_{21}=230$ 匝，$N_{22}=75.3$ 匝，$I_1=0.182$A，容量至少 40V·A
5-4　（1）0.0876W，（2）$N_2=85$ 匝，$P_{Lm}=0.09$W
5-5　Yy 时：$U_{p2}=602$V，$U_{L2}=1043$V，Yd 时：$U_{pL}=U_{L2}=602$V
5-6　（1）$I_{1N}=16.5$A，$I_{2N}=1443$A；（2）800kW

习　题　六

6-6　1000r/min，0.03

6-7 13.2N·m，52.7N·m

6-10 $2I_N$，6N·m

6-11 I_N=20A，T_N=65.9N·m，T_m=132N·m，T_{st}=92.3N·m，I_{st}=140A

6-12 （1）46.7A，30.8N·m；（2）39.5N·m，16.5N·m

6-19 （1）1.83A，56.8A，55A；（2）209V；（3）95.5N·m

6-21 （1）1469A；（2）0.759Ω

6-27 10 189A，1

习 题 七

7-5 40A

7-6 10A

习 题 八

8-1 A表0.5A，5%，B表−0.5A，−5%

8-2 0.5级表 γ=2.5%，1级表 γ=1.67%

8-3 0.5A时 R_A=0.045Ω，1A时 R_A=0.0225Ω

8-4 R_V=4998kΩ

习 题 九

9-6 （a）U_{ab}=−11.3V；（b）−12V

9-11 89V，2CZ56D

9-18 1.5～48V

9-19 66.7V，KP10−2，2CZ58D

习 题 十

10-12 （1）33.9μA，2.71mA，9.87V；（2）1069Ω；（3）−225，−150

10-13 （1）28.2μA，1.41mA，7.07V；（3）−125，0.795kΩ，2.5kΩ；（4）−77.5

10-26 9.6V

10-27 （2）R_1=10kΩ

10-28 （1）8V；（2）0.2V；（3）12V；（4）12V；（5）0.2V

习 题 十 一

11-2 （1）$(9)_D$，（2）$(21)_D$，（3）$(5)_D$，（4）$(25)_D$

11-3 （1）$(11\ 011)_B$，（2）$(1\ 010\ 101)_B$，（3）$(1\ 111\ 111)_B$，（4）$(101\ 110\ 000)_B$

11-11 （1）A+B；（2）B+D；（3）$\overline{A}$+B+C；（4）AB；（5）1；（6）A；（7）A+B

习 题 十 二

12-1 Y=AC+AB+BC

12-3 （a）Y=A⊕B；（b）Y=A⊕B

12-4　设电动机代表输入 A、B、C，开机为 1，停机为 0，报警情况为输出 Y，报为 1，不报为“0”，$Y=B\overline{C}+A\overline{B}=\overline{\overline{B\overline{C}}\cdot\overline{A\overline{B}}}$

12-5　设裁判员为 A（主）、B、C，合格为“1”，不合格为“0”。裁判结果为输出 Y，合格为 1，不合格为“0”，$Y=AC+AB=\overline{\overline{AC}\cdot\overline{AB}}$

12-6　设三个工厂用电状况为输入 A、B、C，用电为 1，不用电为 0；变电站供电状况为输出 Y，供为“1”，不供为“0”，$Y_{甲}=(A\oplus B)\oplus C$，$Y_{乙}=AB+BC+AC=\overline{\overline{AB}\cdot\overline{BC}\cdot\overline{AC}}$

习　题　十　三

13-5　四进制计数器，四分频

习　题　十　四

14-3　101

14-4　5.63V

14-5　−3.75V

参　考　文　献

[1] 盛传鼎．湖北省水利水电学校．电工与电子技术基础．1版．北京：水利电力出版社，1995.
[2] 罗挺前．电工与电子技术．北京：高等教育出版社，2001.
[3] 姜献忠．电工与电子技术．北京：中国商业出版社，2002.
[4] 徐国和．电工学与工业电子学．5版．北京：高等教育出版社，1993.
[5] 沈裕钟．电工学．北京：高等教育出版社，1979.
[6] 清华大学电子工程系、工业自动化系．晶体管电路（第一册）．北京：科学出版社，1973.
[7] 康光华．电子技术基础．2版．北京：高等教育出版社，1984.
[8] 伍学珍、刘光明．模拟电子技术．北京：中国水利电力出版社，2004.
[9] 周雪．电子技术基础．1版．北京：电子工业出版社，2003.
[10] 秦曾煌．电工学下册电子技术．4版．北京：高等教育出版社，1998.
[11] 王家继．电工与电子技术基础．北京：中国劳动出版社，1998.
[12] 刘守义、钟苏．数字电子技术．2版．西安：西安电子科技大学出版社，2003.